浜岡・反原発の民衆史

竹内康人

社会評論社

浜岡・反原発の民衆史＊目次

I● 地域での原発建設反対運動の形成

第二章 浜岡原発の稼働と環境汚染・地域破壊 — 60

II● スリーマイル・チェルノブイリ事故と反原発市民運動の形成

第四章 浜岡一号機とめようネットワークの結成

III● 老朽化・原発震災問題に抗する反原発運動の形成

第五章 五号機増設と浜岡町原発問題を考える会の結成——146

第六章 浜岡原発を考える静岡ネットワークの結成

第七章　浜岡一号機事故と浜岡原発運転差止仮処分申請

第八章 浜岡原発運転差止訴訟本訴の会の活動 ―― 223

Ⅳ● 福島原発震災前後の反原発運動

第一〇章 浜岡原発運転差止訴訟控訴審

第一一章　福島原発震災と浜岡原発の停止——301

はじめに

この本は中部電力浜岡原子力発電所に反対する民衆運動の歴史をまとめたものである。浜岡をはじめ静岡県内には浜岡原子力発電所に反対するさまざまな動きがあった。その運動は原子力発電所の建設を止めることはできなかったが、継続され、福島原発震災を経て、政府による浜岡原発の停止要請につながった。

浜岡原発に反対して活動した民衆の歴史を四つの時期にわけて記していきたい。反原発の運動は原子力建設の動きが始まると建設予定地の民衆を中心に各地ではじまった。その運動に日本労働組合総評議会（総評）傘下の労働組合が連帯した。このような原発建設反対運動は一九六〇年代から七〇年代にかけて形成された。浜岡では浜岡原発設置反対共闘会議が結成され、反対運動をおこなった。この時期を反原発の民衆史の第一期とする。

この第一期を、ここでは、浜岡で原発建設が明らかになった一九六七年からスリーマイル事故が起きる前年の一九七八年までとし、浜岡原発の建設と浜岡原発反対共闘会議の結成、浜岡原発の稼働と環境汚染・地域破壊を中心にみていく。

各地の反原発の運動は全国交流をすすめ「反原発新聞」を発行するようになった。一九七九年のスリーマイル原発事故を経て、一九八〇年代には都市部の市民と現地の市民とが連携するかたちで反原発の市民運動が始まった。この運動は一九八六年チェルノブイリ原発事故による放射能汚染により、いっそう高まった。しかし、原子力発電所に反対してきた総評は一九八〇年代末に解散し、反対運動への動員力は弱まった。静岡県では浜岡原発に反対する住民の会が結成され、浜松市、静岡市などで反原発の市民運動が形成された。このスリーマイルからチェルノブイリを経ての反原発の市民運動の形成と活動の時期を、反原発の民衆史の第二期とする。

ここでは、この第二期を一九七九年のスリーマイル事故から阪神淡路大震災の前年の一九九四年までとし、浜岡原発に反対する住民の会の結成と三号機建設反対運動、浜岡一号機とめようネットワークの結成などについてみていく。

一九九〇年代になると、一九七〇年代はじめに建設された原子力発電所の老朽化がすすんだ。さまざまな重大事故が起き、事故隠しや地震による原発事故も指摘されるようになった。その中で現地の市民、都市部の市民運動、闘いの旗を降ろさなかった労働組合などが連帯して、あらたな反原発の運動が形成された。この原発老朽化と原発震災の危機のなかでの運動を反原発の民衆史の第三期とする。

ここではこの第三期を、阪神大震災が起きた一九九五年から中越沖地震が起きた二〇〇七年までとする。静岡県では浜岡五号機建設を契機に浜岡町原発問題を考える会が結成され、浜岡原発を考える静岡ネットワークの結成につながった。そして、老朽化にともなう一・二号機の重大事故を経て、浜岡原発の運転差止を求める裁判闘争が展開された。

二〇〇七年の中越沖地震による柏崎刈羽原発の事故は二〇一一年三月の福島原発震災を警告するものであった。福島第一原発は地震と津波によってメルトダウンをともなう爆発事故を起こし、大量の放射能物質を放出した。このなかで日本政府は二〇一一年五月に浜岡原子力発電所の運転停止を中部電力に要請し、中部電力は浜岡原発の運転を停止した。福島第一原発事故の真相の隠蔽、「安全」や「収束」という偽りの宣伝、政府と東京電力の無責任、原発輸出や再稼働の動きのなかで反原発・脱原発の声が大きなうねりとなった。この福島原発震災前後の反原発・脱原発の動きを、反原発の民衆史の第四期とする。

この第四期をここでは、二〇〇七年の中越沖地震から福島原発震災を経た現在までとし、浜岡原発運転差止訴訟の地裁不当判決とプルサーマル導入反対運動、浜岡控訴審、福島原発震災と浜岡原発の停止、再稼働反対運動などの順にみていく。

なお、文中、敬称は略した。新聞記事や市民団体の冊子など多くの資料を参照したが、文中での注記はできるだけ減らし、巻末に参考文献として一括して表示した。

浜岡原発周辺市町地図

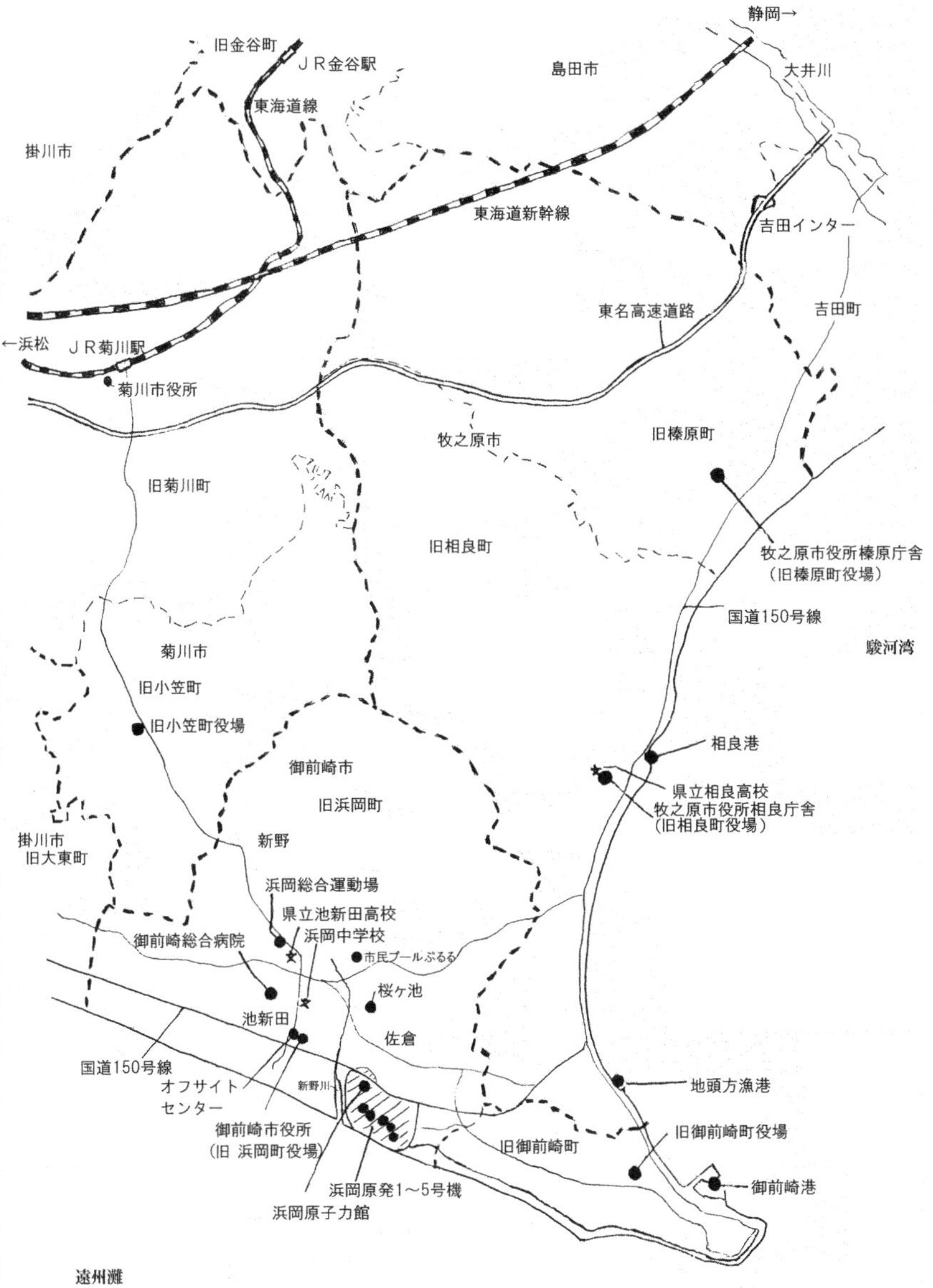

＊浜岡原発からＪＲ菊川駅まで直線で約 12 ㎞

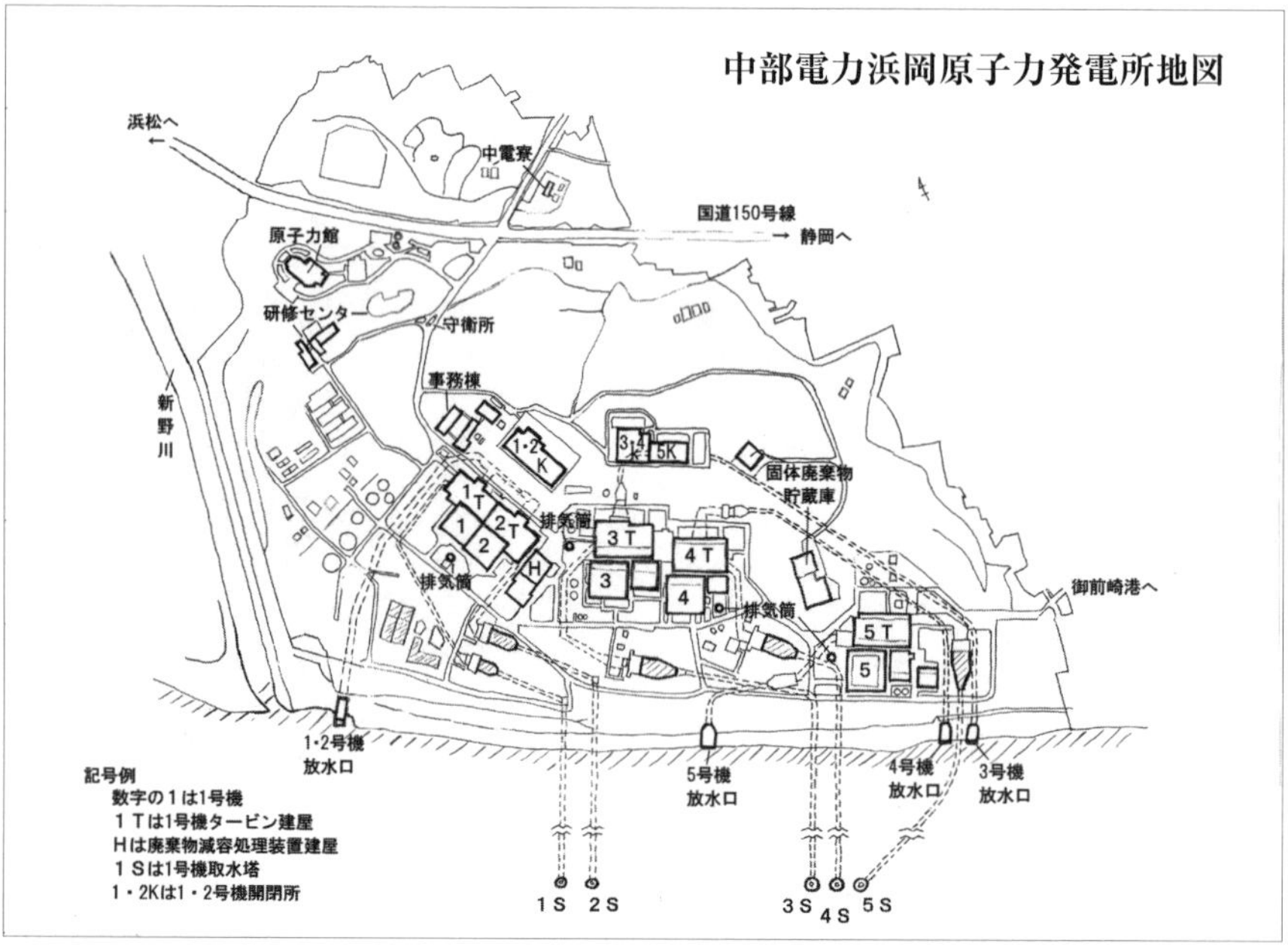
中部電力浜岡原子力発電所地図
浜松へ
中電寮
国道150号線
静岡へ
原子力館
研修センター
守衛所
新野川
事務棟
1・2K
3・4K
5K
固体廃棄物貯蔵庫
1T
2T
1
2
H
排気筒
3T
4T
3
4
排気筒
排気筒
御前崎港へ
5T
5
1・2号機放水口
5号機放水口
4号機放水口
3号機放水口
記号例
数字の1は1号機
1Tは1号機タービン建屋
Hは廃棄物減容処理装置建屋
1Sは1号機取水塔
1・2Kは1・2号機開閉所
1S
2S
3S
4S
5S

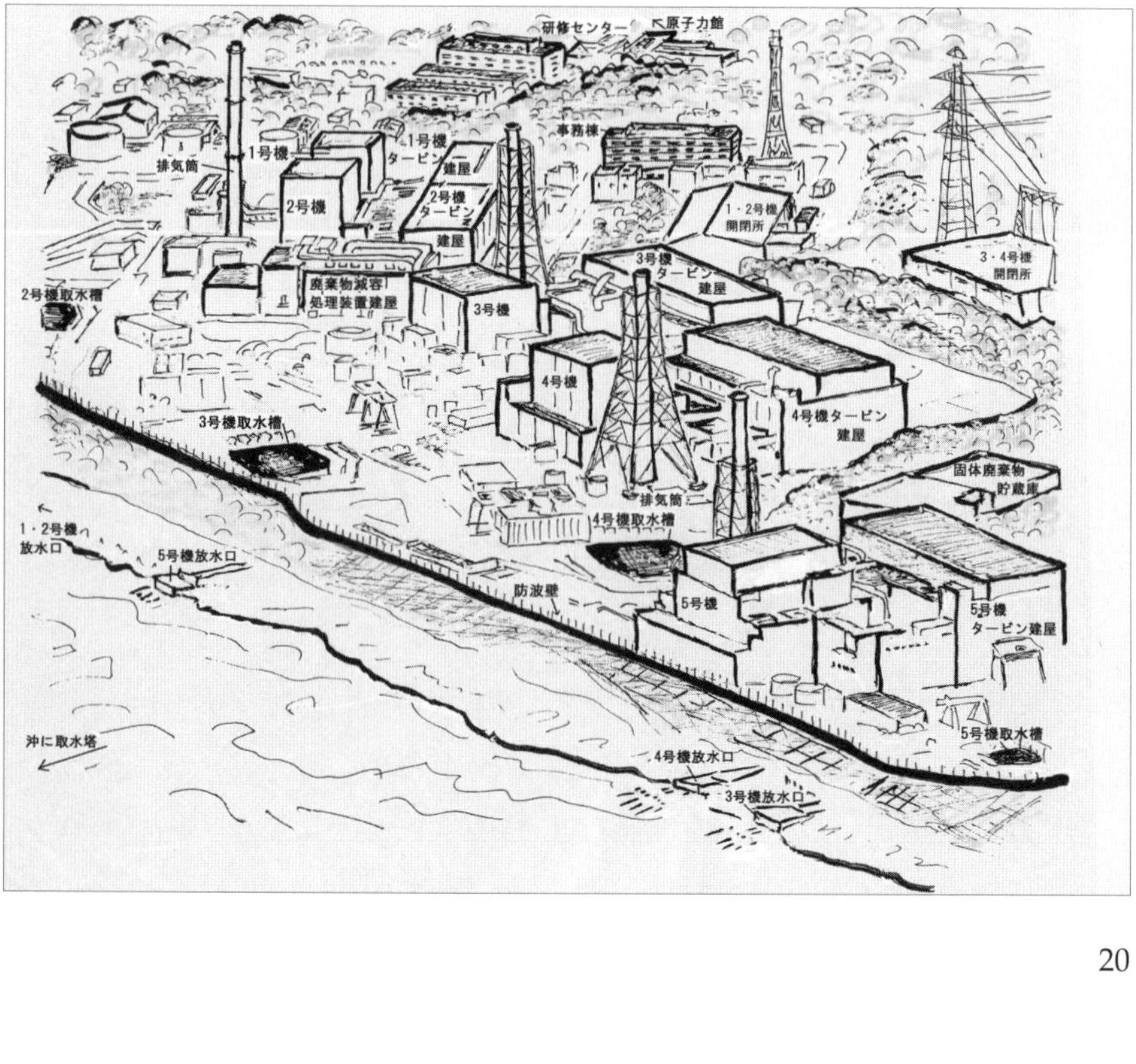
研修センター
原子力館
事務棟
1号機
排気筒
1号機タービン建屋
2号機
2号機タービン建屋
1・2号機開閉所
2号機取水槽
廃棄物減容処理装置建屋
3号機
3号機タービン建屋
3・4号機開閉所
4号機
4号機タービン建屋
3号機取水槽
排気筒
4号機取水槽
固体廃棄物貯蔵庫
1・2号機放水口
5号機放水口
防波壁
5号機
5号機タービン建屋
沖に取水塔
5号機取水槽
4号機放水口
3号機放水口

I

地域での原発建設反対運動の形成

浜岡での原発建設反対運動の形成とその活動を中心にみていこう。

一九六七年になって浜岡原発の受け入れの動きが明らかになるが、秋には原発建設に反対する諸団体が集まって浜岡原発反対共闘会議が結成され、反対運動をすすめた。中電は土地の買収をすすめ、反対の声が強い漁業協同組合への懐柔をおこなった。その結果、漁協は建設に合意し、漁業補償を受け取った。浜岡原発一号機の建設が始まると、中電は二号機の増設をすすめた。静岡県と浜岡町は中電からの情報を広報し、安全を宣伝した。第一章ではこれらの経過をみる。

続いて第二章では、浜岡原発の稼働にともなう放射能の周辺への流出、寄付金や交付金の地域財政への影響、東海地震と原発の問題、ゼネラルエレクトリック（GE）製原子炉の脆弱性、浜岡原発での事故、労働者被曝などについて記し、中電が三号機の増設を示した経過をみていく。

第一章……浜岡原発の建設と浜岡原発反対共闘会議の結成

1　芦浜での抵抗と浜岡への建設計画

一九五四年四月、政府による原子力関係予算の成立をうけ、一九五五年八月、中部電力は社内に原子力発電研究会を設立した。同年一二月に原子力基本法など原子力三法が制定されると中電は一九五六年三月に火力部に原子力課をおき、原子力発電の研究と建設をすすめた。一九六〇年、中電は静岡、愛知、三重の三県で一〇か所の候補地を選ぶとした。一九六三年には、愛知県の渥美半島や静岡県の御前崎を不適格とし、三重県南部の芦浜、長島、海山のうち一か所への原発の建設をおこなうことを明らかにした。一九六三年一一月には三重県との建設に向けての事務的な打ち合わせをおこなった。

中電は、地盤や海岸が地震や津波に対して安全かどうか、資材運搬のための船が入る水深があるか、資材運搬道路が容易に付けられるか、冷却用海水が手に入りやすいかなどを建設用地選定の基準とし、人家が少なく協力が得やすいところ、真珠養殖いかだやブリ定置網などがなく補償でもつれない場所を探した。

一九六四年にはいり、中電は三重県の紀勢町と南島町にまたがる芦浜地区へと設置場所を絞り込んだ。最初に計画された一号機の規模は三五万キロワットだった。この芦浜原発建設計画がすすめられた時期、東京電力や関西電力も原発の建設を計画していた。中電は原発用地を買収したが、南島町の漁民は生命の海を守ろうと補償金を拒否して抵抗し、南島町長はリコールされた。一九六六年九月には、長島から視察に向かう中曽根康弘科学技術庁長官らの出港を、反対する漁民たちが漁船で阻止するという長島事件が起きた。漁民の実力阻止の闘いは芦浜での原発建設を止める力になった。

このなかで中電は新たに静岡での原発の建設を計画し、静岡支店を使って内密に遠州灘沿いで建設地を探し始めた。そのなかで浜岡が候補地にあがった。候補とされたのは、浜岡町の海岸沿いにある浅根という山林であり、海へと砂丘が広がる場所であった。浅根の山林には山桃、松露、グミなどが自生し、砂丘では地引網が引かれ、アジ、キス、イワシなどが採れるなど、自然豊かな地域だった。中電はこの浅根の山林などに入り込み、秘密のうちに実地調査をおこなった。当時、浜岡町助役であった河原崎貢に中電社員を紹介するなどの接触も図られた。

芦浜で抵抗が続くなか、中電は当初、不適格とした御前崎（浜岡）に原発を建設することになった。御前崎地域は大地震や津波が起きる場所であり、活断層があり、地盤は弱い。浜岡に水深のある港はなく、核燃料は御前崎港からの陸上輸送となる。遠浅の海岸のために冷却用の海水は沖に取水口を作ってトンネルで運ぶことになる。御前崎沖は多くの海産物がとれる豊かな漁場であった。三〇キロ圏内の人口は多く、東海道線も通っていた。

2　浜岡での原発誘致工作

中電は一九六七年はじめに、静岡支店を使って原発建設に向けての工作を始め、浜岡の元町長で農業協同組合長であった鴨川啻一《ていいち》へと原発建設を打診した。地元から受入を求める動きを作り出そうとしたのである。四月の浜岡町長選挙後、鴨川啻一組合長は当選したばかりの河原崎貢町長へと建設計画を伝えた。五月三日、中電は浜岡町長に地元の誘致があれば佐倉地区に原発を建設したい旨を非公式に伝えた。

五月末、町長は竹山祐太郎県知事を訪問して協議し、鴨川義郎企画課長ともに東京で佐倉出身の水野成夫と面会した。水野はフジサンケイグループの基礎を築き、産経新聞会長となって財界四天王のひとりといわれていた。町長は水野から原発が「金の卵を産む鶴が降りたようなもの」と聞かされ、錦の御旗を得たと感じた。六月一〇日、中電は浜岡町に原発建設の意向を確認した。町企画室や佐倉の浜岡町議員ら一一人は六月一三日から一四日にかけてひそかに東海村を視察した。六月一五日には町議会の秘密会が開催され、経過が報告された。町は県と連絡を取りながら中電本社を訪問した。六月二八日には役場内に開発調査委員会が設置され、浜岡町議会全員協議会で検討がなされた。この開発調査委員会は九月になって浜岡原子力発電所調査委員会という名前に変えられた。六月二一日には浜岡出身の県会議員である丸尾謙二が竹山知事と原発について懇談するなど、水面下で原発の誘致・受入に向けての話がすすめられた。

このような動きのなかで七月五日、サンケイ新聞は「静岡県にも原子力発電所」、「有力候補に浜岡町」、「出力五〇万キロ、東海村の二倍半」と報道した。記事には、中部電力は小笠郡浜岡町佐倉地区を有力候補と決め、このほど浜岡町当局に建設協力を申し入れた、浜岡町はここ一両日中に議会の全員協議会に諮るとしたが、当局・議会ともすでに受入への賛成を決めている、浜岡町は農業以外に産業がなく後進地として取り残されてきたが、火力と違い原子力には公害の恐れがないとし、非公式に議会工作をすすめてきたと記されていた。

この報道のあった日に記者会見した中電副社長は、町当局者と会って原発建設について話したのかは言えないが、地元から正式な申し入れがあれば、直ちにボーリング調査を開始したいとした。中電は秘密のうちに話をすすめておきながら、町からの申し入れがあれば建設するという姿勢をとった。記者の質問に対して竹山知事は何も聞いていないと答えた。

報道されると浜岡町は県や周辺の町、漁業協同組合などへと説明に回った。七月九日、一〇日、町長、町議会、佐倉地区の代表者ら四六人が東海村を視察した。七月一二日から地域ごとの説明会がすすめられた。七月二一日にはテストボーリングが決定され、八月からボーリング調査が始まった。八月二八日、浜岡町議会の全員協議会は土地の価格補償その他が満たされれば、受け入れる用意があると申し合わせた。中電は芦浜のような反対の動きがおきないようにと、正式に要請する前から建設に向けてのスケジュールを綿密に組み、話をすすめていった。

中電は、排出される冷却水は大量の海水と混じるため、影響は一度以下、範囲は一キロ以内、放射線もわずかとし、電力料金も安くなると宣伝した。当時、許容線量は一年間に五〇〇ミリレム（五ミリシーベルト）とされていた。原発は安全であり、経済効果があるというのである。佐倉地区は戦時には陸軍の遠州射場がおかれていたが、戦後に開拓がすすめられた。コンビナート建設や米軍のレーダー基地建設の話がでたこともあるが、住民の反対の声により、計画は中止された。

当時の浜岡町の人口は一万七〇〇〇人、三四〇〇世帯ほどであった。浜岡町は低開発地域工業開発促進法により促進地区に指定され、営業開始一〇年間は固定資産税を国が肩代わりすることになっていた。一六〇万平方キロの土地が買収され、五〇〇億円を投下して発電所ができれば、完成後には浜岡町に二億三〇〇〇万円の固定資産税の収入が入ることになる。当時の浜岡町の予算は二億三五〇〇万円であったから、その倍の収入が見込まれたわけである。

この時点で、運転していたのは東海村の日本原子力発電の東海発電所と日本原子力研究所動力試験炉の二基であり、東京電力の福島、日本原電の敦賀、関西電力の美浜などで建設がすすめられていた。一九八〇年までには全国に二五基の原発の建設が計画されていくが、各地で反対運動が起きていた。中電は「玉手箱の原子力発電」というキャッチフレーズを使ったが、それは開けてはならない箱だった。

3　浜岡町による安全宣伝

一九六七年八月、九月と浜岡町は「広報はまおか」で「原子力発電所を解ぼうする」という題で原発を宣伝した。それは石炭・石油に代わる新たなエネルギーとして原子力をあげ、その安全性を強調するものであり、見出しには「地震が来ても大丈夫」「放射能の心配はない」とあった。

広報の八月号には、「原子力発電所では一度燃料を入れると二〜三年は連続して運転ができる」「（アメリカでは）発電のエースは原子力になりました」「原子力発電所が安全でしかも火力発電よりも経済的になった」「（冷却水は）直接燃料などにふれることはありませんので、まったく放射能の危険はありません」「冷却水の水産資源への影響はむしろ火力発電所よりは少ない」「原子力発電所は原爆のように爆発することはありません」「放射能については全く心配はいりません」「いろいろな安全装置がつけられており、万が一にも事故がおきないよう十分考えて設計」「安全性については十分信頼できます」「炉の暴走事故などは一つも起こっておりません」「放射線障害がおこるのは一回に三万ミリレム（三〇〇ミリシーベルト）をあびたときです」といった言葉が続いていた。

広報の九月号には、「関東大震災の三倍でも大丈夫」「危険を防ぐ三つの壁」「死の灰は死滅」などの見出しとともに、

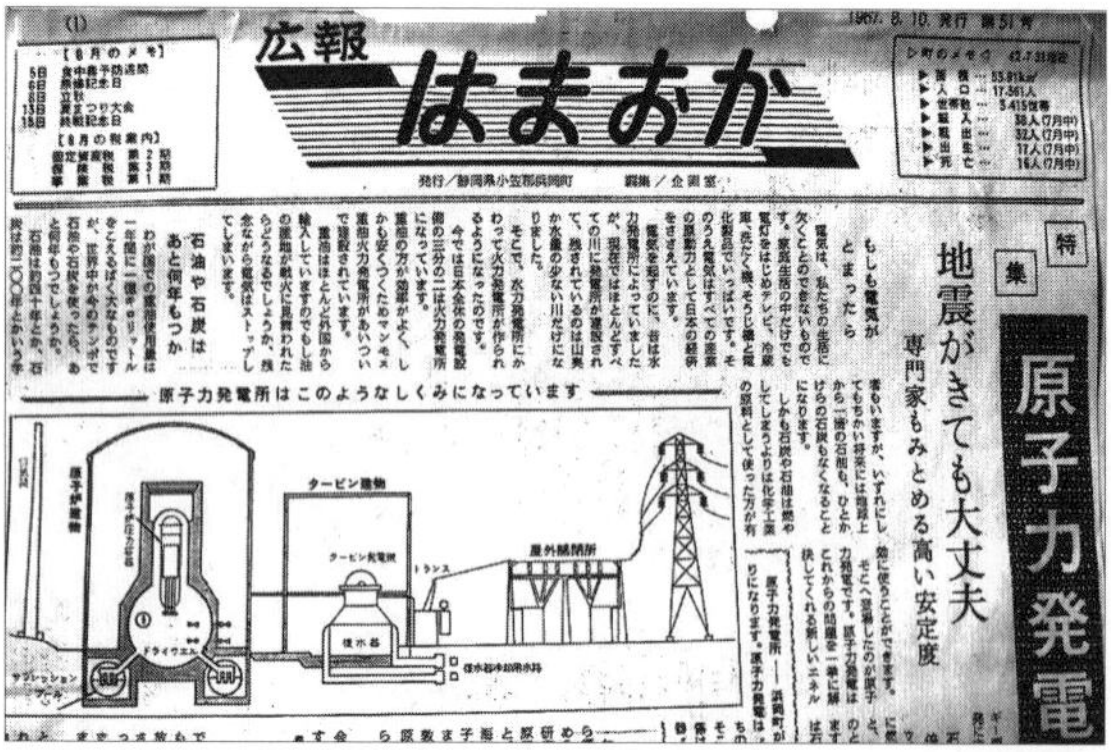
広報 はまおか
特集 原子力発電
地震がきても大丈夫
専門家もみとめる高い安定度
原子力発電所はこのようなしくみになっています
石油や石炭はあと何年もつか

▲…広報はまおかでの安全宣伝

「大きな事故がおきても原子力発電所の従業員や付近に住んでいる人たちに放射能災害をおよぼすようなことはありません」「原子力発電所で放射線災害をもたらすような事故がおこったことは一度もありません」などの言葉が並んだ。

そして「原子力発電に関する八章」が見開きで掲載され、そこには、人は放射線を日常受けている、事故の場合は非常停止し自動的に消火、一部が故障しても十分な冷却ができる、原爆のような爆発物とはちがう物質、爆発的な核分裂の連鎖反応は起きない、自動的に核分裂の連鎖反応が弱まり、自然に温度が下がる、付近の人間や野菜、魚類や海草に悪影響を与えた例はなく、まして魚類などが死んだ例もない、冷却水の影響はほとんどないなどと記されていた。

このような安全宣伝が広報で繰り返された。それは中電からの宣伝情報をそのまま引き写したものだった。このような広報紙を町民は「中電はまおか」と呼んで批判した。当時は、大気中で人体が受ける放射線量年一二五ミリレム（一・二五ミリシーベルト）、テレビを一時間見ていて毎日浴びる放射線量は年三五〇ミリレムであり、原子力発電所からの放出限界値は五〇〇ミリレムだが、実際にはきわめて少量であり、安全であるという宣伝がなされていた。

4 「平和利用による繁栄と幸福」

河原崎貢浜岡町長は「広報はまおか」一〇月号に、原子力は平和利用すれば大きな繁栄と幸福をもたらし、低開発地域の開発のきっかけとなる。一部にはご理解のいただけない人たちを残すが、町の大勢としては受け入れの方向にある。九月二八日に中電から町議会に正式の協力の要請があったが、条件が整えば受け入れるとし、地域開発にむけての勇気と決断を求めた。

町長は原子力の平和利用とそれによる地域開発を強調した。政府と電力会社は危険な原子力を地方に押し付けるにあたり、平和利用や地域開発という言葉で誘導した。

河原崎町長は小学校教員、県教育委員会職員、中学校長を経て町の助役となり、一九六七年に町長となった。開発の遅れた地域に工場を誘致することが念願だったという。一億円ほどの地方交付税を受け取る町財政にとって、原発からの固定資産税は魅力的だった。原発は九九%安全とし、将来のために「サイを振った」とした。町議たちは砂浜だけの町が原発で発展する、土地の値段も原発で高くなったとし、商工会長は公民館・運動場・観光用展示館が中電の援助でできるなどの利益をあげ、賛成した（朝日新聞一九六九年一月連載「開発ってなんだ」）。

中電の要請をうけて、原発受入を担ったのは企画課長の鴨川義郎だった。九月二六日には自民党浜岡町支部が設置実現に向けての前進を決議した。九月二八日には町議会の全員協議会が補償などの条件が満たされれば原発建設を受け入れることを申し合わせた。町議会議員の二〇人のうち保守系が一八人だった。このような誘致・受入工作と安全宣伝、事前の受入表明をふまえて、九月二九日、中電副社長は浜岡町を訪問し、町議会本会議で原発建設計画を正式に申し入れた。

原発の建設計画地は約五〇万坪（一六〇万平方メートル）に及び、三〇〇人ほどの地主がいた。九月二二日には地主への価格に関する会議が開催された。一〇月三日には地主らに連絡委員を置き、一一月、地主への損失補償基準の説明がはじまった。

町による安全宣伝や損失補償の説明は、中電が作成した『明日のために原子力発電を』、『原子力発電所の安全について』、『原子力発電所建設に伴う損失補償基準について』などに従ったものだった。このようなやり方に対して、「住民不在どころか、住民除外の政治だ」という抗議の声があがった。

5　浜岡原発反対運動の形成

漁業協同組合は浜岡原発から冷却水が放出される御前崎の浅根海岸での漁業権を持っていた。中電と浜岡町による原発建設の動きに対し、一九六七年七月には榛原郡の御前崎、地頭方、相良、坂井平田、吉田などの五つの漁協が「町の独善」と、反対の意思を示した。七月二五日には、榛南の五漁協は遠洋漁協を含めて浜岡原発設置反対協議会（会長・畑藤十、相良漁協組合長）を結成した。

反対協議会は冷却水による温度変化や放射能による汚染は漁業に大きな影響を与えるとし、八月一日、中電に建設絶対反対の文書を送った。さらに八月一一日には反対漁民大会を開催し、漁民九〇〇人が浜岡町へとデモをかけた。この行動には磐田郡福田や浜名郡浜名の漁協からも参加した。

原子力発電所設置反対協議会に参加した七組合は約五〇〇隻の船を持ち、浅根岩礁のイセエビやシラス、ワカメ、カジメを中心に漁をしていた。反対協議会は、原発ができれば冷却水などにより、生活圏が侵される。絶対的な無害が保障されていないのだから、補償費で身売りして解決しようとは全然考えていない。実力を行使しても阻止していく、とした。当時、シラスを中心に漁獲高は約一一億円あり、漁民には排水や廃棄物で海が汚染されることへの不安や怒りがあった。

一〇月、反対協議会は各地に原発反対の立て看板を設置し、一一月までに榛南地域の多くの住民から反対署名を集めた。

原発反対の声は浜岡町内からもあがった。山本喜之助や阿形銀平たちは九月一五日、浜岡町原発研究有志会を立ち上げた。結成のきっかけはつぎのような出来事だった。会員の息子が大学卒業後、理研光学研究所に勤めていた。息子は河原崎町長の教え子であったが、原発ほど危険なものはない、浅根漁場や町民の水源地はどうなるのかと反対した。しかし、町長は町内会長を集めた前で、教え子が大賛成したと誘致に利用した。七月末、山本へと「息子のことをまるでデタラメにいいふらしている」と相談が寄せられ、その結果、誘致反対ののろしをあげたのである。浜岡町原発研究有志会は白地に赤字で原発反対と染めた旗を作った。

佐倉三区の地主代表は九月二七日、町議会に対して原発誘致を町当局の一方的な見解で議決することなく慎重に審議することを求める要望書を出した。

日本共産党小笠郡委員会浜岡支部は七月一〇日付で原発誘致に慎重な対応を求めるビラを配布、その後、七月二〇日に浜岡町原発設置反対対策会議を立ち上げ、八月一〇日、反対の声をもりあげようと訴えるビラを出した。共産党静岡県委員会は八月一五日に、原子力の平和利用原則を守り、危険な原子力発電所の浜岡町設置に反対するとした。九月三日には佐倉で林弘文（静岡大学）講演会がもたれた。

静岡県労働組合評議会などは七月一二日から一週間、現地に入り、オルグと調査活動をおこなった。社会党静岡県本部は八月一七日に反対の方針を決め、要請をおこなった。九月には小笠地区勤労者協議会、小笠地区労働組合会議、静岡県労働組合評議会、社会党の四団体による会合（四者会議）が始まり、九月二八日、四者で浜岡町に受け入れの中止を申し入れた。一〇月には四団体で浜岡原発設置反対会議を結成した。反対会議は浜岡現地に事務所をおき、現地には桜井規順が詰めた。また、『県民の生活と健康を守るために原子力発電所の進出に反対しよう』という冊子を発行し、浜岡の闘いが資本、権力、恩恵を受ける一部ボスと住民との闘いであるとし、反対運動を呼びかけた。九月末には「グループ現地」による「のろし」が発行され、地元有志と反対協議会による抗議行動を伝えた。

研究会ニュース
第1号
1967.9.22
浜岡町原子力発電研究会

原発研究会が発足

原子力発電所の設置問題について、浜岡町民の有志による研究会が、このほど発足しました。

原発問題についての関心が高まり、また先に建設が予定されている各地の情報が伝わるにつれて、当然、いろいろな疑問が生じてきています。いままで、町当局は一般町民に対して、広報や地区説明会などで簡単な説明はしたものの、具体的な内容は、ほとんど何も説明していません。

原子力発電そのものについても、専門的なことはなかなか理解しにくいし、学問上も未解決なことが多いようです。ことに、安全性や、この地域の開発については、慎重に考えなくてはならない問題です。

そこで、これらの問題について自主的に研究し、町民の方にもできるだけ多くの事実を知ってもらうために、この会――浜岡町原子力発電研究会の結成をみたわけです。

結成にあたっては、多数の方が出席し、熱心な意見の交換が行なわれました。わけでも反対を表明している地元漁民代表の方が、特別に参加され、実際に調査された芦浜（三重）美浜・敦賀（福井）東海村などの詳しい報告しあって、まだ知らされていない多くのことが明らかにされました。

この会の今後の活動として、専門の科学者による講演、町や中電側への公開の質問、資料の収集などを決め、広く町民の方に理解してもらうことになりました。

講演会のお知らせ

講師　立教大学　服部　学教授

一、日時　九月二十四日　夜七時

一、場所　浜岡町文化センター

別の記事のように、アメリカでは原子炉の設置に更にきびしい基準をつくった。なぜか？　学者の良心をもって語る原子炉の実体を聴こう。

米国で厳重な新基準
――日本では、あやふや――

原子炉は全く安全だという説明がくりかえされています。ところが、アメリカでは、原子力発電所の安全性を高めるための、七〇項目からなるきびしい基準が施行されようとしています。

日本のように狭い国土、たくさんの人口、

▲…反対運動の形成

地元教員らによる浜岡町原子力発電研究会は九月二二日の研究会ニュース第一号で研究会の発足と九月二四日の服部学（立教大学）講演会を紹介した。講演会には二五〇人が参加した。九月、小笠郡の医師会が無断誘致に反対する意向を町に申し入れた。

このように漁協による浜岡町原子力発電所設置反対協議会や町民による浜岡町原発研究有志会、浜岡原発設置反対会議（小笠勤労協、小笠地区労、静岡県労働組合評議会、社会党）、地元教員などによる浜岡町原発研究会、浜岡町原発反対対策会議（共産党関係）、小笠南部平和委員会などの活動が始まった。

浜岡の本町町内会長の家の左隣が商工会の関係者で賛成、右隣が高校教員で反対というように町内は反対と賛成で二分された。

6　浜岡原発反対共闘会議の結成

原発建設に反対するグループを横断する形で、一〇月三日に浜岡原子力発電所設置反対共闘会議（浜岡原発反対共闘会議）が結成された。最初の会長は小野芳郎であり、のちに浜岡原発研究有志会の山本喜之助が会長になった。反対共闘会議は浜岡町原発研究有志会、浜岡町原発研究会、浜岡町原発反対対策会議、浜岡原発設置反対会議（小笠勤労協、小笠地区労、県労働組合評議会、社会党）、浜岡原発設置反対協議会（漁協）などで構成された。

浜岡原発反対共闘会議は、一一月に六〇〇〇枚のビラを作成して配布するなどの宣伝活動を強め、反対のステッカーの貼り付けや「原発速報」の発行などをおこなった。一二月二四日には共闘会議主催で自動車パレードをおこなった。

一九六八年一月、浜岡原発反対小笠地区会議が発足した。この組織は浜岡原発設置反対会議が改編されたものであり、小笠地区労、小笠勤労者協議会、社会党小笠総支部、一般有志などが参加して結成された。この小笠地区会議は原発反対共闘会議に参加し、地区労とともに浜岡原発設置反対会議を構成していた県評と社会党は、共闘会議に別に参加することになった。小笠地区会議は二月に原発討論集会を開催し、三月には中電に設置の撤回を要請した。この小笠地区会議の活動の中心は郵政労働者（全逓信労働組合小笠支部）だった。

▲…3・20 漁船による海上デモ

他方で、一月に浜岡原発問題対策審議会（会長・鈴木八郎相良町長）が結成された。この組織は一般部会と漁業部会にわかれ、原発の安全性の研究を始めたが、原発反対漁民を内側から切り崩す役割を果たした。

三月二〇日、榛南の漁業協同組合による反対協議会は海上デモをおこなった。この行動は実行委員会主催（畑藤十委員長）でもたれ、「原発反対・漁場確保」を掲げて、御前崎漁協の共栄丸を先頭に二二五隻が浅根漁場付近で「中電は帰れ」「原発で海を汚すな」とデモをおこなった。参加した漁民は一〇〇〇人ほどであり、白地に赤で原発反対と書かれた鉢巻きを締めた。佐倉の海岸では反対共闘会議二〜三〇〇人による海上デモ連帯集会が開かれた。このデモは漁民の反対運動への切り崩しに抗して取り組まれた。

四月六日、反対協は中島篤之助（日本原子力研究所）講演会を開催した。反対漁協への切り崩しが強まるなかで、反対漁協は六月五日「漁民統一見解」を出して、漁場の喪失、資源の質的変化、放射能汚染、生産物の経済性低下などをあげて、反対の立場を表明した。六月には静岡県水産試験場が浅根漁場で実態調査を始めた。

▲…海上デモへの連帯集会

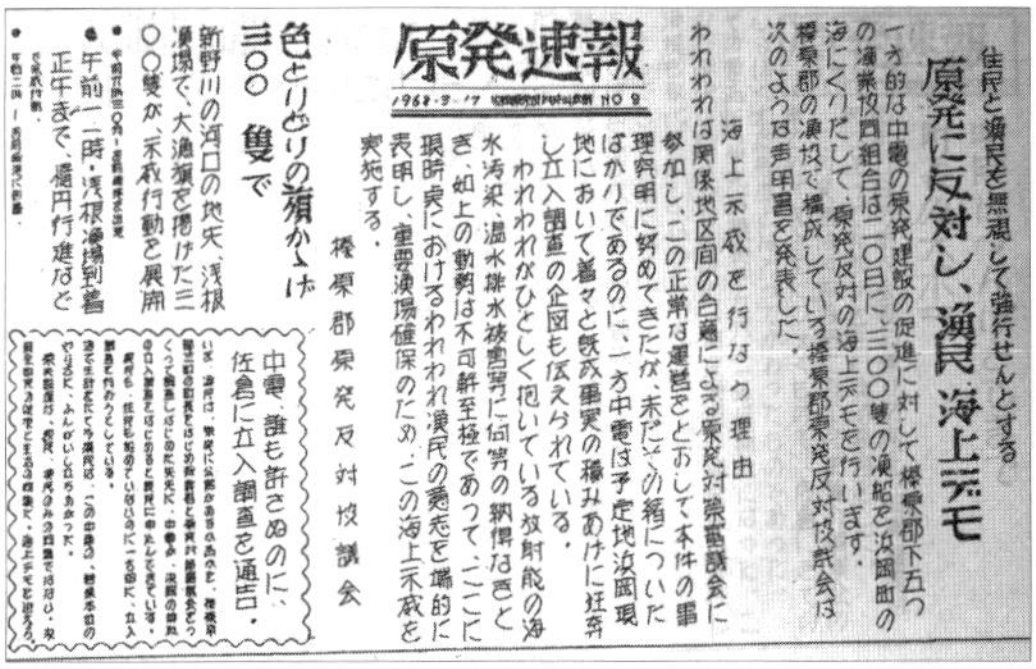

原発速報

NO 9

住民と漁民を無視して強行せんとする

原発に反対し、漁民海上デモ

一方的な中電の原発建設の促進に対して榛原郡下五つの漁業協同組合は二〇日に、三〇〇隻の漁船を浜岡町の海にくりだして、原発反対の海上示威を行います。榛原郡の漁協で構成している榛原郡原発反対協議会は次のような声明書を発表した。

海上示威を行なう理由

われわれは関係地区間の合意による原発対策協議会に参加し、この正常な運営をとおして本件の調査究明に努めてきたが、未だその緒についたばかりであるのに、一方中電は予定地浜岡現地において着々と既成事実の積みあげに狂奔し立入調査の企図も伝えられている。

われわれがひとしく抱いている放射能の海水汚染、温水排水被害等に何等の納得な答をきく、如上の動勢は不可解至極であって、ここに現時点におけるわれわれ漁民の意志を端的に表明し、重要漁場確保のため、この海上示威を実施する。

榛原郡原発反対協議会

色とりどりの旗かかげ 三〇〇隻で

新野川の河口の地先、浅根漁場で、大漁旗を掲げた三〇〇隻が、示威行動を展開

● 午前一一時・浅根漁場到着 正午まで、楕円行進など

中電、誰も許さぬのに、佐倉に立入調査を通告。

▲…海上デモの報告記事

七月、浜岡原発反対共闘会議と漁協の共同行動が取り組まれた。浜岡原発建設の話が持ちあがって一年となる七月二〇日、午前に五漁協から六〇〇人ほどが集まり、浜岡原発設置反対強化大会がもたれた。同日午後には原発反対共闘会議が主催する浜岡原発設置反対大行進が開かれた。そこに漁民も参加、デモ行進の参加者は地元有志、労働組合、民主団体、社会党、共産党を含めて一〇〇〇人ほどになった。

デモ行進は桜ヶ池から中電事務所前、浜岡町役場前を経て、浜岡中学校までおこなわれ、「浜岡原発反対」「地主が土地を売っても漁民は絶対海を売らないぞ」などと声をあげ、歩いた。浜岡役場前では漁協の畑藤十や中本才次郎（事務局）らが町当局へと抗議文を渡そうとして警察と対峙した。最後に地元の浜岡原発研究有志会の篠崎正司が、浜岡原発の設

置は地域の発展よりも公害による影響が大きく、沿岸漁業に打撃を与える、安全性の面からも計画の中止を中電、浜岡町、静岡県に求めるという決議文を読みあげた。

しかし八月、反対協の全体会議で畑藤十が辞任し、新会長に小野田庄作がなった。九月には漁協で中電との話し合いが協議されたように、中電による漁協への切り崩しが顕在化してきた。

共闘会議の結成から一年を経るなかで、共闘会議は、浜岡町原発研究有志会（会長篠崎正司）、浜岡原発設置反対協議会（会長小野田庄作、榛南漁業協同組合）、浜岡原発研究会（浜岡町原発反対対策会議（議長榑林《くればやし》靖男）、小笠南部平和委員会〔委員長松下厚〕、県高等学校教職員組合池新田高校分会・同相良高校分会）、浜岡原発反対小笠地区会議（議長落合幾、小笠地区労、小笠勤労者協議会、社会党小笠総支部、一般有志）、静岡県労働組合評議会（議長青木薪次）、社会党静岡県本部（委員長松永忠二）などで構成されるようになった。

▲…浜岡原発設置反対大行進

議長は浜岡町原発研究有志会の山本喜之助、副議長は漁協の反対協議会の小野田庄作、浜岡町原発研究有志会の篠崎正司、静岡県評常任幹事の稲毛万作、小笠町町議の溝口茂（共産党）、前静岡県議会議員の大角想一（社会党）である。

7　佐倉での土地買収

一九六八年に入ると、中電による土地の買収交渉と合意への工作がすすめられた。二月五日、第一回目の浜岡原発用地の買収価格が提示されたが、浜岡町当局の試算では約九億円であり、予想価格の半分ほどだった。これに対して浜岡町は再考を求めて返上した。関係地主は佐倉地区で三〇六人（二五三戸）であり、県外を含めれば三四九人（二九四戸）、移転家屋は九戸三八人だった。地主のなかには「売るとか補償とかどころじゃない。土地を失ってしまうのがいやなんだ。わたしはあくまで原発お断りです」（酒井泰作）と語る地権者もいた（読売新聞一九六八年二月六日）。

中電側は代表者を決めることを求めたが、地主側は新たに価格を示せば、代表者を出すとした。三月には第二回目の価格が提示された。このような土地買収の動きのなかで、共闘会議は反対協議会とともに地主への反対工作のために、二月、四月とビラ配布をおこない、農民オルグをすすめた。四月三日、地主が、畑に入り込んだ者を問い詰めると「植木屋だ」と答え、再び入ってきたため、問い詰めると「中電の者だ」と白状する場面もあった。共闘会議はこのような中電社員による土地の無断立入調査に抗議した。

静岡県企画調整部の指示を受けるなかで、浜岡町は五月六日に地主代表の交渉委員二二人を決め（榑林睦太郎委員長）、代表交渉委員五人を選んだ。交渉委員会は農地のランク付けや山林・原野などの格差、租税などについての意見をまとめた。地主と中電との交渉がおこなわれ、六月に入って代表交渉委員はさらに二人が追加された。

交渉委員会は当初、農地（田畑）で一反（一〇アール）当たり三〇〇万円、山林で二一〇万円を求めた。交渉のなかで、農地Aでは一二〇万円に農業補償を加えるといったところまで話がすすんだ。交渉委員は六月に成田での買収価格を視察、田では一五三万円などを確認し、さらに交渉したが、中電は一二〇万円が精一杯とした。交渉委員会は農地一六〇万円を一歩も引けない線とした。代表交渉委員会は、中電と折り合いがつかない場合は最終的な交渉を町長、県知事に任せ、成

原発速報

原発安全問答？

42年12月5日、漁民に対して行った中電の浜岡原発設計説明会で、安全性を、るる説明した中電名古屋本社原子力推進部長と漁民との間に、次のような有名なやりとりがありました。

部長―敷地は一キロ以内に人が居住しなければよいのです。

漁民―それならば名古屋近辺にもいくつか適地があるではないか。

部長―あちらの方は人口密度が高いのであぶなくてつくれないのです

漁民―それでは浜岡周辺の人間は死んでもよいというのか

部長―返答できず……

浜岡の地主のみなさんへ

三重県芦浜では、地主が土地を中電に売りましたが漁民のつよい反対で土地はそのまゝ放置されています。

たとえば佐倉地区のみなさきが土地売買で中電といかに固い約束をされても、この芦浜の経験にこりている中電は、すぐには、お金の支払いをしないでしょう。

私たちは、この原発による各種の被害が甚大であるので断じて漁場は売りません。

みなさん、中電の、あまいさそいにのらず最后まで土地を守っておたがいにがんばりましょう。

榛原郡下漁業協同組合

浜岡原発反対共斗会議一九六八・二・一一発行

"政府は約束を守らない"と嘆く東海村の村長さん！

▲…反対共闘会議による地主への土地不売の呼びかけ

田と同価格とするという方向も示した。

町側（助役）は、中電が示す額に町が協力費を上乗せして地主の要望に近づけるという案を出した。この案によって地区ごとの会議がもたれ、反対はでたが、町が示す価格ですすめることになった。それにより、六月末から七月にかけて代表交渉委員長へと交渉の委任状があつめられた。この委任状に対して、共闘会議は白紙委任状であり、発言権を失うものと批判した。

代表委員による交渉は七月二四日までに終わった。ここで交渉委員会はその後の中電との交渉を町長と議長に委任した。八月三日までに委任状は二四一人中二〇九人分が集められた。代表交渉委員と浜岡町は静岡県庁で会合を持ち、田畑Aで一二五万円とし、それに一五万円の調整金をつけ、さらに離農補償と協力金を加算するという案を作った。

八月には買収予定用地の三分の二の合意が大筋で成立することになった。八月一〇日には県企画調整部長の立会いの下で価格が最終決定され、八月一四日、中電と原子力発電所用地交渉委員会（榑林睦太郎委員長）との間で「用地の売買ならびに補償に関する仮協定書」が結ばれた。九月二日、全地主から委任状が集められた。一〇月九日、中電静岡支店でこの協定書が本調印され、その後、個別の調印がなされた。

一〇月二三日、移転家屋九戸との話し合いがもたれた。浜岡原発反対会議や原発研究有志会は現地の移転者宅に一〇月二七日から二九日にかけて泊まり込んで移転に反対した。しかし、一〇月二九日、町は町役場二階で移転家屋との交渉を徹夜でおこない、三〇日に全戸に調印させた。それにより、買収はほぼ完了することになった。一二月一〇日には周辺用地へのくい打ちが始まった。公有地の交渉は一九六九年四月から始まり、一〇月三一日に仮調印がなされた。その際の佐倉財産区管理者である町長と中電との間の覚書では売買代金は一億二九五〇万円である。

発電所用地、社宅用地、取水用地など一連の土地の買収総額は一五億四三七六万九〇〇〇円となった。また買収にともなう建物、立木、果樹などへの補償額は二億九八四万円だった。

8 佐倉地区対策協議会設立と中電の協力費

土地の買収交渉のなかで浜岡町は、中電が示す買収額に町が協力費を上乗せするとした。その協力費とは中電から町に渡される金のことである。土地交渉がおこなわれていた一九六八年八月九日、中電と町は原発設置に関する協定を結び、九月に入ると町への協力費の支払いについての協議が行われた。

八月一七日には地主を中心とした浜岡原子力発電所佐倉地区対策協議会（佐対協）の設立総会がもたれ、鴨川啻一が初代会長になった。佐対協は一〇月に浜岡町に佐倉地区開発の要望書を出し、翌年、町は中電に協力を求める要望書を出した。佐対協の役割は、土地買収金に上乗せする協力費を求めて、受け取ることだった。これ以後、中電から浜岡町や佐対協へと多額の協力金が流れていくようになった。

一九六九年一〇月二一日、浜岡町から中電へと要望書が出された。一〇月三一日の覚書では、佐倉財産区の管理者である浜岡町長へと中電が佐倉財産区土地売買仮契約書による一億二九五〇万円から、一九六八年一〇月二四日の覚書によって前渡しで支払済みの二〇〇〇万円を引いた額を支払うことがきめられた。そこでは残金の五五〇〇万円を先に支払い、所有権移転登記が終了した後に五四五〇万円を支払うとした。

一九七〇年三月三一日、浜岡町は中電に対して、町が町内地主へと支払う予定の協力費五三七〇万円を四月九日までに支払うことを求めた。また一九七〇年一一月一〇日、浜岡町は中電に公共補償を求め、一二月四日には具体的な内容を記した要求書を渡した。そこには、道路、小学校、役場庁舎、上水道、グランド、佐倉公民館などでの国庫と県費からの補助を除いた町負担分が記されていた。その補填を中電に求めたのである。

このような経過のなかで、一九七一年五月一七日、町と中電の間で一号機の地域開発協力費の仮協定書が結ばれた。これは一九六八年八月九日の原発設置に関する協定書をふまえたものであり、地域開発費として二億四〇〇〇万円を一九七一年九月と一九七二年九月に半額ずつ支払うことが約束された。この協定によって中部電力から浜岡町に出され

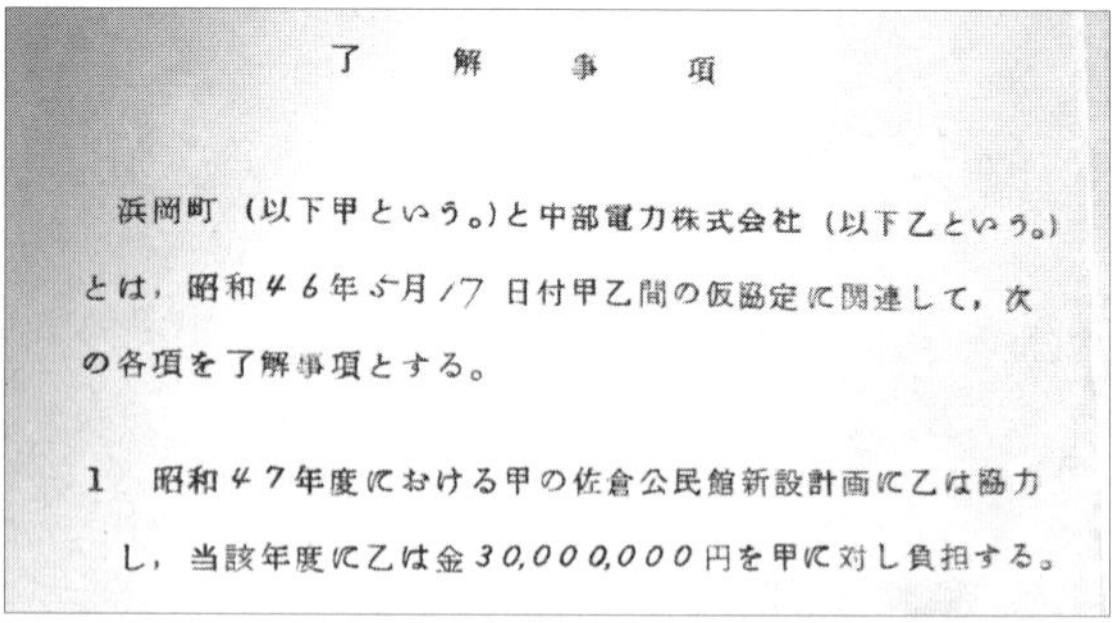

了解事項

浜岡町（以下甲という。）と中部電力株式会社（以下乙という。）とは，昭和４６年５月１７日付甲乙間の仮協定に関連して，次の各項を了解事項とする。

１　昭和４７年度における甲の佐倉公民館新設計画に乙は協力し，当該年度に乙は金３０,０００,０００円を甲に対し負担する。

▲…1971年5月17日了解事項

た一九七一年度分の協力費一億二〇〇〇万円のうち、五一五七万三〇〇〇円が佐倉地区へと道路整備などの名目でだされた。この年度分の残金は四四〇三万三〇〇〇円であったが、一九七二年度の協力金一億二〇〇〇万円に加算されて使用された。

この五月一七日の仮協定の際には了解事項も書面とされたが、そこでは、一九七二年度の佐倉公民館新設に際し中電が当該年度に三〇〇〇万円を負担し、将来、佐倉小学校新設や町庁舎の新築等においても協力することが記された。同日、町と中電との間で佐倉財産区の土地売買契約書が結ばれた。

なお、一九七一年一二月には中電は御前崎町・相良町と覚書を結び、それぞれ六〇〇〇万円を教育施設振興費として支払った。県公安委員会へは二回で約一四五八万円を信号機・交通標識費として支払った。また、一九七一年四月、中電は御前崎漁協と御前崎港での埠頭建設の覚書を結び、中電が建設費約三二七〇万円を負担した。

一九六八年八月、浜岡原発研究有志会（山本喜之助代表）は浜岡原子力発電所誘致にかかわる浜岡町の財政支出に関する公開質問状を町に出した。そこでは、一九六七年度の原発誘致に関わる費用、一九六八年度当初予算における原発対策費の違法計上の疑いの二点を問いただした。浜岡原発研究有志会は、誘致費が三〇〇万から四〇〇万円ほど使われたといわれていることから、その実態を明らかにすることを求め、また、対策費が五〇万円と計上され、その内訳が委員の報酬と旅費、賃金、需用費とされていることから、地方自治法第二〇三、二〇四条との関連で違法な計上ではないかと追及した。

９　浜岡町への公開質問状

一九六八年一〇月一二日に共闘会議は浜岡町文化センター（中央公民館）で「講演と映画の夕べ」を開催しようとした

が、公民館を管理する町教育委員会は使用を断った。浜岡町の助役は「町の施策に反対する団体に公民館を借さないのは当然」とした。集会は寺院でもたれることになり、一〇〇人ほどが参加した。このような理由で公民館使用を拒むことは市民の権利を侵す不当な処置であり、一二月に共闘会議は公民館使用拒否に対する不服申し立てをした。

一一月一四日、町民有志が浜岡原発に関する公開質問状を浜岡町長に提出した。この質問状には一六項目があげられ、その内容は、浜岡原発の規模についての情報提供、増設への対策、放射能公害への対策、死の灰の監視、原子力施設監視の町の権限、公害対策委員会の設置の意向、農産物などの市場価値低下の際の対策、事故時の避難道路の青写真、緊急避難での医療対策、災害補償、再処理工場設置の動きについてである。文面では、原発が一日一・五キロの死の灰を生むことへの抵抗感が示され、その処理の問題が指摘された。

署名用紙に名前をあげて賛同を求めた人々は、水野益次、渡瀬謙、中山繁吉、篠崎岩吉、海野精次、清水一男、清水安次、石原顕雄、貝塚猪一、松下緑作、中山孝一郎、今村忠七、塚本庄吉、榑林靖男、水野茂作、篠崎庄司、植田五一、小川春平、鈴木尚、松村伸和、斉藤忠一らである。賛同署名者は一六七人であり、その後、四〇〇人ほどになった。

この質問状に町が回答したのは六か月後のことだった。その際の回答で町は、一、町と中電による原子炉増設、二、道路整備・送電線設置、三、放射能災害を中電が補償するという三つの協定があるとしたが、その詳細については明らかにしなかった。共闘会議はその内容の公開を求めた。

中電は浜岡文化センターで一二月一九日、二〇日と原子力平和利用展を開催し、宣伝した。この展示会には動員された中学生・小学生が目立ったが、私服の警官も多数配置された。共闘会議は一九日に会場前でビラをまいて抗議行動をおこなった。ビラでは、原発での事故と放射能の危険性、原発は文化の中心にならないこと、土地を買収しても漁民の反対が強いこと、中電が一〇年後には増設により三〇〇万キロワットの発電を計画していることなどを訴えた。この抗議行動に参加し、路上でビラを撒いていた青年が菊川署によって逮捕された。私服の菊川署長が自ら指示して逮捕させるという反対運動への威嚇をねらった不当な逮捕であったが、反対共闘会議は強く抗議し、当日の夜には釈放させた。

10 漁業協同組合への懐柔工作

中電は一九六八年末までに佐倉の私有地を買収し、一九六九年に入ると反対の立場をとっている漁協への懐柔をすすめ、反対運動の切り崩しをねらった。

一九六九年一月二三日、相良公民館で漁協の浜岡原発設置反対協議会の役員会がもたれた。この会合では美浜と敦賀の視察報告がなされたが、多くの役員が、原発の安全性、放射能による海水汚染、漁場の荒れについて、心配が拭い去られるどころか反対に強くなったという意向を示した。「地主が土地を売っても漁民は絶対海を売らない」とする意志は、この段階では強かった。

二月二三日、共闘会議は切り崩しに対抗して浜岡原発設置反対総決起集会を浜岡中学西側の広場で開催した。集会には五〇〇人が参加し、反対する漁民を中電が札束で押し切ろうとしていることに抗議し、デモでは「原発反対！　海と空と心を汚すな！」と訴えた。

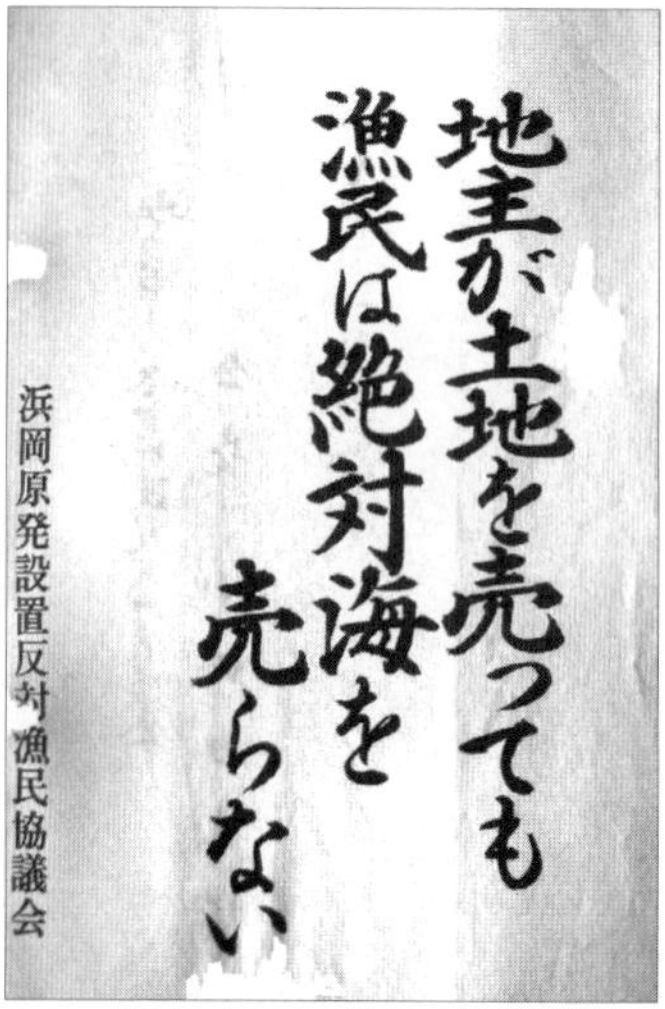
地主が土地を売っても
漁民は絶対海を売らない
浜岡原発設置反対漁民協議会
▲…漁協の反対ステッカー

この動きに対して、中電は御前崎、相良、吉田、榛原の四町と関係漁協などで組織する浜岡原発問題対策審議会（会長・鈴木八郎相良町長）を通じて漁協との話し合いを求めた。この浜岡原発問題対策審議会の漁業部会には漁協の役員が入っていた。中電は漁民への戸別訪問などによって設置協力への工作をすすめてきたが、三月に入り、中電の懐柔に応じて漁協内に中電と話し合う動きがみられるようになった。

五月二三日、電源開発計画調整審議会が開かれた。浜岡原発反対共闘会議はバスを借り切り、東京に向かった。会場の大蔵省ビル前に、浜岡原発反対共闘会議の山本喜之助議長をはじめ、稲毛万作、篠崎正司、大角想一、溝口茂ら四〇人が押し掛けて抗議し、原発建設計画の却下を求める要請書を渡した。要請書には、原子力発電所は放射能で海を汚染し、漁場を破壊するものであり、反対すると記されていた。審議会は、浜岡原発については反対運動を考慮し、正式に組み入れる前に地元の了解を取り付けるという条件をつけてその建設を認めた。

この決定を受け、浜岡原発問題対策審議会は地元の意見を調整するとし、反対漁民の切り崩しをおこなった。この動きのなかで、浜岡原発設置反対協議会の会長である小野田庄作は、原発建設についての態度は白紙であり、漁民を刺激するような建設計画はすすめるべきではない、革新団体の協力要請については、漁業者として独自の方針をたてるとした。

六月一四日、名古屋のホテルで浜岡原発設置反対協議会の役員と五つの漁業協同組合の組合長らが中部電力の社長らと会談した。そこには反対の立場をとる相良漁協組合長の畑藤十も参加した。その場で、反対協議会は漁民への事前連絡なしで浜岡原発の計画をすすめたことに対して抗議文を出し、再びこのような漁民への不信行為をしないという念書を書くように中電に求めた。

この会合について畑藤十は、漁民の反対は依然として強い。したがって組合幹部連の勝手な行動は許されない。抗議書を連名にしたのも、漁民の反対の総意を示したものと語った。そこには反対協議会幹部が条件付き受け入れに傾きはじめたことへの危機感がみられる。

この会談により、六月一九日、中電は求められた念書を反対協議会と五漁協に手渡した。その念書には漁民を無視したことへの遺憾の意、地元の了解をとること、漁民側の疑問点での両者の話しあいなどが記されていた。この念書を受けて、反対協議会は相良町の郡漁連で役員会を持ち、場合によっては中電の説明を聞いてもよいとする意見でほぼ一致した。この動きは「安全性確保」と漁業補償を条件に、原発の建設を容認するという方向への転換を示すものであった。

このような動きに対し、反対共闘会議は漁民への宣伝活動をすすめた。しかし七月一日、浜岡原発問題対策審議会の漁業部会に原発問題究明委員会が置かれ、海洋調査をすすめることになる。調査を担った岩下光男（東海大学）は漁業と原発との共存共栄という立場だった。七月下旬からは海洋調査が始まり、反対漁民も加えての調査もなされた。この調査は火力発電所のある知多半島沖と東海原発の沖や浜岡沖の浅根漁礁などでおこなわれ、ヘリによる潮流観測もおこなった。この海洋調査のデータが漁業補償獲得の資料として使われることになった。九月には岩下による海洋調査報告書がまとめられた。

海洋調査は原発と漁業の共存共栄を宣伝する材料とされた。日本科学者会議静岡支部は「岩下教授の論文に対するわれわれの見解」で、この報告書は放射能汚染問題を無視して温排水問題に矮小化したものであり、放射能汚染による地元の生命の危険への危惧に応えていないと批判した。

調査後の一〇月末、各漁協は連名で県知事に原発設置を受け入れる用意があると請願した。中電は七漁協に三億五〇〇〇万円の定期預金（各漁協に五〇〇〇万円）を振り込んだ。浜岡原発問題対策審議会は原発の受け入れを提案する動きを示した。これに対して、吉田漁協で開かれたシラス部会は、一組合あたり五〇〇〇万円の定期預金の返金、知事に対する原発設置後対策の陳情の白紙撤回、浜岡原発問題対策審議会からの漁協委員の脱会を決め、容認の動きに抵抗した。

11 漁協の屈服

一九六九年一一月三〇日、浜岡原発問題対策審議会の理事会がもたれた。鈴木会長は、安全性確保のための監視機構の確立、漁業被害への補償など十分な応急対策、沿岸漁業振興を含む地域開発への積極的協力など三つの条件を満たすなら「建設を認めてもよい」とする最終見解を承認させた。この見解は直ちに五漁協に提示された。

漁協のシラス部会や一本釣り部会などでは反対の声が強かったが、浜岡原発問題対策審議会の動きを受けて、一二月五日には地頭方漁業協同組合（原口五七市組合長、組合員四八〇人）が、一二月六日には御前崎漁協（川口康二組合長、組合員一四〇〇人）と吉田漁業協同組合（山田七右衛門組合長、組合員九〇〇人）が総代会を開いて、浜岡原発問題対策審議会の最終見解を承認した。八日には坂井平田漁協（森田佐吉組合長、組合員三五〇人）が受け入れを決めた。

一二月一四日、反対共闘会議は浜岡から相良まで一〇〇台の自動車パレードをおこない、この動きに反対の意思を示した。相良漁協の畑藤十組合長も反対の決意を表明した。しかし、切り崩しのなかで、最後まで賛成の意思を示さなかった相良漁協（畑藤十組合長、組合員四三〇人）も、一二月二二日の臨時総代会で、条件付き賛成の結論を出すことになった。

すでに県西部の浜名、福田の漁協も原発の建設を認めていた。
二年にわたる漁民の反対行動は、中電が安全対策と共に十分な漁業補償金を出し、さらに漁業振興もおこなうという条件で収束を強いられた。中電と漁協との会見と念書、海洋調査による安全宣伝、浜岡原発問題対策審議会による安全性と漁業振興を条件とした受け入れ見解、漁協総会でのその見解の追認といった動きは、中電による反対漁協切り崩しにむけての執拗な工作によるものだった。

12　八億八一〇〇万円の漁業補償

反対共闘会議は漁協や漁民に漁業補償委員を決めないように呼びかけたが、一九七〇年一月には各漁協から交渉委員が選ばれ、一月二七日には漁業補償交渉委員会による初会合が開かれた。その後、漁業補償交渉がすすみ、一九七一年二月二日、静岡県庁で仮調印がなされた。五つの漁協が原発放水口から一二〇〇メートル（一部一五〇〇メートル）の漁業権を放棄することへの補償額は六億一一〇〇万円だった。その後、漁協は総会を開いて組合員に了解を得、四月に補償協定が本調印された。近隣の浜名など二漁協には二億七〇〇〇万円が支払われることになり、七漁協への補償額は計八億八一〇〇万円に及んだ。補償範囲の原発放水口から一二〇〇メートルという数値は、漁協の海洋調査のデータによるものだった。

中電は漁協に対して、異議なく同意し、協力するだけでなく、軽微な変更などを生じても中部電力に異議求償を申し出ないということも約束させたのである。なお、ここで示した補償額は公表されたものである。すでに一九七〇年には中電は関係七漁協との覚書で海洋調査漁業補償として七七〇〇万円の支払いに合意している。

電源開発計画調整審議会はこの漁協の同意を受けて、一九七〇年三月に浜岡原発一号機の建設計画を認可した。四月、中電は原子炉をゼネラルエレクトリック（ＧＥ）製の沸騰水型軽水炉（ＢＷＲ）とすることを発表し、五月に設置許可を国に申請した。国の原子力委員会の原子炉安全専門審査会は一一月に安全であるとする結論を出し、一二月原子炉の設置が許可された。

浜岡一号機はこのような経過で認可され、建設がすすめられたが、一九六九年一一月には地震予知連絡会で茂木清夫が東海地震の可能性を指摘した。原子力委員会はこの指摘の重要性をとらえようとしなかった。

補償金による決着は全ての漁民が納得したものではなかった。漁民たちは一九六七年七月に芦浜を視察し、反対の意思を固め、会議、陳情、説明会、デモなどをくり返してきた。当時、「漁場は一度失われたら永久に戻らない。一時的な補償金をもらったとしても、ここで生きていく。われわれは大の虫を生かすために殺される小の虫のようなものだ。全く心配ないというが、確証はあるのか」と語る漁民がいたように、海を大切に思い、建設絶対反対の意思を表示していた者も多かった。

このような命を育む海への思いを消すことはできない。また、海の生命を金で買うことはできない。その後の原発の稼働により磯焼けがすすんだが、その海の回復を願う気持ちを漁民は持ち続けた。

13　原子炉四基・三〇〇万キロワット計画

一九七〇年一〇月、浜岡原子力問題研究会は「うみなり」を発行し、中電が浜岡に原子炉四基を建設し、三〇〇万キロワットの発電を計画してきたことを明らかにした。「うみなり」ではその証拠として、建設予定地では二号機の基礎調査が終わっていること、町当局も水源の売買をすすめるなど増設を承知していること、朝日新聞記事（七〇年九月二八日）には一号機五四万キロワット、二号機七五万キロワットと記されていること、中央電力協議会の長期計画には四号機までの計画が示されていること、中電浜岡原発設置調査所の所長が四号機までつくると発言したことなどをあげ、それを知らないのは町民だけとした。また、増設による温排水の総量が利根川並みになることも指摘した。

さらに「うみなり」三号で、中電内部で使用されていた一号から四号機までの原子炉設置計画図を掲載した。翌年に発行された四号では、漁業補償が片付いても健康問題はこれからであり、補償は一代だが、遺伝は末代と訴え、原発反対を呼びかけた。

反対共闘会議もこのような四号機までの建設計画を問題にし、中電や町当局を追及した。一一月には公害対策静岡県連

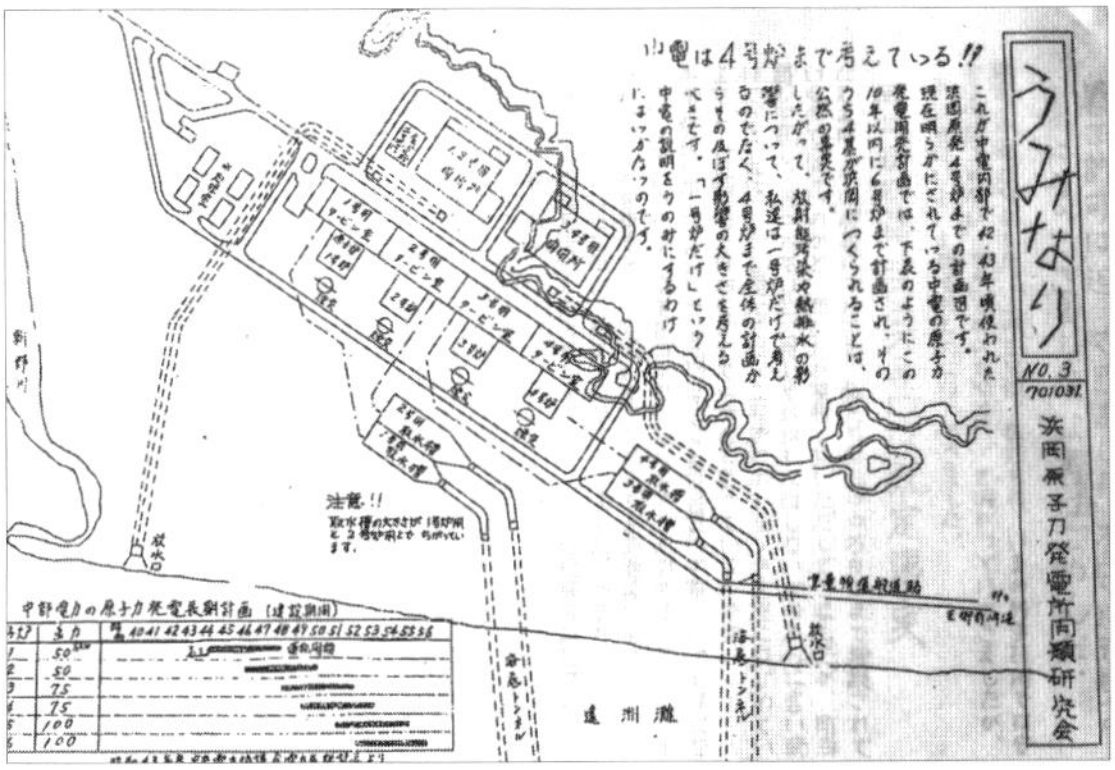

▲…浜岡全４基の建設計画を報じる「うみなり」

絡会議が結成され、浜岡原発反対共闘会議も参加した。一一月一六日に浜岡原発の原子炉安全審査が出されると、反対共闘会議は「拠らしむべし、知らしむべし」というビラで、この段階で明らかになったさまざまな問題点をあげた。

その問題点とは、原子力発電所の規模が一号機から四号機まで計画されていること、住民の水源の放射能汚染と温排水による海水温の上昇、核燃料輸送と死の灰の保管・輸送、住民をごまかす口先の安全と企業・国・自治体の責任回避、明確な基準のない机上の安全審査などである。共闘会議は、中電が住民の安全は考えていないことや中電と町当局によるごまかしなどが明らかになったとした。中電は原子炉から一キロほどにある浜岡住民の水源地の買収に動きはじめたが、共闘会議は、それは水源地への汚染を隠すためであると抗議した。

14　風船あげ実行委員会

国による原子炉設置が許可されるなか、早稲田大学や都立大学などの理系学生が浜岡の魚屋の家に下宿して新たに浜岡原発反対運動を始めた。学生たちは風船あげ実行委員会を作り、放射能の飛散状況をみるための気流調査をはじめた。風船あげには小笠南部平和委員会や静岡県高等学校教職員組合池新田高校分会などの教員も協力した。風船あげは一九七〇年一二月から準備がはじまり、七一年一月、二月、三月、五月と実施された。風船は銚子付近にまで飛来した。

風船あげ実行委員会はビラで、原発が日常的に放射能を放出し、人体などの影響を与えること、原発が地域開発ではなく地域破壊をもたらすこと、原発設置が中電と地域のボスらの手で秘密裡に進められていること、放射性廃棄物についてはプルトニウムの軍事利用以外に採算が合わないことなどの問題点をあげた。また、浜岡原発からは排水にはコバルト六〇が含まれていることや排気筒からはアルゴン、キセノン、ヨウ素、クリプトンなどの放射性物質が放出され、それが

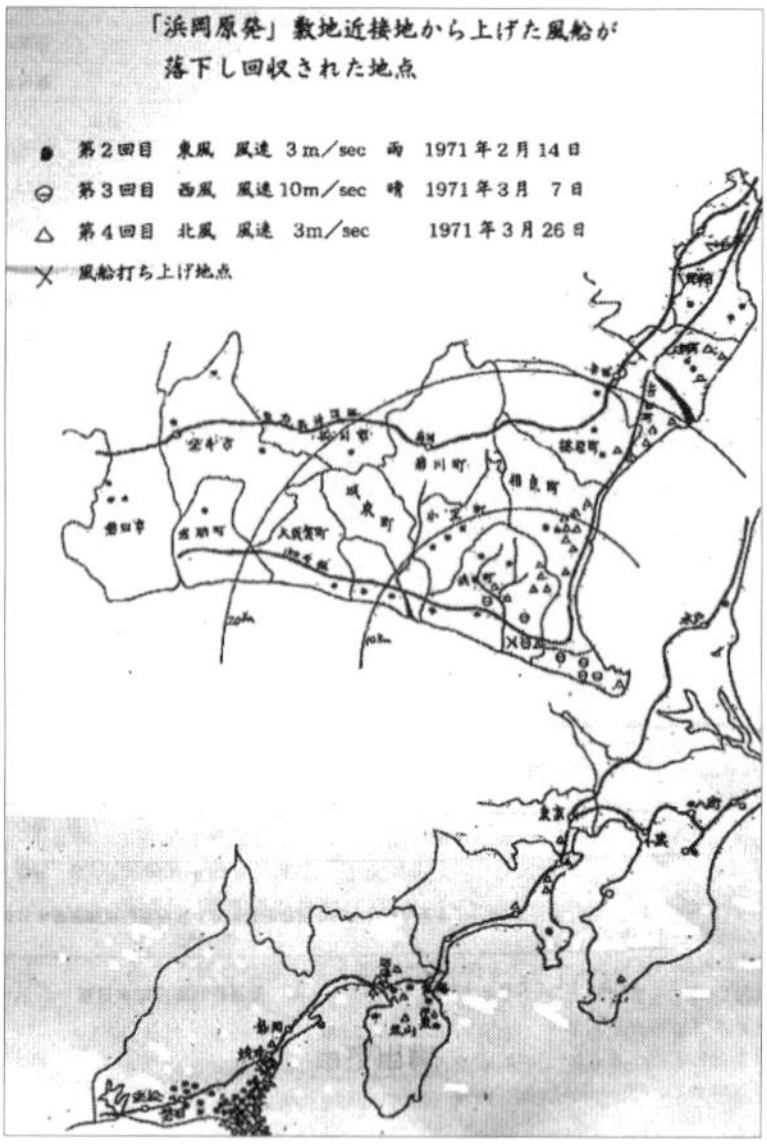

▲…風船あげの調査結果

東海村の百万倍にあたることなどを記し、それらが流れる方向を示した。さらに敦賀原発事故などの「原発学習資料」を作成して、地域に配布した。

この風船あげ実行委員会の学生に高校教員有志が協力していたが、一九七一年二月、浜岡町は「ビラ対策協議」をもった。その会合には議長や池新田高校長、中学校長、ＰＴＡ会長、教育長も参加し、池新田高校や相良高校の原発反対の教員名や住所、池新田高新聞部の生徒の行動などをあげて、池新田高校卒業式での原発反対特集号の発行計画への対応を練った。行政が中電の意向を受けて教育現場に介入し、学校の管理者が個人情報を提供したのだった。

15 浜岡一号機起工式

静岡県と浜岡・御前崎・相良の地元三町は、中部電力のモニタリング調査だけでは不安なため、自治体と中部電力で安全に関する協定を結び、発電所内の出来事やデータを公表する、事故が起きた時の補償などで中電の確約を得たいとした。その結果、一九七一年三月一九日に原子力発電所の安全確認等に関する協定が結ばれた。その内容は、法令遵守、放射能測定、通報義務や立入調査、損失への補償などを規定するものであった。

この協定書に対して、通産省は中部電力が自治体のいうままに立入調査権を認めたものであり、原子力発電開発に支障をきたす迷惑な協定とする立場をとった。この立入に関する協定は、住民や研究者の直接の立入調査を認めたものではなく、形式的なものであったが、通産省は反対住民が立入権を持つことになることを恐れたのだった。

このような協定を結び、中部電力は五月二四日に通産省公益事業局長や静岡県知事、浜岡町長など三〇〇人で一号機の起工式をおこなった。

一号機の原子炉はゼネラルエレクトリック（ＧＥ）が開発した沸騰水型軽水炉（ＢＷＲ）であり、原子炉工事を東芝、発電機工事を日立製作所が担当した。燃料集合体は四九本の燃料棒をまとめ、それを三六八本使用する。その隙間に制御棒が八九本入る。圧力容器はカプセル状であり、厚さは一二センチの特殊鋼、高さは二〇・九メートル、直径は四・九メートルだった。冷却用の海水を取り入れるためのトンネルも掘削された。

一号機に関する原子炉安全専門審査会の審査は実物大の耐震実験のない机上の審査であり、使用済み燃料や核廃棄物の処理についての検討もないものだった。

▲…5・23原発と公害を考える住民集会

16　起工式への抗議

一九七一年四月、浜岡の湊忠平は浜岡の貴重な水資源が中電に売却されるという問題を示し、「原発を追い出せ！」と呼びかけるチラシを配布した。五月一日、公害対策静岡県連絡会議と日本科学者会議は『浜岡原発と放射能汚染』という冊子を出し、最悪の事故も想定すべきことを指摘するとともに使用済み燃料が一号機で一年に二〇トン、排水で毎秒三〇トンが出され、トリチウムやコバルト六〇による汚染があることなどを指摘した。

浜岡原発反対共闘会議は起工式に反対し、五月二二日に「放射能で空と陸と飲み水を汚染させるな」「起工式に怒りを込めて抗議する」と記したチラシを折り込んだ。五月二三日には反対共闘会議が公害対策静岡県連絡会議と日本科学者会議静岡支部とともに「原発と公害を考える住民集会」を浜岡町文化センターで開催した。集会では、日本科学者会議の林弘文が、住民と住民の側に立つ科学者が監視を徹底的におこなうことが安全を守るただひとつの道であること、国道一五〇号線を使っ

▲…浜岡原発の工事

ての核燃料輸送問題が安全性の議論から抜け落ちていること、煙突からは微量の放射性ガスが放出されるが、風船の調査では磐田、焼津、掛川にわたって飛来すること、大きな事故になれば三〇キロ地域に大きな被害がでること、静岡付近では過去たびたび大きな地震が起きているが、この大地震対策がなされていないことなどを指摘した。

同じく二三日には、風船あげ実行委員会（穂坂光彦代表）による集会とデモが取り組まれた。桜ヶ池に集合した学生、教員、労働者は、新野川左岸河口で原発反対の集会をおこない、町内をデモ行進した。

原発の建設工事がすすめられると御前崎港と浜岡原発を結ぶ長さ九・五キロ、幅六メートルの道路が整備された。この道路は御前崎港から浜岡原発へとつながり、原発内の道路と結ばれている。御前崎港に原発建設資材が陸揚げされると、この道路を使って原発へとピストン輸送される。工事は浜岡町が中電に委託し、その工事費全額一二億円は中電が負担することになった。

中電はこの道路を資材運搬用道路といい、静岡県観光課はこの道路を県立自然公園への「観光道路」と呼んだ。風船あげ実行委員会は「原発道路」とし、その建設阻止を訴えた。「榛南開発」を口実としたこの道路建設は県立自然公園を縦断する自然破壊であり、原発建設と核燃料輸送のための工事であった。風船あげ実行委員会は道路をつくらせなければ原発はできないとし、一〇月二四日に原発反対・原発道路阻止の集会とデモをおこなった。

浜岡町の住民からは、中電にはウソが多い、その理由は、はじめは一基しかつくらないとしていたが二号機、三号機まで併設する意向が伝えられている。それによって、空や海が汚染され、陸には放射性廃棄物のドラム缶がたまる。その結果、大きな事故が起きなくても、ガンなどで寿命が縮む。黙ってみているわけにはいかないといった声も出るようになった。

17　非常用冷却装置の欠陥

一号機の起工式がおこなわれた一九七一年五月、アメリカの原子力委員会は軽水炉型発電用原子炉の非常用冷却装置の欠陥を公表した。それは一次冷却水が事故で漏れると炉内温度の上昇を防ぐための緊急冷却装置（高圧注水系）がうまく働かないというものだった。

軽水炉が敦賀、福島、美浜で使用され、高浜、浜岡では建設がすすんでいることから、この問題は日本に波及した。一次冷却水が無くなると、核燃料は三〇〇〇度を超える高温となり、メルトダウンがはじまる。それによって大量の放射性ガスが発生し、格納容器が壊れ、放射性物質が外に漏れ出す。このような状況を防ぐために緊急冷却装置があるが、それに不具合があるという。これに対して、関西電力（美浜）は危険であるとは断定できない、日本原電（敦賀）はGEの試験では完全な動作が確認されているなどと語り、そのまま運転を続けた。

公害対策静岡県連絡会議は五月二八日に「公害反対・竹山県政責任追及県民集会」を開催し、浜岡原発での同型の原子炉の使用は安全性が保証されないとし、浜岡原発に反対する決議をした。

この問題に対し、中電側は「一時冷却水が事故で漏れても、三つの非常用冷却装置があり、一時冷却水の補充は万全。燃料が溶けるということはあり得ない」とコメントした。この時点で、緊急冷却装置に不備があり、メルトダウンによって圧力容器と格納容器が破壊され、大量の放射性物質が放出されるという危険性が指摘されていたのである。

六月、公害対策静岡県連絡会議は、浜岡原発の安全性に関する調査の中間報告を公表した。その報告書では、風船による気象調査では平常運転時に発生するキセノンやクリプトンなどの放射性ガスは磐田・菊川・焼津など広い範囲にわたり、伊豆半島にまで及ぶ恐れがある。事故があれば風下の御前崎、相良には濃密な放射能の雨が降るおそれがある。安全性についての公聴会は開かれず、秘密にしている。原子力発電所の固体廃棄物はドラム缶で年二〇〇〇本に及ぶが、その処理方法がない。耐震性についてもはっきりしていないなどの問題点をあげた。

18　静岡県広報課「県民だより」批判

原子力推進のための宣伝は一九七一年六月に静岡県広報課が発行した「県民だより」でも続けられた。そこでは、「原子力の火をめざして―中電浜岡発電所いよいよ着工」と題し、今まで放射能事故を起こしたことは一度もない、燃料に低濃縮ウランを使うだけでその他は火力発電所とほとんど違いはない、漁業調査では放射能の安全性が確認され、関係漁協との交渉も円満に妥結した、放射能が外に絶対に漏れない構造になっているなどと記した。

これに対し、公害対策静岡県連絡会議、日本科学者会議静岡支部、共闘会議は、アメリカでの爆発事故や敦賀や美浜での事故の例をあげ、アメリカの原子力委員会が軽水炉の冷却系の欠陥を重視し、設置基準を厳しくする動きなどを示し、この広報には四つのウソがあると批判した。

九月二五日から二六日にかけて公害対策静岡県連絡会議と東海四県の科学者会議が共同して浜岡原発をめぐる研究集会を開催した。集会には岩内（北海道）、柏崎、能登、若狭、那智勝浦（和歌山）、豊北（山口）など全国各地から参加した。共闘会議議長の山本喜之助は四月に浜岡町議会の議員となり、八月、新しい議長に篠崎正司が選ばれた。共闘会議は研究集会の前日の九月二四日、浜岡で中島篤之助を講師に「原子力発電は安全か」という題の講演会をもった。

集会では、議長の篠崎が敦賀原発を視察した感想を話すとともに、浜岡町長は少数の原発反対派が白を黒、黒を白と言っていると発言しているが、町の上層部と中電が秘密のうちに事をすすめたことが問題であるとした。町議の山本喜之助は、この夏の中学生によるアンケート調査では六〇人中三一人が賛成、二〇人が反対だったが、全員が不安に思っているという例を示し、関心を高めていきたいとした。

講演で中島は、東海村の日本原子力研究所に勤めているが、科学者の良心から真実をまげることはできないとし、電力会社が宣伝する天然放射能と比べての安全論は嘘であり、危険である。事故は少なくても、一定の割合で汚染が増えていく。クリプトン八一、トリチウム、コバルト六〇などの放射性物質が排出される危険性がある。事故事例の研究が原子力に関しては経験不足である。下請け労働での放射線監視がルーズであり、近代的な労務管理がなされていないといった問題点をあげた。そして、日本国民は核に対する認識が高く、原子力を推進する政府にとっては都合が悪い、そのため韜晦策がとられるが、それに注意することを呼びかけた。

これらの指摘は「県民だより」での安全宣伝の偽りを撃つものだった。翌日、中島は静岡市内でも講演したが、中電はこの集会にも社員を送り込んで内容をチェックし、その記録を浜岡町へと渡した。

19　浜岡二号機の増設

風船あげ実行委員会は一九七一年八月のビラで、五月二六日の中日新聞報道に中電と町とが二号機建設でほぼ了解とあることから「住民無視の二号炉反対」を呼びかけ、欠陥だらけの原発を浜岡から追い出そうと訴えた。この頃、中電と町との非公式な折衝がなされていた。風船あげ実行委員会はニュース「いのち」を発行し、九月八日の第四号でも同様の呼びかけをおこなった。

一九七二年一月一一日、中部電力は浜岡町や漁協に二号機の増設を正式に申し入れ、静岡県庁を訪れて協力を要請した。増設される二号機は八五万キロワットの出力であり、今年中に一号機の隣接地に建設するという意向だった。一月一三日、浜岡町議会は全員協議会を開催し、中電はそこで概要を示した。

同日、社会党静岡県本部は、中電は地元住民に一号機だけ建設するとしてきたこと、原発の故障による放射能汚染事故が相次いでいることなどをあげて、竹山県知事に対して増設に同意しないように申し入れた。さらに経済企画庁に対して建設を許可しないよう要請した。浜岡原発反対共闘会議も、一号機が安全かわからないのに二号機などはもってのほかと、浜岡町に増設を拒否するよう要請した。

一月二二日、公害対策静岡県連絡会議は県知事、浜岡町長、相良町長、御前崎町長に二号機増設の根拠などを問う公開質問状を出した。連絡会議と科学者会議は二月に入り、「ヘドロもおどろく原発公害」のビラを各戸配布した。ビラでは、放射能が危険であり、二〇年後には原子炉の墓場となり、万一の場合には生命と全生活を犠牲にしかねず、一時的な補償金や役場や学校の見返り工事と引き換えに建設してはならないものと訴えた。公害対策静岡県連絡会議の公開質問状に対

▲…浜岡原発阻止のステッカー

して、静岡県は二月二一日、三町長同席の上で回答したが、二号機建設では地元の理解と協力が必要とした。

二月二四日、静岡県は経済企画庁に電源開発基本計画への組み入れに異議がないことを文書で伝えた。この県による同意は知事と町長との協議によるものであり、地元住民の同意があったわけではなかった。この県の文書を受けて電源開発調整審議会は二月二五日に二号機の増設を許可した。町への二号機増設申し入れから一か月後に、電調審による許可が出されたのである。

これに対し共闘会議は、中電・県・町長の住民無視を糾弾し、「やりたいほうだいの中電原発を許すな！二〇年後には原子炉の墓場になる」と、抗議した。風船あげ実行委員会は、一月の町議会で中電は地元の了承無くして二号機の建設はしないといった、今回の電源開発調整審議会の認可はだまし討ちと抗議した。人の命や故郷の自然は金で買えるものではないという声は住民からも出た。佐倉では住民無視の独断専行であるという意見が出た。二月一四日、佐倉のある地区では、一号機の安全性が確かめられない限り、二号機は認められないという申し合わせがなされた。

このころ原発立地宣伝のために浜岡町による「原子力先進地視察」もおこなわれ、福島と敦賀・美浜への旅行がなされた。この視察は一月から四月にかけて二〇回にわたっておこなわれ、約七〇〇〇人が参加した。中電が、バス代、周遊券、有料道路代金、宿泊代、弁当代、講演会経費など約七三〇〇万円を負担した。参加した町民は、招待旅行であり、飲み放題、食い放題、悪いところはみせないと語った。

三月には「原発反対、浜岡原発阻止、生活破壊を許すな」と記されたステッカーが文化センター前などに貼られた。三月、町は池新田東町の青年部に二号機に反対する動きがあることを知り、その対策を練った。池新田では有志が東町原発反対同盟をつくり、四月に、「原発は絶対許すな!!　時代は変わり、企業優先より住民福祉と環境保全の時代となりました、浜岡町の皆さん、反対しましょう」と記したビラを撒いた。六月、明るい浜岡をつくる会（横田賢司）は協力金一億二〇〇〇万円の行方が不明であることや中電の増設計画をあげ、二号炉絶対反対を訴えるビラを撒いた。

公害対策静岡県連絡会議は、一九五七年から一〇年で原発は被曝事故一四回、環境汚染九回を含む一五二回の事故を起こすなど、安全性は絶対でない。中電の計画する軽水炉は二〇年が耐久年数であり、浜岡が原子炉の墓場となる。一号機を許可したから二号機もというような考えは排除するとし、二号機建設に抗議した。そして現地で反対集会を開き、今後の行動計画を決めるとした。

浜岡原発反対共闘会議（篠崎正司代表）は公害対策静岡県連絡会議に加盟し、日曜毎に町内約三〇〇戸にビラ配りをおこなってきたが、今後も続けるとした。副会長の溝口茂は「原発の規模が拡大するということはそれだけ放射能の危険性が増えることであり、反対運動はあくまでも続ける。地道に住民に訴えていきたい」と語った。

一〇月二八日、勤労者協議会小笠郡連合会は応声教院桜ヶ池教会で原発問題講演会を開いた。集会では辻一彦（社会党参議院議員）と原野人が講演した。福井選出の辻議員は国会で原発と住民の安全性について問題にしてきた。翌年六月、辻は参議院で浜岡二号機の設置許可後に通産省が資料を書き直した件について追及した。

20　増設と佐対協協力金の増加

増設の動きのなかで、佐倉対策協議会は一九七二年四月五日に都甲泰正（東京大）を講師に学習会をもち、その際、中電副社長が挨拶した。六月二六日、町長は浜岡町議会全員協議会で、佐倉地区が受け入れを決めてから議会にかけると答弁した。七月二七日、佐対協は話し合いに入ることに六割が賛成だが、町当局と中電が誠意ある姿勢を示すことを求めた。八月、中電は広報のために浜岡原子力館を総工費二億三〇〇〇万円でつくり、燃料ペレットや原子炉の模型などを置いて、「爆発などの危険は全くありません」と安全を宣伝した。一一月二一日、佐対協は町長に地区の要望を伝えた。

一九七三年一月九日、佐対協と町との会合がもたれ、佐対協から町への七項目、中電への四項目の要望が出された。町への要望は、モニタリング三か所の増設、四地区の公民館・遊園地施設費四八〇〇万円、自小作・漁業問題の年度内解決、通水路残工事、二号機での話し合いでの佐対協意見の聴収、財産区へのみなし利子一〇〇〇万円の交付などであり、今後、

▲…すすむ原子炉建設

中電施設の重大な変容がある場合は、佐倉地区の承認なしで町が承認しないことも求めた。中電へは、保育園の着工、地区振興費三〇〇〇万円とその上乗せ三〇〇〇万円×三か年、佐倉主体でのサービスセンターの運営、防犯灯一〇〇か所と無料化などである。

　このような交渉を経て一月一八日、浜岡町長の立会いの下で中電と佐対協との間で確認書が交された。そこには、中電が防犯灯設置、保育園新設、サービスセンター設置に協力し、それを条件に町との間で二号機の建設について話し合うことを了承することが記された。この確認書の付帯確認事項には、佐倉地区の振興費として一九七三年三月までに三〇〇〇万円を支払うことが記され、その方法は別途協議するとされた。佐対協は町長に受領を委任した。この三〇〇〇万円は中電から町へと支払われ、町から佐倉地区振興対策費として佐対協へと渡された。佐対協はこの金を渡されると、三月二九日に中電に対して、町と中電とが二号機に関して折衝することを了承する念書を出した。

　佐倉への振興費三〇〇〇万円は世帯数で割って各戸に分配された。

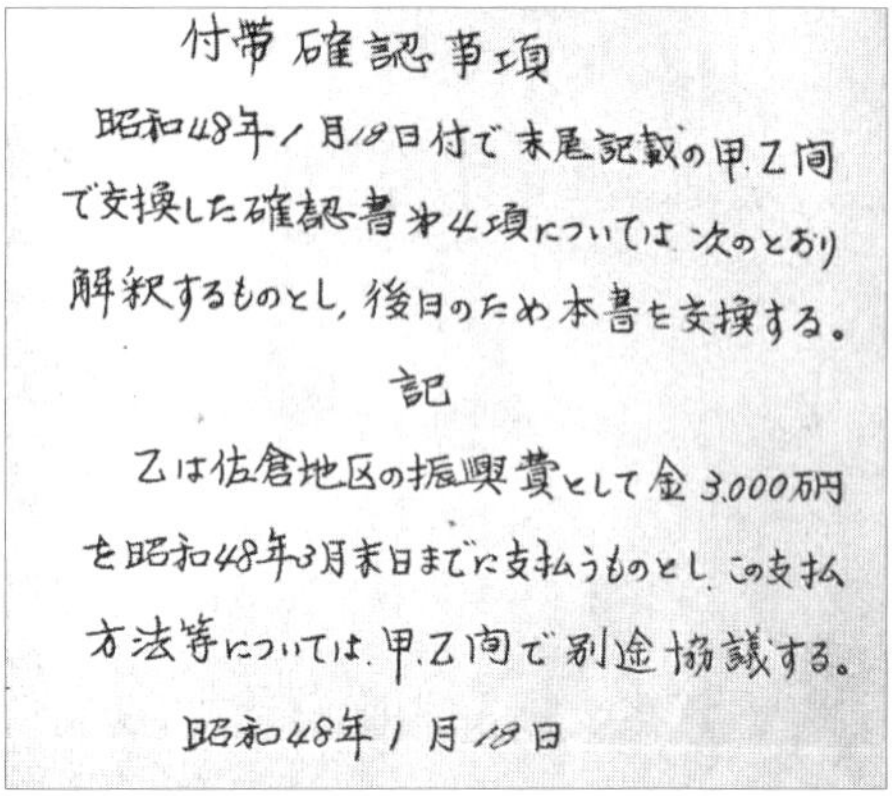

付帯確認事項

昭和48年1月18日付で末尾記載の甲乙間で交換した確認書第4項については次のとおり解釈するものとし、後日のため本書を交換する。

記

乙は佐倉地区の振興費として金3.000万円を昭和48年3月末日までに支払うものとし、この支払方法等については甲乙間で別途協議する。

昭和48年1月18日

▲…1973年1月18日付帯確認事項

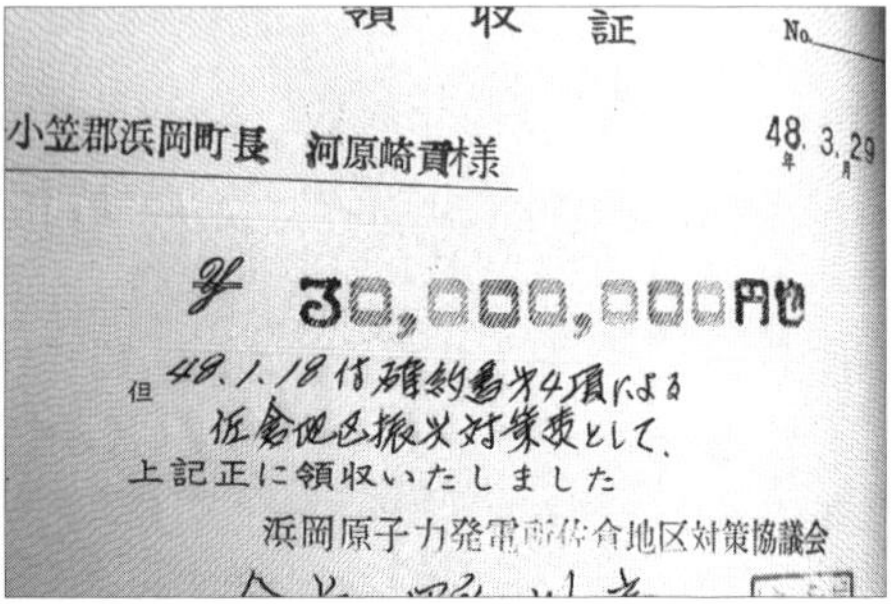

領　収　証　No.

小笠郡浜岡町長　河原崎貢様　48年3月29日

¥30,000,000円也

但 48.1.18付確約書第4項による佐倉地区振興対策費として、

上記正に領収いたしました

浜岡原子力発電所佐倉地区対策協議会

▲…中電から町を経て佐対協へ3000万円

世帯単価は五万三五〇〇円とされ、佐倉一区一九六世帯で一〇四八万六〇〇〇円、二区一五〇世帯で八〇二万五〇〇〇円、三区一一三世帯で六〇四万五五〇〇円、桜ヶ池一〇〇世帯で五三五万円、計五五九世帯、二九九〇万六五〇〇円となった。これらは佐対協の浜岡町農業協同組合の定期預金通帳に一年の定期預金として四分割されて預金されたが、当時の利率は五・三五%であった。

また、一月一八日には佐対協と町との間で、佐倉での公民館・遊園地建設に関する確認書もむすばれた。そこでは、佐倉四地区に四八〇〇万円を交付し、佐倉財産区へは一〇〇〇万円を中電から交付させるというものだった。その確認書に関する覚書が、六月一四日に町長と中電との間で結ばれている。それは中電が四か所の公民館・遊園地建設費として、覚書交換と同時に二四〇〇万円、九月までに二四〇〇万円の計四八〇〇万円を支払うというものだった。この確認書により三月一五日、中電は浜岡町に佐倉財産区の土地譲渡の協力金として一〇〇〇万円を渡した。

浜岡町は、三月三〇日に中電から佐対協との話し合いに関わっての佐倉地区調整金として一九三万四六八二円を受領したが、この金は桜ヶ池町内会長へと漁業及び地主小作関係の調整金として渡された。

二月、浜岡町は中電に一九七二年四月から一二月までの二号機設置に関する対策費二一五万三八四〇円を求めた。その内訳には、町長交際費四五万円、議長交際費五万円、会議賄料食糧費三三万円、出張旅費の二〇万円などが含まれている。

この間、原子力への宣伝もおこなわれ、一九七三年一月、二月には、浜岡町町内会役員の敦賀・美浜原発への見学旅行がなされた。内訳は池新田一五〇人、新野五八人、朝比奈一〇五人、東町一三人、比木五〇人、高松五〇人であり、地頭方、御前崎などの漁協関係者も見学旅行をおこない、費用は中電が負担した。三月には佐倉地区から東海村・福島への視察や青年団員への原子力館での説明会開催などもなされた。

このように多額の金が流れるなかで、四月五日、相良町の若林由松は相良町議会に対して、放射能による環境汚染の危険性を指摘し、自治体の第一の使命は住民の生命と健康を守ることであり、二号機の増設に反対することを求める請願をおこなった。紹介議員は畑藤十だった。

21　原子炉安全専門審査会答申

一九七三年五月一二日、原子力安全委員会・原子炉安全専門審査会は浜岡二号機の安全性について安全は十分確保されるという結論を出した。原子炉安全専門審査会の答申は、原発から自然環境に排出される放射性ガスによる住民の被曝量は敷地周辺で一年間に最大で二・八ミリレム（二八マイクロシーベルト）であり、年間五ミリレムというアメリカの基準を下回るとし、周辺海域での放射能汚染された魚介類を毎日二〇〇グラム、海草四〇グラムを一年間住民が食べても被曝量は年〇・一九レムというものだった。地震についてもマグニチュード八・二の地震でも内部の安全確保のための装置が作動し、原子炉建屋は破壊されないとした。

原子力委員会（委員長は科学技術庁長官）は国会で、地元民の声を反映させるために公聴会を開催することを約束してきたが、その公聴会は開催されてこなかった。

この決定に対して浜岡原発反対共闘会議などは抗議し、山本喜之助顧問は、細部にわたる安全性は証明されないままであり、納得できない、事故がこれまで隠されてきたことからも放射能汚染の安全性には疑問があるなどと語った。

原子力委員会は五月二九日、首相に設置許可を出すように答申することを決定、政府は六月九日に設置を許可し、六月一一日に中電に通知した。この設置許可は地元の浜岡町議会が受け入れに同意する前の決定である。七月二〇日には中電が通産省に出していた工事計画許可申請が受理された。

原子炉安全専門審査会とは別に通産省は環境審査をおこない、報告書を作成していた。そこでは、温排水の影響については、五度以上が沿岸から五～六〇〇メートル沖合であるが、そこは漁業権を消滅させた地域であること、二度になる海域は一三〇〇メートル沖合であるが、消滅拡大の補償交渉中の地域であること、それゆえ漁業への影響はないとするものだった。原子力委員会は当初、この通産省の環境審査の内容を明らかにしなかったが、記者団の追及によりその内容を明らかにした。

六月一五日の参議院の科学技術振興対策特別委員会で、辻一彦議員がこの通産省の環境審査が設置許可後に書き直されていることを明らかにした。元の報告書では「シラスは水深二〇メートル前後のところに多くみられ、漁業も浜岡の沖合一五〇〇メートル付近より沖でおこなわれている」とされ、一五〇〇メートル以内での漁業はおこなわれず「影響なし」とされていた。これに対し、御前崎漁協が異議を出したため、通産省は許可が出た二日後の六月一一日に、「水深二〇メートル前後」での生息と「沖合一五〇〇メートル付近より沖」の「より沖」をともにカットし「発電所前面では沖合一五〇〇メートル付近」としたのである。

この変更により、一五〇〇メートルよりも岸に近い地点でシラス漁があり、漁業に影響があることを示す記述になった。しかし原子力委員会は「漁業補償で解決できる」とし、工事計画許可の取り消し要求には応じなかった。取材した毎日新聞の河合武記者は「これで国民を納得できると考えているのだろうか。しかもカネで解決しようというのだ」と記し、いいかげんな環境審査のありかたと金銭で漁民を愚弄する行為を批判した（毎日新聞一九七三年六月一六日）。

▲…モニタリングステーションの建設

22　二号機の協定書・覚書

佐倉地区が一号機の試運転も始まらないのに二号機を建設するのは問題があるとし、増設の見返りを求めて交渉が続き、町議会の受け入れが遅れた。その間、中電は佐対協との確認書にみられるような工作をおこなってきた。一九七三年一〇月に入り、浜岡町議会は二号機の受け入れを決めた。

浜岡町長は一〇月一七日にもたれた浜岡、御前崎、相良三町と関係団体による浜岡原子力発電所安全等対策協議会で、中電との話し合いが大筋で合意に達し、安全監視の強化や開発などを条件に建設を認めるという方針を明らかにした。二号機着工にあたり、佐倉地区は緑地公園、保育所、公民館、モニタリングステーションなどの建設や下水道の整備を町長に一任し、町はそれを含め、

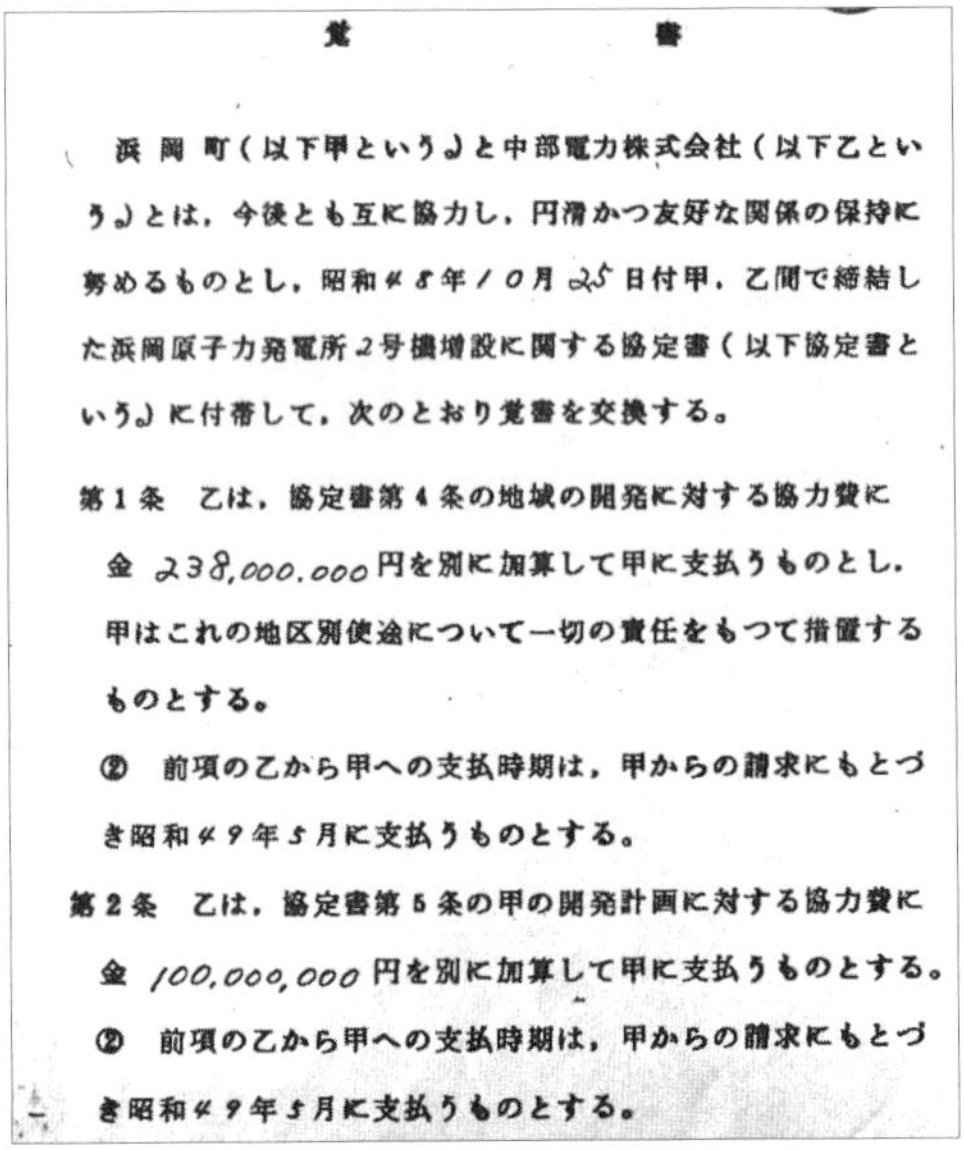

覚　書

浜岡町（以下甲という。）と中部電力株式会社（以下乙という。）とは，今後とも互に協力し，円滑かつ友好な関係の保持に努めるものとし，昭和48年10月25日付甲，乙間で締結した浜岡原子力発電所2号機増設に関する協定書（以下協定書という。）に付帯して，次のとおり覚書を交換する。

第1条　乙は，協定書第4条の地域の開発に対する協力費に金238,000,000円を別に加算して甲に支払うものとし，甲はこれの地区別使途について一切の責任をもつて措置するものとする。

②　前項の乙から甲への支払時期は，甲からの請求にもとづき昭和49年5月に支払うものとする。

第2条　乙は，協定書第5条の甲の開発計画に対する協力費に金100,000,000円を別に加算して甲に支払うものとする。

②　前項の乙から甲への支払時期は，甲からの請求にもとづき昭和49年5月に支払うものとする。

▲…1973年10月25日覚書

池新田など五地区の公民館建設、放射能監視体制の整備などを中電に求めてきたが、中電が大筋で了解したというものだった。

この協議会開催の前の一〇月一五日、浜岡原発反対共闘会議は二号機建設同意の撤回を求める声明をだした。そこでは中電と町当局との交渉が町民を無視して進められていることを批判し、GE社製の沸騰水型軽水炉の問題や地域開発を理由に中電から金を引き出すことの問題点をあげた。さらに交渉経過の公開、町主催の自主的な公聴会の実施、住民投票の実施などを要求した。共闘会議は町長に抗議文を手渡し、これらの問題点を記したチラシ三五〇〇枚を町内に配布した。

しかし、浜岡町当局はこのような批判を受け入れることなく、一〇月二五日に中電と二号機建設の協定書を結んだ。そこでは放射能監視装置の増設、浜岡地区での公民館建設や佐倉での緑地公園建設などをおこなうとされ、第四条で公民館などの地域振興協力費として中電が二億七〇〇〇万円を負担すること、第五条で町の地帯整備や福祉向上のために中電が一億二二〇〇万円を負担することなどが記された。協力金の合計は三億九二〇〇万円である。一二月、町は中電に二億七〇〇〇万円を請求し、その金は一二月末までに支払われた。

さらにこの協定書が結ばれた一〇月二五日に町と中電の間で覚書が結ばれている。そこでは、協定書第四条の金額に加算して二億三八〇〇万円、第五条の金額に一億円を加算し、計三億三八〇〇万円を加算して支払うとされている。この覚書は表には出されなかった。さらに翌年七月に中電は御前崎町・相良町と覚書を結び、それぞれ一億二〇〇〇万円の地域振興費を支払った。

浜岡町は一号機が稼働する前に、このような中電からの地域振興開発費と引き換えに二号機の建設を認めたが、それ以外の金もこれまでの佐対協との確認書や覚書にあるように渡されていたのである。反対共闘会議による「中電から金を引き出すことに目を奪われている」という浜岡町当局への批判は正しかった。この協定は町財政を中電の金に依存してすすめるというものであり、電力資本への自治体の従属をすすめることになった。

御前崎など五漁協も一九七四年三月に、新たに温排水影響予想区域外の補償義務を加えた二億五〇〇〇万円の漁業補償協定を結んだ。福田など二漁協への補償金は一億一一〇〇万円だった。

一九七三年一二月、原発反対共闘会議の議長に榑林靖男が選ばれた。原発反対共闘会議は一九七四年一月三一日に浜岡町と交渉した。この交渉は、共闘会議が前年の一二月二四日に、町民の健康診断を原発従業員に準じておこなう、核燃料持ち込みを事前に町民に知らせ、安全対策を強化する、上水道水源の汚染防止の監視強化、発電所内事故で管理区域に入った消防隊員などの被曝防止、遠州灘沖での大地震への対策などの五点を申し入れていたことによる。

席上、共闘会議は町長に対し、日本分析化学研究所の原子力潜水艦寄港での放射線データのねつ造事件を例に政府のデータが信用できず、それは町をペテンにかけるものであるとし、町に対して国に抗議し、中電には試運転の延期を申し入れることを求めた。

一九七四年一月、中電は、石油危機に便乗して原発による発電を急いでもあとで叱られることはないだろうと語り、石油に代わるものとして原発の建設をすすめていく姿勢を示した。

一号機の建設がすすむ一九七四年一月、浜岡町佐倉で「住みよい浜岡を築く会」による浜岡原発の学習会が企画され、赤堀光男、伊藤実、植田茂、清水芳治ら一四人の連名で折り込みチラシが配布された。チラシでは、勉強会をすすめるとともに、安全の確認がない場合には二号機に反対、専門家の広い意見を聞く、一号機運転前の住民の健康診断などの要望も記した。この会は、桜ヶ池児童会館で第一回目の会合をもった。

四月、住みよい浜岡を築く会は、原発は本当に安全でしょうか、放射能監視体制は大丈夫でしょうか、原発では住みよい町にならないという内容のチラシを出した。そこで、佐倉地区だけ五万数千円の金が農協の当座を通じて各家に配られ、それが三年間にわたる不明瞭な金であるとし、そのような金は安全性の研究や医療に使うべきであり、口封じのために使ってはならないと訴えた。しかし、町内会長や町会議員はそのような会の行動を叱責し、妨害した。

五月、山本喜之助は「こだま」一〇号で、四月に佐倉地区の一九六八年以前からの居住の約五〇〇戸に一戸当たり

こだま

NO 10

1974. 5. 5

発行者 山本喜之助

小笠郡浜岡町塩原新田六の一

中電からの地域振興費を各戸へ配布

一戸 五三〇〇〇円。総額 三〇〇〇〇万円

原発建設とひきかえに、中部電力から地域振興費として受けとった金を、佐倉原発対策協議会（佐対協）は、同地区に昭和四三年以前から住んでいる約五〇〇戸に限って、一戸当り振興費分五万円、利子分三千円、合せて五万三千円を、四月中旬、町内の金融機関を通して、当座貯金にふりこみました。

この三千万円は一号炉の建設にともなうものとされていますが、浜岡町の全地区において受けとることになっている二号炉の建設にともなう地域振興費約三億七千万円は、協定にもとずいて、公民館・公会堂・学校プール・道路整備費など公共事業にあて、

るのはご存知の通りです。

にもかゝわらず、佐対協においては、さらにこんご二年間にわたって一〇万円ずつ各戸に配布する計画があると話されております。これは公金の私物化であり、こんごの浜岡町政にとって重大な問題であります。

朝日新聞もとりあげる

去る四月三〇日の朝日新聞夕刊は、浜岡町におきた、この地域振興費の各戸配布の問題をとりあげた。新聞は「公金の私物化への批判も」という見出しで、全国版でとりあげている。

文中で、経過などを細かに紹介し、山本喜之助の談話として「個人的に振興費をもらったのでは原発の安全性について中電にものを言えなくなる」と発表されています。

口止め料は3～4号炉への道

中部電力は、原子力発電所を三重県の

▲…佐倉各戸への振興費分配を伝えるビラ

五万三〇〇〇円が振り込まれ、今後二年にわたって一〇万円が各戸に配布される予定であることを明らかにした。山本はそれを公金の私物化と批判し、この口止め料は三・四号炉への道であるとした。このように配分された金は先にみたような中電から佐対協への振興費三〇〇〇〇万円である。

23　二号機の起工式

一九七四年四月一日、共闘会議は原発講演会を浜岡文化センターで開催した。集会では日本科学者会議の安斎育郎が「放射能の監視体制と住民の安全」の題で話し、分析化学研究所の検査のずさんさやそのデータが確実ではないことを示すとともに、そのようなミスデータをもとに安全を宣伝する行政の責任を問いただした。

この講演会の前に反対共闘会議と日本科学者会議静岡支部は、県会議員二人を含む一七人で浜岡原発を視察した。当初中電は多忙を理由に案内を拒んだが、県議の要請を受け、モニタリングポスト、同ステーション、温排水利用研究センターなどを案内した。

四月二三日、二号機の起工式がおこなわれた。二号機は一号機よりも一回り大きく、燃料体は一〇五トンと五割増え、冷却用海水取水量は五〇トンで一号機よりも二〇トン多い。海水取水のために新たに海底トンネルも掘られることになった。総建設費は約六〇〇億円とされていた。この着工に抗議して、原発反対共闘会議は発電所正門近くで着工反対を宣伝した。

二号機をめぐって静岡県公害対策連絡会議はその工事の中止を求める要請を繰り返し、環境放射能調査に第三者の科学者を加えること、原発内の放射能を常時観察し公表すること、大地震のモデル実験で耐震性の確認をおこなうことなどを求めた。日本科学者会議静岡支部事務局長の林弘文は、中電の測定が敷地外に限られ、肝心の原子炉周辺のデータがない

こと、クロスチェックが中電と県でおこなわれても共に原発推進であり、公正とはいえないこと、安全協議会などでの傍聴が拒否されていることなどから、公正を言うのなら、第三者の科学者を加えることなどを求めた。

六月に静岡県の防災会議が作成した対策計画には、事故の際には原則として屋内退避が指示され、必要があれば避難させるとなっていた。ここには三町の五万人をどこに避難させるかの具体的な計画はなかった。

第二章…浜岡原発の稼働と環境汚染・地域破壊

1　大地震被害想定

二号機建設が決定した頃、現地では一号機の建設がすすめられていた。中電は「関東大震災の三倍の地震でも問題はない、建造物基礎は最も強固な岩盤、安全性の認められている軽水炉の使用、地面の形が変わるような地震でもない限り、放射能は流出しない」と安全を語っていた。しかし、一九七二年六月には美浜原発で蒸気発生器事故、七三年六月には福島原発で高濃度廃液流出事故などが起きていた。

原発の耐震性や配管が亀裂しやすい点などが指摘され、「原子炉の設計基礎資料は震度六のカルフォルニア州エルセントロ地震であり、安心は早計、立地場所特有の地震を可能な限り考慮に入れて設計すべき」という批判も出された。当時の原子力耐震研究会の審議結果では、遠州灘沖地震ではマグニチュード八・二を想定する、原子炉建屋岩盤での最大加速度は二二〇から二八五ガルとする、最大加速度三〇〇ガルで比較的周期の長い波形をもつエルセントロ地震など三つの地震波を基にそのどれにも耐えうるものとされていた。

大地震では一〇〇〇ガルを超えるものがあることからみても、この想定自体が甘いものであり、この時期に建設された原子炉は巨大地震には耐えきれないものであった。関東大震災の三倍もの地震があれば、重大事故になる可能性が高い。浜岡原発の一号機、二号機はＧＥ社製のマークⅠ型原子炉であるが、アメリカ原子力規制委員会は一九八〇年の再評価

▲…１号機の臨界（1974 年）

▲…浜岡での核燃料の装荷

でこの型の炉の耐震性の問題点を指摘した。

2　浜岡原発一号機の試運転と冷却水もれ

一九七四年五月末には一号機に核燃料が装荷され、六月二〇日には臨界テストがおこなわれた。これは原子炉内の核燃料三六八本から制御棒を引き抜き、核反応を起こしてみるというものだった。制御棒八九本のうち二九本目を抜くと制御室で臨界が確認された。八月一三日には試運転がおこなわれ、出力計が二万キロワットを示した。この試運転に対して浜岡原発反対共闘会議は、安全性が確認されないまま試運転に入ったことに抗議し、一四日には、町当局が中電本位から町民の生命と健康を守る側に立つことを求め、放射能監視体制が不十分なこと、浜岡町の防災体制が確立されていないことなどを批判するビラ四〇〇〇枚を町内で配布した。九月二四日には静岡県公害対策連、科学者会議静岡支部、浜岡原発反対共闘会議が県知事へと、浜岡原発の「安全審査」を再検討する要求書を出した。

九月末までに中電は出力五〇％までのテストをおこなった。しかし、アメリカのドレスデン原発二号機（マークI型）で九月二三日に再循環ポンプバイパス管から一次冷却水もれ事故があり、日本でも通産省の検査がおこなわれた。その結果、浜岡原発一号機でも一〇月二日の液体と超音波による探傷テストによって異常が発見され、試運転は五三日で中止になった。このバイパス管は格納容器のなかにあり、一次冷却水を再び原子炉のなかに送りこむための再循環ポンプを起動する際に、圧力を調整するためのステンレス製の管だった。問題の管は切断され、石川島播磨重工の横浜工場に輸送され、東芝、中電、通産省の四者による検査がおこなわれた。中電から県へと連絡があったのは一〇月二二日の夕であり、発表はテストから二〇日後の二三日のことだった。中電と行政の間には協定があり、異常事態については速やかな通報が義務付けられていたが、この遅れはそれに反するものだった。

これに対し、一〇月二四日に共闘会議は中電と浜岡町に抗議・要請書を手渡した。中電に対しては、事故の真相を明らかにすること、発見後に通報しなかったことへの抗議、一号機の運転再開中止、二号機の建設中止、放射能データの公開などを求めた。さらに町民への宣伝ビラを配布した。同日、公害対策静岡県連絡会議、日本科学者会議静岡支部、社会党、共産党など一三団体の代表が中電静岡支店を訪れ、一号機の運転中止と二号機の建設中止を要請した。一〇月二五日には浜岡町議会が中電を呼んで説明会を開催した。議員からは構造的な欠陥ではないのか、通報が遅れた理由、廃棄物はどうするのかといった質問が出された。浜岡の町内会長会も中電と町当局に事態の説明を求めた。

一二月二五日、通産省はひび割れの原因を工場で加工する際についた傷とし、中電は安全性に支障がないとし、再循環ポンプバイパス管を交換して、三月に運転を再開しようとした。

一二月二七日、共闘会議は中電に対し、データ公開や運転計画の中止を求める要求書を出し、その交渉が一九七五年二月三日に原子力館でもたれた。共闘会議側は榑林靖男、溝口茂、片山光男、石原顕雄、植田衛、松本平一、八重津繁夫、佐藤勇、岩科鉄次、大木昭八郎ら一一人が参加した。共闘会議は、疑問を解消するためにも生データを公表すべきとし、できないならば運転の停止を求めたが、中電は応じなかった。

中電は二月に検査を終えて「安全性を確認できた」とし、五か月ぶりの三月二〇日に浜岡一号機の試運転を開始した。このひび割れの原因は加工の際の傷ではなく、応力腐食割れだった。

3　環境への放射能の放出

一九七四年一一月一一日の夜、浜岡原発反対共闘会議は「原発事故に関する報告会」を浜岡文化センターで開いた。集会では、永田素之（高校教員）によるムラサキツユクサの雄蕊の突然変異率の研究結果が報告された。報告によれば、突然変異の起こりやすい品種のムラサキツユクサ（KU7株、京都大学遺伝学研究室の改良株）を浜岡原発周辺三・五キロ以内に九か所、八キロの相良に一か所など計一〇か所に置き、六月から栽培した。七月七日から九月二一日までの雄蕊の雄すい毛の突然変異数を毎日観察し、京都大学遺伝学研究室の市川定夫に分析を依頼した。ムラサキツユクサは放射線被曝後一二日から一三日で突然変異の頻度が最高になるが、試験運転が始まった八月二五日以後、突然変異率は〇・四％から〇・五〜〇・七％に上昇し、九月八日以後は、浜岡原発から東北一キロ、東北二・九キロ、西北〇・四キロの三地点では一・〇％と高くなった。この調査は衆議院科学技術特別委員会でも取りあげられた。

この集会に続き、一二月八日に「浜岡原発シンポジウム　原子力発電を考えよう」が浜岡文化センターで開催され、一八〇人が参加した。主催は、浜岡原発反対共闘会議、小笠地区労、公害対策県連絡会議、県労働組合評議会、科学者会議、平和委員会、原水禁、原水協、社会党静岡県本部、共産党県委員会、公明党県本部などによる実行委員会であり、これまでの活動を総括し、新たな運動を形成するために企画された。

シンポジウムでは、はじめに共闘会議の活動がスライドで示され、林弘文が基調報告「原子力発電の問題と今後の課題」をおこない、続いて市川定夫「生物に対する放射線の影響」、永田素之「浜岡原発周辺でのムラサキツユクサの変化」、笠原孝夫「浜岡一号機の欠陥をどうみるか」などの報告がなされた。また、榑林靖男が共闘会議の活動、鈴木敏和が対中電、対県交渉の経過と問題点、山本喜之助が浜岡町議会での活動報告、鈴木玄六が周辺住民の立場から発言し、杉山秀夫が被爆体験をふまえて原発建設に反対の意思を示した。この集会の内容は翌年八月に『原子力発電の安全性を考えよう　'74浜岡原発シンポジウムの記録』（公害と静岡県民五）の形でまとめられた。

中電の広報担当は反対運動の情報収集もおこなった。要請者や集会参加者を調べ、素性を明らかにして報告した。中電はこの集会にも入り込み、報告者の発言を記録するなどの情報収集をおこなった。その記録から、笠原孝夫（高校教員）が国のアメリカ一辺倒の体制を批判し、原子力委員会の姿勢の弱さ、温排水の問題、廃棄物処理の問題をあげ、応力腐食割れの発生件数をあげて問題点を指摘したことなどもわかる。中電の記録者は、参加所感でこの会は反対のためのシンポジウムであるとし、ムラサキツユクサ調査の反響を今後の運動展開に利用しようとしている、放射線被曝許容量をゼロとして強調している、地震対策が十分でないとしている、県と中電の自主性のなさを強調しているとまとめ、東燃工場増設問題での住民運動の成果を背景に県公害連の動きも活発化する感じであると付け加えている。地元の参加は推定五〇人と記されている。このような中電による記録や収集資料は浜岡町へも提供された。中電と町は一体になって住民の動きを監視した。

一九七五年五月二三日、反対共闘会議は中電、静岡県、浜岡町に公開質問状を出した。それは一号機試運転再開前の三月一二日にモニタリングステーションの三か所（桜ヶ池公民館、佐倉公民館、上ノ原）で調整がおこなわれ、調整後に放射能測定値が急にダウンしたことによるものだった。共闘会議は、調整前が一時間で〇・〇〇八ミリレム（〇・〇八マイクロシーベルト）だったものが、調整後は〇・〇〇六五～〇・〇〇七ミリレムへと低下したという。この誤差を年間値にすると八・七から一二・一ミリレムになる。一号機からの放出は一・六ミリレム（一六マイクロシーベルト）以下で守られているることが監視の目的だが、このような誤差があっては安全監視にならないとした。中電側はやむを得ない誤差の範囲であり、作為ではないとした。この出来事は、中電による環境放射線測定への信用を落とし、モニタリングが安全宣伝に利用されているという批判を生んだ。

八月二二日、共闘会議の榑林靖男、溝口茂、片山光男、石原顕雄、岩科鉄次、松下厚、笠原孝夫、永田素之、大木昭八郎らは科学技術庁原子力連絡調整官事務所を訪問し、県のデータ処理機構の見学を申し入れ、従業員の被曝量、町と中電の癒着などについて質問した。

一九七五年四月、「うみなり」を発行する会は「うみなり」一〇五号で、電気料金の自動払いを拒否して原発反対を態度で示すことを呼びかけ、八月には「浜岡原発で事故が発生したら……」を出して、放射能による汚染と人体への危険性を示し、浜岡原発の息の根を止めろ！と訴えた。また、旧料金で電気代を払う会（東京）が八月に浜岡原発周辺でチラシを配布し、料金不払いで原発はいやだ、原発が出ていくまで旧料金でしか払わないと意思表示することを呼びかけ、浜岡原発に抗議した。九月、浜岡町原子力委員会は各委員に「うみなり」の内容についての反論を配布した。四月の浜岡町議会選挙では、浜岡原発に反対する立場で立候補した共闘会議の石原顕雄（共産党）が当選した。

佐倉地区対策協議会への地域振興対策費は中電から継続して支払われた。三月二八日、中電は佐対協との話し合いによって約束した三〇〇〇万円を浜岡町へと渡し、翌日、その金は佐対協へと渡された。

▲…すすむ２号機の建設

４　京都での反原発全国集会

一九七五年八月二四日から二六日にかけて京都で反原発全国集会がもたれ、六四〇人が参加した。集会実行委員会は浜坂火力原発設置反対町民協議会、熊野市原発設置反対同盟、柏崎原発反対同盟など各地の反原発団体で構成された。

集会では星野芳郎、ジョン・エスポジイト、高木仁三郎らが講演した。また、公開討論会がもたれ、久米三四郎（大阪大学）、市川定夫（京都大学）、芳川広一（柏崎原発反対同盟）が反対意見を述べ、推進論を批判した。さらに集会や分科会では、女川、東海、柏崎、太地、熊野、浜坂、大飯、伊方、川内など全国各地から報告や発言がなされた。

反対運動からは、住民のなかにどれだけ強い反対の意思をつくりだすことができるのか、どこまで住民の基盤で反対運動をひろげることができるのかが課題である、政党や既成組織にとらわれない個人加盟の住民組織が必要である、原発は未開発地に来るが、行政がなすべきことを原発誘致のえさにしている、反対運動は追いつめられてはじめて、入浜権行使や里道闘争などのよい知恵が出るものだ、政党や労組が入った運動はもろく、母親の感情に訴えることで強固な基盤ができる、政党に主導されると失敗するから政党は利用すべきである、自治体と電力会社との関係を分断すべきである、資金は自ら調達すべきであり、都市の住民運動と連携する必要がある、原子力社会を否定する視点を持つこと、反原発の声を出すのは命懸けといった意見が出された。

また、集会では、ＥＣＣＳの実テストはおこなえないこと、事故時の避難計画が知らされていないこと、放射性廃棄物の処理は未解決であること、プルトニウムの毒性が強いこと、原子炉の輸出は核兵器の輸出を意味すること、重大事故が起きると産業・経済が混乱すること、警察国家化がすすむこと、微量放射能なら安全、許容量以下なら安全などの宣伝は嘘であること、ナミビア産ウランの四〇％を日本が輸入し、人種差別を支えていること、寄せ場の労働者が手配師によって集められ、被曝管理がなされないまま原発労働をさせられていること、島根原発では定期点検の臨時労働者に子どもを生む意思がないことを確認させていることなどが明らかにされた。

全国集会では、各地の情報を知り合えるような通信をつくることも提起され、各地の反対運動から記事を集めて新聞をつくることになった。その新聞は一九七八年に「反原発新聞」の形で創刊された。

中電はこの集会を監視し、中電管内からの参加者をチェックした。中電の報告者は、反対運動の報告を聞き、政党・労組などの外部勢力が介入した地域は時間とともに内部崩壊するかもしれないが、地元民の素朴な不安からくる反対運動は安全宣伝だけでは反対派の煽動的理論に太刀打ちできなくなるだろうと感想を記した。中電は集会で熊野や浜岡からの参加者を探し、参加者名簿からも人名を拾い、判明した名前を報告書に記した。その報告書は浜岡町にも提出された。

反原発全国集会がもたれた一九七五年は広島・長崎の被爆から三〇周年であった。この年の原水爆禁止世界大会の基調演説で森滝市郎は、核は軍事利用であれ、平和利用であれ、地球上の人間の生存を否定するものであり、「核と人類は共存できない」、核分裂エネルギーを利用する限り、人類は未来を失うとし、「核絶対否定」の立場を示した。

一九七五年、一号機受け入れの際に企画室長であった鴨川義郎が新たに浜岡町長になった。鴨川は一九八七年まで三期一二年間、四号機の受け入れの時期まで浜岡町長として活動した。

5　原子炉での異常な振動

浜岡原発一号機は試運転をすすめることになったが、出力五四万キロワットのうち二七万キロワット以上の出力テストをおこなう段階で、また問題が起きた。

一九七五年四月二六日、アメリカ原子力規制委員会は、ゼネラルエレクトリック（ＧＥ）社製の沸騰水型軽水炉（ＢＷＲ）の一部に炉心の装置が異常な振動を起こす機種があることを明らかにした。この問題は、ＧＥ社が福島原子力発電所とネブラスカのクーパー原子力発電所で発生したとする報告からわかった。

米原子力規制委員会はクーバー原子力発電所の出力を半減させ、同型の原子炉を持つ一〇原子力発電所に五日以内の運転状況を報告するように求めるという緊急措置をとった。この問題について、ＧＥ社は福島で起きた異常振動を同委員会に報告するとともに、米国内での調査をすすめた。その報告では、振動は炉心内の中性子モニター装置で起き、中性子モニター装置が破損して炉心の燃料系統に障害を起こす恐れがあるとされた。このようななかで、浜岡原発も福島と同型であることから、点検されることになった。

この点検を終えて試運転を再開したところ、六月一三日になって、福島第一原発二号機の定期検査で、出力状況を測定する原子炉内の中性子測定装置が振動によって燃料集合体のジルコニウム製の被覆容器に直接ふれ、三体に傷をつけていたことが明らかにされた。一〇月には揺れの原因となった測定器冷却用の補助冷却孔を塞ぐ工事をすすめることになった。工事は燃料を抜き出して、冷却孔六〇か所を塞ぐというものであり、二か月を要するとされた。

通産省と資源エネルギー庁は事故の原因を、中性子測定装置が冷却水の水圧で振動し続けていたためとし、その対策ができるまで福島三号機、浜岡一号機でのテスト出力を六〇％にするように指示した。そのため浜岡の試運転は延期され、一二月二日に再開された。営業運転は一九七六年となり、年内の営業運転の開始により浜岡町が見込んでいた償却資産による七億円の税収は先送りされた。

この六月の事故を受けて浜岡原発反対共闘会議会長の榑林靖男は、試運転して初めて構造上の問題点が見つかるようでは製品として受け入れられない、しかも外国からの指摘がないと問題に気付かないというのでは頼りない、安全も確認しないまま試運転を急ぐのは住民無視もはなはだしいと語った。それは、GE社のマークI型原子炉に代表される原発の導入から建設までの問題点を示すものだった。構造上の問題はないとして原発の建設を推進してきたが、営業運転を開始する前からこのような安全宣伝は崩れていたのである。

6　GE格納容器の脆弱性

一九七二年には、米原子力委員会でBWRの原子炉格納容器の安全性への疑念があがっていた。原子力委員会の委員がBWRの格納容器の欠陥を指摘し、建設の中止を勧告したのである。一九七六年には、GE社内で原子炉格納容器の脆弱性が問題となった。それは、炉内で冷却水が失われると格納容器は圧力に耐えられないとするものであり、操業中の同型炉を停止させるか否かの議論にまで発展したのだった。

一九七六年二月二日、GE社のリチャード・ハバード、グレゴリー・マイナー、デール・ブライデンボーら三人の技術者が、「原発は人類の将来への重大な危険である」とし、全米五六か所の原発の再点検を呼びかけて辞職した。同月九日、原子力規制委員会の技術者ロバート・ポラードがインディアンポイント原発の安全性を批判して辞職した。

デール・ブライデンボーは一九五三年にGEに入社し、六六年から核エネルギー部門でマークI型の設計を担当した。かれは、地震や津波などの被害で原子炉の冷却系が失われると格納容器に想定以上の圧力がかかり、壊れる可能性があることに気付いたのだった。格納容器の容積がマークⅡ型よりも小さく、構造も複雑であり、使用済み燃料プールの位置が高いことも問題となった。ブライデンボーはその後、米議会でマークI型格納容器の脆弱性を証言した。米原子力規制委員会の専門家もマークI型の問題点を指摘、GE社は強度などの改善をおこなうことになった。GEの原発稼業は、炉を安く売り、廃炉になるまで保守点検を続けることで利益をあげるというものだった。

一九七六年五月、「うみなり」一一一号はこのGE社の技術者の辞職事件を伝え、浜岡原発の危険性を訴えた。原発の安全性をめぐって技術者が抗議の声をあげるなかで、マークI型格納容器を持つ浜岡一号機の営業運転は始まった。

7　一号機の営業運転

浜岡原発一号機の営業運転は一九七六年三月一七日からである。原発誘致の動きから一〇年後、原子炉の着工から五年目のことであり、試運転から一年九か月を要した。総工費は五六七億円だった。商業用原子炉としては関西電力の高浜二号機に次いで一一番目であった。

三月一九日、共産党の浜岡、大東、小笠、菊川の支部は中電と浜岡町に一号機の営業運転についての質問書をだした。そこでは、事故の危険、放射能汚染による被曝増加、下請け労働者の被曝、生データの提出、排出核種の公表、自治体ぐるみの原発推進の非民主性などを問いただした。これに対する浜岡町の回答は、労働者の被曝については回答すべき事項ではないなどというものだった。

一号機の運転開始に対し、原発反対共闘会議の榑林靖男は、一〇年にわたる反対運動のなかで数々の問題提起をし、それにより住民は原発を考えた。中電は当初の営業運転計画を延ばさざるをえなかった。運動に区切りはない。中電は放射能廃棄物の処理、輸送問題など安全面で避けられない基本的な問題を無視し、見通しのないなかで営業運転に入ったから、監視の強化はこれからと述べている。今後の運動としては原発の講演会やムラサキツユクサによる放射線の測定をあげた。当時、榑林は三七歳であり、佐倉で農業を営み、共闘会議の代表として活動していた（中日新聞一九七六年三月二四日）。

共闘会議は一九七六年三月二七日、浜岡文化センターで「原発を考える市民の集い」を開催した。集会では、住民の安全を抜きにし、中電からの寄付金や町当局の税収のことしか考えない姿勢の問題点、モニタリングステーション監視の報告などがなされた。京都大学の市川定夫は「原発と放射線の影響」の題で講演し、微量の放射線による影響が重大であることを指摘、永田素之調査の分析結果をふまえ、試運転後に放射線量が増加していることを示した。

永田・市川調査は、原発周辺の約一二五万本の雄蕊の毛を観察し、放射線による生物への影響を検出したものだった。この報告は五月一三日からスウェーデンで開かれた反原発国際会議でも報告された。その分析では、一九七四年七月七日から一〇月三一日の間の調査で、試運転が始まった八月一三日とそれ以前とを比較すると、六三万本の雄蕊の突然変異率は平均二九％上昇し、原発から北東の地点で高率だった。一九七五年五月一一日から一〇月二五日の間では、六二万本の雄蕊の突然変異率は三二％に上昇した。このときも原発から風下の北東地域での増加が目立った。その原因を生物に付着しやすいヨウ素一三一などのベータ線によるものと推測した。

地震予知連絡会で石橋克彦が東海地震説を唱えたのは、浜岡一号機が稼働をはじめた年の八月のことだった。浜岡一号機はマークI型原子炉の脆弱性の指摘と東海地震の危機のなかで動き始めたのである。

8 東海地震と安全性

一八五四年の安政地震はマグニチュード八・四であり、駿河トラフと東海トラフを震源としていたが、一九四四年の東南海地震はマグニチュード八であり、東海トラフが震源だった。一九七六年八月の地震予知連絡会での石橋克彦による東海地震説は、この東南海地震では駿河トラフは動いていないためひずみがたまっている、今度の東海地震は駿河湾地震として考えるべきであり、この東海地震の大きさはマグニチュード八を超えると想定されるというものだった。

フィリピン海プレートがユーラシアプレートにもぐりこむことで日本列島の南に海溝が形成され、それを南海トラフという。その南海トラフのうち、駿河湾に入り込むトラフを駿河トラフ、遠州灘沖のトラフを東海トラフという。駿河トラフは南北に一二〇キロほどの長さである。フィリピン海プレートはユーラシアプレートにもぐりこんでひずみを蓄積させ、ユーラシアプレートがそのひずみを元に戻そうとして跳ね上がる。その際に駿河トラフが震源となる。これが想定される東海地震である。

一九七六年一〇月、相良の消防団長の原口勉は、「原子力発電所への懸念」と題し、「関東大震災の三倍もの耐震設計がなされていると中電は言うかもしれない。しかしそれは机上の計算であり、実際に当面した前例はいまだにない」「不幸にして放射能が漏れた場合、地域住民はどうしたらよいのであろうか」「人間が造り動かすところに『完全』という言葉はあり得ないのである」「(防災対策はお粗末であり)県も町村もこれに対しては中電まかせと思える」「事故があるときは静岡県、いや中部一帯が放射能で汚染され、その被害ははかり知れない事態となるのは必然である」と記した（新聞投稿)。

このように原発の建設がすすめられて一〇数年を経るなかで、その安全性の面から原発推進政策の見直しを求める声があがるようになっていた。東海地震が社会的な問題になると、浜岡原発の安全性は静岡県議会でも問われるようになった。

一九七六年一〇月一三日の県議会の環境企業委員会では、中電浜岡原発の津波対策についての質問が出された。これに対して、県生活環境部長は「過去の記録から津波の高さは最大でも四メートルとみており、原発はさらに二メートルの余裕をみて海抜六メートルの位置に建設されている。遠州灘のような海岸線ではマグニチュード八・二でも津波の高さは二メートルくらいで、おそらく今後地震が発生しても耐えられると思う。また万一、六メートルを超える津波があっても建物の出入り口二か所を閉じれば全体が密閉され、十分対応できる」と答えた。県は、原発は加速度二〇〇ガルで自動的に停止し、建物の強度は三〇〇ガルでも耐えられるようになっていると説明した。

このように当時の地震の揺れや津波の想定値は極めて低いものであり、一・二号機では揺れを三〇〇ガルと想定していた。その後の地震の規模はこれらの想定が甘いものであったことを示した。

一九七七年三月一九日、浜岡原発反対共闘会議は浜岡文化センターで藤井陽一郎(国土地理院)を講師に「東海地震と予知体制」という講演会をもった。共闘会議は、中電や国は関東大震災の三倍まで大丈夫というが、それはマグニチュード八・二の遠州灘沖合六〇キロでの地震の想定である。だが最近の想定はマグニチュード八クラスの大型地震が駿河湾沖二〇から三〇キロで起きるという直下型の地震であり、それに原発が耐えることができるのかと指摘した。

9 日弁連の原発批判

日本弁護士連合会は一九七六年一〇月八日・九日に仙台市で開催した人権擁護大会で、福井県での現地調査をふまえて原子力開発の問題点を報告し、提言した。そこで、原子力の計画・実施・運用などすべての面で原子力の持つ本質的な危険性が軽視され、その反面、安全性がことさら強調され、住民不在のまま原子力開発がすすめられてきたとした。日弁連は、安全性が軽視されている現状では、原発の建設・運転を中止して抜本的に再検討すべきとした。

日弁連の報告書では、住民の選ぶ科学者の立ち入りを認めないなどの安全協定の形がい化、低レベル放射能監視体制の不備、下請け作業員の放射線防護の手薄、事故での公表の遅れなどが指摘された。また、秘密裏に働きかけをすすめて議会が抜き打ち的に誘致を決議する、そのあとで住民が事態を知る、土地買収や漁業補償の交渉で有力者が説得工作をおこなうといった共通のパターンがあるとされた。さらに原発誘致により道路、下水道、公民館、学校、診療所などの公共施設の整備、税収の増加が宣伝されるが、固定資産税の増収は地方交付税の減少で打ち消され、誘致後は短期間で税収が減価償却によって落ち込むといった指摘もなされた。

10　原発成金と人倫腐敗

一号機の完成前までに中電からの寄付金は一〇億円を超えた。完成後の一九七七年の浜岡町の財政をみると、町税収入約一三億円の半分以上が原発からの金に依拠している。浜岡原発の償却固定資産税は六億七〇〇〇万円、土地など他の税を加えると七億円になる。

地方交付税は全国一律に一定の基準で収入と支出を計算し、不足分を国が補うとされていたが、浜岡町の場合、基準財政収入額は一〇億八〇〇〇万、基準財政需要額は一〇億六〇〇〇万円であり、二〇〇〇万円の黒字になった。そのため、地方交付税不交付団体となった。実際の財政規模は起債や補助事業などを入れると三〇億円ほどだった。

一九七八年秋には二号機が営業運転に入ったが、翌年の一九七九年度からは、約一四億円の固定資産税が入った。しかしその額は年々減少する。三～四年は不交付団体を維持できるが、その後は赤字となる。その赤字を埋めるように増設がすすめられていく。

さらに電源開発促進税法、電源開発促進対策特別会計法、発電用施設周辺地域整備法などの電源三法の交付金による公共施設整備もすすめられていく。これらの法律は一九七四年六月に成立し、七四年一〇月に施行された。

電源開発促進税法により、国は電力会社から電力の販売量に応じて税金をとる。それを財源に電源開発促進対策特別会計法により、国が交付金を出す。発電用施設周辺地域整備法により、その交付金で周辺地域の公共施設を整備するというわけだが、もとは消費者からの電気料金であり、電気料金に電源開発促進税が組み込まれているわけである。一〇〇万キロワット級で約三五億円が交付され、集中立地点では増額される。一九七八年段階で全国各地への交付金の総額は約三八九億二〇〇〇万円になった。

電力会社が放射能汚染を引き起こす危険をもつ原発をつくり、それを認めた国家が地域に迷惑料を支払い、金で地域を買収し、屈服させる。交付金の農漁業への使用には制限がつけられた。一時的な歳入増は地域経済の健全性を破壊する。新たな施設が一般財政を圧迫する。

この電源三法によって一九七五年度から一九七七年度の三年間で浜岡町と隣接の町村に計二九億一七一八万二〇〇〇円が交付された。この交付金で、町民会館、小学校のプール、救急医療センター、農業用排水路、道路舗装などがすすめられた。交付金の町財政の歳入に占める割合は一九七五年には二一・五％に達した。交付金なしでは公共施設の整備ができないという状況がつくられ、新たな施設の管理維持費も大きなものになった。

▲…原発からの資金を利用した町グランド建設

中電の寄付と国の原発交付金にたかるような町財政ができあがり、そのような原発成金の財政が、地域住民の金銭感覚や社会意識をむしばむ。

浜岡の佐倉地区では原発の土地を提供したことによって「佐倉の優位性」が語られ、中電からの巨額の協力金が佐倉地区対策協議会の口座に振り込まれた。二人一組になって名古屋の中電本社に現金を受け取りに行ったこともあるという。巨額の協力金で防災センターが建設され、佐倉住民の町内会費などの共益費は免除され、小さな土木工事などは町役場の金ではなく、佐対協の資金で賄われた。年間億単位の事業には基金の利息があてられた。その基金の額を質問する佐対協役員に対して、会長が「額が町に知られたら、私たちが血のにじむ思いで得たお金が町に流れてしまう」と怒る場面さえみられるようになった。

このような金の流れについて調べようと、一九七六年八月一六日、静岡大学の林弘文、安藤実、平野克明、伊藤通玄らが浜岡町を訪問し、浜岡町の収支、原発からの固定資産税、電源三法の年度額などを質問した。その際に町は電源三法などの交付金額や固定資産税などについて回答した。しかし、寄付金の実態については明らかにしなかった。

芦浜原発建設をめぐって、紀勢町での町長の贈収賄事件が一九七八年一月に報道された。賄賂とされた三〇万円は原発推進費の巨大な氷山の一角だった。報道記事の見出しには、「まかり通った札束万能」「金なきゃ中電に頼め」「神社の寄付までせびる」「中電数億円をつぎ込む」とある（中日新聞一九七八年一月二二日）。記事からは、原発推進のために中電が湯水のように金をつぎ込み、町民の心をむしばんでいったことがわかる。そのような人間倫理の腐敗は浜岡でも同様であった。

11　浜岡三号機の増設へ

一九七七年六月八日、中部電力は浜岡町に文書で三号機の増設を正式に申し入れた。一号機の建設申し入れから一〇年後のことだった。同日、町長は静岡県に、翌日、五漁協にそれを伝えた。中電の計画は二号機の横に総工費二三〇〇億円をかけて一一〇万キロワットの三号機を建設し、一九八五年三月の運転開始をめざすというものだった。三号機もマークI型の沸騰水型軽水炉である。浜岡三号機は日本原電の東海二号、福島第二の一号機などとともに日本最大の出力を持つものになるとされた。これに対して、反対共闘会議は増設反対を表明した。

七月一日、公害対策静岡県連絡会議と浜岡原発反対共闘会議は浜岡町長に浜岡原発三号機増設を拒否することを求める要求書をだした。一号機の運転中止と二号機の建設中止を中電に申し入れること、三号機の増設を拒否することを求めたのである。その理由として、東海大地震で原子炉の核燃料や使用済み核燃料から放射性物質が放出される危険性があること、各地の沸騰水型原子炉でのひび割れが見つかり、浜岡で発見されるのは時間の問題であること、放射性廃棄物の処理ができないこと、原発労働者が被曝すること、モニタリングポストでは操業後に上昇していること、再処理工場の運転が困難であることなどをあげた。

八月一九日には公害対策静岡県連絡会議と浜岡原発反対共闘会議が静岡県に対して浜岡原発周辺の放射能の増加に関する公開質問状をだした。質問状では、静岡県環境放射能測定技術会は浜岡原発周辺三二か所で放射能を測定しているが、そのデータでは試運転時よりも五ミリレム（五〇マイクロシーベルト）以上増えている測定地点が、一九七四年度で二七か所、一九七五年度で二九か所、一九七六年度で二四か所にのぼっていること、原発敷地境界線での数値に比べ、三〜四キロ離れた地点の方が高い数値となっていることなどをあげ、高い放射線を記録している理由を問いただした。

これに対し、県は、試運転前は旧型の測定機器であり数値が低い、試運転後の放射能は年間一〇〇ミリレム（一ミリシーベルト）から七〇ミリレムまで大きく変動しているが、各測定点の数値はその変動範囲内に入るから、総合的にみて原発からの放射能が増えているとは考えられないとした（毎日新聞一九七七年八月二〇日）。

この問題について中電は、発電所内での計測では五ミリレムを超えてはいない。統計で超えた理由は自然放射線の影響だろうとし、静岡県衛生研究所は線量計の精度にまだ信頼性がない。本当に超えているかは分からないとした。科学技術庁・原子力安全局原子力規制課はそんなに出ているはずはないとした。

これに対し、市川定夫は浜岡町では南西の風が卓越しているので、排気が陸に広がっている疑いが強い。測定回数が多く、自然の変動は統計的に相殺されているはず。県などの説明は測定監視の有効性を自ら放棄するものとコメントした（中日新聞一九七八年三月二五日）。

一一月二一日、公害対策静岡県連絡会議は浜岡町を訪れ、三号機増設計画について調査した。この調査には、県会議員の脇洵、大村越子をはじめ、井上林（共産党）、桜井規順（社会党）、杉沢三男（県労働組合評議会）、林弘文（静岡大学）らが参加し、共闘会議からは溝口茂、笠原孝夫、片山光男が出た。町側は町長と企画商工課、議長が対応した。公害連は三号機増設を断ることや町の了解基準などを問いただし、原発反対の学者の意見も聞くことを求めた。

12　浜岡原発の破砕帯

三号機増設問題については、浜岡町は受け入れについて慎重な姿勢をとった。それは、住民内に「一号機で故障や事故

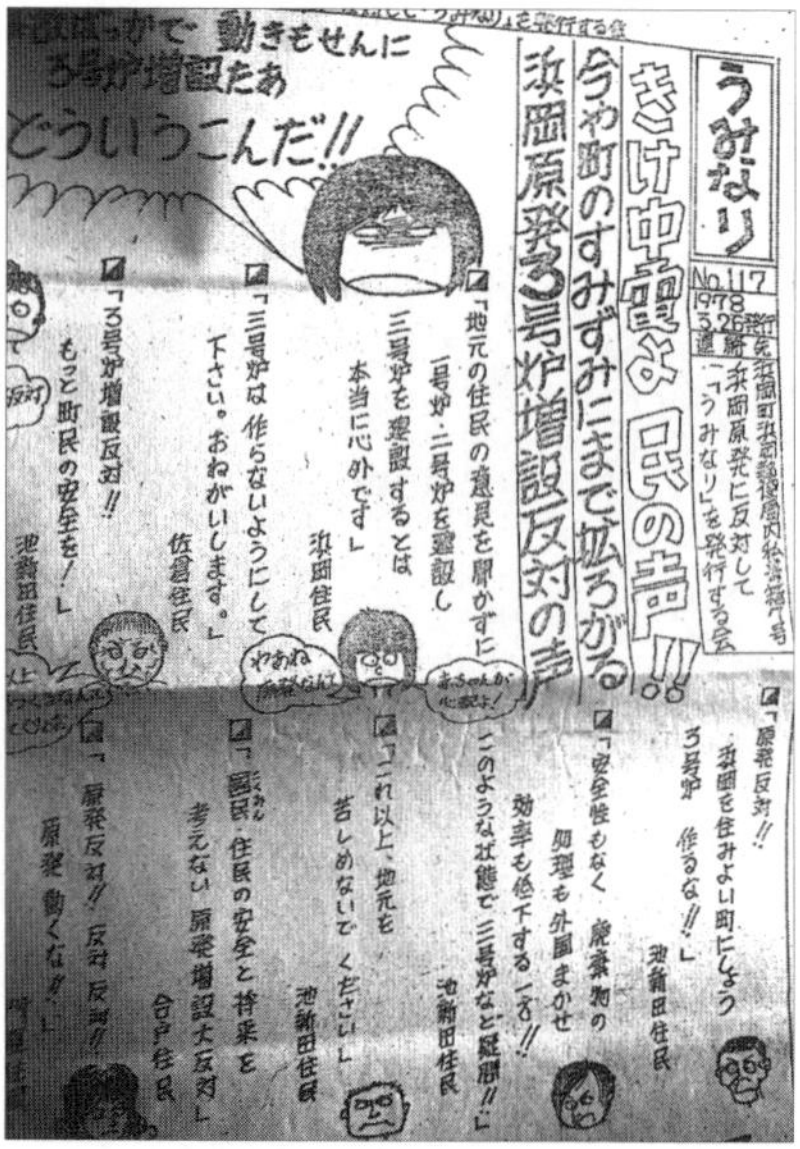

▲…３号機建設反対を呼びかける「うみなり」

が多い」、「一・二号機が動いてからじっくり検討すればいい」、「三号機まではいらない」という意見が強かったからである。「うみなり」を発行する会は「うみなり」で浜岡三号機の増設反対を訴え、町当局への監視や議会への傍聴をよびかけた。

一九七七年に夏、地元の池新田高校の文化サークルが浜岡町住民を対象にアンケートをとった。そのアンケートでは、建設してもよいが八四人、反対が九六人であった。対象は一〇代から六〇代までの男女一八〇人である。建設反対は三〇～四〇代に多く、反対したいけれどどうしようもないとする人が多かったことが特徴である。

このような増設への町民の意識を変えようと、中電と町は推進の活動を強めた。一九七八年一月下旬、町長は佐倉で町財政の赤字解消のためにも三号機を前向きに検討してほしいと語った。一九七八年二月には、地元の佐倉をはじめに比木、高松、池新田、新野、朝比奈と町政懇談会を開催し、町民の意見を聞いた。また、浜岡町は原子力講演会を五回開催し、住民七〇〇人を東海村への視察研修に案内した。「うみなり」はこのような動きに対し、増設に反対し、住民投票をおこなうことを呼びかけた。

一月二六日、原水禁統一静岡県民準備会は福井から講師を呼んで浜岡で講演会を開いた。二月、共闘会議はビラで、三号機の結論を出す前に町長が明らかにすべき問題点として、原発見学に中電職員が同行し、中電が費用を負担していること、そこで問われる町の自主性、町などの開催する講演会が原発推進に熱心な学者ばかりであること、微量放射能の生物への影響、モニタリングポストでの線量の増加、一号機の事故の問題、廃棄物のドラム缶の増加、地域防災計画の未確立などの問題点をあげ、中電からの財政援助なしで町行政をすすめること、原発誘致による財政規模の膨張とその赤字解消のための三号機増設という悪循環の中止、排気筒から放出される放射性物質の核種調査の実施、大事故の際の安全対策、東海大地震への対策などを求めた。共闘会議は「札束で住民の安全や暮らしは守れない」と原発建設に反対した。

二月二三日、公害対策静岡県連絡会議、日本科学者会議静岡支部、浜岡原発反対共闘会議が浜岡町に対して、町の講演会は推進派が講師であり、原発が危険とする立場の学者の意見を聞くこと、町長が推進の先頭に立つべきではないこと、浜岡町へのつかみ金二億円の真相を明らかにすることなどを要請した。

その席上、日本科学者会議の林弘文（静岡大学）は、二号機建設の際に、国の原子炉審査部会の調査で一・二号炉の真下に北西から南東に斜めに走る二メートルから一〇センチ幅の破砕帯が一〇本あり、そのうち一号機の下の破砕帯は約一メートルの断層を生じている。大地震があれば危険であり、町当局による独自調査が必要である。調査のうえで三号機への結論を出すべきと指摘した。

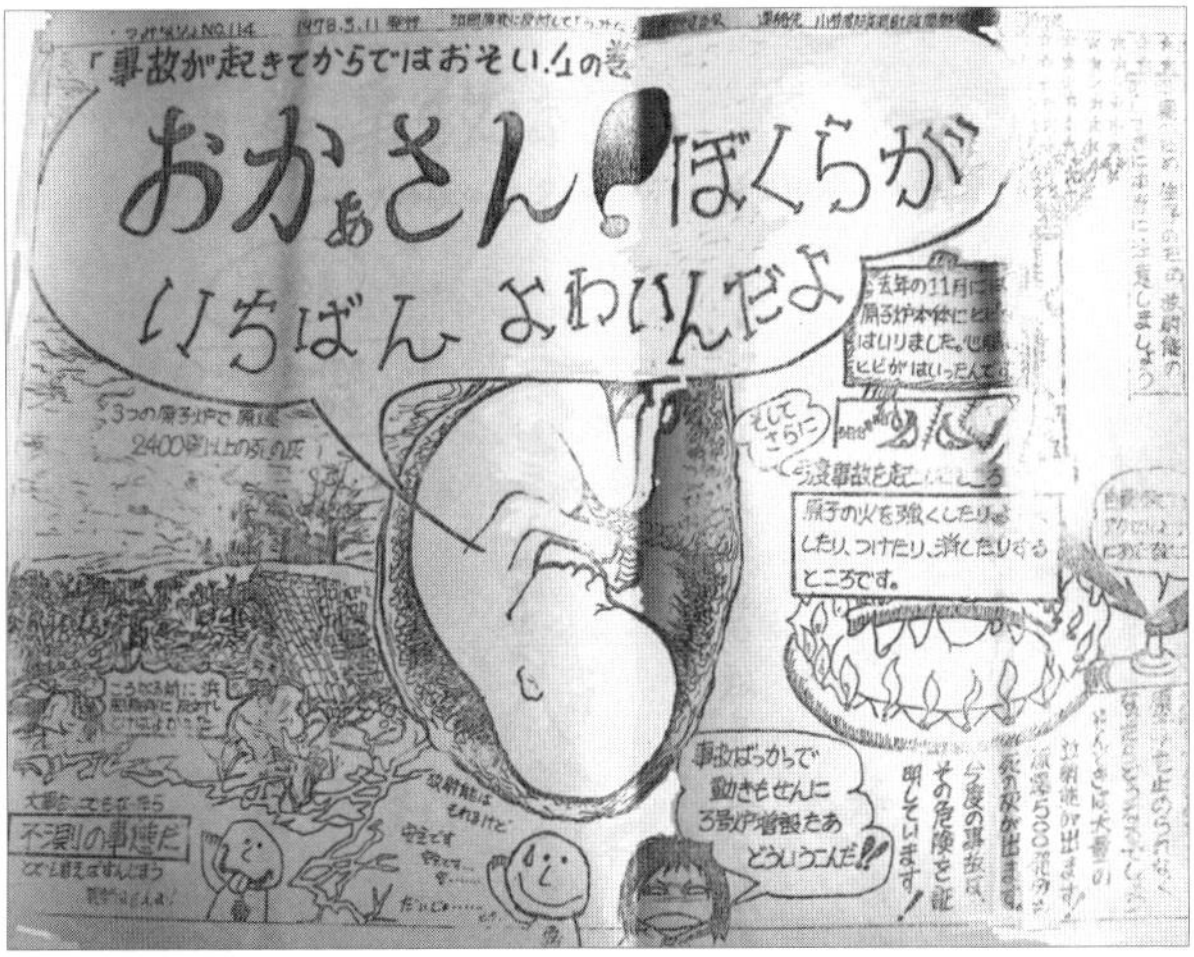

▲…「うみなり」より

破砕帯は活断層から枝分かれするように形成される断層の一種である。この破砕帯が活断層であるのかは調査が必要であるが、大きな地震では連動する可能性もある。

公害対策静岡県連絡会議は、中電は、岩盤はたいへんよく、一枚岩の上に乗っているので地震でもそっくり動くだけで何の心配はないと言ってきたことと大きく違う、津波を防ぐ砂丘も取ってしまい、その心配も出てきたと、地震と津波に対する不安を指摘した。

これに対し、町の広報係長は四メートルの基礎コンクリートマットを打ち込み、地盤を固め、マグニチュード八クラスの地震にも耐えられる設計にし、国の安全審査にもパスしているから心配はないとした。

この問題は三月三日の静岡県議会の代表質問でも取りあげられたが、山本知事は、国の原子炉安全専門審査会の報告書の記述から、問題の地盤は八〇〇〇年間、動いた形跡はなく問題はない。また、工法によってマグニチュード八クラスの地震にも耐えられると結論付けているから心配はしないと答弁した。

七月五日の静岡県議会で県は「浜岡三号機は必要」とする判断を示した。このように県が容認する意思を示すなか、七月一九日に公害対策静岡県連絡会議の呼びかけで浜岡原発三号炉増設に反対する静岡県民会議の準備会がもたれた。

13　駿河トラフによる東海地震

一・二号機建設時に中電は東海トラフによる遠州灘地震のみを想定していたため、一九七六年の石橋説は中電にとっては不利なものだった。震源とされる駿河トラフは浜岡から三〇キロほどである。この駿河トラフは駿河湾の底から三〇度ほどの角度で西へともぐりこむ逆断層であり、震源域は南北一〇〇キロ、東西九〇キロとみられる。浜岡原発は震源域の上にある。震源域の上であるから、地震動は大きなものとなり、加速度は五七〇ガルに達するとみられた。それは中電の一・二号機での三〇〇ガル、三号機での四五〇ガルという設計用の加速度をはるかに超えるものであった。さらに相良層は砂岩と泥岩が重なり合い、節理という割れ目も多く、軟弱な層である。浜岡原発はこの相良層の上にある。

三号機敷地内には断層があり、大きなものは長さ一二〇〇メートル、深さ二八〇メートル、幅三・五メートルであり、落差は四〇メートルに達している。原発に近い御前崎の台地には六本の断層があり、活断層とされている。原発にいちばん近い白浜断層は原発から三・三キロであり、断層の長さは一・五キロである。浜岡原発の敷地内には四本の断層が海岸線に並行して走っている。中電は敷地外には活断層を認めるが、敷地内の断層は活断層とみなさない。

一九七八年八月七日、静岡大学原発研究会（小村浩夫代表、静岡大工学部）は荻野晃也（京都大学）を講師に、浜岡で「地震と原発」講演会をもった。参加者は一五人ほどであった。荻野は伊方原発訴訟での原告側証人の経験をふまえてつぎのように話した。

原発事故を起こす最大の原因は地震であるが、設計では地震により配管が破断するという想定がない。地震・噴火の場合は電力会社の賠償責任は免除されている。明確な耐震指針が必要であるが、行政指導は曖昧である。アメリカのラスムッセン報告は事故解析の報告であるが、地震や通常モードでの故障、ヒューマンエラー（人為ミス）を考慮していない。多数の配管が破断する恐れもある。浜岡一・二号機の設計入力加速度は三〇〇ガルであり、関東大震災の三倍まで耐えられると言っているが、説明できる者はいないし、何ガルで停止するという指針はない。アメリカでの耐震設計は付近の活断層からの仮想地震を想定して解析するという指針があるが、日本では考慮されていない。アメリカの安全指針を考慮すれば、一・二号機の安全性は見直さざるをえなくなり、必然的に一・二号機は停止することになる。この講演内容はその後の日本の原発事故の歴史を予見するものだった。中電は情報収集をおこない、集会発言を記録した。

後に小村浩夫は「東海地震と浜岡原発」(『科学』一九八一年七月)で中電の三号機設置許可申請書類を批判しつつ、浜岡原発直下の断層の活動性や地盤の脆弱性を指摘した。そこで小村は中電による駿河湾地震マグニチュード八の想定が過小評価であり、三号機での設計用加速度を四五〇ガルとする根拠も薄弱であるとし、中電の耐震設計が不十分であることを指摘した。

さらに小村は、大地震は配管を破壊し、冷却水の喪失事故をもたらす。電源が喪失して、ポンプが作動しないかもしれない。格納容器の破損により放射能を閉じ込めておくことができなくなる。地震が与える心理的なショックは人為ミスを生む。地震がいくつものトラブルを引き起こす。防災計画は机上の計画にすぎないものになる。建物が無事である保障はなく、余震のために退避できない。事態が悪化して避難するにしても、道路や橋が健全であるはずもない。地震は原発の内と外で「多重防護」を簡単にくずし、破局をひきおこすと指摘した(「東海地震と浜岡原発(下)」「反原発新聞」三九号一九八一年七月)。

荻野晃也もつぎのような問題点をあげた。東海地震は岩盤上でも三〇〇ガルを超える可能性が高い。浜岡原発は剛構造だが、巨大地震のように長い周期の地震波に弱く、煙突や配管が特に弱い。地震では単一故障はありえず、パイプがあちこちで折れるなど共倒れ故障になるが、想定されていないため、対処のしようがない。亀裂が入った状態で地震が起きれば、パイプなどの耐震性はガクンと落ちる。浜岡原発が東海地震に安全というのはでたらめである(毎日新聞・連載「原発の町から」一九八〇年五月九日)。

これらの指摘は地震に対する原発の弱さとそれによる破局を言いあてたものだった。

14　一号機、再循環系配管・制御棒事故

浜岡一号機は一九七七年九月二五日から定期検査に入った。一一月一五日の中間報告により、原子炉再循環系の分岐配管二本で傷が発見され、制御棒駆動水戻りノズルにも微細なひびがあることがわかった。福島第一の二号機、高浜一号機でも相次いで修理すべき個所が発見され、九月時点での原発の稼働率は三八・九％となった。浜岡で発見された制御棒駆動水戻りノズルのひびは、福島第一の一・二号機、島根一号など五機で発見され、運転を始めた沸騰水型原子炉すべてで発見された。この報告により、一一月一五日、静岡県と浜岡町は浜岡原発への立ち入り調査をおこなった。

一九七八年二月二二日には、格納容器内の燃料制御棒を水圧制御するためのステンレス製配管の一部に水の「にじみ」が発見された。原因は外部侵食とされ、一七八本のパイプ全部を取り換えることになった。この事故で一号機の三月中の運転再開予定は大幅に遅れ、八月以降となった。

他方、二号機の建設はすすみ、一九七八年三月二八日、一三七本の制御棒のうち二六本目が引き抜かれるとメーターが臨界を指した。これに対し、反対共闘会議は、安全性を優先し、試験運転を中止すべきとする抗議声明を出した。そこでは、一号機が試運転から営業運転までに一年九か月もかかり、その後も修理が絶えないという経過を示し、一号機の歴史は事故と修繕の歴史であり、放射能汚染や東海大地震の問題も未解決であるとした。そして、中電に対して、安全優先への良心があるのなら、住民の生命と健康を守るために二号機の運転を中止すべきとした。

二号機の臨界は工事開始から四年後であり、建設費は一一七六億円におよんだ。一九七八年五月には試運転を開始し、一一月末から営業運転をはじめた。

15　下請け労働者の被曝

原発内部での労働者の被曝も問題にされるようになった。一九七七年三月一七日の衆議院予算委員会では下請け労働者

の放射線被曝が問題とされた。社会党の楢崎弥之助は下請け労働者がガンで死亡する例が多いとし、内部被曝線量もみるべきであり、被曝者手帳制度を整備することなど指摘した。

この質問では中電浜岡原発でのガンによる死亡は三人と提示されたが、中電が提出した資料では三人の被曝線量はゼロとされていた。中電の原子力室は、浜岡原発での放射線管理の対象がのべ何万人という数字になるが、管理は厳しく、ガン発生に結びつくほどの被曝はないとした。

一九七八年六月一日、静岡県平和委員会は中部電力静岡支店に原発労働者に関する公開質問状を出し、静岡県に対しては行政として適切な措置を取るよう要請した。これは、浜岡原発で働いていた放射線管理士から、一号機の修理工事に従事している作業員の放射線管理がずさんであるという告発を受けたことによるものだった。質問状では、下請け、孫請け廃止の行政指導を中電はどう受け止めるのか、浜岡での作業員数と会社名、安全教育・実地教育の実態、作業員の被曝データの管理状況、健康診断と健康管理指導、放射性廃棄物のドラム缶の正確な本数、排気口からの排出などを問いただした。

平和委員会が二回にわたり県労働基準局に安全管理の徹底を申し入れたことから、労働基準局と磐田監督署は六月一九日に浜岡発電所への立ち入り調査をおこなった。労働基準局は下請け業者から作業員の作業内容について聞き取り調査をおこない、作業日誌から記録を調べ、さらに格納容器内に入って作業現場を見て回った。

六月には平和委員会へと労働者から告発があった。五月二六日から二九日にかけて原子炉の制御棒駆動装置のピストンの錆落とし作業をおこなった倉敷出身の労働者は、後日、頭がふらふらすることや吐き気を訴えた。これに対し、中電側は格納容器内で働いたのは二九日午後七時一五分から九時までであり、浴びた放射線は九〇ミリレム（〇・九ミリシーベルト）で人体への影響は全くないと反論した。

この事例は、定期検査中には格納容器内でも多くの下請け労働者が働き、被曝を繰り返している実態と、電力会社側が下請け労働者の生命や健康に対して冷淡であることを示すものだった。

浜岡原発内では、管理区域内で使用した防護服やゴム靴、手袋、マスクなどを洗い、放射能を落とすという洗濯作業が必要になる。この作業は下請け会社の労働者が担うが、この作業は線量計やフィルムバッチを持ち、時には防護服を着用する。仕事は三交替制で、被曝は一日に一～二ミリレムある。ときには管理区域内において雑巾で床を磨く除染作業もおこなうという（毎日新聞・連載「原発の町から」一九八〇年五月八日）。

16　コバルト六〇・マンガン五四の検出

一九七六年に古川路明（名古屋大学理学部）は静岡大学で開催された第二〇回放射化学討論会で、福島や敦賀での原発周辺の松葉からコバルト六〇やセシウム一三七、マンガン五四などの放射性物質を他地域と比べて多く検出したことを報告した。松葉は大気中の重金属を蓄積する性質があることから媒体として利用された。

一九八〇年二月、古川は浜岡原発周辺の放射能についても調査した。それにより浜岡原発南東一・八キロの筬川河口部の松葉からコバルト六〇を四・八ピコキューリー、マンガン五四を九・八ピコキューリー（一キログラム当たり）検出した。また一号炉放水口の東側岸壁に付着していたカキの貝殻からその一〇倍にあたるコバルト六〇を五二ピコキューリー、マンガン五四を九九ピコキューリー検出した（二七ピコキューリーが一ベクレル）。原発周辺の浅根山、新野川西側、玄保などの松葉からもコバルト六〇やマンガン五四を検出した。浜岡原発からは放射性物質が放出されていた。

古川調査をもとに県民会議が県と中電を追及したことから、静岡県環境放射能測定技術会による特別調査がなされた。一九八〇年五月二四日、静岡県原子力発電所環境安全協議会がもたれ、技術会による調査で原発周辺の松葉やカキの貝殻からコバルト六〇やマンガン五四が検出されたことが明らかにされた。

技術会はごく微量で人体に影響はないとし、浜岡町や周辺住民に「安全」を宣伝するチラシを配布した。中電は「微量だから仮に食べても問題はない。放射性物質の排出は完全にゼロにできない面もあるが、今後観測地点を増やすなど十分対応策を考えたい」とした。

中部電力と静岡県の環境測定技術会議は、放射能汚染はないとしてきたが、その嘘が明らかになったのである。原発からはクリプトンやキセノンなどの核分裂生成物の希ガスが放出されている。周辺ではこれらの放射性物質による被曝が起きるのであり、肺がんの率が上昇する。

浜岡では放射能に汚れた各種廃棄物がドラム缶で保管されてきた。年五～六〇〇〇本もでる廃棄物は一九七九年になると一万三九〇〇本となった。中電はこの減量のために、焼却炉や復水濾過脱塩装置などをつくり、廃棄物を詰めたドラム缶を半分に減らすことをめざした。二号機東と三号機予定地の間に廃棄物減容処理装置建屋をつくり、その建屋内に焼却炉が置かれることになった。中電は、燃やして減量しても濾過するので放射能による外部への影響はないとした。

II

スリーマイル・チェルノブイリ事故と反原発市民運動の形成

ここでは、スリーマイル事故・チェルノブイリ事故前後の浜岡原発をめぐる反原発市民運動の形成についてみていく。

第三章では、スリーマイル事故前から浜岡原発に反対する活動をすすめてきた市民が「浜岡原発に反対する住民の会」を結成し、浜岡三号機建設反対運動や使用済み核燃料搬出反対運動に取り組んでいった動きについてみる。

第四章では、浜松市の「核のない社会をめざす浜松市民の会」、静岡市の「街と生活を考える市民センター」などの反原発の市民運動が、チェルノブイリ事故を経るなかで学習会などを企画し、四号機増設に反対したことやチェルノブイリ救援運動をはじめたことを記し、さらに、浜岡一号機での再循環ポンプ事故や圧力容器からの水漏れ事故などを契機に、「浜岡一号機とめようネットワーク」を結成し、現地行動や核燃料輸送反対行動をおこなったことや原発労働者の労災認定の運動などについて記す。

第三章……浜岡原発に反対する住民の会の結成と三号機反対運動

1　三号機設置阻止にむけての佐倉署名

全国各地での住民による反原発運動の交流と運動の前進に向けて、一九七八年三月に「反原発新聞」が発行された。発行主体として反原発運動全国連絡会が設立され、この新聞を「闘いの武器」と位置づけた。この発行に応えて、浜松の静岡大学工学部原発研究会が反原発新聞浜松支局の活動を担った。

一九七八年七月、浜岡での三号機設置阻止にむけて佐倉地区で署名運動が始まった。この署名は、三号機阻止に向けて集会やビラまきをおこなってきた、浜岡原発に反対し「うみなり」を発行する会、榛原地域問題研究会、静岡大学工学部原発研究会の三団体が呼びかけたものだった。署名の趣旨は、一号機がまともに動かない欠陥商品であることが明らかになったのに、いま三号機に同意することはない、特に大地震が危険であり、三号機については住民投票をおこない、三分の二の合意なしには建設に同意しないよう浜岡町長に要請するというものである。

この署名は浜岡町佐倉地区での戸別訪問で集められたが、「金の問題ではない、施設ができても、事故を恐れて暮らすのは嫌だ」と多くの住民が署名に同意した。八月二二日、地元佐倉八〇〇戸のうちの三五〇世帯、四〇四人の署名が浜岡町長へと提出され、住民投票を求める要請がなされた。町はこれまで「大筋で反対なし」などと語ってきたが、数値で初めて反対の意思が示されたのである。これに対し町長は署名をとるのに強圧的というケースも聞いており、署名が住民の正しい意見かどうかは疑問とした。
榛原地域問題研究会、浜岡原発に反対し「うみなり」を発行する会、静大工学部原発研究会は「なぜそんなに急ぐ一〇月電調審上程！」などのビラを継続して発行し、電調審上程は事実上の三号炉建設同意であり、義理や人情で片付けるな、中電は四号機の建設も計画している、佐倉での懇談会では安易な妥協をすることなく本当の気持ちを語って反対しようと呼びかけた。「うみなり」は佐対協役員への聞き取りをおこない、八月一八日にチラシで役員の認識とそれへの反論を記載したビラを配布した。

九月四日から七日にかけて各区で佐倉地区対策協議会（清水稲次郎会長）の地域懇談会がもたれた。役員は「電調審上程と着工とは別」、「住民に被害を与えるほどの事故は世界を見渡してもいままでなかった」、「ムラサキツユクサで騒ぐのは学者として良心がない連中」、「燃料棒は二本くらい溶けても平気」、「原発推進は国策、電力会社は作る義務がある」といった認識だった。そのような佐対協役員に対して、懇談会では「すでに一号機がある」「これ以上は困る」「住民の方を向け」「住民一人ひとりの意見が反映されていない」と批判の声があがり、慎重、反対意見が多数を占めた。そこには住民の意向を十分に聞かないまま、町の発展のためと原発を誘致してきたことへの根強い批判があった。

このような批判のなかで九月一〇日、佐対協の役員は辞職することになり、改組委員会が発足した。九月一九日に予定されていた浜岡第三号機増設を審議する電源開発調整審議会は地元での未調整を理由に先送りとなった。改組により、五六人だった構成員が四〇人となり、半数が選挙による地区選出委員とされたが、地区選出員は一部であり、旧来の有力者が佐対協を動かした。

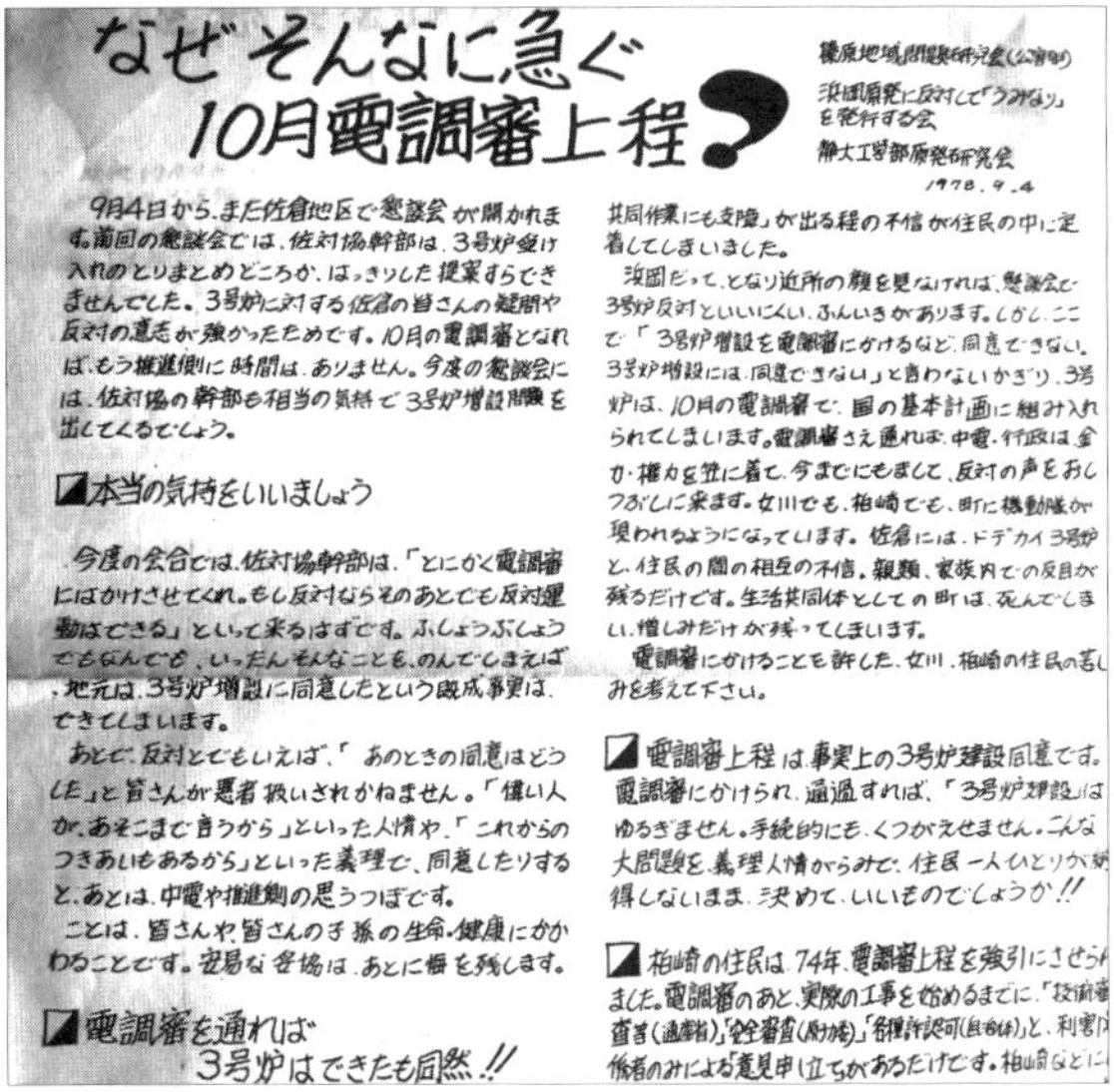

なぜそんなに急ぐ
10月電調審上程？

榛原地域問題研究会（公害部）
浜岡原発に反対して「うみなり」を発行する会
静大工学部原発研究会
1978.9.4

9月4日から、また佐倉地区で懇談会が開かれます。前回の懇談会では、佐対協幹部は、3号炉受け入れのとりまとめどころか、はっきりした提案すらできませんでした。3号炉に対する佐倉の皆さんの疑問や反対の意志が強かったためです。10月の電調審となれば、もう推進側に時間は、ありません。今度の懇談会には、佐対協の幹部も相当の気持で3号炉増設問題を出してくるでしょう。

本当の気持をいいましょう

今度の会合では、佐対協幹部は、「とにかく電調審にはかけさせてくれ。もし反対ならそのあとでも反対運動はできる」といって来るはずです。ふしょうぶしょうでもなんでも、いったんそんなことも、のんでしまえば、地元は、3号炉増設に同意したという既成事実は、できてしまいます。

あとで、反対とでもいえば、「あのときの同意はどうした」と皆さんが悪者扱いされかねません。「偉い人が、あそこまで言うから」といった人情や、「これからのつきあいもあるから」といった義理で、同意したりすると、あとは、中電や推進側の思うつぼです。

ことは、皆さんや皆さんの子孫の生命・健康にかかわることです。安易な妥協は、あとに悔を残します。

電調審を通れば
3号炉はできたも同然!!

共同作業にも支障」が出る程の不信が住民の中に定着してしまいました。

浜岡だって、となり近所の顔を見なければ、懇談会で3号炉反対といいにくい、ふんいきがあります。しかし、ここで「3号炉増設を電調審にかけるなど、同意できない。3号炉増設には、同意できない」と言わないかぎり、3号炉は、10月の電調審で、国の基本計画に組み入れられてしまいます。電調審さえ通れば、中電・行政は、金か・権力を笠に着て、今までにもまして、反対の声をおしつぶしに来ます。女川でも、柏崎でも、町に機動隊が現われるようになっています。佐倉には、ドデカイ3号炉と、住民の間の相互の不信、親類、家族内での反目が残るだけです。生活共同体としての町は、死んでしまい、憎しみだけが残ってしまいます。

電調審にかけることを許した、女川、柏崎の住民の苦しみを考えて下さい。

電調審上程は、事実上の3号炉建設同意です。

電調審にかけられ、通過すれば、「3号炉建設」はゆるぎません。手続的にも、くつがえせません。こんな大問題を、義理人情がらみで、住民一人ひとりが納得しないまま、決めて、いいものでしょうか!!

柏崎の住民は、74年、電調審上程を強引にさせら
ました。電調審のあと、実際の工事を始めるまでに、「技術審
査等（通産省）」「安全審査（原子力委）」「各種許認可（自治体）」と、利害関
係者のみによる意見申し立てがあるだけです。柏崎などに

▲…「なぜそんなに急ぐ10月電調審上程！」ビラ

一九七八年八月一八日から二〇日にかけて日本科学者会議と公害対策静岡県連絡会議は静岡市と浜岡町で第六回原発問題全国シンポジウム「原子力発電と地震災害」をもった。九月一〇日には、これまでの公害対策県連絡会議の活動をふまえ、浜岡原発三号炉増設に反対する静岡県民会議が結成された。この会議には共闘会議をはじめ、原水禁統一静岡県民会議が参加し、静岡県の原水禁、原水協が浜岡原発の増設反対で統一行動をとることになった。県民会議は浜岡でデモをおこない、増設反対署名を集めた。一一月二日には増設反対の六万四二一七人分の署名を静岡県に提出し、浜岡町長には受け入れないよう要請した。

2　三号機増設への同意

このような動きに対し、推進派は巻き返しをすすめた。中電立地班が送り込まれて反対住民を切り崩し、反対する団体への誹謗中傷がなされた。一九七八年一〇月一〇日、佐対協では新規約が承認され、新体制となったが、改組された役員はほぼ同じ顔ぶれであった。改組は形式的なものであり、鴨川源吉新会長（元理事）は「国を信用するしかない」という立場だった。新役員会は住民に相談することなく、三号機の電調審上程方針を出した。

一〇月一四日からの地区懇談会では、電調審に乗せることを前提として懇談会を開くのはおかしいという批判意見もだされたが、前列に意を受けた者が配置され、国のため、町のためという推進論も出された。二区、四区ではその場の雰囲気で同意とされ、一区・三区では班長が戸別訪問や電話で賛否を聞くこともなされ、同意が集約された。

青年層を中心に結成された佐倉住民交流会は一〇月一四日に、改組された佐対協役員がすぐに三号機の電調審上程にむけて処理しようとしていることから、十分な論議を求める質問書を出した。その質問は、原発の住民への影響について（人口の推移、職業別のメリット、雇用、住民意識）、一・二号炉の事故や運転の状況、排気筒や排水口からの放射能、廃棄物の処理、防災対策、安全に関する公聴会の開催などである。

それに対する佐対協の回答は、一号機の数々の事故をあげたうえで、「いずれも外部への放射能の影響はありませんでした」とし、放出された放射性物質についても「年間五ミリレムは努力目標値で、法令では年間五〇〇ミリレムとなっております」と記した。それは中電の宣伝文句を受け売りするものだった。

地区懇談会を経て、一〇月一九日に佐対協の総会が開催された。そこでは、三号機着工については佐対協の了承をえること、安全性確保のための安全審査を厳格にすることなどの条件付きで電調審に諮ることを認め、三号機増設に同意した。その条件は二〇日に町長へと報告された。二一日には町議会が、安全監視の強化、低レベル固体廃棄物処理の徹底、地域社会の福祉向上、建設が延びた時の電源立地特別交付金の補助履行の特例、原子力宣伝などの条件を付けて三号機増設への同意を決めた。静岡県は二七日に電調審に耐震性などの安全性審査の条件を付けて三号機増設に同意する旨の意見を出した。

それにより、一〇月三一日での電源開発調整審議会で三号機着手が認可されることになった。町長は着工時には改めて佐対協に諮るとしたが、住民の不信感は残った。巷では「地区内ではどんなに反対してもよい。『外人部隊』と共闘するな」と言われていた。それは補償金を釣りあげるための反対はするが、原発そのものには反対しないということだった。

受け入れ決定により、地域住民の生命と地域の財政は中電にいっそう従属することになり、「浜岡の原発基地化」につながった。しかし、この電源開発調整審議会上程をめぐる攻防は佐倉交流会の活動など新たな運動への芽を生んだ。

一〇月二四日、共闘会議は浜岡町と三号機増設に関する交渉をおこなった。共闘会議からは榑林靖男、溝口茂、笠原孝夫、永田素之、小野芳郎、松下厚、片山光雄らが参加し、町長と企画担当が対応した。共闘会議は佐対協と議会全員協議会での決定における佐対協や町の条件などについて質問し、住民の不安な思いを語るとともに住民投票の実施などを求めた。一一月二日、浜岡原発三号炉増設に反対する静岡県民会議も浜岡町長に、原発は危険であるという学者の話を一度聞いてから判断すること、公開討論会を開催すること、全町民の住民投票を実施することなどを要請した。

原発推進の動きのなかで、一〇月におこなわれた浜岡町の職員採用試験の面接で鴨川町長は「浜岡原発をどう考えるか」と受験者に質問した。思想チェックではないかという批判に町側は、原発を推進しているのだからおかしくはないと答えた。

中電と町は反原発集会の情報を交換した。中電職員が原発に反対する労働者が勤める生コン会社の上司に、反対運動に参加している者がいると名指しで話し、それをきっかけに会社を辞めることもあった。仕事が減る、上司に運動するなと注意された、子どもが不利になる、みんなにはじかれるといった状況が、原発をすすめる中電と町によってつくられた。

3　中電からの調整費・対策費

一九七八年六月六日、浜岡町は中電から三号機増設諸対策費として一七二万七六九〇円を受け取った。これは一九七七年六月八日から七八年三月までの対策費であり、五月二五日に請求したものである。内訳は旅費、会議賄料、自動車借り上げ料などである。

一二月一五日、浜岡町は中電から三号機増設に関する佐倉地区町内会調整費六四万三〇〇〇円を受け取った。これは一九七八年六月から一〇月までの費用である。この三号機調整費は佐倉一区に一五万六七二五円、佐倉二区に一六万二五三五円、佐倉三区に一八万六四六五円、桜ヶ池に一三万七二七五円と配分された。

また、一九七九年四月一〇日、浜岡町は中電に七二三万九〇〇〇円を三号機増設に関する対策費として請求した。これは一九七八年四月から七九年三月までの一年分の費用である。その内訳は、旅費六四万円、会議賄料・食糧費などの需用費一二五万円、地区研修補助金・議員研修交付金などの負担金補助や交付金五三五万円などである。中電の費用持ちで五〇〇万円を超える視察旅行がおこなわれた。

さらに、一九八〇年四月五日には三号機増設に関する対策費七九一万二〇〇〇円を請求した。これは一九七九年四月から八〇年三月までの一年分である。対策費の明細は町内会研修補助金が六四〇万円、旅費が一七万七一二〇円、会議賄料、食糧費などの需用費一七万七八八〇円、各種負担金一二万七〇〇〇円などである。このような明細書添付の請求をうけて中電は全額を支払った。加えて三号機増設研修費七八五万円、遊園地増設費三三九二万二〇〇〇円、同報無線設備費九〇〇〇万円なども請求した。計一億三九六八万四〇〇〇円である。これらの金は四月二五日に支払われた。増設研修費とは議会、町内会長、町内会役員による三次の福島への旅行費である。

佐倉をはじめ各地区での三号機同意に向けての活動が、調整や対策、研修などと表現され、その費用を中電が肩代わりしたのである。

4　スリーマイル島事故の影響

一九七九年三月二二日、浜岡一号機で事故が起き、運転が停止された。事故の原因は、給水制御計のコンデンサーが壊れ、タービンに水が入りすぎ、自動停止したというものである。三月二四日、共闘会議は中電に一・二号機の即時停止と三号機の建設中止を要請した。共闘会議の笠原孝夫、岩科鉄次、松下厚、永田素之らは浜岡原発の原子力館で中電と交渉した。そこで、アメリカ原子力規制委員会によって浜岡と同型炉の五つの原子力発電所で耐震性の問題で閉鎖命令が出たことをあげ、浜岡を停止しての点検を求めた。しかし、中電は点検しないと答えた。共闘会議は町に対しても中電に運転停止を要請することや三号機の受け入れ撤回を申し入れた。

この事故から数日後の三月二八日、アメリカ・ペンシルバニア州のスリーマイル島原子力発電所の二号機で炉心溶融事故が発生した。この事故では水素爆発も起きた。核燃料の四五％の六二トンが溶融し、うち二〇トンの燃料が圧力容器の底に溜まった。圧力を下げるために圧力逃がし弁が開き、放射性物質が外部に流出した。周辺八キロ地域には避難勧告がだされ、付近の学校は一時閉鎖された。一六キロ内では屋内退避が指示され、自主避難は八〇キロ内に及んだ。事故のきっかけは復水器の配管が目詰まりし、主冷却水の給水ポンプが停止したためだった。

スリーマイル島原発事故では、冷却用給水ポンプの停止から炉心溶融と水素爆発が起き、外部へと放射能が漏れ、周辺住民が避難した。この事故は原発が絶対安全ではなく、大きな事故があれば八〇キロにおよぶ地域の避難が必要になることを示した。安全設計には欠陥があるとみるべきであり、原発周辺住民を少なくとも八〇キロ圏内に居住する人々とすべきになった。また、原発推進側が事故を隠し、嘘の情報を流したこともわかった。

この事故を受けて四月二日に、公害対策静岡県連絡会議と浜岡原発反対共闘会議は静岡県知事に対して、一号機の安全性の再点検、耐震上の問題の再調査と調査結果の発表、耐震性と廃棄物処理での安全性の問題が解決するまで三号機の増設を認めないことなどを要請した。四月四日には、浜岡町に対して三号機増設反対を要請した。四月一一日には浜岡で安全性に関する研究会をもち、中電にも抗議の意思を示し、浜岡原発の運転中止などを求めた。

浜岡町は四月三日、中電浜岡原発所長に管理体制の点検と安全性の再確認を求める要請文をだした。緊急炉心冷却装置を使用するような事故は起こらない、事故が発生しても周辺の公衆に影響を及ぼすことがないよう措置されているなどと宣伝されてきたが、実際に事故が起き、浜岡町は「強い衝撃を受け」、安全点検とその報告を求めたのだった。

静岡大学工学部原発研究会と榛原地域問題研究会は四月七日に浜岡で緊急住民集会「おっかない原発はいらん！」をもち、スリーマイル事故で原発の安全性は壊れたとし、一・二号機の即時停止と三号機増設の廃棄を決議した。一二日には浜岡町にその決議を抗議文として渡し、助役と交渉した。チラシでは、スリーマイル事故を分析して、二次冷却系の故障が炉心溶融という大事故につながるということ、ＥＣＣＳはたとえ作動しても役に立たないということ、燃料棒のさやが溶けるときに水素が発生し爆発の危険があることを示した。また、浜岡町の「お知らせ」は科学技術庁や中電からの話をそのまま伝えるごまかしであると批判し、交渉で助役が「心配しているけれど、安全と信じるしかない」、「万一のときには町民全部の避難などは無理」と語ったことにもふれ、それが無責任な発言であり、このような町に任せておけば、殺されてしまう、中電に即時停止を要求すべきと訴えた。

四月二八日には静岡市内で、浜岡原発一・二号炉の停止を要求する静岡市民集会がもたれ、八〇人が参加した。集会では小村浩夫が、スリーマイル事故の概要と日本の原発の状況、伊方裁判での原告団の訴え、安全神話の崩壊などについて解説し、スリーマイル事故により、「地元」の概念は変わったのであり、静岡県民全てが浜岡原発に関係があり、停止を要求する権利があると指摘した。また、大石和央が反対運動の経過を報告した。

五月二日には、静岡市民集会で採択された要求書を塚本春雄ら二〇人が中電静岡支店を訪れて提出した。要求書では、スリーマイル事故により原発とは共存できないことが判明したとし、浜岡一・二号炉の即時停止、三号機計画の撤回、根拠のない欺瞞的な安全宣伝の中止などを求めた。これらの行動の内容は中電広報から浜岡町にも伝えられた。静岡大学工学部原発研究会と榛原地域問題研究会は連名で「原発を止めろ」といったチラシを作成し、四月末、浜岡町佐倉各戸に配布した。六月九日には浜岡町文化センターで山口県での反原発運動の映画『つぶせ豊北原発』の上映会をおこなった。

五月、原水爆禁止運動の統一をめざす静岡県民準備会は「浜岡原発に大事故が起きたら、あなたはどうしますか」を配布した。ビラには公害対策連絡会議が作成したスリーマイル事故を例にしての四〇キロ圏内での避難状況が記され、風船あげによる風下調査記録も利用された。五〇キロ圏内には浜松市や静岡市が入り、一七〇万人を超える避難が必要になることがわかる。この準備会の呼びかけでは、昨年・一昨年に続いて原水禁運動の統一をすすめ、日本山妙法寺と原水禁、原水協が共に平和行進をおこなうことが示された。

六月二日、公害対策県連絡会議は原発の安全性を検討する集会を持ち、三号機増設反対を訴えた。集会では、林弘文がスリーマイル島原発事故について、装置の故障の重なりと安全装置が十分に動かなかったことが事故の主原因であり、人災は副次的なものと分析し、原発の安全性への疑問を示した。そして地震などによる浜岡での大事故の可能性を指摘した。

六月五日には、原水爆禁止平和行進団の四〇人ほどが中電浜岡原発に立ち寄り、原発前でシュプレヒコールをあげ、浜岡原発一・二号機の運転停止、三号機の増設中止、安全点検、安全対策、立ち入り調査などを求める申し入れをおこなった。中電はこの中に五人の県立池新田高校の教員を確認し、その名前と教科、出身などを記し、行進団の行動報告とともに、浜岡町に提出した。

六月二五日、共闘会議のメンバー一〇人が浜岡原子力館で中電とスリーマイル島事故に関して中電と交渉した。この交渉は浜岡原発の対応について四月三日に申し入れたことによるものだった。

八月一日には遠州地方労働組合会議、社会党、護憲浜松などで構成される浜松地区原水禁国民会議が、スリーマイル事故により安全神話は崩れたとし、浜岡原発の安全性を問う集会を浜松市内でもった。集会では県原水禁を代表して鈴木正次が浜岡原発の現状と原水禁の活動方針について講演した。中電広報は集会場に入って情報を集めた。中電は集会報告に、県評組織下の各地区労には地区の原水禁国民会議が設置されている、役員によって活動状況は異なるが、公労協関係が役員のところは活動が活発である、今後各地区の国民会議の動きに注意するなどと記した。

この八月の原水禁世界大会では、原水禁は核の軍事利用と平和利用は本質的に一体であり、核兵器はもちろん原発も人類と共存できないとした。他方、原水協は、核絶対否定論は非科学的であり、平和利用と核兵器は区別すべきであり、民主・自主・公開の三原則を守らせることが大切と主張した。原水禁は反原発を認める立場であったが、原水協は、反原発は非科学的であり、原子力の平和利用は可能であるというものだった。浜岡原発三号機増設反対では一致するものの、このような認識の違いは運動でのズレを生んでいた。

スリーマイル事故は三号機増設の動きを一時止めるものであり、事故を受けて、静岡県や浜岡町は中電に対して原発の総点検や管理体制の強化を求めた。国も各原子力発電所に管理体制の再点検を指示した。通産省はスリーマイルと同型の大飯一号機を停止させるなど加圧水型の原発の点検をおこない、四月二三日からは浜岡、福島、東海などの沸騰水型の原発の点検を始めた。通産省は立入検査チームをつくり、保安規制や運転要領の順守の監査、事故の際の処置・報告・通報などの訓練をおこなった。

浜岡町議会選挙では浜岡原発反対を掲げた石原顕雄（共産党）が七一四票の第二位で当選した。スリーマイル事故以後、町内では、中電側に原発は安全といわれても、それをそのまま信じる人はもういない、何も言わないのはもうだめ、という声も出るようになった。

スリーマイル事故から五年後の一九八四年に浜岡で総合的な原子力防災訓練がもたれた。一〇年後の一九八九年七月になって、アメリカ原子力規制委員会はＧＥ社製のマークⅠ型原子炉では事故時に高温高圧のガスが充満し、炉が破壊される可能性があるとし、緊急通気弁（ベント）の設置を指示した。ＧＥ社は格納容器で水素爆発が起きるという事態を重視し、格納容器から圧力をさげるためのベントの設置をすすめた。

浜岡一号機・二号機にはベント装置がついていなかった。中電は「大事故が起こることはないので弁は必要ない」と改善の意思がないことを示し、浜岡原発の広報課は「炉が吹っ飛ぶようなおおきなアクシデントが日本で起きる可能性は皆無」と断言した。その後、中電は一九九八年になって一・二号機のベント工事をはじめた。過酷事故対策として「アクシデントマネジメント」をすすめるなかでの工事だった。

5　浜岡原発に反対する住民の会の結成

スリーマイル事故以後も、中電は三号機を一九八〇年八月に着工するという予定を変えようとはしなかった。このなかで一九七九年九月一四日、榛原地域問題研究会と静岡大学工学部原発研究会などが地域住民と浜岡原発に反対する住民の会を結成した。住民の会は当面の目標を三号機の着工阻止闘争とした。結成集会には県内各地からの参加があり、反原発の基本的な立場を確認し、三号機阻止を誓い合った。

反原発週間である一〇月二八日、浜岡で浜岡原発に反対する住民の会などの一四団体の実行委員会による浜岡原発反対！三号炉着工阻止！県民総決起集会とデモが開催され、一八〇人が参加した。集会では住民の会が基調報告し、今生きている者の責任として浜岡原発をつぶしていくことを呼びかけた。続いて、反原発きのこの会、東亜燃料増設反対清水市民協議会、静清バイパス反対協議会、南部工業労働組合、全国金属労組村上開明堂支部などの市民団体や労働組合が連帯の挨拶をおこなった。

集会後、浜岡町内から原発までの六キロのデモが取り組まれたが、デモには子どもたちも含めて二〇〇人が参加し、反原発の風船やアドバルーンもあげた。中部電力前では三号機計画の白紙撤回を求める決議文を渡そうとしたが、中電が受け取ろうとしないため、参加者はその場に座り込んで抗議した。

1979. 12　第1号

反原発ニュース

浜岡原発に反対する住民の会
榛原町静波2－2
榛原地域問題研内

10・28反原発集会大成功!!
－全県的反原発闘争の第一歩を築く－

十月二八日「浜岡原発反対／三号炉着工阻止／県民総決起集会」が浜岡町文化センターを会場に、百八十名の参加によって開かれた。県内東は沼津、西は浜松まで、県外からの参加もあり、会場は超満員だった。

集会は「浜岡原発に反対する住民の会」と「全国金属労働組合村上開明堂支部」を司会に進められ、まず集会へ各地から寄せられた連帯声明が紹介された。その中で日本電気産業労働組合中国地方本部からは、中国地方五県下の中国電力本店・支店前でストライキ・座り込みを闘っている。電力労働者の社会的責務として今後も闘い抜くと表明があった。

続いて「住民の会」より基調報告が行なわれた。

アメリカスリーマイル島原発事故が発生して七ケ月が過ぎたが、電力会社や原子力安全委員会等は事故を[illegible]S（緊急炉心冷却装置）が作動するという極めて重大な事故も起きている。事故は日本各地はもとより世界各地でも起きていて、国や電力会社のいうように、もはや原発の点検をきちんとやればよいとか、職員の質を高めればよいとかの部分的措置で解決できるものでない。そして事故のたびに環境へ放射能がばらまかれる一方、原発労働者、特に下請労働者への被曝は増加し、五分間五千円という賃金にはっきり示されているように、いかに原発現場が汚いもので危険なものであるかが判る。放射性廃棄物にしても解決の目途がないため、太平洋に投棄されようとしている。汚いものは捨てちまえ！というわけだ。こうしたら汚染が一層進むというのに。また核物質という危険なものを扱うから、発電所内部や地域の監視・情報収集体制が電力会社によって強化されていく。原子力平和利用の三原則「民主・自主・公開」（原子力基本法）も公然と見直しが提起され、秘密保持のため処罰規定まで盛り込もうとしている。さらに、日本原子力安全委員会と学術会議共催による「スリーマイルアイランド原発事故に関する専門家の討論」（十一月二六日実施）は、原発地域住民・反対派科学者等を排除し非公開で開くなど原子力基本法の三原則制定に大きな役割を果した学術会議が自ら原則を踏みにじるものである。浜岡三号炉は、日本最大級の原発で来年八月にも着工しようとしているが、一層事故の確率は高くなり、環境に放出される放射能も一層増加する事になる。このまま三号炉着工を許すなら、東海地方唯一の原発銀座となってしまうだろう。電力会社は闘いのあるところを避けて、闘いの弱い原発を作りやすい所へ作るから、三号炉を安易に許せば四号炉も、更には五・六号炉というように設置要求をしてくるだろう。どんな大義名分（いいわけ）があったと[illegible]ない。

以上の提起を行ない、次に参加団体による反原発闘争[illegible]意表明が十団体から行なわれた。続いて集会参加者の三号炉[illegible]意志を決議文として提案が[illegible]れ、中部電力・知事・浜岡[illegible]る事が拍手で決定された。[illegible]ローガン「浜岡原発反対、[illegible]号炉着工阻止、一・二号炉[illegible]止、専門家シンポジウム粉[illegible]子力行政糾弾」を確認後、全員起立してシュプレヒコ[illegible]して集会を終えた。

直ちにデモ行進に移った[illegible]は文化センター→桜ケ池を[illegible]の沢→浜岡町長宅→原発前[illegible]キロの道のりを行進した。予定より三十分早く出発し[illegible]途中から二十人余りが合流[illegible]船片手に、子供の手をつな[illegible]しながら二百人が続いた。

▲…浜岡原発に反対する住民の会の結成

6　使用済み核燃料輸送反対行動

住民の会は使用済み核燃料の輸送に対する抗議行動をおこなった。使用済み核燃料は未使用の燃料と比べて百万倍の放射能を持っている。浜岡一号機の使用済み核燃料が一九八〇年三月に東海村の再処理工場に搬出されることになった。今回は、三四体の燃料集合体が二つの輸送用キャスクに入れられ、二台のトレーラーで御前崎港まで運ばれる。港の中電専用埠頭で専用船「日の浦丸」に載せられる。その際の陸送、船積み、海上輸送、陸揚げなどでは事故と汚染の危険がとも

1980.2.10　反原発ニュース　第4号

反原発ニュース

浜岡原発に反対する住民の会
榛原町静波2−2
榛原地域問題研究所内

死の灰輸送をやめろ
——キャスク搬入される——

二月七日朝、浜岡原発の使用済核燃料（死の灰の塊）を運搬する専用船が、御前崎港に入港し、輸送容器（キャスク）二基が二台の大型トレーラーに積まれ、物々しい警備のなか、一般車両を全面遮断した原発取付け道路を通り、約十キロ離れた原発まで運ばれました。

使用済核燃料は、原子爆弾の何百発分もの放射能を含んだ、とても危険なものです。キャスクは、鉛と鋼鉄でできているのにもかかわらず、その厚い壁（二五センチ）を放射線は透過してしまい、キャスク表面での放射線の強さに制限をつけなければならない程、強い放射能を持っています。いわば、核燃料輸送は小型の原子炉が、移動するようなものです。

ところが、このような、とても重大な計画を住民たちは、直前まで何も知りませんでした。御前崎町当局は、住民に対して具体的な相談をしないまま、一方的に中部電力と、内容の曖昧な輸送協定を結んでしまいました。住民の中には、中電の横暴さと町当局の住民無視の姿勢に批判の声が出ています。実際、町の責任者に、住民の安全を守るための対策等を質問しても、何も答

キャスクの大きさ：直径2m，長さ6m，重さ80トン——頑丈な容器だといわれているが、火災や海に落とした時など事故に対する実験は実物では全く行なわれていない。

▲…核燃料キャスクの浜岡搬入を報じる住民の会

なう。住民の会はこの問題について一月二六日に御前崎町へと要請したが、御前崎町の助役は「自然放射能に比べてたいしたことはないと中電から聞いている」と危機意識を示さなかった。

二月二日には御前崎町中央公民館で使用済み核燃料輸送を考える集会を持った。講師の高木仁三郎は、核は軍事利用と切りはなせないものであり、環境に放射能をまき散らすとともに労働者に被曝を与える。一トンの使用済み核燃料に含まれる放射能は許容量とされる値の約一〇兆倍であり、一キャスクに二四の核燃料集合体約二・三五トンが入れられる。その放射能は六四〇万キューリーに及ぶものであることを示した。集会には六〇人が参加し、使用済み核燃料輸送阻止への決意を固めた。翌日、名古屋の反原発きのこの会のメンバー一二人が原子力館を見学したが、中電は代表者の名前・住所をあげ、本店に身元調査を依頼した。

住民の会は二月二八日、浜岡町と御前崎町全域に新聞折り込みで使用済み核燃料輸送反対のビラを配布し、三月二日には御前崎で使用済み核燃料輸送反対県民総決起集会とデモをおこなった。集会には一五〇人ほどが参加し、核燃料輸送反対、三号炉着工反対などをアピールした。

三月一一日早朝、中電は浜岡一号機の使用済み核燃料集合体三四体を陸上輸送で九キロ離れた御前崎港に搬出し、「日の浦丸」に載せて東海村に運んだ。浜岡原発としては第一回目の輸送であった。浜岡原発に反対する住民の会は、事故と環境汚染の危険、核燃サイクル全般への反原発行動、再処理によるプルトニウムを用いての核武装反対の立場でこの輸送に反対する行動をおこなった。

三月一一日の輸送に抗議して、前夜から五〇人が海水浴場にテントを張って泊まり込んだ。大阪や名古屋からの参加も

▲…核燃料輸送抗議行動

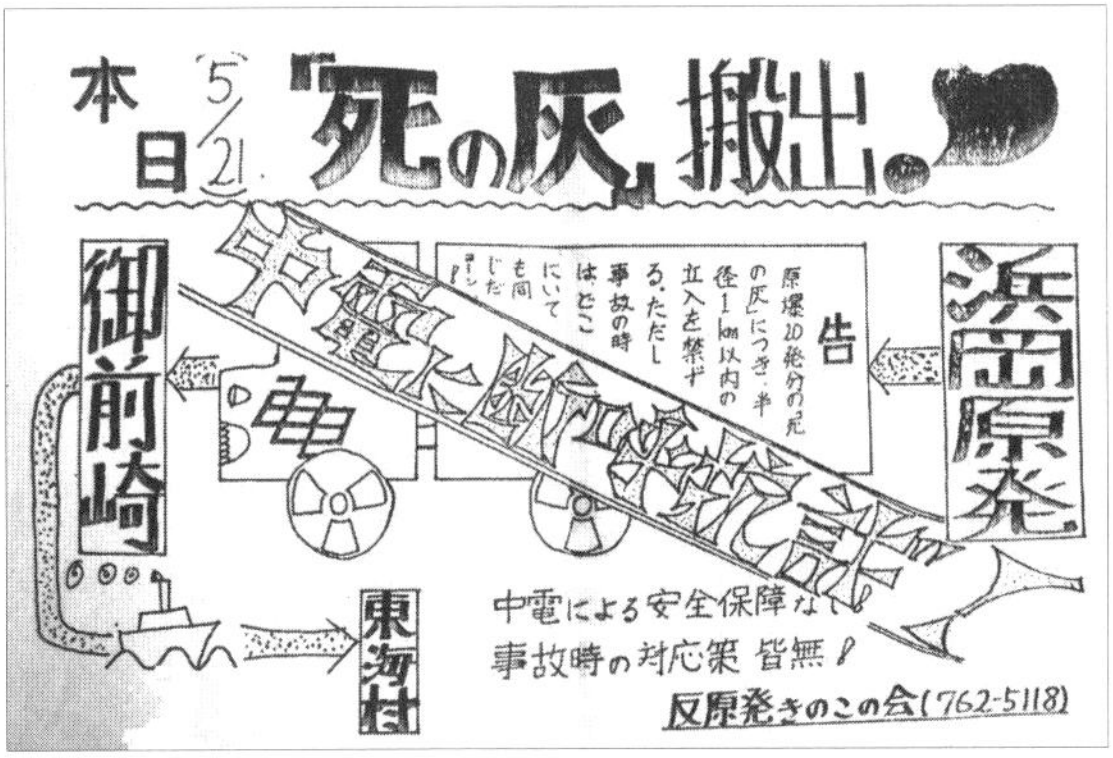

▲…名古屋の中電本社近くで配布されたビラ

あり、茨城、福井、長崎からは連帯のアピールが届いた。八〇トンのトレーラー二台などの輸送隊の長さは一五〇メートルに及んだ。住民の会の集会場使用を御前崎町は拒んだ。県道は封鎖され、間道の通行者も検査された。機動隊が配置され、海上には保安庁の巡視船四隻が浮かんだ。空からはヘリコプターで監視した。

住民の会は五月一七日に静岡、一八日に浜岡で、福島県の双葉地方原発反対同盟の石丸小四郎を招いて講座を開催した。この講座は浜岡での第七回目の住民講座であり、アメリカのシーブルック原発反対運動を描いた「虹の民」も上映された。

五月二一日の二度目の浜岡原発から御前崎への輸送に対して、住民の会は三〇人で原発へのデモと集会をおこない、抗議した。この日は低気圧のためにうねりがあり、船体が揺れて船積みができなかった。五月二六日には再度、輸送が試みられたが、悪天候のため、中電は前日に中止を決定した。結局、この燃料は六月一八日早朝に輸送されることになり、住民の会などは三〇人で輸送路に面した旧道をデモし、輸送に抗議した。

住民の会は核燃料サイクルを問題とし、使用済み燃料輸送反対行動に起ちあがった。自立した行動は、反原発の新たな市民運動の始まりを告げるものだった。

六月二日には原水禁国民平和行進団五〇人が浜岡原発で要請行動をおこなった。要請後、参加者のうち一六人が原子力館を見学したが、記帳した三人の氏名、住所は浜岡町にも伝えられた。

七月二日、浜松市内で原発に反対する

会の結成集会がもたれた。中電広報課は六月一六日に浜松駅前で配布された集会案内を入手し、浜松市労政会館の借用申込者が国鉄浜松保線区の労働者であることを調べ、その報告書に「極左の名簿にない」と記した。

このような中電の報告書類から、中電広報課が市民の反対行動を調査し、反対する人々の氏名や履歴をリスト化し、報告書を浜岡町に渡していたことがわかる。要請参加者の氏名や履歴などを行政関係者に示すことや集会会場借用者の氏名などの調査を制限しようとする倫理が、中電にはなかった。そのような報告資料を受け取り、回覧印を押す浜岡町行政も同様である。中電と浜岡町は覚書や確認書で何億円もの金を融通し、原発に反対する人々を犯罪者のように扱った。

新たな運動がすすめられるようになると地域では、反対集会に中電職員や私服警官がきてチェックする、学校でも原発に話がしにくくなった、町民に対する監視が強まったという声が聞かれるようになった。

7　浜岡三号機公開ヒアリング

一九八〇年に入り、浜岡では三号機増設に向けての地元工作がすすんだ。一九八一年三月には公開ヒアリング（第二次）が開催されることになった。このヒアリングは科学技術庁の原子力安全委員会が主催し、通産省が安全審査結果を説明するものである。そこでは、建設が前提とされ、意見は安全審査の範囲内に限られた。住民の会は浜岡での「公開ヒアリング」を、反対の陳述をしても増設の結論を変えるものではなく、民意を反映させたという形を作るための茶番劇とみなした。

静岡県労働組合評議会、社会党、共産党などで組織された浜岡原発三号炉増設に反対する県民会議は、七項目要求を掲げ、実現されればヒアリングに参加すると科学技術庁に申し入れた。しかし、それを科学技術庁は受け入れなかった。柏崎では雪まじりの暴風雨の中で現地の反対同盟と労働組合が果敢な阻止行動をとった。このような柏崎でのヒアリング阻止行動に参加した県労働組合評議会はヒアリング阻止の方針を決めたが、その後、開催反対へと表現を変えた。

一九八〇年一〇月六日、住民の会などは静岡市内でヒアリング阻止の決起集会をもった。そこには、静岡地区労働組合会議などの青年労働者をはじめ三〇〇人の市民が参加し、住民の会などを中心にヒアリング阻止連絡会議が結成された。

住民の会は一一月に中電へと公開質問状をだした。その内容は、岩盤の相良層が軟岩質であること、御前崎には活断層が六本あり、白浜断層は原発から三・三キロの地点にあること、一・二号機の敷地には破砕帯（断層）があるが、活断層ではない証明がないこと、遠州灘沖の地震が想定されているが駿河トラフによる地震の想定がないことなどである。中電はこの質問状を黙殺したが、住民の会は住民を無視するものと抗議した。

三号機の増設申請は一九七八年一二月に出されたが、通産省は書き直しを求め、中電は一九八〇年一二月一日に地盤と地震に関する記述を書き直して補正申請をした。一二月一二日、通産省は三号機の安全審査を終えて、原子力安全委員会に送った。短期間で安全審査を通過させたのである。

中電は三号機の耐震設計を四五〇ガルとしたが、一・二号機の耐震設計は見直さなかった。中電は、ぎりぎりの設計ではなく、相当な余裕をもたせて設計しているので大丈夫としたのである。

住民の会はヒアリングの前段の取り組みとして一九八一年の一月二五日に浜岡で子どもも参加するデモをおこなった。これに対し、警察はヒアリングでの大規模抗議行動を想定し、機動隊を導入して規制した。

大石和央は耐震性と公開ヒアリングについて、住民の会の質問状を例に次のように記した。中電は一・二号機の耐震性が問題になっても居直りつづけ、三号機は安全審査を通った。三号機の設置を前提としたヒアリングがなされようとしているが、陳述内容は事前にチェックされ、時間も制限される。開催に住民が抗議の声をあげれば弾圧されるのだから、公開ヒアリングは非民主的であり、欺瞞である。私たちは原子力の犠牲者にも加害者にもなりたくはない（「浜岡原発は安全か？」郷土新聞〔島田市〕一九八一年二月一五日付）。

8　浜岡三号機公開ヒアリング阻止行動

一九八一年三月一九日、三号機公開ヒアリングが開催された。このヒアリングの阻止を掲げた住民の会をはじめとする浜岡三号機公開ヒアリング阻止連絡会議のもとに、全国から市民、労働者七〇〇人ほどが結集し、赤いハチマキをつけた。また、静岡県労働組合評議会などの浜岡原発三号炉増設に反対する県民会議の隊列に東海地域の労働組合から六〇〇〇人が参加し、原発反対の黄のハチマキをつけた。参加組合の内訳は、国鉄労働組合七五〇、動力車労働組合七五〇、全電通労働組合六〇〇をはじめ、全逓信労働組合、自治体労働組合、教職員組合、私鉄労働組合、紙パルプ労働組合などであり、愛知・三重・福井などの県労働組合評議会からも一一〇〇人が参加した。この日の行動への参加者は七〇〇〇人ほどになった。

ヒアリング前日の一八日から泊まり込んでの集会・デモがおこなわれ、監視行動が取り組まれた。夜六時一五分からは連絡会議の総決起集会がもたれた。夜八時からは県民会議のデモがおこなわれ、九時五〇分からは集会で主催者側が、阻止行動ではない、はみ出すものは排除するという方針を示すと、反対ではなく阻止だ、日和るな、裏切るなと批判の声があがった。発言に立った労組青年部代表は、民主的公開ヒアリング論ではなく、断固実力阻止を呼びかけた。連絡会議や県民会議傘下の労組は徹夜で監視行動をおこない、会場近くでは四〇〇人が座り込んだ。

一九日の朝五時一五分、赤のハチマキの連絡会議は交差点で会場入口の機動隊と対峙した。五時五〇分ころ、裏口にバスが到着し、陳述人や傍聴人が入り始めた。連絡会議は会場入口前でデモによる阻止行動をはじめた。六時三〇分、県民会議が抗議のデモをはじめ、交差点に入った静岡地区労・富士地区労などは座り込みをしながら抗議、愛知・三重や福井などの県評のデモ隊は会場入口をジグザグデモで通過した。七時一五分、連絡会議はヒアリング阻止に向けて交差点での座り込みに入った。通過した愛知・三重・福井などのデモ隊は呼応して戻り、そこに国鉄労働組合や動力車労働組合、全電通労働組合などの労働組合が合流した。静岡地区労なども駆けつけ、座り込みは一キロに及んだ。「原発反対！ヒアリング阻止！」のコールが響いた。座り込みから三〇分ほど経つと機動隊による排除が始まった。三〇人ほどが排除されるとデモ隊は立ちあがり、渦巻きデモで機動隊の楯とぶつかった。

県民会議の代表は原子力安全委員会へと五万四〇〇〇人の反対署名と抗議文を提出した。一一時頃まで、会場周辺では抗議行動がもたれた。一一時一〇分に総括集会がもたれ、共闘の輪を広げ、反戦反核の闘いを展開し、住民の命と健康を守っていくことを確認した。一九日の一一時三〇分からは県民会議と日本科学者会議静岡支部との共催で、菊川町で公開シンポジウムが開催された。このシンポには一〇〇人が参加し、三号機増設と原子力開発に反対するアピールを採択した。

県民会議の方針は、県内の団体・個人の参加を呼び掛け、県外の連帯参加も認めるが、妨害勢力の参加・介入は許さない、抗議行動は代表がおこない、デモ隊はしないというものだった。それはヒアリング反対はいうものの阻止はしないという方針であったが、国労静岡地方本部青年部の横断幕に公開ヒアリング阻止と記されていたように、行動に参加した労働組合からは、阻止なくして何のための行動かという批判が出されていた。

この日の公開ヒアリングでは「原発大賛成」と万歳をする者もいたが、温排水の増加により漁業に影響がでるとともに、放出放射線量が増加し、蓄積するのでは（中本才次郎）、大地震による放射能漏れによる住民被害にだれが責任をとるのか、浜岡原発は停止すべき（若林由松）といった批判も出された。佐倉からは、三号機立地周辺に活断層があるというが大丈夫か（清水登）、マグニチュード八・五で耐えられるのか（鴨川源吉）、瞬時の配管破断での被曝量は想定事故の解析結果よりもはるかに大きいのでは（加藤定次）、多重防護設備がかえって処置判断を誤らせ、二次・三次の人為ミスを生まないか（水野克衛）、松葉から放射性物質が見出されたが人も毎日浴びているから心配（榑林完治）、低レベル廃棄物の増加にどう対処するのか（森徹秀）などという疑問が示された。防災、耐震性、環境汚染などについてさまざまな意見が出されたわけであるが、原子力安全委員会は、緊急連絡網は確立している、原発は最強の地震に耐えられるもの、松葉から検出されたコバルト六〇は微量で大丈夫などと安全性を強調した。ヒアリングは疑問や質問に答えて討論するという場ではなく、安全という回答を引き出すために質問を利用するものであった。それは住民から意見聴取をおこなったという形をつくるための儀式であった。

▲…３号機公開ヒアリング阻止行動の記事・資料

このヒアリングを経て、原子力安全委員会は一〇月二九日に三号機増設での安全性は確保できるという審査結果をまとめた。通産省は一一月一六日に三号機の設置を許可し、中電は一一月一七日、町へと「電力需給に応えるためなるべく早く着工したい」と正式に申し入れた。

ヒアリング阻止行動の中で連絡会議に参加した労働者一人が逮捕され、起訴された。保釈金は二〇〇万円とされた。裁判が七月二四日から静岡地裁浜松支部でおこなわれることになった。逮捕の口実は機動隊員の足を蹴ったというものであったが、本人は何もしていないと主張した。それはヒアリング阻止行動への政治的な弾圧だった。弁護側は控訴棄却を主張し、弾圧された本人も起訴事実を否認し、反原発の正当性を堂々と主張した。

裁判支援に向けて、反原発浜岡救援会が結成された。警察側は蹴られたという警察官以外には目撃者を証人として出廷させることはできなかった。一九八三年七月二二日には高木仁三郎と渡辺春夫が被告側証人となり、高木は原発の安全審査能力の欠如とヒアリング制度の欠陥、渡辺は当日の座り込みなどについて証言した。一九八四年三月九日、浜松地裁は懲役四か月執行猶予二年の有罪判決を出した。検察側は一警察官の証言以外は何の証拠も提出できず、その証言の不自然さも弁護側の反証で明らかにされた。しかし、判決は有罪とする不当なものだった。弁護側は「でっちあげ暴行判決」として強く抗議した。

一九八三年五月、住民の会の小村浩夫は、島根原発増設公開ヒアリングなどですすめられている参加条件の「改善」は小手先のものにすぎないと批判し、「地元住民の委任を受けた科学者の陳述」が問題なのであり、住民の生活実感に即した反対意見が非科学的とされる、学者による代理論争が住民の気持ちや生活実感から離れたものになる、その論争はヒアリングの「安全審査の範囲内」という枠を壊すものではないことなどをあげて、ヒアリングに参加することの問題点を指摘した。さらに、反核運動のなかに反原発を入れ、核燃料サイクル全体をみわたした国際的な連帯のある反核運動の形成を呼びかけた。

9　三号機着工同意の協定書

一九八一年一二月、地元の佐倉では三号機の着工同意を前提とし、区ごとの懇談会がもたれた。三号機の敷地の整地をはじめるという形で工事の話を出すというのである。着工ではなく整地をする、それによって土砂を捨てる、その迷惑料として佐倉に金を流すというものだった。これは、佐倉地区対策協議会が中電に頼んだやり方というが、住民からは「町全体に金が出てもつまらない。各戸にわたるようにしたい」という発言も出たという。

一九八二年二月、三号機の電源三法整備事業に関する各地区の懇談会が開催され、三月には佐倉の地区懇談会で要望が集約された。七月三日、浜岡町原発対策協議会が開催され、経過と民意集約が報告された。七月八日に中電と町との非公式会談がなされた後、七月一六日に町長は、協力が得られれば事業の公共性に鑑み増設に協力する用意があると文書で回答し、これに応えて中電は共存共栄を旨とし誠意をもって対処したいと文書で回答した。七月二六日から二八日の議員らによる女川原発研修の往路での三号機着工問題の協議や八月に入っての有志議員懇談会を経て、八月一八日、中電と町とのトップ会談が原子力館でなされた。八月二二日、町長は佐対協理事会で要望事項への町の最終回答をおこない、八月二六日、佐対協は二五日付けで着工同意の文書を出した。

このような経過で八月二七日、中電と浜岡町は静岡県の立会いの下、県庁で三号機の増設にかかわる地域対策についての協定を結んだ。そこには一〇月に中電が地域振興のために一八億七二〇〇万円を支払うことが記されていた。この協定は佐倉地区がもとめた防災センターや病院整備などの要望をふまえて作成されたものだった。協定は町議会の全員協議会で審議され、二〇人中賛成一九人、反対一人で議決された。一九七七年六月の三号機増設申し入れから五年目のことだった。

浜岡町は地域自治振興基金を作って中電からの金を利用した。地域自治振興基金一覧表の記載から一九八二年一〇月に計一三億七二〇〇万円が支払われたことがわかる。その地区ごとの内訳は、池新田三億七五〇〇万円、高松二億八〇〇万円、佐倉二億四四〇〇万円、比木一億六八〇〇億円、朝比奈二億二〇〇〇万円、新野一億七五〇〇万円である。一九八三年四月には計六億六七五九万円が支払われ、さらに佐倉と池新田東町には計二億八五五三万円が支払われた。この時点で上記の各地区の合計金額は二三億円を超えるものになった。これらの基金の利息を合計すると三五〇〇万円近くなる。

10　確認書と覚書による追加金

問題は、協定書についで極秘で確認書や覚書が作成されていることである。協定書をふまえての報道では一八億七二〇〇万円の協力金が支払われることになっているが、実は別個に確認書や覚書が作成されたのである。

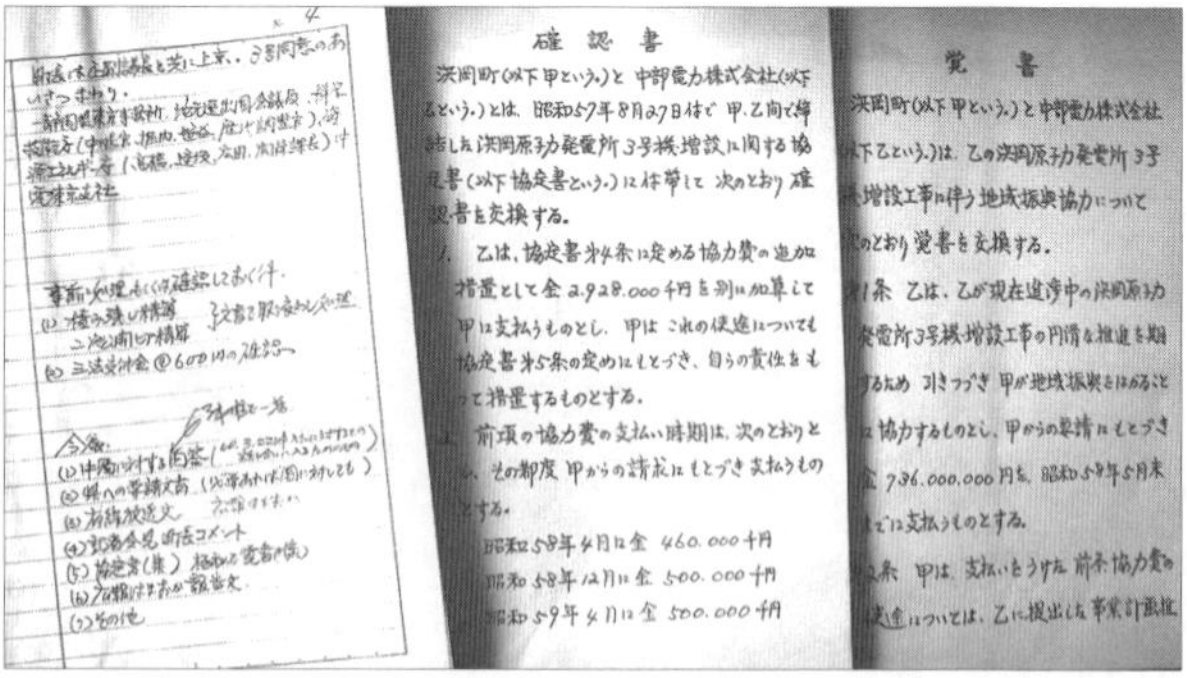

▲…1983年3号機、町長手持ち資料・確認書・覚書

協定書と同日の八月二七日に結ばれた確認書では、中電は協定書での協力費の追加処置として、町に二九億二八〇〇万円を別に加算して支払うとされた。それにより、町へと一九八三年四月に四億六〇〇〇万円、一二月に五億円、八四年四月に五億円、八四年度中に五億円、八五年度中に五億円、八六年度中に四億六八〇〇万円が支払われることになった。また、中電は地域医療の整備充実に協力するとされた。さらに、同日の了解事項では、町による地域医療機関の設置拡充で中電が一七億円までを負担することとされた。

協定書は町長と中電取締役社長（代理人として立地推進本部第三立地担当常務取締役）とで結ばれ、県が立ち会っているが、確認書は、町長と中電立地推進本部第三立地担当常務取締役との間で結ばれ、県の立ち会いはない。三号機の着工調印の経過を示す町長の手持ち資料には、「極秘で覚書（案）」と記され、町による「浜岡原発三号機増設問題最終決着（案）」には「覚書（事務手続きにより表面に出ないもの）」と記されている。ここでの覚書が「確認書」の形で結ばれ、浜岡町は中電から二九億二八〇〇万円を得たのである。地域医療の整備費として一七億円の協力も約束させた。協定書の協力金一八億七二〇〇万円にこの確認書の二九億二八〇〇万円を加えれば四八億円になる。

さらに一九八三年五月三一日には、覚書が取り交わされ、中電が町に佐倉地域振興費として七億三六〇〇万円を支払うことが約束された。この支払いは一九八三年五月六日におこなわれた浜岡町と中電との会談によるものである。町は佐倉地区への地域振興事業で八二年度に三億八五〇〇万円を計上し、二億七六二七万三〇〇〇円を使っていた。町側は中電からの地域協力金をあてにしていたが、中電側は地域協力金については解決済みと認識していた。町側はこの金額が五月の出納閉鎖で歳入欠陥となるため、五月末までに地域振興費の前倒し措置でもいいからと、その支払いを強く求めたのだった。その結果、中電は町が支出していた二億七六〇〇万円と確認書により四月までに支払う予定であった四億六〇〇〇万円を合わせ、七億三六〇〇万円を支払うことにしたのである。八三年度へと繰越し、予算計上された金額についても、三号機分として前倒して支払うことが約束された。さらに町側は、地域振興費を前倒して支払っていくと、振興費の総額において減額となるため、その減額分の支払いを約束する中電の「メモ」を求めた。これに対して中電は、町長在任中に浜岡四号機の電調審通過までを考えているとし、それを条件にするならば、メモを書いてもよいとした。このようなやり取りの中でメモの案文は、後日、事務局と調整することになった。

五月の覚書はこのような経過で結ばれたのである。三号機関係の地域協力金の覚書をみると、一九八五年五月に二億四四〇〇万円、一九八六年三月には三億四〇〇〇万円などが支払われている。八五年度に支払われた地域協力金のなかに、八三年五月の会談で言及された八二年度計上の地域振興費の残額負担分が組み込まれたのだろう。

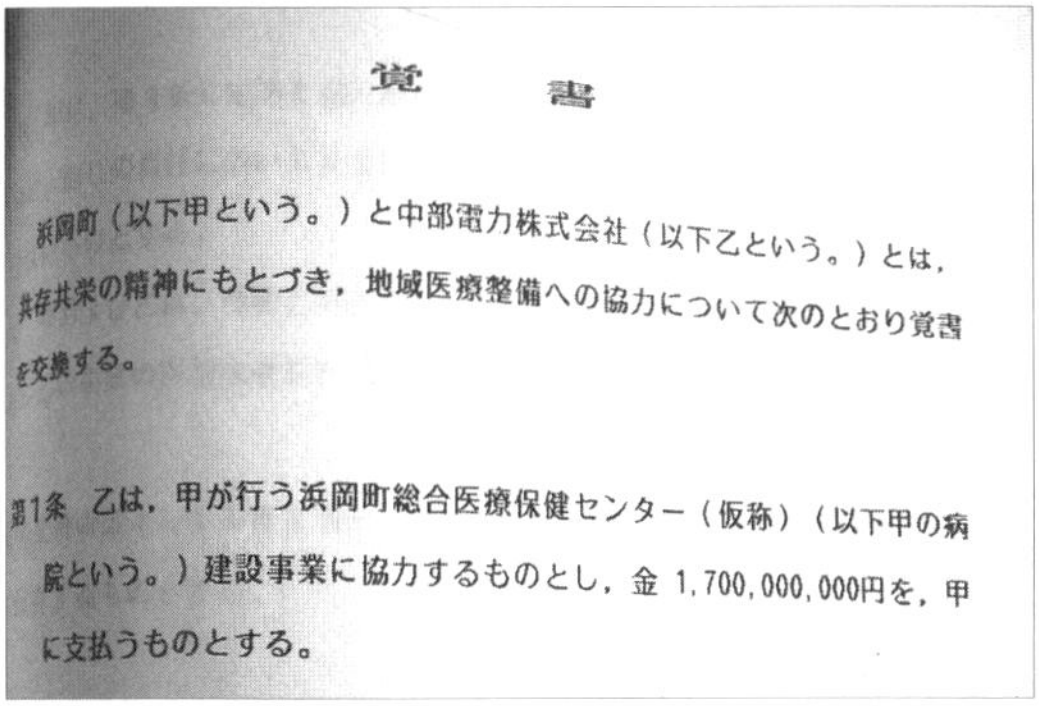
覚　書

浜岡町（以下甲という。）と中部電力株式会社（以下乙という。）とは，共存共栄の精神にもとづき，地域医療整備への協力について次のとおり覚書を交換する。

第1条　乙は，甲が行う浜岡町総合医療保健センター（仮称）（以下甲の病院という。）建設事業に協力するものとし，金 1,700,000,000円を，甲に支払うものとする。

▲…1984年12月18日、覚書

一九八三年三月、町は三号機設置に伴う対策費として中電から一六九三万円を得た。ちなみに一九八一年度の三号機増設計画対策費は一五八九万二四一三円であり、一九八二年五月に得ている。その内訳は事務費が六六一万六五三円、対策費が九二八万一七六〇円である。また、この八二年五月には中電から商工会館増築費として三〇〇〇万円、八一年度分一四三基の同報無線設備費として四一七万円を得た。また、一九八四年三月には浜岡沿岸漁業者振興費として六〇〇万円を得た。

一九八四年一二月一八日の地域医療整備の覚書では、浜岡町総合医療保健センター（浜岡町立病院）建設工事での一七億円の支払いが約束された。その覚書では、支払いは八四年一二月に五億円、着工にあたり八五年六月以降に八億円、主要医療機器購入にあたり八六年一月以降に四億円とされた。この覚書には、二回目、三回目の協力費の支払いには町が支払日の三〇日前までに文書で請求することも記された。

三号機建設による電源三法による交付金についてみれば、一九八三年から八八年にかけて四六億二〇〇〇万円が支払われた。それらは町立浜岡病院、町立保育所、浜岡中学校体育館、浜岡町立学校給食センター、浜岡町総合運動場、農産物集出荷場、町道・農道・上水道整備、一般排水路、農業用排水路などに使われた。その内訳は病院に一六億二〇〇〇万円、上水道に四億五〇〇〇万円、中学体育館に四億五〇〇〇万円、町道一三か所に六億三〇〇〇万円、農道一五か所に五億六〇〇〇万円、学校給食センターに二億七〇〇〇万円、保育所に一億四〇〇〇万円などとされる。

協定と確認書やさまざまな覚書、そして電源三法による交付金の額を合計すれば、三号機関連で一〇〇億円を超える金が浜岡町に流れたことになる。公表されていた協定書と電源三法交付金以外に確認書や覚書によって多額の金が動いていたのである。原発増設により一〇〇億円を超える金が町内に流れ込んだわけであるが、それは血液のように浜岡の人々を左右する力をもった。

一九八二年一一月一八日、榛南五漁協は中電との仮協定書を結んだ。漁業補償額は一八億六〇〇〇万円であり、仮協定締結後半分を支払い、本協定締結後に残り半分を支払うとされた。遠州二漁協への漁業補償は七億二五〇〇万円で調印された。

このような金の力で、中電は浜岡での増設を計画し、芦浜でも原発建設反対の動きを抑えての建設をねらったが、芦浜現地では抵抗が続いた。

11　濃縮廃液漏れ事故

一九八一年七月二〇日、浜岡原発一号機で濃縮廃液漏れ事故が起きた。一ミリリットル当たり一〇万から二〇万ピコキューリーという高濃度の廃液が一トン漏れだしたというのである（二〇万ピコキューリーは換算すると七四〇〇ベクレル）。一月から七月までの定期検査の終了直後の事故であり、敦賀原発での事故により中電や通産省、原子力安全委員会が安全確認をした後のできごとだった。

事故は一号機の地下二階にある濃縮廃液ポンプ室内の軸封水用配管とポンプをつなぐネジ込み接続部分が折れ、濃縮廃液と封水約一立方メートルが床に流れ出したというものだった。配管はボロボロになっていた。その原因は軸封水の配管に濃縮廃液が逆流し、濃縮廃液中の硫酸ナトリウムが配管を腐食させ、特に薄いネジ切り部分が折れたためという。中電は配管を炭素鋼からステンレス鋼に替える対策をとった。この事故で廃液の除去作業に出た職員二四人と中部火力の作業員一六人が被曝した。

安全のため施設は二重・三重になっていると宣伝はされるが、この事故は汚染物質の除去が労働者の被曝を伴うことを示すものだった。

名古屋の市民グループ「反原発きのこの会」は事故の翌日、中電名古屋本社へと抗議の申し入れをおこなった。そこで、事故の詳しい内容や濃縮廃液の回収方法、発生後どのようにして発見されたのか、どう評価するのかなどを追及した。浜岡原発三号炉増設に反対する県民会議は安全性が確認できるまでの運転停止などを申し入れた。

12　ムラサキツユクサ全国交流会

ムラサキツユクサによる調査はその後もすすめられた。一九八〇年一月にはムラサキツユクサ全国交流集会が京都でもたれ、市川定夫と永田素之も参加した。一九八一年一月には京都で第二回全国交流会がもたれた。集会では大飯、島根、浜岡、佐世保からの報告がなされた。一九七四年から七九年にかけて浜岡、島根、高浜、大飯、東海の各原発周辺で観察された雄蕊の毛の総数は一二〇〇万本に及んだ。浜岡では五〇人の教員が参加して観察した。集会では、どの原発周辺でも突然変異率が上昇したことが報道され、内部被曝の危険性が確認された。

第四回交流会は一九八三年二月一二日から一三日にかけて浜岡原発近くの桜ヶ池会館でもたれた。そこでは調査をすすめる静岡県教職員組合小笠支部による二〇地点での観察報告がなされ、掛川よりも浜岡の突然変異率が高いことが示された。集会では島根や小浜、敦賀などからも報告があり、市川定夫は舞鶴よりも高浜での突然変異率が高いとした。柏崎やブレーメンでの調査も伝えられた。翌年には敦賀で全国交流会がもたれた。

名古屋の松坂屋デパートで中部電力のＰＲ展「明るいくらしとエネルギー展」が開かれた。一九八三年九月に名古屋の反原発きのこの会はその展示に抗議の声をあげた。そこにはウラン鉱石が展示されたが、放射線測定器を向けると自然放射能の五〇倍の放射線を検出した。抗議により、中電側はウラン鉱石を一時撤去したが、再展示した。そのため、会場で市民運動メンバーは危険性を訴えた。

13 使用済み核燃料の海外搬出問題

一九八二年一一月、浜岡からフランスへと使用済み核燃料が搬出されることになった。東海村の動燃の再処理工場だけでは日本中の原発から出る使用済み核燃料を再処理しきれないため、海外へと使用済み核燃料を運ぶようになったのである。

使用済み核燃料を再処理工場へ送る理由は、プルトニウムと死の灰とを分離し、プルトニウムを取り出すためであるが、それは核武装につながるものである。燃料一三トンにはプルトニウム約一三〇キロが含まれている。日本に返還されるのは再処理されたプルトニウムと再処理によって生まれた廃棄物であるが、廃棄物の貯蔵先は未定であった。中電によるイギリス・フランスの核燃料公社との再処理契約は二七九トンであった。使用済み核燃料一トン中の放射能は約四〇〇万キューリーである（一キューリーは三七〇億ベクレル）。強い放射線を遮蔽するために、輸送容器は厚さ三〇センチの鉛と九センチの鋼鉄製である。

船による使用済み核燃料の海外輸送は火事や沈没の危険を伴う。また、燃料集合体の核反応は停止しているが、崩壊熱により発熱し続けているので、水による冷却が必要である。冷却水を失えば、容器内は一〇〇〇度を超え、ジルコニウムの被覆管や遮蔽用の鉛がとけてしまう。フランスのシェルブールの港湾の労働組合はこのような危険な荷物を拒否したため、軍隊が代行した。

住民の会は、使用済み核燃料輸送反対、再処理反対の行動は核燃料サイクルを撃つ闘いであり、反核と反原発を結ぶ重要な環として位置づけた。フランスやイギリスへの搬出の闘いは海を超えて連帯行動になった。海外への搬出に向けて御前崎港の改修もおこなわれ、浚渫と五〇トンクレーンの新設がなされた。輸送船は三〇〇〇トンの船である。再処理契約は八年、輸送はイギリスの核燃料公社がおこなった。

一九八二年六月一五日、浜岡原発へと海外輸送用の容器（キャスク）の搬入がおこなわれた。パシフィックフィッシャー号が御前崎に入港し、積み下ろしと輸送がなされた。住民の会は二〇人で抗議集会を開き、輸送が始まると抗議デモをおこなった。途中トレーラーが立ち往生する場面もみられた。七月には反核活動者のP・ウイルキンソン（グリーンピース）とC・ジル（ラ・アーグ反原子力汚染委員会）が静岡の活動者と共に浜岡原発へと抗議に出向いた。しかし、中電は、契約により再処理を依頼している、抗議は自らの政府にすればいいとした。帰国後、P・ウイルキンソンとC・ジルは使用済み核燃料のイギリスとフランスへの輸送の中止を求める手紙を小村浩夫の元に送り、その内容は毎日新聞「編集者への手紙」で紹介された（一九八二年一一月二三日）。

浜岡から海外への使用済み核燃料の搬出阻止にむけて、住民の会を中心に一四団体で「使用済み核燃料搬出阻止静岡県連絡会議」が結成された。九月二六日には同連絡会議のよびかけで、浜岡砂丘で集会が開かれた。集会には東京・名古屋・大阪・広島など全国各地から二五〇人が参加し、イギリスの搬入港バローインファーネスの住民団体からもメッセージが寄せられた。デモ行進では「原発反対」「死の灰反対」と記した子どもの傘もみられた。

一一月一九日には東海村への一年ぶりの搬出がおこなわれ、住民の会は早朝から抗議行動を展開した。

14 フランスへの搬出阻止行動

一九八二年一一月二六日は、浜岡原発から御前崎港へのフランスのラ・アーグ向け使用済み核燃料の搬出日だった。その搬出に抗議して「使用済核燃料搬出阻止静岡県連絡会議」の下に全国から四五〇人が集まった。搬出当日の早朝五時半から決起集会が開催され、フランスのラ・アーグの団体やグリーンピースからは連帯メッセージが寄せられた。静岡県労働組合評議会、原水禁、社会党なども六〇〇人を動員して、使用済み核燃料輸送反対の現地集会を開いた。この日、抗議に集まった人々は一〇〇〇人ほどになった。

連絡会議は決起集会の後、七時から輸送路と並行した道を御前崎港に向けてデモ行進に入った。最後に輸送路と合流するというデモコースである。デモは八時三〇分頃に合流点で輸送車と出会うことをねらい、ゆっくりと進んだ。途中、機動隊がデモを封じ込め、輸送路に出させないという動きをみせた。デモ隊は輸送車との合流点にむかい、時速八キロのペースで進んできたトレーラーは合流点の手前で二五分間の停車を余儀なくされた。

「搬出阻止！」「使用済み核燃料をフランスへ送るな！」の抗議の声のなか、輸送容器を積んだトレーラーは御前崎港にむかい、そこでパシフィッククレーン号に使用済み核燃料を積み込んだ。この核燃料は二号機の使用済み燃料六八体であり、ウラン一二トン分だった。輸送容器には一七本の燃料集合体が入り、重さは約八〇トンになる。この抗議行動で公務執行妨害を口実に一人が逮捕された。

パシフィッククレーン号は浜岡と高浜の使用済み核燃料を積んでフランスのシェルブール港に向かった。一九八三年一月二日にグリーンピースの抗議船シリウス号は、パシフィッククレーン号がドーバー海峡近くを通行中との情報を得、シェルブール港に向かった。ラ・アーグ反原子力汚染委員会のメンバーは一月三日から五日まで積みおろし用クレーンを占拠して抗議した。

一月六日にシリウス号が入港すると、フランス警察はシリウス号の通信機を奪い、錨を切断して、船ごと海軍の軍港に連行した。この弾圧に抗議して一月八日にはヨーロッパ各地から三〇〇〇人がシェルブールに集まり、抗議行動が展開された。パリでは「核のゴミはごめん」と日本大使館への抗議行動がもたれた。もう一つの再処理契約国であるイギリスのバローインファーネスの港でも市庁舎で座り込みがおこなわれた。

一月一一日、パシフィッククレーン号が入港し、荷降ろし作業を開始した。使用済み核燃料のキャスクはシェルブールから三〇キロほど離れたハルマンビルまでトレーラーで運ばれた。そこからラ・アーグまで専用列車で輸送されることになっていた。ラ・アーグ反原子力汚染委員会や反核情報・闘争地域委員会のメンバーら三五人はハルマンビルで阻止行動をおこない、線路や車両に自らの体を鎖に巻きつけて抗議した。しかし、催涙弾が撃ち込まれ、鎖は断ち切られ、輸送が強行された。

浜岡からイギリスへの使用済み核燃料の搬出もおこなわれた。一九八三年三月三日、浜岡原発の使用済み燃料六八体がイギリスのウインズケール（セラフィールド）再処理工場へと搬出された。住民の会などから四〇人が参加して抗議行動がおこなわれた。機動隊四〇〇人が配置され、抗議団は砂浜の一角に閉じ込められた。しかし、抗議団は輸送船パシフィックティール号に向けて抗議の声をあげ続けた。

一九八四年一一月一四日、浜岡二号機の使用済み燃料六八体がフランスに向けて搬出された。住民の会は御前崎海岸で集会をもち、デモをおこなった。抗議行動には東京、名古屋、京都などからの参加を含め四〇人が集まった。警察は七両の機動隊車と護送車、放水車を用意し、二〇〇人ほどの機動隊員が集会場に面した防波堤に並んで警備した。

この段階でイギリスに三回、フランスに三回の輸送がなされた。浜岡からウインズケールやラ・アーグに使用済み核燃料が運ばれ、そこで処理されるようになった。これらの再処理工場からは放射性物質が流出し、深刻な海洋汚染をもたらした。浜岡原発の使用済み核燃料の再処理によってアイリッシュ海やイギリス海峡が汚染された。

▲…使用済み核燃料搬出抗議行動（『遠州のからっ風』）

15　続く使用済み核燃料搬出

使用済み核燃料輸送は続けられ、一九八六年五月には使用済み核燃料を搬出するための輸送容器が御前崎港から浜岡原発に運ばれた。この時点で浜岡原発には一〇〇二本の使用済み核燃料が貯蔵されていた。七月にはラ・アーグへと四基計六八本が輸送された。

一九八六年一一月一八日には一号機の使用済み燃料六八体がパシフィクスワン号（四五〇〇トン）でイギリスのウインズケールに運ばれた。このとき、住民の会は京都大学の原子炉実験所の小林圭二、荻野晃也の協力を得て、高感度中性子検知器を使って輸送中のトレーラーからの中性子線を監視した。その結果、トレーラーから約七メートル離れたところで、中性子線が最高で平常値の一〇〇〇倍近い、一秒間あたり二六〇〇から二七〇〇個という数値を測定した。被曝量に換算すると一時間当たり二レム（二〇ミリシーベルト）程度という。この数値は安全とはいえない値であり、輸送に係る労働者が被曝していることが判明した。健全な容器でも多くの中性子線が突き抜けているのである。

県の環境放射線監視センターの検査では輸送容器の表面でのガンマ線の最大値が時間当たり二・二レム、中性子線が二・四レムだったが、住民団体は七メートル離れても、表面と同量の放射線を検出したのだった。この住民側の検査で、キャスクに入れられていても平常値の一〇〇〇倍近い中性子線が出ていることが明らかになった。

その後も使用済み核燃料輸送は続けられ、一九八八年五月二四日にはパシフィックピンテール号（五一〇〇トン）に一号機の六八体が載せられ、ラ・アーグに向かった。九月一九日には二号機の核燃料がラ・アーグに送られた。

第四章…浜岡一号機とめようネットワークの結成

1　核のない社会をめざす浜松市民の会の結成

スリーマイル事故を経た一九八〇年代はじめには、静岡や浜松などの都市部で反原発に取り組む市民運動グループが生まれた。これらのグループは連携をすすめ、チェルノブイリ事故と浜岡一号機の再循環ポンプの停止事故などを経て、浜岡一号機とめようネットワークを結成して活動した。

三号機反対の活動や使用済み核燃料搬出抗議行動に参加してきた浜松の市民は、地域で「核のない社会をめざす浜松市民の会」の活動を始めた。同会は一九八四年から八八年にかけて会誌「遠州のからっ風」を一九号まで発行した。また、地域で反核の集いを開催し、八四年八月一二日には原水禁代表委員の前野良を招いて第一二回の反核の集いをもった。

一九八四年五月二七日、静岡市の青葉公園で「反原発・反トマホーク祭り」が開催された。この催しはスリーマイル事故から五年目にもたれ、浜岡原発に反対する住民の会、核のない社会をめざす浜松市民の会、婦人民主クラブ、街と生活を考える市民センター、三里塚闘争に連帯する会などのグループで構成された実行委員会が主催した。会場では歌や反トマホーク芝居が演じられた。催しは「勝利をわれらに」を歌って終った。その後、靖国神社国営化反対の活動をすすめるキリスト者の定例デモに参加した。

一〇月二八日、核のない社会をめざす市民の会は浜松市内で第一回目の反核デモをおこなった。防護服や黄色のドラム

▲…浜松での反核デモ（1985 年 10 月）　▶…市民の会による反核デモ（1985 年 3 月）

缶を持った大人一〇人、子どもを入れて二〇人ほどが浜岡原発反対、プルトニウム輸送反対を呼びかけた。一一月一五日に東京港にプルトニウムが荷揚げされ、東海村へと陸上輸送されたが、この抗議行動に市民の会のメンバーも参加した。

一九八五年三月三一日、浜松で第二回目の反核仮装デモをおこなった。二回目のデモは、三月に中部電力が浜岡四号機（一一四万キロワット）の建設計画を明らかにし、浜岡が計三六〇万キロワットの原発基地となっていくことへの抗議でもあった。骸骨の仮装集団によるデモは「スリーマイル原発事故を忘れるな」「浜岡原発四号増設反対」などの横断幕を掲げて、反原発の歌を流してすすんだ。その後、歩行者天国でチラシまきをおこなった。

七月八日に浜岡三号機の原子炉圧力容器がトレーラー四台を結合した輸送車で搬入されたが、その反対行動に市民の会からも参加した。この反対行動は六人で取り組まれた。

一〇月二七日には三回目の反核デモが浜松で取り組まれた。三回目のデモは大人一一人、子ども九人が参加し、鴨江観音から有楽街を経て新川公園まで歩いた。このように市民による反核・反原発の意思表示が、少数であっても地域でおこなわれるようになった。

2　浜岡原子力防災訓練

一九八四年一一月二二日には浜岡町で原子力防災訓練がもたれた。浜岡二号機が冷却系に異常をおこし、周辺に放射能が漏れるという想定だった。池新田の静岡県環境放射線監視センターに県の現地本部が置かれ、役場に町長を本部長とする災害対策本部が置かれた。スリーマイル事故をふまえ、原子力発電所で住民が避難するような事故が起きることを示す訓練だった。

しかし、一二月の「広報はまおか」には、胸のレントゲンは一回一〇〇ミリレム（一ミリシーベルト）であり、スリーマイル事故での被曝は平均一・五ミリレム、最高でも一〇〇ミリレム以下である。「この程度の被ばく線量は全くと言ってよいほど影響はないレベル」であり、「結果的にはこの避難勧告は不必要なものだった」。スリーマイルでの事故は「米国の管理能力に起因するものと考えられ」、「日本の原発は世界一安全」と記された。

浜岡町の広報では、原子力は安全であり、訓練は原子力防災の人材育成と習熟のためにおこなうにすぎないものとされたのである。

3　浜岡四号機増設と協定書・覚書・確認書

中電は一九八二年五月の浜岡町との会談で四号機建設に言及していたが、正式な申し入れは一九八五年三月のことだった。一年後の一九八六年三月一〇日、中電は浜岡四号機の環境影響評価を通産省に出し、浜岡町役場と浜岡原発で縦覧がなされた。並行して中電による四号機誘致に向けての浜岡町民、漁協、町議会への説明会が続けられた。この動きに抗して三月三一日に、浜岡で反原発デモが取り組まれた。参加者は浜岡町役場から原発に向けて歩いた。

中電の環境影響評価の縦覧が終わるまえの四月三日、浜岡町議会全員協議会は建設に同意した。反対意見は一人だけだった。午後には県庁で、県生活環境部長の立会いの下で中電と町長が四号機受け入れの協定書に調印した。

この協定書には、中電が六月に浜岡町に地域振興のための協力金として一八億円を支払うことが記された。この一八億円の使用予定の内訳は、下水道整備四億五〇〇〇万円、医療充実一〇億円、工場誘致のための先行土地取得三億円、奨学基金の増額五〇〇〇万円などである。ここには、七月から開業予定の町立浜岡病院への医療機械の導入、看護師の養成、高校生への奨学金の支給などが含まれている。このように協定の内容は報道されたのである。

確認書

浜岡町（以下甲という。）と，中部電力株式会社（以下乙という。）とは，昭和６１年４月３日付で，甲，乙間で交換した覚書（以下「覚書」という。）に付帯して，次のとおり確認書を交換する。

１　乙は，「覚書」第２項に定める協力費に加算して，金６８１，０００，０００円を別途甲に支払うものとする。

▲…1986年4月3日、確認書

覚書

浜岡町（以下甲という。）と，中部電力株式会社（以下乙という。）とは，昭和６１年４月３日付で，甲と乙との間に締結した浜岡原子力発電所４号機増設にかかわる協定書（以下「協定書」という。）に付帯して，次のとおり覚書を交換する。

１　甲および乙は，将来にわたり相互信頼関係の保持増進に努めるとともに，共存共栄の精神に則り，相互の発展についてお互いの立場を尊重しつつ，協議し，協力し合うものとする。

２　乙は，「協定書」第４条に定める協力費に加算して，金１，７００，０００，０００円を別途甲に支払うものとする。

▲…1986年4月3日、覚書

しかし問題は三号機の協定書と同様に、覚書と確認書が存在することである。協定書が結ばれた四月三日には覚書が交わされ、中電が町へと協力金に加算して一七億円を支払うとされ、支払いは一九八六年一二月に五億円、一九八七年五月に七億円、一九八七年一二月に五億円と記されている。さらに同日に結ばれた確認書では、この覚書の協力金に加算して、六億八一〇〇万円の支払いが記され、その支払いは一九八六年五月に二億一三〇〇万円、一九八七年三月に四億六八〇〇万円とされている。このように町は協定書の一八億円に加えて、覚書や確認書によって二三億八一〇〇万円を中電から獲得することにしていたのである。

中電と町との協定書には県が立会ったが、覚書と確認書に立会人はいない。また、協定書は町長と中電取締役社長代理人の立地環境推進本部本部長代理の取締役副社長との取り決めであるが、覚書と確認書は町長と中電立地環境推進本部本部長代理の取締役副社長との取り決めとなっている。この覚書と確認書は秘密の書類だった。

この取り決めにより、中電は町の地域振興対策の寄付として、一九八六年五月には二億一三〇〇万円、六月には一八億円、八月には四億円、一二月には五億円、翌年一九八七年三月には四億六八〇〇万円、五月には七億円、一二月には五億円を支払った。合計すると、四号機関連で四〇億円を超える金が地域振興協力金として支払われたのである。

中電は四号機増設を一九八五年三月に申し入れたが、町の受け入れ決定は一年後と早かった。浜岡町は原発の運転が始まって一〇年が経ち、原発の安全性の実績を評価するとし、原発との「共存共栄」を語った。そのような姿勢が公開ヒアリング前での建設の同意となったわけである。この協定を静岡県労働組合評議会などで組織する浜岡原発反対県民会議は「県民の安全と暮らしを無視した無謀な原発拡大政策」と批判したが、この協定書とは別に、覚書や確認書によって協定書の金額を上回る金の贈与があったのである。町と中電が報道資料として出したのは協定書の内容だけであり、覚書と確認書の内容は示されなかった。それは市民を欺く行為であった。

4 チェルノブイリ事故と浜岡

一九八六年四月二六日のチェルノブイリの原発事故は中電と浜岡町との間で浜岡四号機建設が同意され、協定書などが交わされた月のできごとだった。

浜岡町は、浜岡原発建設にあたり、「原発は爆発しない」「炉の暴走事故はこれまでない」とし、スリーマイル事故の際での「避難勧告は不必要なものだった」と広報し、原発との「共存共栄」をすすめてきた。しかし、チェルノブイリの事故は、暴走事故によって原発は爆発するものであり、原発周辺では住民が居住できなくなることを示すものだった。

事故後の四月三〇日に浜岡町は中部電力に「安全の再確認」を申し入れた。同日、浜岡原発反対静岡県民会議は幹事会を開き、放射能物質が漏れるという危険性が証明されたとし、浜岡一・二号機の停止、三号機の建設中止、四号機の建設計画の撤回などを求める声明を発表し、県と中電に要請した。静岡市の街と生活を考える市民センターの松谷清（事務局長）は、最悪の事態、ソ連一国の問題ではなく地球全人類の問題とし、スリーマイル以後、アメリカでは原発建設のペースは落ちているのに浜岡では加速気味に増設をすすめている点を指摘、原発の危険性を訴えていきたいと話した（毎日新聞一九八六年五月一日）。

この事故後に、小野芳郎は「中電は四号機を作ろうとしているが、もう結構と言いたい」、「中電も県も、安全を主張するだけ。いつミスがあるかわからないし、地震などの災害も怖い」、「町では直接間接に原発に依存して暮らしている人が多いので、表立って原発に反対できない」とし、放射能廃棄物や一号機の将来の廃炉処理、町財政の変化、飲食店の増加など地域社会の問題などをあげ、「場当たり的に金ですべてを解決しようとするのではなく、もっと広い視野で長い目で見た原発政策を、政治に望みたい」と語った(朝日新聞一九八六年六月八日)。

5 チェルノブイリからの放射能

チェルノブイリの放射能は日本にも降り注いだ。清水の自然とくらしを考える会(中村かな恵代表)は、市内で生産された新茶や保育園の砂・泥を採取して京都大学原子核工学教室での測定を依頼した。その結果、一九八六年五月四日採取の新茶の生茶一キログラムあたり三万七〇〇〇ピコキューリーのヨウ素一三一が検出され、五月一三日採取の砂一キログラムあたりでは六四ピコキューリー、泥一キログラムあたりでは、一二〇ピコキューリーが検出された。生茶一キログラムあたり三万七〇〇〇ピコキューリーは換算すると一一三六ベクレルほどになる。

京都大学の荻野晃也は「汚染は野菜やキノコ、牛乳、海草などあらゆるものに広がっている。私たち人間が食物を通してどれほど被曝しているのかわからないほど」と原発事故の恐ろしさを指摘し、一〇月一八日には清水でその詳細を報告した。翌日には浜松市で講演した。

荻野は浜松の講演で事故の概要と放射能汚染の実態についてつぎのように語った。千葉の雨水から一万三〇〇〇ピコキューリーのヨウ素一三一が検出されたが、もし研究室から流した場合は科学技術庁に報告が義務付けられ、刑事罰をうけることもある。こうしたものが空から降ってきていた。雨水にはストロンチウムやプルトニウム、アメリシウムなども含まれる。一次冷却水ではヨウ素だけをみれば二〇〇〇ピコキューリー程度であるが、今回の事故ではそれが降ってきた。どうして影響がないなんて言えるのか、と。

科学技術庁防災環境対策室は、三万ピコキューリーのお茶を一年飲んでも被曝線量は一〇ミリレム(〇・一ミリシーベルト)前後で健康上全く心配はないとした。このように政府はその汚染の深刻さや内部被曝の問題に触れないで、安全を強調した。

「遠州のからっ風」一一号(一九八六年七月)にはつぎのような記事がある。東京の友人から五月中旬に千葉の自然放牧の牛の牛乳からすごい量のヨウ素一三一が出た。子どもたちに牛乳を飲ますなと電話があり、五月二〇日には母乳からもヨウ素検出の記事が出た。にぶい私もドドッと恐怖に襲われた。一歳になる娘には母乳だけで育ててきたが、母乳を与えることで放射能に汚染させてしまったことになる。無農薬の露地野菜や自然放牧の牛乳から多量の放射能が検出されているという。安全なものが食べたい、本物を届けたいという消費者と生産者の願いが原発事故で壊されていく。「やってますか健康法。原発ひとつですべて無駄！」、まずは原発を止めること（「チェルノブイリ原発、わが家へのシンドローム」）。

静岡では六月二八日に、街と生活を考える市民センターが佐伯昌和（反原発めだかの学校）を招いて「炉心溶融　放射能の恐怖、世界を襲う」の題で学習会を開いた。浜松では七月二〇日に、市民の会の企画で大阪大学の久米三四郎が「チェルノブイリ事故は何を残したのか」というテーマで講演し、四〇人が参加した。久米三四郎は、チェルノブイリ事故だけでなく核実験により大量の放射能がばらまかれてきた歴史を示し、世界が放射能に汚染されている現実を示した。そして日本でも事故が起きれば、パニックを防ぐために報道管制がひかれ、地域住民の避難は二の次にされるだろうと指摘した。

一〇月一九日には浜松市内で「反核ロックコンサート」が開催された（ピースウォーリアーズ叛核フェスティバル）。地元の七バンドが出演し、一五〇人が参加した。コンサートは翌年一月にもおこなわれた。一〇月二六日には静岡市で原発やめよう行動がもたれ、七〇人がデモに参加し、反核パフォーマンスをおこなった。

事故から一周年の一九八七年四月二六日には、市民の会主催で「ノーモアチェルノブイリ浜松集会」がもたれ、バンド演奏の後、市内デモがおこなわれた。市民の会は八月二七日に浜松市に対して、放射能分析の実施、原子力防災、中電への原発停止申し入れを要請した。しかし、市の回答は、国によって輸入食品の安全が確認されている、国の安全基準により運転されているというものであり、主体性のないものだった。

一九八七年一〇月の反原発週間には、浜松では市民の会による一〇月二五日の浜松反原発行動が企画され、反原発と放射能汚染の実態を訴える街頭宣伝とチラシまきがおこなわれた。一九八八年三月二七日、市民の会は浜松市内で反原発講演会をもち、藤田祐幸が「ポストチェルノブイリを生きる」という題で講演した。

6　四号機第一次ヒアリング

浜岡四号機の第一次公開ヒアリング前日である一九八六年八月四日、静岡市内で「チェルノブイリ原発事故から三か月　今なぜ浜岡原発増設　住民シンポジウム」が浜岡原発四号炉阻止連絡会議の主催で開催された。浜岡原発四号炉阻止連絡会議は浜岡原発に反対する住民の会、街と生活を考える市民センターなどによる行動団体である。

シンポジウムでは高木仁三郎が「チェルノブイリ事故の影響」、小村浩夫が「防災体制について」の題で問題提起した。高木仁三郎は、元GE三技術者の設計上の欠陥と建設・運転における不十分さが積み重なって、私たちの考えでは原発は必ず大事故を起こすという言葉を引いて、チェルノブイリ事故の原因と影響を分析した。そして、大事故は日本でも起こるとし、推進側の「炉型が違う」「ECCSがない」といった言い分のウソを指摘した。シンポの後、公開ヒアリングの強行と原発の推進に反対する決議文を採択し、翌日の反対行動への結集を呼びかけた。

▲…4号機ヒアリング抗議（「反原発新聞」102号）

八月五日、浜岡四号機の第一次公開ヒアリングが浜岡町で開催された。第一次ヒアリングは国が設置の許可をする前に住民の意見を聞くために行われ、通産省が主催する。そこで電力会社が建設計画を説明し、意見に答えるというものであるが、陳述や傍聴にあたり国と電力会社は推進工作をおこなってきた。浜岡で第一次ヒアリングが開催されるのは初めてのことだった。

会場周辺では、県労働組合評議会などの浜岡原発反対県民会議五〇〇人と浜岡原発に反対する住民の会などの六〇人がデモ行進や集会をおこなって抗議した。住民の会は浜岡砂丘から会場に向けて行進し、「まやかしの公開ヒアリングはやめろ」「放射能で浜岡を汚すな」

「四号機建設反対」と声をあげた。警備には機動隊員ら八〇〇人が動員され、監視のヘリも飛んだ。

ヒアリングでは、浜岡でのチェルノブイリのような事故、放射能の影響、四号機の増設での放射線量増加、温排水の影響、働く人々への放射線の影響、事故時の住民避難、耐震性、津波の被害、廃止措置費、町の活性化対策、放射性廃棄物の処理方法などについて質問が出された。ここで中電は、チェルノブイリの事故での乳児への影響は自然放射能と比較してもわずかな線量だった、原子炉の寿命は四〇年、津波は四・五メートルを想定し原発は海抜六メートルにあり、津波の影響は受けないなどと答弁した。中電の回答は、安全であり、人体への影響はない、廃棄物の量は抑えるというものだった。

ヒアリングは住民との質疑をおこなったという形を得るためのセレモニーだった。一〇月には知事が増設に同意、さらに電源開発調整審議会で各省が同意し、電源開発基本計画に組み込まれた。これを受けて中電は一一月に原子炉の設置許可を申請した。

一九八六年一〇月八日には榛南の五つの漁業協同組合と中電との間で仮協定が結ばれた。四号機建設による漁業権放棄区域と制限区域の拡大にともなう漁業補償費は一七億九〇〇〇万円だった。補償費の支払いは協定締結後、速やかに八億九五〇〇万円を支払い、各漁協は総会で放棄を正式に議決する。定められた関係書類を受領して、残りの八億九五〇〇万円を支払うというものだった。今回の協定では新たに、放棄区域、制限区域以外での損失があった場合には補償を含む最善の措置を取ることが入れられた。一二月二日には福田と浜名の漁協との補償協定が七億円で結ばれた。榛南の漁協との本協定は八七年の三月九日に結ばれた。

一九八七年八月、浜岡三号機の営業運転がはじまった。出力は一一〇万キロワットであり、建設費は三九九七億円に及んだ。

7　四号機第二次ヒアリング

一九八七年一〇月に通産省は安全審査をおこない、一九八八年一月二六日、四号機の第二次公開ヒアリングが県原子力広報研修センターでもたれることになった。主催は原子力安全委員会である。

この第二次ヒアリングでは浜岡六人をはじめ計八人の住民と特別傍聴人七人が発言したが、一般の傍聴人は閉め出された。質疑では耐震性に関するものが多かったが、これに対して通産省は、安全評価上適正であり、一・二号機の耐震安全性も確認していると答えた。参加した住民は「短すぎる」「形通りの回答」「通産省の答弁もありきたりでやはりセレモニー」と感想を述べた。

住民の会は二三人で「とめろ原発、やめろ四号炉」の幕を広げ、公開ヒアリング反対のデモをおこなった。デモの最終地点で抗議文を読み上げ、科学技術庁の担当者に渡した。また、浜岡原発反対県民会議も抗議文を会場入り口で読みあげて渡した。デモ隊よりも報道関係者が多く、機動隊はさらに多いというなかでの抗議行動だった。

一九八八年一月二六日、原子力安全委員会の主催により、浜岡四号機の増設に関し地元住民の意見を聞く会が県原子力広報研修センターでもたれた。安全委員会が地元住民から八人を選んで発言させて、通産省が答えるというものだったが、非公開であった。浜岡原発に反対する住民の会は三〇人で抗議集会を持ち、会場前まで四号機増設反対、一から三号機の運転停止を求めてデモ行進した。

8　浜岡一号機再循環ポンプ停止事故

中電は一九八九年三月から四号機の着工を始めようとしたが、一九八八年には一号機、二号機で続いて事故が起きた。運転から一〇年で原発は動きを止める事故をおこし始めたのだった。

一九八八年二月一日、浜岡一号機でスイッチが焼損し、冷却水を流す再循環ポンプが停止し、手動で一号機を停止するという事故が起きた。一九八七年八月二八日に一号機で起きた事故と同種のコイルがショートして焼切れた。そのために無停電電源が止まり、再循環ポンプが停止し、原子炉の出力が低下したのである。今回の事故では、事故発生から完全停止まで一二時間を要した。

この事故に対して、二月三日、浜岡原発に反対する住民の会、原発の核を怖がるおんなたちの会、核のない社会をめざす浜松市民の会の一〇人が浜岡原発に行き、事故の説明を求めた。二月九日、住民の会の小村浩夫（静岡大）らは浜岡原発に出向き、手動停止の理由や事故原因について問いただした。名古屋のきのこの会やいらんがね！原発連絡会は荻野晃也（京都大）らとともに事故を分析した。二月一五日、河田昌東、渡辺春夫、荻野晃也らは中電本社を訪れ、設計ミスや安全運転義務違反を指摘、一号機の設計の見直し、事故の事実経過の公表、二号機・三号機を止めての設計の再検討などを求めた。中電は一号機の同種のスイッチ計一二五個、二号機の重要なスイッチ二七個を取り換えるとした。二月一九日、中電はスイッチを交換して一号機の運転を再開した。

浜松市民の会や住民の会は二月二一日に、緊急集会を開いて問題点を明らかにし、署名集めをすすめた。二月二六日には、県公害対策連絡会議が中電と交渉した。三月二五日には、浜松市民の会、住民の会、浜北みどりのおんなたち、街と生活を考える市民センター（静岡）、ピコきゅうり（静岡）、グループ原発はいらない（清水）、原発を考えるお友達の会（県東部）、かきの木大学（豊橋）など七団体が、中電に対してデータの公表と公開討論会の開催を求めた。三月二七日、浜松では藤田祐幸講演会が開催された。四月七日、浜松市民の会は署名九二三一人分を提出し、中電と交渉をおこなった。四月二三日には東京で反原発の全国集会がもたれ、その際、浜岡事故について通産省との交渉をおこなった。

沸騰水型軽水炉では再循環ポンプが停止すると炉内に泡が大量に発生し、出力が低下する。今回は出力が四〇％ほどまで低下したが、このような状態で再循環ポンプが再起動すると、出力は急激に上昇し、核暴走をまねく危険性もある。再循環ポンプ二台の同時停止は大事故につながりかねないものであり、今回は自動停止ができずに手動で停止した。手動停止を決定するまでに四時間もかかっていた。中電は、事故の原因は発生の一分後にはわかっていたが、緊急に止めるほどのことではないので止めなかったとした。

問題は無停電電源のスイッチが再循環ポンプだけではなく、タービン制御、制御棒手動制御、監視計算装置などの他の制御や測定などの回路につながっていたことだった。市民団体は、自動制御ができずに手動停止を決定するまで四時間を要した真相はここにあるとみた。建設予定の浜岡三・四号機にはこのようなスイッチはなく、四号機には無停電電源装置が二台計画されている。一・二号機は運転中の原子炉の制御にかかわる無停電電源が一つしかなく、スイッチの故障で制御ができなくなった。それは浜岡原発が「安全な防護システム」に守られてはいないことを示すものだった。

中電は住民側の指摘に沿うかたちで電源系統の一部を改良したが、五月に入り、中電はシステムの安全性に問題があったのではなく、信頼性をより高めるために改良したとコメントした。

9　浜岡一号機とめようネットワークの結成

一九八八年四月一〇日、静岡市内で県中部の反原発グループの実行委員会が「原発とめよう、いのちが大事」広瀬隆講演会を開いた。講演会には五〇〇人が参加し、午後には沼津で広瀬講演会が開催された。浜松での「危険な話」広瀬講演会は六月五日にもたれ、ここにも五〇〇人が参加した。名古屋では、四月一七日に「いらんがね！原発一〇〇〇人集会」が開かれ、一五〇〇人の市民が参加した。

市民の会は、五月五日に浜岡原子力館に集まって一号機の事故の真相と原発の停止を求める行動を企画し、参加を呼びかけた。この五・五地球の子どもの日行動には、静岡をはじめ愛知、栃木、長野、東京、大阪などから約三〇〇人が集まった。この行動は一号機の事故のデータ公開と原発の停止を求める署名の提出、三〇億円を投じて建設された原子力館の見学を兼ねて企画された。しかし、中電は原子力館を、浜岡町子ども会連合会の入場を口実に「勝手ながら一般客の方々のご入場は出来ません」と休館にし、原発入口を封鎖した。そのため参加者は入口を歌と踊りと発言の場にした。

五月二二日、浜岡二号機の定期検査で配管の損傷が発見された。定期点検から調整運転に入る直前の事故だった。これは、ECCSの高圧注入系タービン用蒸気配管にたまった凝縮水を捨てる小口径管（ドレン管）が、浸食劣化によって小さな穴が開き、約五〇〇ミリリットルの水が噴き出したという事故だった。放射能濃度は一ミリリットル当たり二〇〇〇ピコキューリー、総量一マイクロキューリーだった。被曝は作業箇所の空間線量率が一時間当たり一〇ミリレントゲンだったことによる。炭素鋼のドレン配管の耐用年数は一〇〜一五年といわれてきたが、水と蒸気の混合物による浸食により、劣化がすすんでいたのだった。この配管は定期検査の対象になってはいなかった。

この事故が起きた五月二二日に、静岡県内各地の反原発の市民グループは「浜岡一号機とめようネットワーク」を設立した。このネットには、核のない社会をめざす浜松市民の会をはじめ、グループ原発はいらない（清水）、街と生活を考える市民センター（静岡）、ピコきゅうり（静岡）、今人倶楽部（御殿場）、浜岡原発に反対する住民の会、反原発ネットワーク（豊橋）など三〇を超える団体が参加した。参加者は事故の続く一号機を六月の定期点検後は二度と運転させないことをめざした。浜岡で原発建設がすすめられ、スリーマイル、チェルノブイリの事故を経るなかで、反原発の市民運動が連携し共同で行動をすすめるようになったのである。

六月初旬、中電が原発研修で女性職員を防護服姿で放射線管理区域（黄色エリア）に入れ、安全をアピールする動きが明らかになった。それに対し、名古屋の反原発きのこの会などが抗議行動に取り組み、七月末、中電は中止した。

七月九日には浜松市内で「ホピの予言」（宮田雪監督）上映会がもたれた。映画は、アメリカ先住民族の大地からウランを掘り出すことを問題にし、地球汚染を警告するものであり、精神性の高い作品である。八月一七日にはアメリカ先住民族の「大地といのちのランニング」が新居を出発して浜岡に到着し、現地で平和への祈りのセレモニーをおこなった。ホピの預言には「精神的な教えや信仰を無視し、自分の欲望のために生きとし生けるものを傷つけてきた人間は、大きな苦しみを受ける。地震、津波、旱魃などの災害、汚染、治療法のない病気、そして自ら引き起こした戦争によって、罰せられることになる。生き方を改めなければ、人類は滅びる」とある。母なる地球と共に生きようとする、祈りのドラムが浜岡に響いた。

▲…大地といのちのランニング

浜岡一号機とめようネットワークは、八月二八日に静岡市の青葉公園で「原発とめよう、いのちが大事」フェスティバルを開いた。この催しには一五〇〇人ほどが集まった。反原発の歌や紙芝居の後、参加者は「浜岡原発とめよう」「みんなでとめよう」とコールをしながら、市内を行進した。

とめようネットワークは九月七日に、名古屋の中電本社に四万五〇〇〇人分の署名を提出し交渉したが、中電は人数を六人に制限し、二月一日のデータ公開については「企業秘密」として拒否した。中電前には一〇〇人が集まり、その場で

▲…8・28静岡市での「原発とめよう、いのちが大事」フェスティバル

「原発とめよう中電包囲ネットワーク」結成の話がすすんだ。

核のない社会をめざす浜松市民の会の会員が中心になって「反原発ネットワーク静岡県西部」を設立し「西部地区原発とめよう『ねっとニュース』」を発行した。このニュースは核のない社会をめざす浜松市民の会の「遠州のからっ風」を引き継ぐ形で発行された。

このような動きのなか、元浜岡町長で農協組合長の鴨川義郎は、社会派作家と自称する人が『危険な話』と題して誤りだらけの本を出版し、原発に対する国民の不安感をあおりたてているが、ムラサキツユクサの話題も正しい理論ではなく、しばらくして立ち消えた。「デタラメはそのうち立ち消えていきます」と記した（「原子力発電所と私（四）」「静岡原子力だより」五八、一九八八年八月）。

10　一号機圧力容器水漏れ事故

一九八八年六月から一号機は定期点検に入っていたが、その点検の終了直前の九月一七日、一号機で圧力容器から水が漏れるという事故が起きた。圧力容器底にステンレス製のインコアモニタハウジング（中性子計測機収納管）が三〇本あるが、そのひとつの取り付け部分が応力腐食割れを起こし、炉心の水が漏れ出したのである。管は圧力容器の内側から溶接されている。圧力容器本体からの冷却水漏れは国内では初めてのことであり、インコアモニタハウジング内側にできた一三ミリの傷の特定ができたのは三か月近く経ってのことだった。圧力容器の内側には外側よりもさらに大きな傷があるとみられ、運転開始から一三年での老朽化現象であった。

沸騰水型原子炉は圧力容器の底から、中性子計測機収納管三〇本、制御棒案内管八九本が上に突き抜けるように据え付けられている。このように底に穴があり、そこに一一九本の管が溶接されて埋め込まれているという構造は、沸騰水型原子炉の弱点だった。この事故により一号機の廃炉を求める市民運動が高まった。市民グループが九月二〇日には浜岡原発へ、二一日には中電本社へと抗議行動をおこなった。中電本社での申し入れの際には「浜岡一号機はくたびれているのです、安楽死を」との声も出た。

一〇月三〇日には浜松市内で、事故続出の浜岡原発をテーマに小村浩夫（静岡大学）、荻野晃也（京都大学）を講師にシンポジウムがもたれた。年末には浜松で放射能汚染測定室の準備がすすめられ、八九年には浜松放射能汚染測定室が開設された。

一九八九年二月一二日、愛知県の大府市民ホールで原発を考える市民集会が開かれ、一二〇〇人の市民が参加した。主催は実行グループ・ハイロである。集会では広瀬隆、田中三彦が講演し、会場は一号機の廃炉にむけての熱気に包まれた。田中は事故をおこしたインコアモニタハウジングのステンレスは応力腐食割れをおこしやすいSUS三〇四とみられると指摘した。「日本で最初の廃炉は浜岡一号機」という思いとそれにむけての運動の新たなうねりを感じさせる集会だった。中電管内各地の営業所への要請も取り組まれた。

二月一五日の通産省での交渉で、材質がSUS三〇四であることが判明した。二月一六日には県資源エネルギー課との交渉、一七日には浜岡原発での交渉がもたれ、一七日には再度、県との交渉がもたれた。三月七日には、名古屋大の河田昌東が、アメリカのブランズウィック一号機での溶接部のひび割れから圧力容器本体のひび割れに至った事例を報告した。それは浜岡の将来を暗示するものだった。

▲…「一号炉廃炉」を求めるチラシ

浜岡町各戸に「一号炉廃炉」のチラシも配布された。一月には福島第一原発三号機で再循環ポンプが壊れ、金属片が原子炉内に流入するという事故が起きたため、福島でも廃炉の声が高まった。

11　葬っちゃおう！一号機、浜岡パレード

一九八九年三月二六日、原発とめよう中電包囲ネットワークの呼びかけで「葬っちゃおう！一号機、浜岡パレード」が浜岡でもたれた。この行動には、静岡をはじめ愛知、岐阜、三重、東京、福島などから三〇〇人が参加した。県原子力広報研修センターでの市民集会では、河田昌東らが問題点を示した。その後、浜岡町内広報センターから桜ヶ池を経て、浜岡原発まで歩き、浜岡原発前で一号機の葬式と献花をおこない、原発埋葬の歌を歌った。参加した市民は「こんな危険なものは子どもたちに残せない」、「大事故が起きれば苦労して築きあげてきたものが無くなる」と訴え、中電に廃炉を申し入れた。

▲…葬っちゃおう１号機行動

四月五日、原発とめよう中電包囲ネットワークと浜岡一号機とめようネットワークは資源エネルギー庁に対して、中部電力浜岡一号機事故に関する申し入れ書を出し、中電による応急修理の禁止を求めた。四月一九日には通産省交渉がもたれた。

しかし四月二四日、中電は亀裂の入ったステンレス管の内部に別のステンレス管を溶接し、管の隙間をふさぐという修理方法を発表した。中電は水漏れの原因を、圧力容器に管を溶接する際に熱量が高く、そのため管の粒子が細かくなり、高温水中での応力腐食割れにつながったとした。インコアモニタハウジングは三〇本あるが、他の管でも不具合が生じている可能性が高かった。

これに対し、圧力容器の設計にかかわった田中三彦は、「具体的に入熱量がどれだけあったのかを示さないと、一本だけが入熱量が多かったと言っても説得力がない。入熱量の記録は溶接マニュアルに残っているはず」とし、他の二九本での応力

腐食割れの可能性を指摘した。浜岡一号機とめようネットワークの渡辺春夫は亀裂を残したままの修理に疑問があるとし、京都大学原子炉実験所の川野真治は対症療法では今後も同様の事故が起きると語った（朝日新聞一九八九年四月二五日）。

浜岡一号機とめようネットワークは四月二四日、県資源エネルギー課に対して、県が中電と市民との話し合いの場を設定するよう要請した。とめようネットワークは浜岡での集会も企画し、五月一四日に浜岡町で広瀬隆講演会をもった（主催・広瀬隆さんをよぶ会）。集会には二五〇人が参加し、一二五キロ圏内からの参加は一六〇人、浜岡からは三〇人だった。

六月二四日には、原発とめよう中電包囲ネットワークと中電による初めての公開討論会が名古屋の中電健康保険会館でもたれた。包囲ネット側は田中三彦、河田昌東、藤田祐幸である。中電は検査の写真は提示せず、国の審査にパスしたとした。中電の発言に呼応して、動員された二五〇人の中電社員が拍手した。

12　原発問題住民運動静岡県センター

一九八九年五月一九日、原発問題住民運動静岡県センターが静岡市内で結成された。八七年一二月に原発問題住民運動全国センターが、原発・再処理施設等の立地反対、既成原発の安全規制と防災対策などを要求する住民運動の交流や運動の推進にむけて設立された。それを受けての静岡県でのセンターの結成だった。静岡県では結成に向けて、八八年一一月に安斎育郎、八九年二月に中島篤之助の講演会が取り組まれてきた。

結成総会の情勢分析では、八八年九月の浜岡一号機での水漏れ事故以後、八九年四月には運転を再開したことをあげ、原発推進政策の根本的転換をはかるとした。また、原発の廃棄を唯一の目的にした運動は多くの国民の声の結集を否定する「セクト的」なものであり、核兵器の緊急廃絶に触れないという問題があるとした。活動方針は、浜岡原発の危険から県民を守る運動をおこなうとし、浜岡での増設反対、危険な既設原発の総点検、永久停止を求めるとした。役員については、代表委員が自治労連、高教組、新日本婦人の会、勤労者医療協会、電力問題懇談会、共産党県議から出され、事務局は新婦人、共産党、全国センター代表委員は共産党がおこなうというものであった。

この会は、チェルノブイリ事故や浜岡一号機の事故などでさかんになった反原発運動を「セクト的」とし、浜岡原発の危険性を訴えることに重点をおいた。この動きのなかで浜岡では、浜岡原発の危険から住民を守る会（石原顕雄会長）が結成された。一一月一二日には全国センターと県センターの主催で浜岡原発一・二号機の運転永久停止を求める緊急集会（全国集会）を小笠町で開催した。

13　原発いらない人々

浜岡一号機は応急修理によって、一九八九年七月一四日に原子炉を起動し、八月には営業運転を再開することになった。中電本社や静岡支社では座り込みがおこなわれ、横断幕やドラミングで抗議の意思表示がなされた。

七月二日には、原発とめよう中電包囲ネットワークの呼びかけで、浜岡砂丘で市民集会「浜岡原発一号機をとめよう」がもたれ、二〇〇人が参加した。集会では、鈴木幹尚代表が運転再開に抗議し、名古屋大の河田昌東らが事故の原因や各地の反原発の動きを説明し、抗議のメッセージ風船一〇〇〇個を飛ばした。前日からは原発前での徹夜のピースドラミングがおこなわれた。集会参加者は原発入口で運転再開の動きに抗議したが、中電は入口を閉ざして対応した。そこで子どもを抱いた母親が涙ながらに訴え、東京から来た高校生がゆっくりとした口調で思いを語った。

七月二三日の参議院選挙に、浜岡原発とめようネットワークで活動していた浜松の渡辺春夫は「原発いらない人々」の比例代表区で、清水の色本幸代は、みどりといのちのネットワークの世話人として静岡区で立候補した。

渡辺は選挙を総括して、原発いらない人々への投票数は一六万一〇〇〇人であったが、三重県南島町では一九％、宮城県女川では一二・八％と反原発の運動のある地域では票数が出ていた。選挙では敗北したが、新しい全国的な結合をつくることができ、県内各地に反原発運動の組織をつくることができるようになったとした（西部地区原発とめよう「ねっとニュース」一二）。

中電は一号機を再起動させたが、今度は他の号機が事故を起こした。九月一九日には三号機の主蒸気隔離弁の一部がへこみ、弁が動かなくなった。中電は溶接と研削で一〇月中旬には運転を再開するとした。九月三〇日には、二号機の高圧注入系ポンプ内の羽根車に粘着テープが挟まり、振動を起こした。このテープは定期検査の際に労働者が落としたものであり、定期点検の終わりの段階の事故だった。中電は傷ついた部品を取り換えたが、起動試験中の二号機の原子炉を止めなかった。これらは、ともに安全装置での事故だった。

一〇月一二日、とめようネットは中電に対して事故の説明と抗議の申し入れをした。とめようネットが「点検修理は原子炉を止めておこなえ」というと、中電は「いちいち止めていたら運転はできない」と語った。

一九八九年の後半にも、反原発のさまざまな取り組みがおこなわれた。

九月一六日には浜岡町で「核分裂過程」の上映会がおこなわれた。この映画はドイツのヴァッカースドルフで核廃棄物再処理工場建設を阻止する状況を追ったドキュメンタリーである。一〇月一四日には「あしたが消える」上映会が託児グループ・あんふぁんて浜松の主催でおこなわれた。一一月四日には浜松で、生越忠を講師に「東海大地震と浜岡原発」をテーマに集会を持ち、翌五日には浜岡で集会を開いた。生越は、原発は地盤の硬い岬に建てられないで地盤の軟らかい砂地に建てられる運命にあると、原発立地の弱点を示した。一一月二三日には浜松で愚安亭遊佐による下北のひとり芝居「百年語り」公演がおこなわれた。公演には二五〇人の市民が参加した。

一二月二六日には、静岡県の消防防災課との初めての交渉がもたれた。県側は、防災対象を半径一〇キロメートルに限定する根拠は、国の専門家が検討したもので根拠は分からない。浜岡での被害予測については、被害の出るような事故はおきないと考えている。ヨウ素剤の配布は、国の専門家の判断で県がおこなう。東海地震の警戒宣言が出たら、電力需要をみながら出力低下などの措置をとると聞いている。住民の避難は道がたくさんあるから大丈夫と思うなどと答えた。用意した一九項目のうち、一二項目で時間切れとなった。

このような県の姿勢は、実際に原発事故があっても、県は国の指示によって動くだけであり、住民を保護するような独自の対応がとれないことを示すものだった。

14　祈・ハイロ行動

一九八九年一二月の一六日から一七日にかけて、伊那で中電包囲ネットワークの交流会がもたれ、浜松、三重、愛知、長野、岐阜など各地からの報告と今後の活動などが話し合われ、浜岡原発と東海地震の問題についての議論もなされた。

一九九〇年一月の浜松での新春交流会を経て、西部ネットのメンバーはつぎのように記す。生活を変え意識を変えなければ脱原発社会は実現しないというのは正しいが、「穴あき原子炉」浜岡一号機や「満身創痍」の福島第二の三号機は、意識が変わらないと止まらないということはない。全ての原発を廃止することと老朽化原発、欠陥原発の廃炉を求めることとは別のことであり、推進派は代替エネルギーを持ち出すことで住民の要求を封じ込める。賢明な選択によって「破局」を回避しながら、平和な「脱原発社会」を実現していくこと。それは、何とやりがいのある、楽しいお仕事、と（西部地区原発とめよう「ねっとニュース」一五）。

三月二日には、「祈・ハイロ行動」が取り組まれた。日本山妙法寺が三・一ビキニデー焼津集会の後に浜岡原発にむかって歩いた。名古屋の命と平和を祈る蓮の会、実行グループ・ハイロや西部ネットのメンバーは菊川からその行進に合流して浜岡まで歩き、町長への申し入れや原発ゲート前で行動をおこなった。

二月中旬から島田、藤枝、菊川で島田恵写真展「いのちと核燃と六ヶ所村」が開催され、三月三日と四日には浜松で開催された。

四月三〇日、中電は二号機の原子炉内圧力確認スイッチの誤作動を発表した。この圧力スイッチは原子炉建屋二階の制御盤に取り付けられているスイッチ四個のうちのひとつであり、二個一組で一系統とし、二系統の原子炉保護回路を形成している。スイッチは炉内が七〇気圧で正常であるときにはＯＮであるが、今回は異常がないにもかかわらずＯＦＦとなり、警報を鳴らすことになった。中電はスイッチを交換して対応した。スイッチは八八年一月に取り換えたばかりだった。

六月二八日の中電の株主総会では脱原発株主運動が取り組まれた。多くの事前質問を出し、浜岡一号機の廃炉など一〇の動議やチェルノブイリ救援金の設立などを入れた修正案をもって臨んだが、議論は打ち切られた。一九九〇年、「脱原発中電株主といっしょにやろう会」を結成し、以後毎年、株主総会に取り組んでいくことになった。株主総会での事前質問に中電が答えなかったため、「中部電力と共に脱原発をめざす会」として中電静岡支店に話し合いを求め、七月二四日に第一回目の場を持った。

一九九〇年、アメリカの原子力規制委員会は「過酷事故のリスク　五つの米国原子力発電所についての評価」を示し、そこで、メルトダウンした場合、格納容器が水蒸気爆発や炉心溶融物との接触により破壊され、接続パイプから放射能の大量放出がありえるとし、とくにBWR型の炉はPWR型の炉に比べて格納容器容積が一〇分の一であり、破損の確立が高いことを指摘した。その指摘からベント装置がつけられることになったが、事故の危険性が無くなったわけではない。地震による電源喪失や配管破断の可能性はあり、過酷事故は防ぎきれない。

チェルノブイリ事故と浜岡原発での事故によって反原発の市民運動が高まるなかで、静岡市在住の漫画家ごとう和は『六番目の虹』で原発事故を描いた。ごとう和は「今のうちに一所懸命やっておかないと悔いが残る」「運動はその人なりのスタイルでやるしかない。他人におしつけることはできません」と語った（「反原発新聞」一六三号、一九九一年一〇月）。

▲…浜岡でのネクスト・ストップ・キエフとの交流会

15 チェルノブイリ救援基金・浜松の設立

チェルノブイリ救援基金・浜松が一九九〇年五月一二日に設立された。この間、反原発をすすめてきた浜松放射能測定室（中村美智子代表）や西部地域反原発ネットワーク（柴田天津雄代表）の会員が中心になっての設立だった。チェルノブイリ救援基金・浜松で集めた資金はチェルノブイリ救援中部に送られ、現地での支援運動に利用された。

浜松放射能測定室では一九八八年一二月以来、放射能の測定をおこなってきた。一九九〇年五月には浜松市内で購入した培養土（ピートモス）で、オランダ産で一キログラムあたり二〇三ベクレル、フィンランド産で一八六ベクレルのセシウム一三四とセシウム一三七を測定した。

八月一二日にはウクライナのキエフで反原発運動をおこなっているネクスト・ストップ・キエフのメンバー八人との交流会が浜松でもたれ、五〇人が参加した。メンバーは広島から京都を経て浜松入りし、半数は静岡で

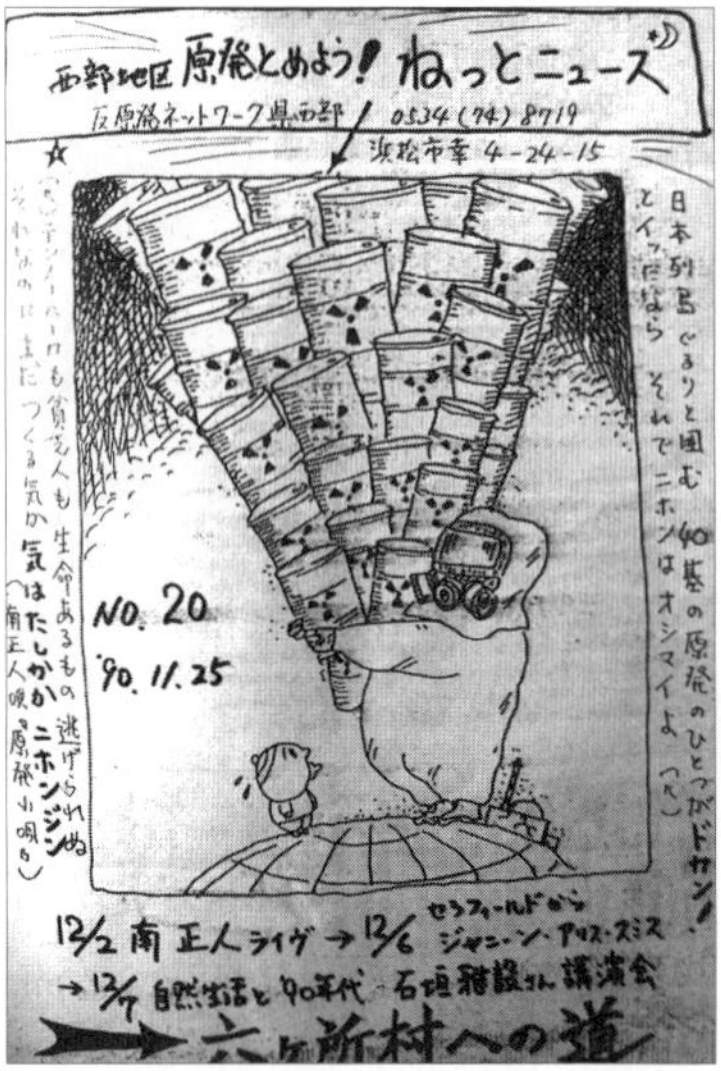

▲…西部地区原発とめよう「ねっとニュース」20号

交流会を持ち、白血病や甲状腺の病気に苦しむ被曝地の様子を伝えた。ネクスト・ストップ・キエフのメンバーは八月一二日に浜岡原発を訪れ、浜岡原発の原子力館を見た後、桜ケ池の社務所で小笠・掛川の市民グループと交流会をもった。

チェルノブイリ救援中部は集まった資金で救援物資を購入し、現地に運んだ。八月二一日から九月三日にかけてウクライナのジトミール州とキエフ州に救援物資を運び、被曝地や病院を訪問した。浜松からは渡辺春夫、名古屋からは坂東弘美が参加した。輸送した救援物資は、放射線測定器、ファックス、注射器、ブドウ糖、スキンミルクなどである。現地の新聞社・ジトミールスキー・ビスニーク社が窓口となり、外務省の支援も受けた。

九月一八日には浜松で帰国報告会がもたれ、渡辺春夫が現地の汚染の状態と声を伝えた。スライドで渡辺は、子ども二人が脳腫瘍と白血病になった母親の姿など示し、放射能汚染による現地の深刻な健康被害を示した。渡辺はウクライナ訪問の記事で、救援団体自らによる情報獲得と救援団体同士の率直な意見交換の大切さを記した（西部地区原発とめよう「ねっとニュース」一九）。渡辺と坂東は九月から一一月にかけて東海地区の二〇数か所での報告集会に参加した。翌年の九一年三月一〇日には浜岡町で「チェルノブイリ被災地に立って」と題して報告集会を開いた。

一九九〇年九月三〇日には浜松の鴨江観音境内でチェルノブイリ救援フリーバザール・コンサートが計画されたが、台風と重なった。一〇月二八日にはチェルノブイリ救援フリーバザール・コンサートが中田島海浜公園・風紋広場でもたれた。有機野菜、リサイクル品、陶芸や手書きTシャツなど三〇余の出店があり、盛況だった。翌年もバザール・コンサートが開催された。

チェルノブイリ救援基金浜松（高井信行代表）は、一九九一年六月五日から九日にかけて「一〇七通の手紙と子どもたちの絵画展」をおこなった。汚染地区に三五〇万人が住み、さまざまな健康被害がおきているが、その状況を子どもたちの表現から受け止める企画だった。来場者は七三五人に及んだ。チェルノブイリ救援基金浜松は一〇月に市民カンパを呼びかけた。また、九一年一一月一七日には浜松でチェルノブイリ救援中部の代表である坂東弘美の講演会を持った。さらに九二年七月三日から五日にかけて浜松で広河隆一「チェルノブイリと核の大地」の写真展、同年八月二二日から二四日にかけては豊崎博光写真展「世界の核被害」を開催した。

チェルノブイリ救援・中部は、現地から証言者を招いて愛知、岐阜、静岡などを巡回して講演会をおこなった。そこで講演した人々は、ジャーナリストのヴァレリー・ネチポレンコと医師のアルチュフ・ヴラジミーロブナ（九一年）、消防士のアントニューク・オレクサンドロヴィッチとオチュカノフ・スファノヴィッチ（九三年）、『チェルノブイリ内部資料』を出版したウクライナのリュボフィ・コヴァレフスカヤ（九六年）、消防士のオレグ・トビャンスキー（九八年）などである。また、河田昌東らはジトミール現地への訪問を繰り返し、現地調査と除染の活動などに取り組んだ。

16　セラフィールドからの報告

一九九〇年五月一二日に浜松で、一三日には島田で、鈴木真奈美が英仏の再処理工場の報告をおこなった。

報告内容は、セラフィールド（旧称ウィンズケール）周辺では小児白血病が一〇倍、工場へと運びこまれる核燃料の四割は日本からのもの、日本からの死の灰はプールに沈められているが、容器が劣化し放射能で水が汚染されている、その水は「濾過」されてアイリッシュ海に流されるが、この放出水がアイリッシュ海の主な汚染源である。流出水にはプルトニウムも含まれる。イギリス核燃料公社は日本円を最も獲得する企業であるというものだった。

この報告を聞いて、参加者は浜岡からの死の灰が子どもたちを「殺している」という現実を再認識した。鈴木真奈美は一九九三年に『プルトニウム＝不良債権』を出版した。

五月三〇日、浜岡二号機の使用済み核燃料七〇体が五基の輸送容器に入れられ、パシフィックスワン号に載せられてセラフィールドに向かった。使用済み核燃料の搬出は今回で二九回目にあたる。浜岡原発とめようネットワークの会員七人は二〇〇人の警備のなか、「死の灰を送るな」と書かれた横断幕を広げて抗議した。鈴木恵子は「セラフィールドで子どもの白血病が増加していると指摘されるが、日本の原発から出たゴミが海外での汚染源になっている」と語った（朝日新聞一九九〇年五月三一日）。

浜松では、一二月六日にセラフィールド近くに住むジャニン・アリス・スミスを迎えて交流会がもたれた。

17 燃料集合体からの放射性物質漏れ

一九九〇年一〇月九日、中電は一号機で燃料集合体の一部から放射性物質が漏れていたことを明らかにした。これに対し、事態を重くみた静岡県は徹底的な原因究明、不健全な燃料集合体の使用停止などを求める要請書を出した。

一号機では、三月三〇日に炉水内のヨウ素濃度が上昇したが、中電は「炉水のヨウ素濃度上昇は軽微な故障にもあたらない」とし、そのまま運転した。六月の定期検査によって停止した後の調査で、三六八本の燃料集合体の内、五体の燃料集合体から放射性物質がもれていたことがわかった。これらは一九八六年の第八回定期点検で入れられたものだった。別に燃料棒の被覆管の表面を調査したところ、一九四体のうち七八体で表面に水アカが付き、被覆の一部がはがれていた。中電は燃料棒のどこかにピンホールのような穴があるとした。

三月三〇日には放射能漏れ事故が起きていたが、中電はそれを隠して運転を続けたのであり、六月一七日に定期検査のために原子炉を止め、一〇月九日に報道発表した。中電は数か月にわたり、放射性物質を放出していたのである。

一九八四年には二号機の一体から同様の放射能漏れ事故が起きていた。

一〇月一一日、中電包囲ネットワークの会員が浜岡原子力館で中電を追及した。その時の中電の説明では、一次冷却水のヨウ素一三一の濃度が一〇倍となり、六月の定期点検まで上下を繰り返し、六月頃には最大二〇〇倍にまで上がったが、運転基準の制限値（七・七×10^3ベクレル・グラム）なので、定期検査まで運転を続けた。定期検査で放射能漏れと被覆管のはがれが見つかった。定期検査中の六月から八月までに煙突から大気中に総量三・七×10^9ベクレル以上のヨウ素一三一が放出された。事故は三月に通産省、静岡県には六月二一日に口頭で、周辺町には八月一五日の定期報告で伝えたとした。

浜岡一号を考える会・名古屋は「はいろ通信」を出し、大気中への放射能漏れ事故を重視し、一号機の廃炉を求めた。

一一月一六日には県と浜岡町による六年ぶりの原子力防災訓練がおこなわれ、五〇〇人が参加した。訓練は、浜岡原発三号機で事故があり、希ガスとヨウ素が漏れ、佐倉地区の汚染は三週間続くという設定だった。比木の防災センターに避難した佐倉地区の住民一〇〇人に、専門家が放出された希ガスはコンクリートの家のなかにいれば大丈夫、放射性ヨウ素はヨウ素剤を飲めば危険はないと語った。訓練のなかで、このような事故は日本では起こらないと何度も言われた。それは「原発を動かすための訓練」のようだった（西部地区原発とめよう「ねっとニュース」二〇）。

一九九一年二月九日、美浜原発二号機で蒸気発生細管が破断し、一次系の高温高圧の水約二〇トンが二次系に流出し、ECCSが作動するという事故が起きた。事故で初めてECCSが作動したのだった。しかもECCSが役に立たず、炉内が空焚きになったことが、その後、明らかにされた。三月一六日、チェルノブイリ救援基金浜松は渡辺春夫を講師に原発と美浜事故の学習会をもった。

四月四日、浜岡三号機が炉内の水位が低下したために緊急自動停止した。圧力容器に一次冷却水を送る給水ポンプ二台のうち一台に流量を下げるようにという誤った信号が出され、給水量が減少したためという。通常よりも一〇〇センチ水位が低下しての停止だった。

三号機は定期点検の予定を一週間繰り上げて、そのまま検査に入った。一号機は燃料棒からの放射能漏れにより停止中、二号機は定期点検明けのため調整運転中であり、四月八日から送電を始めた。五日間だけであるが、浜岡原発からの送電が止まった。

三月一一日、四号機の圧力容器が搬入された。市民グループは横断幕を掲げて抗議をおこなった。四月六日、日本共産党浜岡支部の石原顕雄元町議は一・二号機の永久停止と三号機の運転再開と四号機建設の中止などを町長に要請し、四月八日には石原元町議、平松大須賀町議らが原子力館で三号機の事故について追及した。石原元町議はアンケートをもとに住民の絶対多数が不安に思っていると批判したが、中電は報道発表文と同様の説明をするだけだった。

四月二五日、中電は一号機での放射能漏れの原因と処置を発表した。そこでは原因を、被覆管の製造過程で腐食しやすい性質があった（八七年以降は改良）。一時冷却水のナトリウムイオン濃度が高く、一九八六年と八九年の定期検査明け起動時に硫酸イオンとみられる導電率の上昇があった。中電は、改良前の燃料一三六本はすべて交換し、浄化用の復水脱塩装置のイオン交換樹脂を取り換え、ナトリウムイオンの流出を防止するとした。中電は四月に「浜岡原子力発電所一号機燃料集合体の損傷について」という報告書を町に渡した。しかし、この報告書は「取扱注意」とされ、市民には明らかにされなかった。

中部電力が四月に出した『浜岡原子力発電所一号機燃料集合体のトラブルについて』には、被覆がはく離しさらに漏えいに至ったと記されている。しかし、冷却水でのヨウ素濃度の上昇については記されず、環境中での放射能レベルの上昇はなかったとされた。

五月二日にとめようネットが浜岡に出向き、水質や材質について質問しても、中電はデータを示さなかった。とめようネットは、この事故の原因には一九八八年の再循環ポンプ停止事故による局部的な燃料への異常な熱影響があるのではと推定した。しかし、中電は一号機の燃料棒などを交換して運転を始めた。四月に停止した三号機も電子部品を交換して、七月に運転を再開した。

18　核燃料輸送反対行動

一九九一年六月三〇日、浜松で「核燃料サイクルを断ち切れ！プルトニウム社会の入口に立って」をテーマに集会がもたれ、小木曽茂子（新潟）、坂口信夫（神奈川）が問題提起した。八月に青森県六ヶ所村で開かれた反核燃の夏まつりには二〇〇〇人が参加、浜松の反原発ネットからも参加した。一一月二二日には浜松の大昌寺で、「いのちの祭り・六ヶ所村」を担った南正人のコンサートがもたれた。南正人はギターを弾きながら、無関心こそが今一番怖い、学び続けていく強いやさしさを、俺に魔法をかけてるものをひとつずつ見つけて消してゆくと、歌った。

一〇月八日深夜、東京の大井埠頭から青森の六ヶ所村へと核燃料が輸送された。静岡の市民もこの輸送車の監視行動に取りくんだ。一一月七日、浜松の市民は大井埠頭から人形峠にむかってすすむ核燃料輸送隊を静岡県の浜名湖サービスエリアで監視した（西部地区原発とめよう「ねっとニュース」二五）。

一九九二年二月八日から九日にかけて東海村で第一三回核燃料輸送反対全国交流集会がもたれ、全国一〇都県から参加した。集会では福井県敦賀市の高速増殖炉「もんじゅ」へのプルトニウム輸送が始まるなかで、輸送車を追跡し、輸送ルートで共同して反対キャラバンをおこなうことなどを決めた。プルトニウム・ウラン混合燃料（MOX燃料）は常磐から、首都高速、東名、名神、北陸の自動車道を経由して陸送されるが、大量のプルトニウム輸送は今回がはじめてとなる。この監視行動に、静岡県からは街と生活を考える市民センター（静岡）、浜岡原発に反対する住民の会、反原発ネットワーク静岡県西部（浜松）などが参加した。

四月には「もんじゅ」核燃料反対！プルトニウムキャラバンが取り組まれ、四月二四日には静岡県庁での交渉を予定した。四月二六日、浜松市で「街にプルトニウムを走らせるな！市民集会」がもたれ、三〇人が参加した。集会ではキャラバン隊の報告と小村浩夫の講演があり、ウランからプルトニウムを作り出そうとする動きやプルトニウムの危険性が示された。

このような動きのなかで、科学技術庁は四月一八日、関係自治体や電力会社に使用済み核燃料の事前情報の公表を停止した。しかし、住民グループは輸送を監視し、五月一二日には横須賀から柏崎刈羽にむかう輸送車に対して抗議行動を展開した。横須賀から島根原発にむけて輸送された核燃料を、五月一八日にとめようネットワークが浜名湖サービスエリアで測定したところ、自然界の一〇倍以上の放射線量だった。五月二一日、とめようネットワークの静岡・島田・掛川・榛原・引佐などの一〇人が浜岡原発に行き、輸送情報の規制に抗議した。

七月六日の午後、もんじゅの核燃料二四体が四台の日立物流の大型トラックに載せられて東海村を出発した。今回を含め一〇回の輸送が計画され、輸送されるプルトニウムの総量は一・四トンに及ぶ。輸送トラックは午後九時一〇分には富士川サービスエリア、一一時二〇分には浜名湖サービスエリアを通過したが、静岡県や沿線自治体には事前連絡がなかった。県西部ネットなどは富士川、浜名湖などで監視行動をおこなった。浜名湖サービスエリアではプルトニウム輸送反対の横断幕を出して抗議した。放射線を測定すると測定器のブザーが鳴り響いた。換算すると年間許容量の一五倍にあたる放射線だった。

中電は六月二六日の株主総会で、一九九〇年に浜岡二号機で再循環ポンプの軸にひび割れが見つかり、軸を交換していたことを明らかにした。この株主総会で「脱原発中電株主といっしょにやろう会」は一〇〇ほどの事前質問を出したが、それにより、このひび割れ事故が明らかにされたのだった。この年の総会で会としての株主提案権を獲得した。とめようネットはこの浜岡二号機の再循環ポンプ軸のひび割れは、重大な事故につながるものとし、中電に交渉を申し入れた。七月九日に中電は浜岡で説明し、定期点検時に一号機と二号機で再循環ポンプの軸を計七軸交換したことを示した。

一九九二年末には六ヶ所村に低レベル廃棄物埋設センターが完成し、浜岡原発の固化ドラム缶詰めの低レベル廃棄物が運ばれることになった。ここにはドラム缶二〇万本が貯蔵できるとされ、専用運搬船の青栄丸で輸送されるが、八月にその運搬船が公開された。この時点で、浜岡原発の固体廃棄物貯蔵庫に貯蔵されているドラム缶は三万一〇〇〇本に達していた。

一九九三年三月には浜岡原発から六ヶ所へと放射性廃棄物が搬出された。中電包囲ネットワークは三月七日に御前崎港から原発までのランニングや仮装デモで反対をアピールし、八日の搬出日には原発ゲート前で幕をひろげて抗議した。抗議した市民は手足を持たれて排除され、抗議の軽トラックはレッカー移動させられた。二日間で一九二〇本のドラム缶が輸送された。浜岡と六ヶ所で放射線の測定がおこなわれたが、高い数値が測定された。搬出の翌日、中電は年に二回ずつ搬出すると新聞発表した。抗議に参加した鈴木恵子は、私たちの使った電気のゴミを六ヶ所に送っていいのか、運転手、警察官、運ぶなと訴える私たちを被曝させ、さらに六ヶ所が汚染されてゆく。こんなことはもうやめてほしいと記した。

このようなかたちで核燃料や核廃棄物の輸送に反対する行動がとられた。

一九九〇年代になると原発の老朽化にともなう事故が起きるようになるが、一九九二年、原子力安全委員会の作業部会は、電力会社に対して原発が長時間、全交流電源喪失に陥った場合の対策を不要とする根拠を考えるように指示した。その結果、作業部会の報告書には東京電力の作成した文章が入れられた。全交流電源喪失対策は見送られ、安全宣伝がなされたのである。

19　嶋橋原発労災認定と中電の責任

中電浜岡原発の孫請け労働者だった嶋橋伸之は一九九一年一〇月に慢性骨髄性白血病で亡くなった。一九九三年五月、両親は労働災害を申請し、一九九四年七月に労働省と磐田労働基準監督署は労災申請を認める通知を両親に送った。労災申請とその認定に至るまでの経過をみてみよう。

嶋橋伸之は神奈川県の横須賀の工業高校を卒業後、横浜の建設会社に就職し、そこから中電の孫請け社員として浜岡原子力発電所に派遣された。中部電力の保守点検は中部火力工事が元請けとなり、その下請けに中部プラントサービスがあり、その下に協立プラントコンストラクトがある。そこに伸之は入ったのだった。原発での仕事は定期点検の際に原子炉の下に入り、中性子の密度を計測する機器の取り外しや交換などをおこなうというものだった。仕事を覚えて作業主任になったが、放射線管理手帳からは、八年一〇か月ほどの期間で少なくとも五〇・六三ミリシーベルトの放射線を浴びたことがわかる。

両親は浜岡に引っ越し、息子の伸之と共に暮らし始めたが、伸之は二か月ほどして全身のだるさを訴えた。浜岡病院の紹介により浜松医大付属病院で検査したところ、慢性骨髄性白血病と診断された。会社の健康診断では、白血病の診断が出る一年半前に白血球の数値が高くなっていたが、「異常なし」とされ、体調の不良を訴えながら働いた。

伸之は年休をとって、浜松に一年間通院した。両親は労災申請を希望したが、会社は本人に病名がわかってしまうとし、治療費の全額を負担した。一九九〇年一〇月に入院し、九一年一〇月に亡くなった。二九歳だった。

亡くなって二か月後に会社と覚書を結んだが、それは労災の補償額に見合う三〇〇〇万円の弔慰金を会社が支払い、それにより問題がすべて解決したことを確認するというものだった。労災で二七〇〇万円、それに三〇〇万円を足すから労災申請はしないでほしいということだった。不審に思った母親は調査をはじめ、平井憲夫や藤田祐幸と出会い、放射線管理手帳の存在を知る。その手帳が放射線従事者中央登録センターにあることがわかり、取り寄せた。

返還された放射線管理手帳には亡くなった日の翌日付で七か所の訂正が加えられ、被曝線量が書き改められていた。訂正箇所は三〇か所以上あった。高熱で苦しんでいたときに浜岡で安全教育を受けたことにもなっていた。半年後に返ってきた遺品には研修ノートや作業日誌があり、そこに労働内容も記されていた。

会社や中電への不信感は増幅し、両親は労災申請をおこなった。両親は市民団体や労働組合などに訴えた。多くの支援が寄せられ、署名は四〇万人分が集まった。

この労災申請によって、労働省は原発内への立ち入り検査をおこない、病気と仕事との間に因果関係があるとした。両親は労災認定後、中電に謝罪を求めた。しかし、中部電力は、被曝線量は法定限度に達していないから、病気との因果関係は認められず、会社に責任はないとした。原子炉等規制法での年間五〇ミリシーベルト以下の被曝線量の基準の枠内というのである。中電の広報担当は、浜岡原発では一九九三年度末までに約八万五〇〇〇人が働いているが、白血病で亡くなったのは嶋橋だけであり、白血病の自然発生率よりも低いとした。中電はその責任をとろうとはしなかった。

中電は、労災基準の被曝線量は法令での線量の一〇分の一である年間五ミリシーベルトだが、これは労働者救済の目安であり、法令での限度とは異なるものとした。

NHKは一九九三年六月二〇日に放映予定のナビゲーション九三「ふたつの基準値・検証・原発内被曝の危険性」の取材に入った。その際中電は、九二年九月に放映された「中部ナウ　原発労働者」に対し中電が抗議したが、その説明がないとし、取材前に説明することを求めた。

一九八二年にロボット導入のための電波伝播実験で浜岡原発に入り、一九八五年に急性リンパ性白血病となり、一九八七年に死亡した青年もいた（『白い灰』）。

一九九三年度の浜岡一号機の定期検査では、再循環器系配管の交換工事がおこなわれ、通常の点検よりも労働者の被曝線量が増加した。最大の被曝量は二四・九ミリシーベルトとされているが、被曝はその後の健康に影響を与えた。

浜岡に原発ができ、地域は大きく変わった。中電の寄付金や固定資産税、国からの交付金などが入り、行財政が原発に左右されるようになった。プールや体育館も行政への原発からの金で新しくなる。旅館やスナックを経営するなど人々の就労形態が変わり、金銭意識も以前とは異なるようになる。原発立地にともない下請けの労働者や外国籍の労働者が来るようになり、飲食店が一五〇号線に沿ってできた。人身売買された東南アジアの女性が救出を求める事件も起きた。

親の就労形態の変化や急激な人口増は子どもの生活感覚を変えた。中学の学級数は増え、学校生活にあわない子どもたちが集団化し、荒んだ状態が続くことになった。町の教育委員会は中電の案内で原発研修をおこなった。国は原発立地をすすめて交付金を出し、中電は寄付金などで町の行財政に影響力を持った。

浅根の山林を壊して原発が作られたが、そのような形で地域が変貌していくことに疑念をもつ人々がいた。海から浜へと風が吹き抜け、風紋をつくる。そのような浜岡の砂丘に立ち、浅根の自然豊かな風景を思い起こしながら、地域の再生を願う人々もいた。人々は、中電の金の力に負けたくはない、浜岡の原発を止めたい、浜岡から原発を無くしたいと連帯して行動をはじめていく。その動きは兵庫県南部地震の経験と五号機増設問題をきっかけに表面化した。

III

老朽化・原発震災問題に抗する反原発運動の形成

ここでは、原発の老朽化と原発震災の危機のなかでの反原発運動の動きについてみていく。

第五章では、兵庫県南部地震後の浜岡五号機の増設に対して、浜岡現地で浜岡町原発問題を考える会が結成されるなど、五号機増設に反対する運動が形成された経過をみていく。

第六章では、そのような新しい運動を経て、静岡県内の反原発グループが横断して浜岡原発を考える静岡ネットワークを結成した経過、大地震と原発の危険性についての問題提起、議員会館での原発震災についての学習会の開催などについてみていく。

第七章では、浜岡一号機の配管爆発事故や圧力容器からの水漏れ事故などの老朽化事故を経て東海地震の危険性から浜岡原発運転差止仮処分申請をおこなった経過について記す。

第八章では、この仮処分申請に本訴が加えられた経過とその裁判での攻防について記す。また、中電による浜岡でのプルサーマル実施の動き、チェルノブイリ二〇年、耐震設計審査基準の改定などの動きについてみていく。

第五章……五号機増設と浜岡町原発問題を考える会の結成

1　五号機増設と原発経済

一九九二年一二月二二日、中部電力の社長が「地元から話があれば喜んでお願いしたい」という言い回しで浜岡での五号機増設に言及した。一九九三年二月には静岡県の担当部課に中電から増設にむけての話が出され、三月三日には本間義明町長が町議会で「申し出があれば真剣に対処したい」と発言、三月中旬には自民党県連幹部に中電から五号機に関する勉強会開催の依頼がきた。四月八日には、中電は記者会見で、敷地内で可能かどうか技術的に検討していると公表し、四月二〇日には中電が県庁を訪問し、五号機建設の意向を伝えた。

中電は一九九三年九月での四号機の運転開始を予定していたが、その前に五号機増設の意向を示したのだった。四号機も沸騰水型原子炉であり、三号機と同型ではあるが、タービンの効率をたかめて、一一三万七〇〇〇キロワットの出力となった。総工事費は三七九〇億円であり、運転は九月からはじまった。浜岡では計四基で三六一万七〇〇〇キロワットの出力となる。

四号機の落成パーティで本間町長は、原発が雇用確保や福祉向上に役立ち、地域を後進性から脱却させる助けとなったと述べ、原発以外の新たな財源確保が緊急の課題であると話した。五号機は町にとって新たな財源であった。

浜岡町には一九七五年から九〇年代初めまでに、国から総額一一八億二〇〇〇万円の電源三法交付金が交付された。

一九九一年度の町の歳入決算額一〇七億円のうち、中電の固定資産税四四億円をはじめ中電からの協力金など、歳入の多くが中電からの金となる。

原発からの資金によって総合運動場、図書館、病院を新設し、小中学校を建て替えた。さらに、温水プールと下水道の建設を計画した。しかし、建設して七年目の町立病院の赤字は三億円を超え、一日の赤字が一〇〇万円という経営状況だった。図書館は一〇億円以上をかけて建設されたが、運営費は九四年度で一億八〇〇〇万円に及んだ。

一九九四年度には四号機が稼働し、中電からの固定資産税七四億円が入った。これは町の一般会計歳入一三一億円の五七％を占めた。九五年度には固定資産税が六八億円、電源三法の交付金が二億八〇〇〇万円であり、町の歳入の五四％となる。しかし固定資産税は年々減少していく。

原発で働く労働者が浜岡町内で使用する金で飲食店や宿泊施設などが潤い、町内の商業販売額は立地以前の六倍を超える三四〇億円に達した。しかし、四号機建設が終わると、労働者が減り、原発景気も終わる。

そこで「原発をつくらなければ、町はもたない」と五号機増設の話がすすめられたわけである。一九九三年八月に浜岡町の飲食店組合は五号機建設の早期決断を町に要請した。原発の金が人々の生活に入り込み、その金が覚せい剤のように財政と精神を侵し、新たな原子炉建設を求めるようになる。地域での原発単一経済がすすんでいった。

一九九三年一二月一三日、中部電力は浜岡町と関係漁協に五号機の増設を正式に申し入れた。社長が「地元から話があれば喜んで」と増設を語ってから、一年後のことだった。

五号機は改良型の沸騰水型軽水炉ＡＢＷＲであり、出力は一三五万キロワット、九八年に着工し、二〇〇三年での運転をめざすというものである。それにより浜岡は四九六万七〇〇〇キロワット、つまり五〇〇万キロワット近い出力の原発基地となる。

その後にもたれた一九九四年一〇月一五日の浜岡五号機の環境影響調査説明会では、中電が三七五人分の第一会場と四〇人分の第二会場を用意した。第一会場は関連会社や中電社員など動員された人々で埋められた。反対する市民は、第一会場は地元優先で一杯であるという理由で第二会場に誘導された。中電は説明会で、作られてよかったといわれるような五号機を建設したいと語った。第一会場では指名された者だけが質問し、環境影響評価の報告書には放射能について記されていなかった。

このような動きに対して佐倉地区では、四号機までと聞いている、地元に事前の話のない増設であると批判する声が出るようになった。

中電は一九九三年、芦浜での原発設置にむけて古和浦漁協に経営安定の名目で二億五〇〇〇万円を振り込んだ。さらに二億円を資金として提供した。中電はこのように金を使って推進の動きをつくろうとした。のちに名古屋国税局は中電の所得隠しを追及するようになる。

2　阪神淡路大震災と佐倉地区の不同意

中電の正式な建設申し入れから一年を経た一九九四年一二月、町長は定例町議会で五号機について中電との話し合いのテーブルにつきたいと発言した。しかし、一九九五年一月一七日、兵庫県南部地震によって多くの構造物が倒壊した（阪神淡路大震災）。このマグニチュード七・二の震災をきっかけに、地震の時に原発は大丈夫なのか、事故があれば浜岡はどうなるのかという危機意識が生まれた。一月下旬から浜岡町は五号機増設にむけて佐倉地区を巡回していくが、兵庫県南部地震により神戸ががれきの山となり、火事によって人びとが焼かれていく映像が流されたときのことだった。佐倉での不信感はいっそう強まり、五号機増設に反対の声が公然と示されるようになった。

二月、佐倉地区四か所で住民懇談会がもたれた。その会場では、阪神大震災で原発計画が凍結された地域もある、四号機までで終わりという話だった、五号機には同意できないといった声があがり、町長ら幹部に詰め寄ることもあった。佐倉では、中電はこの敷地では四号で精一杯といってきたが、増設はわれわれを騙してきたことになるという反発が強かったのである。

三月、佐倉地区対策協議会（清水一男会長）の役員一〇人が町長室を訪れ、現状では増設には同意できないとする意見書を提出した。佐倉から選出された町議には、かつて反対共闘会議で活動した榑林靖男もいた。これに対し町長は、不同意は反対ではないと言葉を使い分けたが、増設に慎重な姿勢を示さざるをえなかった。

一九七三年の二号機と七八年の三号機増設に際して佐対協は町と二回の確認書を結んでいた。三号機の際の確認書の内容は、三号機増設には佐対協の了承を前提とし、発電所から生まれる諸問題は佐対協の要求に基づいて解決するというものだった。この確認書をふまえれば、佐対協の「五号機増設不同意」により、五号機の増設はできないということになる。

兵庫県南部地震を経るなかで出された佐対協の「五号機増設不同意」は五号機増設の動きを一時止めることになった。この不同意により、増設をめぐる攻防は翌年に持ち越された。この年に中電が佐倉地区に出した地区協力金は一億円を超えた。これらは下水道宅地内工事費などに使われ、一戸当たり一〇万円ほどになる。

中電は増設をねらっていたが、既設の号機はさまざまな事故をおこした。

一号機では一九九四年一二月に燃料集合体からの放射性物質の漏えい事故が起きていたが、中電は核燃料に微小な穴があいたと発表した。一九九五年四月の調査で、核燃料の一部に長さ〇・五ミリの亀裂が入っていることがわかった。核燃料は燃料プールに移されたが、核燃料からは放射性物質が漏れ続けた。この亀裂について中電が明らかにしたのは、福島原発震災後の二〇一二年一一月である。一八年後の真相の暴露だった。この核燃料棒の破損によって放射性物質が環境中に放出されていた。二〇一三年一月になって中電はこの燃料棒の別の箇所にも三ミリ程度の傷があると公表した。

一九九五年一一月二七日、三号機タービン建屋でビニールシートを焼く火災が起きた。一二月四日には再び一号機で冷却装置に異常が見つかり、運転を停止した。定期点検を終えて調整運転中のできごとだった。一九九六年一月二〇日夜には、三号機のタービン建屋地下室で低レベル放射性廃棄物を詰めたビニール袋から出火するというボヤがあった。

一九九六年になり、国土庁は原発事故を想定して、防災対策を立てることになった。それまでは、安全であり、大規模事故は起きないという想定であったが、原子力災害が起きることを前提として防災計画を立てる方向へと転換したのである。

3 浜岡町原発問題を考える会の結成

佐倉地区の不同意の動きに対して、中電は五号機増設にむけて巻き返しをねらう。一九九五年一〇月には香川県多度津の耐震試験場へと浜岡町民を案内し、安全性を宣伝した。しかし、一九九六年一月一日、佐対協は「原発五号機増設について」という文書を出して、地元の理解と納得がなければ不同意は変わらないとする見解を示した。

これに対して、町と中電は五号機の建設に同意する動きを町内で強めた。一月末には、町長が町内での電源立地推進協議会で中電と交渉のテーブルにつきたいと発言した。この動きに対し、二月六日、浜岡原発とめようネットワークの鈴木幹尚代表ら一五人が浜岡町を訪れ、町長に申し入れ書と公開質問状を出し、安全対策や地震対策などについて回答を求めた。

佐倉で原発反対の気持ちを持つ人びとは自ら立ち上がる意思を固めていった。二月、浜岡町佐倉を拠点に浜岡町原発問題を考える会（伊藤実代表）の結成がすすめられた。浜岡町原発問題を考える会は、講演会開催、署名集め、立て看板設置、要請などの活動をおこない、五号機の増設に反対していった。結成後の三月に開催された藤田祐幸講演会には一二〇人が参加した。

代表の伊藤実は「浜岡原発の総責任者である総合事務所長は三〜四年で中電本社に戻り、取締役副社長等に居座る。彼らは放射能廃棄物問題を始め、内在する原発の危険性を充分承知しながら、国策の名の下にこの地に原発を押し付け、自己保身だけを考える無責任な集団である。原子力産業を支える企業、学者、政治家は己が利益を追求するだけでなく、差別を受ける労働者、原発の危険と背中合わせに生きる私たち現地住民の苦悩を知ってほしい」と語る。伊藤眞砂子は阪神大震災を経て、これ以上原発は作らせてはいけないと思い、町外のグループや人物と交流し、真実を知ったという。その胸奥には、中学生の時に浜岡の浅根山からみた美しい風景の思い出があった（『浜岡原発の危険　現地住民の訴え』）。柳沢静雄は、原発反対を世界平和実現の運動の一環として追求する立場を記している（「浜岡町原発問題を考える会会報」六三）。会の活動に参加し、署名集めをおこなった住民は、自分とのたたかいだった、敵は自分の心だったと語る。原発推進の圧力にひるむ自分自身を奮い起しての活動だった。

チェルノブイリ原発事故から一〇年、阪神大震災と浜岡原発五号機の増設問題のなかで、反原発の志がつながり、原発が立つ佐倉地区で新たな運動が始まったのである。

三月に入ると町長は佐倉の確認書を無視する姿勢を鮮明にし、三月議会で新たに意見を集約する意向を示した。中電が一二月の電源開発調整審議会に計画を出すことをめざしていたことにより、町は六月の議会で増設を決定するという動きを示した。これまで浜岡町議会では、原発設置を本会議で議決するのでなく、町民や報道機関に非公開で発言記録も残さないという全員協議会で決定してきた。非公開の全員協議会で「総意をまとめる」というのである。

四月、浜岡原発とめようネットワークは県知事と町長あての五号機増設反対署名に取り組んだ。四月二六日にはとめようネットの白鳥良香県議らが県知事あての六〇七三人分を提出した。その席で清水の寺田奇佐子は、事故が起きたら静岡でも放射能の被害を受けるのだから、みんなが地元住民であるとし、事故による汚染の危険性を訴えた。浜岡町長に対してはとめようネットの島田の天野美枝子らが、佐倉地区の不同意に誠実に対応することなどを求める申し入れ書を提出した。とめようネットの会員が、浜岡町が佐倉対策協に「意見書に対する見解」を出したことについて、町は増設推進の立場かと問いただしたが、町は町外の市民には回答する必要はないとした。

この四月、浜岡で元現場監督の平井憲夫を招いての集会がもたれた。そこで平井は、原発は放射能を外に出さないと動かせないとし、排気筒からは放射能が漏れていること、半径八キロ内にある放射線モニタリングステーションの測定器が少量の放射線では反応しないように操作されていることなどを話した。「微量であり問題はない」という言葉は、放射性物質が外に放出され、低線量の被曝が続いていることを示すものである。

4　五号機増設をめぐる攻防

一九九六年三月下旬、浜岡町は佐対協に「意見書に対する見解」を出したが、佐対協は四月三〇日に役員会を開いてその内容を検討した。その結果、安全や耐震性への疑問は解消されないとし、五月連休以降に各集落で懇談会を開き、改めて佐対協の態度を意見書にまとめることになった。佐倉での懇談会は六月一一日から二三日にかけておこなわれた。町長は、五月に町内で地元議員による町政懇談会を開催させ、六月七日の議員懇談会で増設の意見が大半であって強い反対はないという報告を受け、「町民は増設に前向き」という見解をまとめた。

五月七日には中電の下請け七一社でつくる佐倉サービスセンター協力会が、町長・議長・佐対協に五号機増設の要望書をだした。この協力会は前年の五月に設立された。総会で会長が挨拶のなかで増設にふれ、それが総会での採択とされ、要望書として提出された。佐倉サービスセンター協力会を通じて中電の二次下請けをしていた業者は、五号機に反対していることが一次下請けに伝わると、仕事を失った。

五月二〇日には浜岡町商工会が五号機の早期増設を求める要望書を出した。それは、一八日の商工会総会では当初議題になかったが、緊急動議が出され、拍手で承認されたものであった。町企画課は佐対協役員を六ヶ所村の再処理施設旅行に招待し、宴会には中電幹部が同席した。

このような推進の動きのなかで、五月二六日、浜岡町原発問題を考える会は「原発五号機増設絶対反対」のベニア板の立て看板五〇枚を、佐倉地区に設置した。それは、増設に反対の意思を公然と示し、「一般町民がいつまでも沈黙していては、町はよくならない。原発に依存しない町づくりを考えたい」という思いを表現するものだった。「国策に反対するものは国賊」といった中傷をはねのけての活動だった。

六月、考える会は増設の是非を問う住民投票を求める要望書を議会と町に出すために、署名活動を始めた。考える会は、一・二号機の耐震設計が強化されず、安全性に不安がある、公開討論会をもち、住民でじっくり話し合い、住民投票をおこなうべきとした。この署名に対して農協は拒否する動きを示した。農協の役員には中電や町役場の関係者が入り、元町長が組合長を務めていた。しかし、考える会は粘り強く署名を集めた。

五月二七日には、とめようネットの白鳥良香県議らが県知事あてに第二次分として四九一八人分の署名を出した。六月一四日には、とめようネットが町長あての反対署名一万二〇〇〇人分を提出し、増設については町の財源確保の話ばかりで、原発の危険性についての説明がないなどと抗議した。

5　佐倉地区住民懇談会と町議会

六月一一日から二三日まで佐倉地区で住民懇談会がもたれた。懇談会が始まると、増設より四号機までの耐震強化策を取る方が信頼となる、なぜ町は住民にヨウ素剤を配布しないのか、学者や役人のいうことはあてにならない、地震が起きて原発の安全を確認してから五号機を作ればいいという意見が数多く出された。佐倉地区八か所でもたれた懇談会で出された主な意見は、町の集約では一二六件に及び、町財政、ヨウ素配布、原子力防災、議員の対応、意見集約、佐倉意見書、廃棄物、安全性、事故情報の早期公開、五号機問題、海岸保全など多岐にわたるものだった。

しかし、町はこの地区懇談会が終了する前の六月一五日に議会全員協議会を開催した。開催日は閉庁日の土曜の朝だった。そこで町長は、中電との交渉のテーブルにつきたいとし、議会もその方向を了承した。それは、反対の動きが強まるなかでの危機感の表れであり、八月四日の巻町での原発住民投票前の決着がねらわれていた。

このような動きのなかで佐倉地区対策協議会は六月一七日に町長に対し、住民懇談会の結論を無視して中電との増設の交渉に入らないようにと申し入れた。同日、とめようネットのメンバーが町長との話し合いを求めた。しかし、町長は、よそ者と話す必要はないと拒否した。

町のまとめた「佐倉地区懇談会地区別発言者数、回数等の状況」という表には主な発言者の欄があり、反対勢力とされる個人名が□で囲まれ、その発言回数が記されている。この表では、「考える会」の発言回数は約一〇〇回、全体の三〇%とされている。備考には個人名と発言内容がまとめられている。

考える会の発言内容が記されているものをみれば、洗井地区では、議員・佐対協・町に対して批判、原発の廃炉、耐震性への不安等に強い口調で終始発言、法の沢地区では、原発の耐震性、放射能への不安、トラブル時の通報等中電への批判意見、上の原地区では、議員・佐対協・町に対して批判、原発の耐震性、廃棄物、ヨウ素剤に配布等について終始発言、その他に放射線、耐震に関する不安意見、郷地区では、佐対協、議員に対しての批判意見、五号機に関する意見、桜ヶ池地区では、議員・佐対協・町に対して批判、原発の安全性についての意見、宮内地区では佐対協・議員への批判、磯焼け、放射線による甲状腺がん、ヨウ素剤配布についての批判意見、耐震性、廃棄物への意見などがあったことがわかる。佐倉での懇談会では地域の現実を変えようとする熱い思いが出された。町はそのような住民の行動を反対勢力として括って監視し、その声をそらす方便を策したのだった。

六月二四日、浜岡町原発問題を考える会は、町へと増設計画の白紙撤回を求める浜岡町民の署名二二八二人分、増設の賛否を住民投票で決定することを求める浜岡町民の署名一七二一人分を持参した。そこで、町長に対し、原発に頼らない町財政と幅広い町民の意見を反映させて議論を尽くすことなどを求めた。署名については七月まで集め、最終的なものを渡すとし、署名した町民への圧力を心配して手渡さなかった。翌日に全員協議会が開催され、そこで増設合意に向けて話がすすめられるという情勢での行動だった。

これに対し町長は、佐倉の不同意の意見書は反対ではないと強弁し、推進の姿勢を示した。六月二五日、町議会は非公開の全員協議会を開き、「佐倉地区に十分配慮しつつ中電と協議の場に入ること」を決定した。町は反対運動が強まることを恐れ、増設ではなく協議を認めるという言葉を使い、増設への扉を開けたのだった。

6「原発栄えて町滅びる」

一九九六年五月二六日の浜岡町原発問題を考える会の勉強会で、浜岡の国際交流協会の会長が司会をおこなった。国際交流協会は町役場の会議室で日本語教室を開いていたが、町企画課は六月以降、町職員が同席しての支援を断った。また、書籍代などの援助を打ち切り、ホワイトボードも貸さなくなった。企画課長は、原子力行政を推進する企画課とすれば、会長が反原発集会に協力するのは納得できず、援助を断ったとした。住民側は、中立である公務員が町民に圧力をかける行為と抗議したため、町側は改善の意思を示した。

五号機の営業運転により、浜岡町へは開始翌年の二〇〇六年には固定資産税七〇億円が入る。また電源三法の交付金は工事着工の二〇〇〇年から数年で七一億円が配分される。

一号から四号機までの電源三法の交付金はこの時点で一一八億円にのぼり、それを資金にして箱物がつくられたが、その運営費が町財政を苦しめることになった。九六年度予算をみると公民館六四九三万円、図書館一億五六六二万円、町立病院補助金四億九四三九万円とこれだけで七億円、交付金で建てた建物の維持費には計一〇億円もかかるようなった。

中電から佐倉へと流れる協力金についてみれば、一九九五年分では下水道宅地内工事費四二六三万円、町内会運営費一六二六万円など総額一億一〇八八万円、一世帯当たり一〇万円ほどとなる。また、佐倉全戸を株主とする佐倉サービスセンターは、中電から敷地内の緑化、売店、ランドリー事業の委託を受け、住民五〇人が従事していた。その利益は佐対協と佐倉の四町内会に還元され、一九九六年の配当金は三〇〇万円であった（金額は、毎日新聞連載「自治のかたち」原発

▲…浜岡原発スクラップ

に揺れる町五・六、一九九六年六月二三日、二四日による)。

阪神大震災や事故が増加するなかで、各地で国と電力会社の原発推進策に抗する新しい反対運動が形成されるようになると、国側は新たに「原子力発電施設等立地地域長期発展対策交付金」の交付を計画した。この交付金の交付規則は一九九七年九月に定められたが、政府が耐震性や安全性を宣伝し、金をばらまくものだった。

佐倉では原発反対の声が強くなってきたとはいえ、原発の利権で縛られていたため、賛成の声も出され、六月の住民懇談会の結論はまとまらなかった。七月にもたれた浜岡町原発対策協議会では、同意にむけて「町当局への一任」が決定された。それは町当局と中電との水面下での工作によって、住民の合意なしで増設同意の道がつくられていくということだった。

佐倉地区対策協議会の清水一男会長は「町はきれいになったが、人間はきれいになったか。住民の自主性はゼロじゃないか」と語ったが、それは事態の本質を突いた表現であった。中電は住民説明会で、原発には耐震性があり、東海地震が来たら原発に逃げ込めばいいと語った。それに対して住民は、それは浜岡の街並みは壊滅しても原発は残るという結論なのかと反論した。日頃は「原発と地元は共存共栄」というが、中部電力の本心は「原発栄えて町滅びる」にほかならないと感じたのである。

7　高まる五号機増設反対の声

一九九六年六月、浜岡町議会が中電との協議をすすめるという結論を出すと、五号機増設反対の声はいっそう強まった。

佐対協は「佐対協だより」四一で、町による中電との交渉入りの経過を説明した。佐対協は、町の住民の意思を無視した対応を明らかにし、住民が納得するすすめ方を求めた。

この頃、県立池新田高校の教職員組合の分会は職場ニュースで原発の問題点をあげ、瀬尾健の事故予測図を示して、原発推進を批判した。この職場ニュースが町長のもとに流れた。町長は偏向扱いし、学校の授業内容なども問題にした。校長は朝の打ち合わせで、チェルノブイリ事故と浜岡を一緒にしての授業はよくないなどと発言した。組合分会は校長に対し、外部からの介入には毅然として対応することや教育実践は継続すること、それに問題はないことなどを申し入れた。

浜岡町原発問題を考える会は七月七日に池新田での活動をすすめ、池新田防災センターで小村浩夫を講師に講演会をもった。池新田では、町長が反対派は一部として原発への疑問の声を切り捨てていることに対し、六月末から反対の活動をすすめた。一度は政治的な利用として公民館使用を拒まれたが、交渉して認めさせた。講演会で小村は、改良型沸騰水型軽水炉ＡＢＷＲは試運転の状態にあり、格納容器が小型化したことや安上がりのコンクリート製であることをあげ、重大事故に耐えられるかどうかは疑問とした。

七月一〇日には東京のＰＫＯ法「雑則」を広める会が、中電本社へと「東海地震が起きる前に浜岡原発四機を止める」ことを求める署名二万一五七六人分を提出し、巨大地震などの想定を超えた過酷事故対策についての質問書を出した。中電側は最大級の地震でも安全性が保てるように設計している、万一の事故はありえないと考えていると答えた。

考える会は七月一二日、巻町で住民投票をすすめる町議の相坂滋子ら二人を招き、「住民投票勉強会」を開いた。考える会の住民投票署名はこの時点で二二〇〇人ほどが集まっていた。同日、静岡県内各地の市民グループ約四〇団体が中電との交渉入りを決めた町長と町議会に対して抗議文を提出した。発起人のひとり、地震と原発を考える会の中村美帆は県知事が増設に合意しないよう呼びかけていくと語った。

七月二二日には、とめようネットが県知事あてに第三次分として六二三七人分の署名を出した。申し入れには一〇数人が出席し、地元佐倉の不同意の現状をふまえ、県が住民の意思を尊重するよう要請した。

考える会は七月二八日に原子力広報研修センターで広瀬隆講演会「阪神大震災ともんじゅ事故の衝撃・原発の時代は終わった」を開催した。講演会には一〇〇人が参加し、広瀬は、中電本社がある名古屋に原発を建てないのは安全ではないから。阪神大震災の経験からも浜岡原発は東海地震には耐えられない。ぜひ増設を阻止してほしいと語った。これに対し、七月一九日に浜岡町原子力発電所対策協議会は資源エネルギー庁原子力発電課の中富泰三を呼んで講演会を開き、四号機までの施設は最大の地震に耐えられる設計であると宣伝した。

佐対協の最終判断を待たずに町が交渉入りを決めたことに対して、抗議の声があがった。そのため町長は七月三一日から八月三日までの間、佐倉地区住民と懇談会を持った。町長は「長引くと町が混乱する」などと釈明したが、住民からは、住民の意思を無視する行為への抗議や記録の公開を求める声があがった。また、七月三一日には佐倉地区二〇八人が連名で、議会で交渉入りに同意した地区選出の三町議に対して責任を問う公開質問状を出した。質問状は、議会の決定を後世まで禍根を残すものとし、地区議員の行為が佐倉住民の意思に反する行為であり、その責任を問うというものだった。

8　浜岡町のシナリオ

浜岡町のシナリオは、浜岡町は原発と共存共栄し、浜岡原発は二〇年間の安全運転を積みあげてきたとし、五号機については佐倉などで意見集約をおこなったことをあげ、国による安全性の確保もあり、町の安定した財政基盤を確立するためにも、「交渉のテーブルにつく」と結論づけるものだった。そのように急いで町の結論を出そうとした背景には、町外のネットワークグループが町内の反対者と結びつき、考える会ができて反対運動が展開され、反対活動、署名運動が活発になったことがあった。さらに巻町の住民投票などの状況から、「町の混乱を避けるために早期の決着が必要」としたためだった。佐倉の不同意の意見書については、町全体の将来を考えるべきとして「理解」を求めた（「町長→佐対協　シナリオ（案）」七月一六日）。

反対の声の強まりは推進派にとっては「混乱」であった。町の作成した年表にはとめようネットや考える会の署名提出などの行動も記されている。その活動が町にとって無視できないものになっていたことがわかる。浜岡町は各地区での意見を集約したが、それに誠実に答えるのではなく、「住民投票をおこなっては」と質されれば、「議会を通じて意見を集約して参ります」というように、意見をかわすための答弁方法を考えたのだった。

八月四日、新潟県の巻町で原発建設の賛否の住民投票が行われた。建設反対は六割を超え、巻町の笹口町長は建設予定地内に残る町有地を売却しないと明言した。住民の力が政府と東北電力の推進策をはねのけたのだった。この動きを受けて、八月五日、浜岡町原発問題を考える会は、浜岡町に対し五号機の増設を問う住民投票実施の要求書と増設計画の白紙撤回を求める申し入れ書を署名とともに提出した。

三重県での動きをみておけば、一九九六年五月に芦浜原発に反対する八一万人分の署名を三重県知事に提出した。この署名の数が中電による芦浜原発の建設を止める力になった。

9　住民懇談会議事録の公開問題

一九九六年八月一七日、浜岡町役場で町長、町議会と中電の会談が行われ、中電側は増設への協力を求めた。これに対し浜岡原発とめようネットは「東海地震と浜岡原発、増設なんてもってのほか」と書かれた横断幕を持って抗議した。佐倉地区では八月二三日から二六日にかけて佐倉地区対策協議会による中電を呼んでの説明会がもたれた。中電側は原発には耐震性があると説明した。しかしこの説明会の期間中に柏崎刈羽原発六号機（ＡＢＷＲ）の試験運転中に燃料棒の被覆管に小さな穴が見つかり、運転を停止する事故が起きた。中電は、浜岡一号機でも起きた事故、一〇〇万本に一、二本出るもの、放射能が外部に漏れるものではないなどと語った。考える会は、ＡＢＷＲは安全性を切り捨てて経済性を追求した炉であり、「改良」ではないと批判した。

浜岡町原発問題を考える会は全町議に対して五月、六月の住民懇談会の議事録の公開を要求していた。これは、町側が「住民の意見はおおむね増設推進」としたことに対して、考える会が町内の議論の実態を明らかにするために個々の議員に公開を要求したものだった。この要求に対し、浜岡町議会は八月二六日に議員懇談会を開いた。共産党議員の石原顕雄は公開を当然とし、議事録を公開した松本猛は一人ひとりで考えて対応すべきとしたが、結局、「議会として公開要求書には一切回答は出さない」ことを決めた。それは議事録公開要求の無視を示し合わせる談合だった。

九月七日、定期点検中の浜岡原発三号機の非常用ディーゼル発電機電源室で火災が起きた。原因はほこりや塩分で配線の絶縁体の性能が落ち、ショートとしたためとされた。考える会などが説明会の開催を要求したが、中電は報道発表と折り込み広告で十分であると対応した。そのため九月一六日、考える会など五団体は火災の問題をただす質問状を提出し、再度、説明会の開催を求めた。

九月九日、佐倉公民館で浜岡原発五号機増設反対住民会議（清水章男会長）の結成集会がもたれた。浜岡で活動してきた浜岡町原発問題を考える会（伊藤実代表）、浜岡町政を見つめる会（伊藤伊八会長）、浜岡原発の危険から住民を守る会（清水澄夫会長）の三団体が連携しての集会であり、八〇人が参加した。九月九日までに佐倉の町内会八地区全てが五号機増設不同意を再確認した。集会では、あくまでも増設計画の白紙撤回を求めることや町議会が増設同意に踏み込んだ時の対応などが話され、五号機増設絶対反対の決議文を採択した。九月一一日には、この住民会議の代表者がこの集会での決議文と計画の白紙撤回を求める要請書を町長に提出した。

九月一五日、浜岡町原発問題を考える会と浜岡町政を見つめる会は共同して、池新田で生越忠講演会「東海大地震は浜岡原発に何をもたらすか」を開催した。

10　住民不在の増設同意

一九九六年九月一五日の佐対協の役員会では増設の是非についての意見集約が試みられた。そこでは、再度不同意の意見書を出すことにまで話がすすんだが、町議が、佐倉が反対しても町当局の流れは変わらないと反対したため、意見の集約はできなかった。九月二五日の役員会では、町議などの推進側が町との話し合いを求めたため、不同意の姿勢を保ちつつも町との話し合いに応じるということになった。中電と町との協議がすすむなかでの妥協だった。

しかし、佐対協との会談がはじまる前に、町長は九月二八日と二九日に議員を町役場に招き、増設に同意する時期が来ているとし、協力を求めた。そのため一〇月一日の佐対協の住民集会では、町長による地元の意思を無視しての増設合意強行への批判が相次いで出された。

この段階で町は増設同意にむけての全員協議会の開催をもくろんでいた。佐対協の清水会長は全員協議会開催の動きを知ると、一〇月六日夜と七日朝の二回、町長にもっと話し合いをと要請した。他方、町議から清水会長へと仮の同意書を役場に届けるようにという工作もなされた。

一〇月七日、浜岡町議会で全員協議会が開かれた。そこで町長から増設の合意案が提示され、一六人の議員による記名投票がなされた。賛成は一三、反対は三、これにより「増設同意」が可決された。佐倉の地区議員三人（榑林、水野、原田）は賛成した。投票後、町長は中電を役場に招き、同意書を手渡した。町長は住民の理解は得られている、佐倉は最終的には同意すると確信しているとした。佐倉の増設不同意はこの段階では撤回されていなかったが、増設同意という既成事実をもって佐倉での反対の声を屈服させようとしたのだった。同日、町長は県庁を訪問し、増設同意を報告し、協力を要請した。

全員協議会の開催方法にも問題があった。全員協議会の日程は一〇月五日まで明らかにされず、前日の六日に通知が送られたのだった。「抜き打ち、だまし討ちの開催」と佐倉住民は議会の行為に怒りの声をあげた。町長は住民懇談会議事録を公開した松本町議や共産党の石原町議ら三人を除き、当選回数ごとに町議を呼び寄せ、衆議院選公示前に全員協議会を開くことと、そこでの合意を打診した。選挙になると町議を招集できなくなり、一九九七年三月の電源開発調整審議会に間に合わせるためには、一〇月中の同意が必要だったのである。

石原町議が四日に全員協議会の日程を聞いても、議会事務局はわからないと回答していたが、筋書は九月末にはできていたことになる。松本町議は、手続きがおかしい、住民不在どころか議員排除だ、住民の合意のない増設には反対すると発言した。

このように、町長、議会事務局は一体となって、反対議員の意向を排除し、佐倉の建設不同意を無視し、抜き打ちの全員協議会での増設同意をすすめた。町は中電の計画に沿い、三月の電源開発調整審議会の上程にむけて動いていた。

この動きに抗して、浜岡町役場には浜岡町原発問題を考える会やとめようネットワークなどのメンバー五〇人ほどが集まり、増設合意反対！の声をあげた。一部は全員協議会室前に詰めかけ、非民主的な増設決定に抗議した。考える会は、中電のスケジュールに合わせた住民不在の暴挙と抗議し、最後まで抵抗する意志を示した。佐対協は一〇月一八日の「佐対協だより」四二で、一〇月七日の突然の決断を「住民不在の独裁的なやり方」で納得できないとし、佐倉地区議員は×

をつけて検討に時間をかけるべきだったと記した。

浜岡町での浜岡五号機の増設同意は一九八六年のチェルノブイリ事故から一〇年目の出来事だった。この年の五月には青森県知事が東通原発に同意した。

チェルノブイリ事故、阪神大震災を経て、安全性や耐震性が問題になり、佐倉では浜岡町原発問題を考える会が結成され、佐対協は建設不同意の意志を変えなかった。そのような状況下で、中電と町当局はこのようにして「増設同意」をつくりあげた。

11 県知事への不同意要請

浜岡町の増設同意を受け、中電は一〇月一四日に五号機の出力を蒸気タービン翼の改良で二万二〇〇〇キロワット増加させ、一三八万キロワットとすると公表した。

浜岡町が、佐対協の不同意のままで増設に同意したことに対し、一〇月一四日、浜岡町原発問題を考える会は白鳥良香県議や小村浩夫らとともに県企画部を訪問し、決定には十分な論議も民主的なプロセスもない、住民の本当の声に耳を傾けるべき、町の報告書を受け入れないようにと県知事に要請した。

一〇月二四日、浜岡原発安全等対策協議会の総会がもたれた。この協議会の会長は浜岡町長であり、地元五町と議会、漁協、町内会、婦人会などで構成されているが、そこで町長は、町民への説明は十分におこなわれた、経済発展に貢献し、地域振興を図ったと発言した。他方、相良町議会議長は相良が風下であり、町民は不安をぬぐいきれないと疑問を示した。

一〇月二八日、佐対協は三議員の報告集会を開いた。集会には一七〇人が参加し、その席で住民から、中電の説明はおかしい、金で解決できる問題なのか、なぜ地元の議員が賛成に回ったのかなどと抗議する発言が出たが、議員側は将来を考えて賛成した、いつまでも反対していても地区のためにならないと応答した。

町は佐対協に対して、老人福祉施設の建設案などを示して、同意への転換を促した。一一月三〇日の佐対協役員会では、町が増設同意したことをふまえ方針転換する意向が表明されたが、この方針転換に対して一二月三日、増設に反対する四つの市民団体が公開質問状をだした。佐対協は年内に賛否を問う意見集約をおこなうとし、翌年一月二七日、清水会長は辞任した。結局、この段階では不同意とする意見書は撤回されなかった。

一二月五日、県知事は、県議会での代表質問に答え、県として町・国・業者と密接な関係を計りながら対応したいと増設に前向きな姿勢を示した。この回答は、相良町の西原茂樹県議が原発立地町村への負担、もんじゅ事故への国民の不信感をあげ、浜岡町から出ている素朴な疑問も払拭されていないと質問したことに対するものだった。

12　五号機第一次公開ヒアリングと協定書

一九九六年一二月一五日、浜岡町原発問題を考える会は佐倉公民館で原発問題シンポジウムを開いた。集会には二〇〇人が参加した。小村浩夫が司会し、河田昌東、菅井益郎、多名賀哲也、広瀬隆、藤田祐幸らが問題提起した。能登原発差し止め訴訟原告団の多名賀哲也は原発の安全管理や防災訓練の実態を批判した。広瀬隆は、原発は時代遅れであり、世界の現状をよくみるべきと訴えた。藤田祐幸は、ヒアリングは住民が合意するまで何年かけても繰り返して開くもの、日本の一日の公開ヒアリングはセレモニーと批判した。

佐倉地区が不同意のまま、一二月一八日、通産省主催による五号機の第一次公開ヒアリングが開催された。浜岡での公開ヒアリングは一九八六年八月の四号機の公開ヒアリング以来一〇年ぶりの開催だった。地元五町から二〇人が意見陳述をおこない、傍聴者は六〇〇人ほどとなった。選ばれた二〇人のうち反対者は五人だったが、東海地震の際の対応や原発集中立地への不安、事故時の情報公開などを問いただす意見が相次いで出された。三番目に意見を述べた相良町の長野栄一は、四号機増設の際に浜岡の敷地では四号機までと明言していたのに、なぜ狭い敷地に増設するのかと追及した。狭い敷地内に五つもの原発を建てること自体が住民の安全を考えていないことを示すものであるが、中電は技術検討によりもう一基可能となったと対応した。

陳述者ひとりの持ち時間は質疑を含めて二〇分であり、十分な討論はなされなかった。ヒアリングは住民への説明をおこなったという形を示す儀式にすぎないものだった。会場周辺では浜岡町原発問題を考える会や浜岡原発とめようネットワークなどの会員が「増設絶対反対」などの横断幕を掲げて抗議行動をおこなった。原水爆禁止国民会議は申し入れ書を持参し、ヒアリングの中止などを求めた。

第一次ヒアリングから一週間後の一二月二五日、浜岡町は中電との協定書に調印した。その協定では地域振興事業のために二五億円の協力金を翌年三月末までに支払うものとされた。これを受けて同日、佐対協は役員会を開き、賛成一七、反対五で増設に同意した。

このように町議会の増設同意、第一次ヒアリング、協定書の調印、佐対協の屈服と事態は動いた。それは仕組まれたシナリオに沿ってのものだった。この動きのなかで浜岡町原発問題を考える会の会員は、「どんな閉ざされた社会にも必ず自由の風は吹き込むように、浜岡にもやがて、民意が反映される行政が実現します」と記した（「反原発新聞」二二六、一九九七年一月）。

13　原子力防災訓練とプルサーマル計画

一九九七年二月五日、静岡県と浜岡町など五町は四回目の原子力防災訓練をおこなった。訓練は防災時のリーダーが対象とされ、町内会長や自主防災リーダーら一五〇人が参加、幼稚園児や小学生約八〇〇人も退避訓練に加わった。また、陸と空の自衛隊も参加した。想定は四号機の冷却機能に異常が発生し、放射性物質の影響が出たというものだったが、県は訓練のあいさつで「事故はない」と発言した。そのような姿勢による訓練のため、ヨウ素剤が事故後二時間以上経過した後で配布されるなど、実際に事故になった場合には多くの子どもたちが被曝してしまう内容だった。

中電は一九九七年二月一四日にもたれた静岡県原子力発電所環境安全協議会で、政府がすすめるプルサーマル計画に関して、二〇〇〇年以降、浜岡原発でも導入を計画していることを明らかにした。プルサーマルとはプルトニウムとウランの混合燃料（ＭＯＸ）燃料を使用しての発電である。三月一七日に開催された浜岡町議会では、町長はプルサーマルについては地元の理解が必要とした。

14 静岡県知事の五号機建設同意

石川嘉延県知事は二月の記者会見で、一九九七年二月一三日に経済企画庁から五号機について意向の照会があったとし、地元の受忍と同意をふまえ、建設に合意する意向を示した。この動きのなかで、浜岡町原発問題を考える会は三月七日、静岡県に対して住民は受け入れに納得していないとし、行政手続きを白紙撤回し、同意しないことを求める申し入れ書を出した。

この増設をめぐっては四件の請願が静岡県議会に提出されていた。その四件は、知事の認可は県が独自に安全性を実証するまでは出さない、それまでは既存の四基の運転を停止する、増設の是非については住民投票を実施する、増設に県として反対を表明するという内容の請願だった。三月一九日、県議会はこれらの請願をすべて不採択とした。県知事による同意の意見書は三月一四日には提出する予定だったが、一二日に動力炉・核燃料開発事業団東海事業所再処理工場で爆発事故があり、提出が見送られた。県知事は浜岡原発では動燃のような事故は起きないと判断し、三月二五日、県知事による同意の意見書を経済企画庁に提出した。

それにより、三月二七日、電源開発調整審議会は浜岡五号機、志賀二号機など五つの発電所を一九九六年度の電源開発計画に追加した。県の同意はこの電源開発調整審議会に合わせたものであった。県知事は記者会見で、浜岡原発のトラブル発生率は極めて低く、優良な保守管理体制だと思っていると発言し、浜岡原発を擁護した。

この段階でも一九九五年三月に出された佐倉地区による建設不同意の意見書は撤回されていなかった。新潟県巻町での原発住民投票での反対決定、動燃東海での爆発事故、耐震性への不安のなかで、県による同意と国による建設の認定がなされた。

これに対し、佐対協の清水一男元会長は「国への不信が高まっている時にどうして同意するのか。少なくとも凍結してほしい。知事は地元本位といいながら一度も地元（佐倉）の声を聞きに来ない」と語った。浜岡町原発問題を考える会の伊藤実は「動燃事故で国の原子力政策の根幹が崩れ、緊急時の防災体制はなきに等しいことが明らかになった。国の場当たり的政策にゴーサインを与えたことは今後に大きな禍根を残す」と批判した。小村浩夫は建設地点の集落が反対したままの地元同意とはいったい何であろうかと記した（「いつまでもいうなりにならない」）。五号機問題で地域取材をおこなった記者の堀山明子は、静岡県が住民対策は町長に任せ、安全対策は国と電力会社に任せて、県として住民の原発不信を取り除こうとしないという不作為を指摘し、安全対策や情報公開が求められているのは国や電力会社だけでなく、地方自治体であると指摘した（毎日新聞一九九七年三月二六日）。

国の動きを受け、中電は四月一五日、五号機の増設にむけて通産省に原子炉設置変更許可を申請した。それにより、通産省は安全審査をおこない、公開ヒアリングを経て結論を出すことになった。

15「原発特需」

一九九七年七月から九月にかけて中電は、愛知、静岡、岐阜、三重、長野からバス九〇台、三六〇〇人の浜岡見学バスツアーを企画した。長野からの参加は一泊二日であり、参加費は三〇〇〇円、日帰り地域からの参加費は一五〇〇円というものだった。中電の負担は三〇〇〇万円に及んだ。高まる原発批判に中電は原発見学旅行という接待で対応した。

浜岡町の一九九七年度の一般会計予算案は一四六億四〇〇〇万円と巨額である。電源立地促進法など電源三法の交付金から約四〇億円をかけて室内温水プールと屋外流水プールやトレーニングルームを備えた町民プール（「ぷるる」）の建設がおこなわれた。しかし、交付金は翌年で終わり、一から四号機までの固定資産税は、一九九四年度の六四億円から四年ほどで二〇億円ほどの減少となる。

巨大化した町財政は、財政調整基金から数億円の資金を繰り入れるという財政運営を強いられた。一九九七年からは電源三法交付金で作った施設の維持管理費として、原子力立地長期発展交付金から毎年四億円ほどが交付されるようになった。五号機の着工にともない二〇〇〇年から五年間で七二億四五〇〇万円が交付されることになる。五号機の固定資産税は運転の翌年度の五六億円をはじめ、計三八〇億円が見込まれる。中電からは五号機の建設協力金二五億円が町に支払われる。

浜岡町は、二〇〇五年に五号機の営業運転がはじまると、以後一五年で固定資産税や電源三法交付金などの原発にともなう収入金額が約四七八億円となると試算した。浜岡では新たに全戸へのケーブルテレビ設置などが計画された。

五号機の建設工事費は四三五〇億円であり、原子炉は東芝、タービン発電機は日立が請け負う。原発建設によって周辺の商店街や地域の建設業者にも金が回る。漁協へと補償費が支払われ、接待旅行が企画され、観光先に金が落ちる。これが原発特需である。

一号機から五号機の建設までに浜岡町へと中電が寄付した協力金は公表された金額で約六八億円とされる。実際にはこの倍以上の加算額が支払われているが、これらの協力金の一部は「自治振興基金」とされ、その残高は二〇〇一年度には三五億円ほどになった。二〇〇四年四月の浜岡町と御前崎町の合併前に、これらの「自治振興基金」は浜岡町の池新田、佐倉、高松、朝比奈、新野、比木の六地区へと、二〇〇三年に浜岡町が地区の銀行口座に六億数千万円余りを振り込むというかたちで分配された。

神戸泰興は、冬の渡り鳥と「ぷるる」に向かう乗客のいないバスをみながら、町民は大金をつぎ込んだ「ぷるる」のようなものを本当に望んだのか、多くの町民は野鳥の群れる自然を残しながら町の発展を期待したはずだと記す（「考える会会報」三四）。柳沢静雄も、札束を武器に住民の共有財産である海沿いの山林と砂丘を奪い取った中電の横暴に、憤りを禁じえない人は案外多いのでは、と記す（「考える会会報」三五）。

この「ぷるる」は一九九八年に完成した。交付金事業一覧表では、総事業費二三億七七二四万円、そのうち交付金が一一億一七九九万円とされているが、この金額は建物にかかったものであり、総工事費は四二億七〇〇〇円である。用地補償費には四億七二四七万円が費やされた（川上武志「浜岡原発のお膝元の御前崎市では、交付金はどのように使われているのか?その実態に迫る!」）。

原発経済は、札束で地域住民の精神を殴るようなものであり、その行為は地域住民の精神を侵すだけでなく、社会の精神を破壊していく。原発を推進する側は安全を語るが、実際には原発は危険であり、迷惑な施設である。そのため法外な金がばらまかれていく。それが浜岡の地域社会を荒廃させる。そのことに多くに人々が気付くなかで、五号機増設をめぐって新たな反対運動が形成された。その動きは新たな運動体の設立につながった。

第六章…浜岡原発を考える静岡ネットワークの結成

1　浜岡原発を考える静岡ネットワークの結成

五号機の増設が認可され、あらたにプルサーマル発電が提示されるなかで、五号機増設反対の運動を担った静岡県内の市民団体はつながりを強めていった。そのつながりは地震と原発の問題などをテーマに、浜岡原発を考える静岡ネットワークの結成となった。

一九九七年三月九日、静岡市内で県内の一〇の市民団体の共催による「東海地震・浜岡原発はどうなるか」シンポジウムがもたれ、二五〇人が参加した。シンポでは広瀬隆、生越忠、小村浩夫、藤田祐幸らが静岡県の被害想定や原発の耐震性の問題点、浜岡の地盤の弱さ、地震と原発事故が重なった時の被害状況などについて発言した。

その席で、生越忠は東海地震と南海地震が連動して起きた歴史を示し、一・二号機は遠州灘沖地震を想定したものであり、東海地震には耐えられないとした。藤田祐幸は外部電源や内部電源を喪失する事故を予測し、原子炉以外の設備が地震で壊れ、その影響で原子炉が暴走し、浜岡の四つの原発が共倒れになる可能性を指摘した。広瀬隆は原発事故の際には放射能雲が漂う山間部への避難は避けるべきだが、地震の際には津波を恐れて山間部に逃げることになるという矛盾を指摘した。小村浩夫は静岡県の防災計画には地震と原子力災害を分離するという致命的な欠陥があるとし、原発が停電に弱く、複数の安全装置もディーゼル発電機やバッテリーが作動しなければ共倒れになると指摘した。この集会で

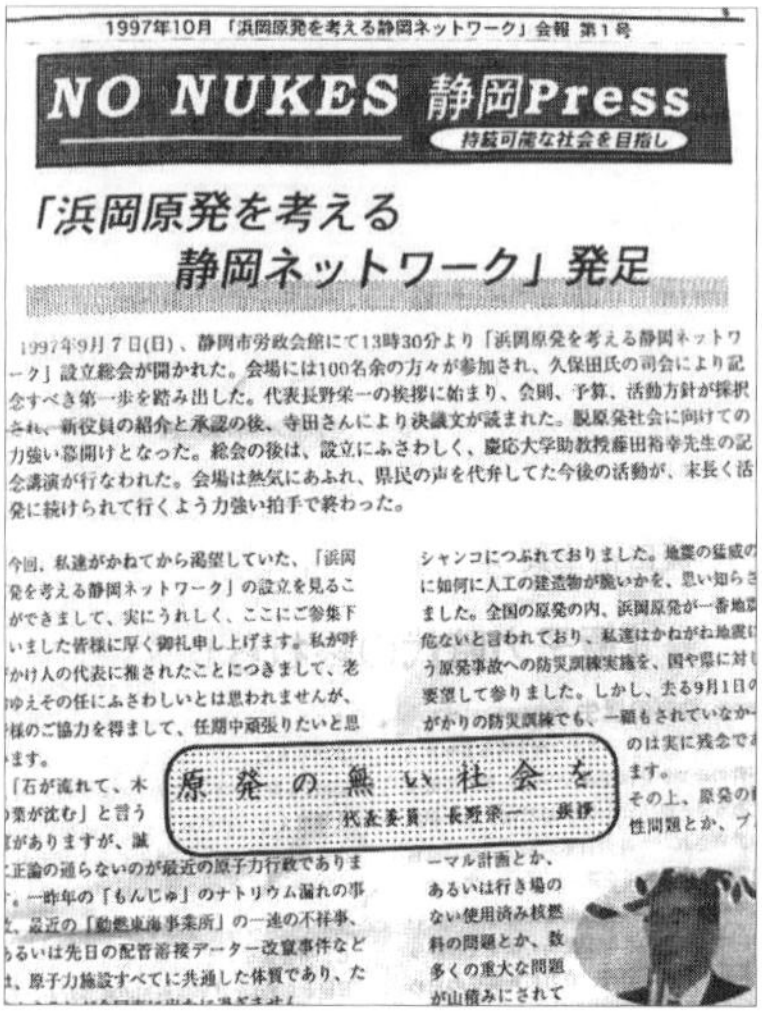

1997年10月「浜岡原発を考える静岡ネットワーク」会報 第1号

NO NUKES 静岡Press

持続可能な社会を目指し

「浜岡原発を考える静岡ネットワーク」発足

1997年9月7日(日)、静岡市労政会館にて13時30分より「浜岡原発を考える静岡ネットワーク」設立総会が開かれた。会場には100名余の方々が参加され、久保田氏の司会により記念すべき第一歩を踏み出した。代表長野栄一の挨拶に始まり、会則、予算、活動方針が採択され、新役員の紹介と承認の後、寺田さんにより決議文が読まれた。脱原発社会に向けての力強い幕開けとなった。総会の後は、設立にふさわしく、慶応大学助教授藤田祐幸先生の記念講演が行なわれた。会場は熱気にあふれ、県民の声を代弁してた今後の活動が、末長く活発に続けられて行くよう力強い拍手で終わった。

原発の無い社会を

代表委員　長野栄一　浜岡

今回、私達がかねてから渇望していた、「浜岡原発を考える静岡ネットワーク」の設立を見ることができまして、実にうれしく、ここにご参集下さいました皆様に厚く御礼申し上げます。私が呼びかけ人の代表に推されたことにつきまして、老齢ゆえその任にふさわしいとは思われませんが、皆様のご協力を得まして、任期中頑張りたいと思います。

「石が流れて、木の葉が沈む」と言う言葉がありますが、誠に正論の通らないのが最近の原子力行政であります。一昨年の「もんじゅ」のナトリウム漏れの事故、最近の「動燃東海事業所」の一連の不祥事、あるいは先日の配管溶接データー改竄事件などは、原子力施設すべてに共通した体質であり、た

シャンコにつぶれておりました。地震の猛威の前に如何に人工の建造物が脆いかを、思い知らされました。全国の原発の内、浜岡原発が一番地震に危ないと言われており、私達はかねがね地震に伴う原発事故への防災訓練実施を、国や県に対し要望して参りました。しかし、去る9月1日の大がかりの防災訓練でも、一顧もされていなかったのは実に残念であります。

その上、原発の耐震性問題とか、プルサーマル計画とか、あるいは行き場のない使用済み核燃料の問題とか、数多くの重大な問題が山積みにされて

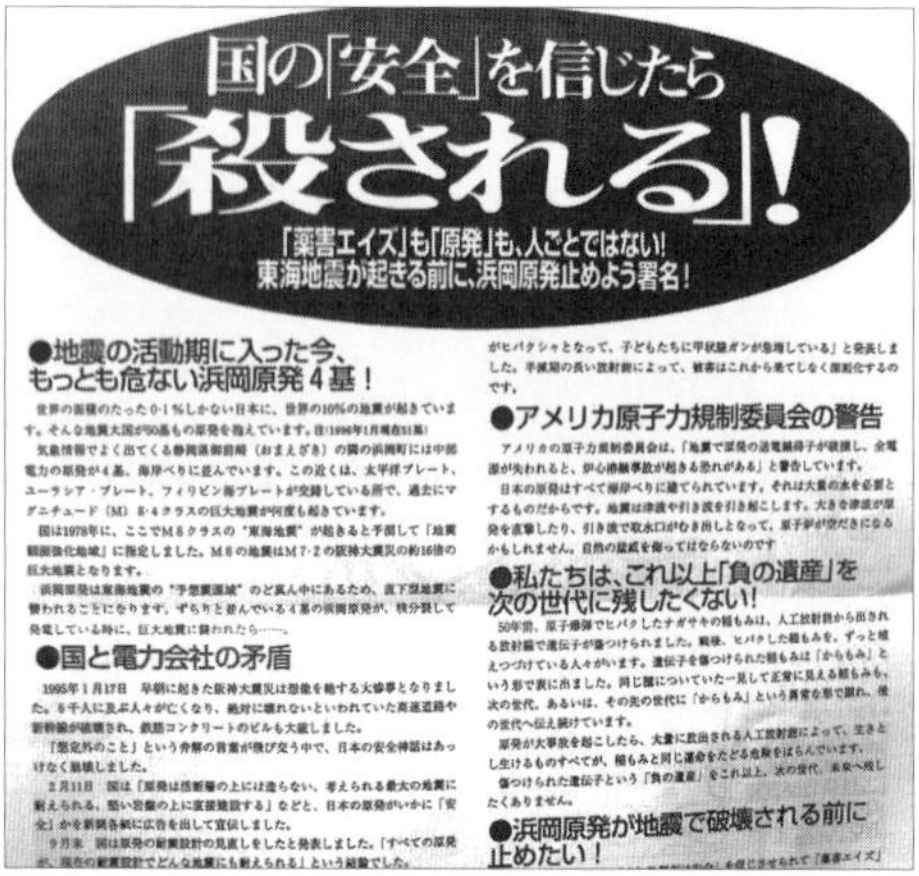

国の「安全」を信じたら「殺される」！

「薬害エイズ」も「原発」も、人ごとではない！
東海地震が起きる前に、浜岡原発止めよう署名！

●地震の活動期に入った今、もっとも危ない浜岡原発4基！

世界の面積のたった0.1％しかない日本に、世界の10％の地震が起きています。そんな地震大国が50基もの原発を抱えています。

気象情報でよく出てくる静岡県御前崎（おまえざき）の隣の浜岡町には中部電力の原発が4基、海岸べりに並んでいます。この近くは、太平洋プレート、ユーラシア・プレート、フィリピン海プレートが交錯している所で、過去にマグニチュード（M）8.4クラスの巨大地震が何度も起きています。

国は1978年に、ここでM8クラスの"東海地震"が起きると予測して「地震観測強化地域」に指定しました。M8の地震はM7.2の阪神大震災の約16倍の巨大地震となります。

浜岡原発は東海地震の"予想震源域"のど真ん中にあるため、直下型地震に襲われることになります。ずらりと並んでいる4基の浜岡原発が、核分裂して発電している時に、巨大地震に襲われたら……。

●国と電力会社の矛盾

1995年1月17日　早朝に起きた阪神大震災は想像を絶する大惨事となりました。5千人に及ぶ人々が亡くなり、絶対に壊れないといわれていた高速道路や新幹線が破壊され、鉄筋コンクリートのビルも大破しました。

「想定外のこと」という弁解の言葉が飛び交う中で、日本の安全神話はあっけなく崩壊しました。

2月11日　国は「原発は活断層の上には造らない。考えられる最大の地震に耐えられる。堅い岩盤の上に直接建設する」などと、日本の原発がいかに「安全」かを新聞各紙に広告を出して宣伝しました。

9月末　国は原発の耐震設計の見直しをしたと発表しました。「すべての原発が、現在の耐震設計でどんな地震にも耐えられる」という結論でした。

がヒバクシャとなって、子どもたちに甲状腺ガンが急増している」と発表しました。

●アメリカ原子力規制委員会の警告

アメリカの原子力規制委員会は、「地震で原発の送電線碍子が破損し、全電源が失われると、炉心溶融事故が起きる恐れがある」と警告しています。

日本の原発はすべて海岸べりに建てられています。それは大量の水を必要とするものだからです。地震は津波や引き波を引き起こします。大きな津波が原発を直撃したり、引き波で取水口がむき出しとなって、原子炉が空だきになるかもしれません。自然の猛威を侮ってはならないのです

●私たちは、これ以上「負の遺産」を次の世代に残したくない！

50年前、原子爆弾でヒバクしたナガサキの稲もみは、人工放射能から出される放射線で遺伝子が傷つけられました。戦後、ヒバクした稲もみを、ずっと植えつづけている人々がいます。遺伝子を傷つけられた稲もみは「からもみ」という形で表に出ました。

原発が大事故を起こしたら、大量に放出される人工放射能によって、生きとし生けるものすべてが、稲もみと同じ運命をたどる危険をはらんでいます。

傷つけられた遺伝子という「負の遺産」をこれ以上、次の世代、未来へ残したくありません。

●浜岡原発が地震で破壊される前に止めたい！

▲…ＰＫＯ法雑則を広める会の署名用紙

◀…浜岡原発を考える静岡ネットワーク

は県内での運動のネットワーク作りも提起された。

三月一〇日にはＰＫＯ法雑則を広める会が通産省あてに、政府が東海地震前に浜岡原発全機の停止を命令することを求める要請書を提出した。地震と原発を考える会（寺田奇佐子代表）は静岡県内で署名集めをおこなってきたが、三月一七日、静岡県に対して浜岡原発全機の停止を求める申し入れをおこない、集めた六七八〇人の署名も提出した。この申し入れでは浜岡原発が東海地震に耐えられる根拠や公正な学者による安全性の検証なども求めた。

このような動きは浜岡原発を考える静岡ネットワーク（浜ネット）の結成につながった。九月七日に静岡市でもたれた浜岡原発を考える静岡ネットワークの設立総会には、これまで静岡県内各地で反原発の活動をすすめてきた人々、一〇〇人が参加した。

集会では代表委員の相良の長野栄一が耐震性やプルサーマル、使用済み燃料などの問題点をあげ、正論が通じない原子力行政に対して道は厳しくても粘り強く運動をすすめることを呼びかけた。藤田祐幸は「原子力時代の終わらせ方」と題した講演で、原子力時代が退廃と崩壊のなかにあり、プルトニウム開発は技術、経済、社会面での三つの困難により、撤退を迎えているとした。

この浜ネット結成の直後、浜岡をはじめ各地の沸騰水型原子炉での配管溶接データの改ざんがあきらかになった。

2　配管溶接データの改ざん

一九九七年九月一六日、通産省資源エネルギー庁は日立製作所と日立エンジニアリングサービスが一九七八年以降に建設・補修した全国八か所の沸騰水型原子炉一八基で、配管溶接工事の温度記録に虚偽報告の疑いがあると発表した。溶接工事を請け負ったのは伸光であり、溶接工事の検定は発電設備技術検査協会だった。工事はタービン周辺で放射性物質を含んだ水を循環させる配管の溶接部でなされ、溶接後にその強度を増すための熱処理がなされた。その作業は溶接部の配管部分に電機コイルを巻き、六五〇度まで加熱して冷却するというものであったが、その際にデータが差し替えられ、改ざんされた。虚偽報告は計二〇〇回に及んだという。浜岡では一号機から四号機で虚偽報告があったとされた。

この通産省発表の前に、通産省と電力会社と日立との間で発表を前提に話がつけられていた。通産省は中電へと九月一三日に連絡し、その日のうちに日立は中電に三号機の四か所と四号機の一二か所の計一六か所で改ざんの疑いがあると回答した。一六日に中電は目視で確認して異常なしとした。しかし、伸光は一号機から四号機のタービン設備の約一万か所で溶接工事をおこなっている。目視では内部の腐食状況などは判明しない。その後、中電は二号機から四号機で二九か所の改ざんの疑いがあるとした。また、資源エネルギー庁の調査では、虚偽報告容疑箇所は一四の原子炉で二四八か所に及んだ。

この事件により、溶接部分の熱処理による補強工事では、その成果の確認がきちんとなされないまま施行が終了していることが明らかになった。一九九七年七月には動燃もんじゅ事故での虚偽報告により、動燃が略式起訴された。それにより、動燃の事故隠しの実態が明らかになった。そのような原発の虚偽は、安全が問われる配管の溶接部でもなされていたのである。強度の弱い配管溶接部から汚染された蒸気が噴き出すという事故が起きる可能性が大きい。

3　石橋克彦の「原発震災」論

石橋克彦は「科学」一九九七年一〇月号に「原発震災」と題する論文をよせた。石橋克彦は当時、神戸大学の都市安全研究センターの教授（地震学）だった。その論文で石橋克彦は、原発設計での地震の想定が根本的に間違いであるとし、活断層がなくても直下型地震がおきるのであり、地震動についてはより大きなものを想定すべきとした。また、巨大地震により、原発で無数の故障が同時多発し、炉心溶融や水素爆発が起き、一基の大爆発が他の原子炉の大事故を誘発する危険をあげ、それを「原発震災」と呼んだ。そして、防災対策では原発震災を無くすことはできず、原発震災という破滅を避けるために、原発震災の可能性の高い原子炉から廃炉にすべきことを訴えたのである。

石橋克彦は東海地震の危険性を示し、「大地動乱」の時代に入ったことを語ってきた地震学者であり、この「原発震災」の危険性を訴える論文は大きな反響を呼んだ。特に浜ネットは結成にあたり、地震による原発の危険性を問題にしてきた経過から、この論文に高い関心を持った。

翌年、石橋は毎日新聞の阪神大震災三年後の記事（「神話との決別　危機の最小化」大阪本社版一九九八年一月一八日付）で、活断層がなくても直下の巨大地震が起こり、近年、太平洋岸直下の海洋プレート内部での「スラブ内巨大地震」の恐ろしさが注目されているとし、巨大な東海地震が懸念されるなかでの場当たり的な都市政策とそのような地震列島にひしめく五二基の原発の脅威を指摘した。さらに原発震災が起きれば、広範な地域が居住不能になり、深刻な影響が未来世代と世界に及ぶと警鐘を鳴らした。そして、原発だけは安全神話が成り立つとするような地震対策はないとし、持続可能な社会への転換と新たな文明の創造を呼びかけた。

それは一〇数年後の福島第一原発での地震と津波による複数基での炉心溶融と放射能汚染を予言するものだった。

4　浜岡原発を考える静岡ネットワークの公開質問状

一九九七年九月二九日に、浜岡原発を考える静岡ネットワーク（長野栄一代表）は県知事あてに一〇項目の公開質問状を提出した。その内容は、チェルノブイリ事故の原因、石橋克彦論文、浜岡原発の耐震性・地震対策、一・二号機と三・四号機の耐震設計の違い、静岡県の耐震安全性確認結果、五号機計画、配管溶接データ改ざん、原子力防災対策、排気筒の気体放射能連続測定値（スタックモニター）の公開、東海地震前での浜岡原発停止などであった。中電には、耐震性、二号機シュラウド補修、三号機の火災、五号機増設、使用済み核燃料、プルサーマル、スタックモニターなどについての質問状を出した。

浜ネットの質問状への静岡県の回答は一一月四日になされたが、安全性は確認されている、地震で原子力災害が発生することはない、地震により炉心溶融には至らない、原子力災害対策は八から一〇キロの距離とするというものだった。それは、原発は国の専管事項とし、国や中電の主張を鵜呑みにする無責任なものであり、県として主体的に対策を講じようとする姿勢がなかった。

中電は一一月六日に浜岡原発内で説明会を開いて回答した。このような形での説明会は異例のことだった。その席で中電は、三・四号機の基準で一・二号機をみても耐震安全性に問題はない、原発は活断層の上にはつくらず、岩盤上で建設する、最大の地震に耐えられるように設計している、大きな揺れを感知すれば自動停止する、などと答えた。

第一回目の回答があった日に、中電は一号機の事故評価報告書「定期安全レビュー」を通産省に提出した。その評価では、運転経験からは設備や保安管理の改善は適切、最新保安技術を適切に導入、あらゆる悪条件が重なっても炉心が損傷する可能性は百万年に一回の確率などとした。

交渉後、静岡県は国へと石橋論文についての見解を問う質問書を出したが、国からの回答は内容のないものだった。それをふまえて、浜ネットは二月二三日に、資源エネルギー庁と科学技術庁に公開質問状を提出した。その質問状では、耐震の妥当性の根拠を問い、推定地震波形、津波シミュレーション、構造物の耐力、津波の潮位などの数値を具体的に示すことを求め、浜岡をはじめ全原発の耐震安全性の再検討などを要請した。

中電による第一回目の説明会での交渉をふまえ、浜ネットは翌年の一月一二日に第二回目の公開質問状を出した。質問状の内容は、浜岡原発の耐震性（想定地震の妥当性、各号機の耐震性、機器・配管の耐震性、地震時の制御棒挿入、弁の自動開閉)、日立の配管焼鈍データ改ざん、過去の浜岡での事故のデータ公開、スタックモニターの測定値の公開などである。この質問状への説明会は五月一四日にもたれ、中電はマグニチュード八・五での試験波実験でも制御棒は挿入できるとし、直下型地震に対する耐震設計もしているとした。この日の交渉で浜ネットは五号機建設予定地点での専門家調査なども求めた。

中電は福島原発で発見されたシュラウドのひび割れは浜岡では起きていないと強調してきたが、二一世紀に入ると浜岡原発でもシュラウドのひび割れが発見されることになる。

5 静岡県の原子力対策アドバイザー

浜ネットの結成や事故の多発による原発への批判の高まりのなかで、一九九七年一〇月、静岡県は原子力対策アドバイザー制度をつくった。アドバイザーとされたのは、石原正泰(東京大学・原子核物理学)、岡田恒男(芝浦工大・建築耐震構造)、小佐古敏荘(東京大学・放射線安全基準)、斑目春樹(東京大学・原子力工学)、溝上恵(日本気象協会顧問・地震学)であり、任期は一九九九年三月までの一年半だった。彼らは原子力対策について県職員への講演や研修をおこなった。

一九九八年一〇月におこなわれた講演会には、事前に申し込めば、市民の参加もできた。そこで小佐古敏荘は、原発から放出されている放射線は微量であり、ガンの影響はない、原子力発電所で働いている人がガンに罹るとすぐに放射線の影響というが、そんなことはないという趣旨の発言をおこなった。市民が嶋橋労災について質問したが、小佐古は被曝による発病を否定した。斑目春樹は原子力発電の「深層防御」について解説し、原発が多重に防御されていることを強調した。質問に答えて「理論上、事故は起こり得ない」と発言したところ、会場からは怒りの声があがった。

原発を推進する側の斑目春樹や小佐古敏荘らの安全宣伝を職員は聞かされることになった。浜岡周辺では環境に放出された放射性物質へ不安が高まっていた。

一九九八年には浜岡原発周辺でのクローバーの異常調査が紹介されている。住民の調査によれば、浜岡原発から半径一キロ以内でクローバーの異常率が高まり、原発から距離が離れるに従ってその率は低くなるという。また、浜岡病院のデータから悪性リンパ腫や白血病の患者数が全国平均よりも高いものになっていることも判明した（環境新聞一九九八年五月一三日、一〇月七日付）。放出された放射性物質が内部被曝をもたらし、発病者数を増やしている可能性が高いのである。

6　東伊豆で「地震と原発」全国集会

地震での原発の耐震性が問題となるなかで、一九九八年一月二四日から二五日にかけて東伊豆の熱川で地震・環境・原発研究会と浜ネットが共催して、「地震と原発」第三回全国集会（阪神淡路大震災の悲しみから三年、住民がわが身を守るための「地震と原発・廃棄物問題」討論集会）がもたれた。集会には一七〇人が参加し、静岡県からも五〇人が参加した。

集会では、広瀬隆、明石昇二郎、田嶋雅己、小村浩夫、小泉好延、小出裕章、広河隆一、生越忠、菅井益郎、藤田祐幸らが原発批判と地震事故の危険性などを訴え、六ヶ所、女川、芦浜、浜岡、柏崎、巻、人形峠、岐阜、串間など全国各地から報告がなされた。

報告では、各地での抵抗の経過とともに、福島でのシュラウド交換にGEがアメリカから労働者を投入し、各地の寄せ場からも動員されていること、過去三〇年で原子力に約一〇兆円が投入されてきたこと、世界各地のウラン残土の放射能汚染、核廃棄物の処理、廃炉後の処理など、原発のさまざまな問題点が示された。

浜岡の原発問題を考える会の活動は、県知事による五号機の増設容認のなかで一時停滞した。しかし、浜ネットの結成を経て、この地震研の全国集会に参加するなかで、二月に新たに「考える会会報」を発行し、活動を再開することになった。この会報はその後、一〇〇〇部発行され、全国に発信された。

7　増加する使用済み核燃料

一九九八年二月一九日、中部電力は通産省に使用済み核燃料の貯蔵のために核燃料プール内の空きスペースに核燃料ラックを追加設置するという設計変更を申請した。核燃料ラックには七四六体分が入ることになる。この追加設置は二〇〇一年一二月から翌年五月までの予定とされたが、これは使用済み燃料の再処理がすすまないなかで、浜岡に高レベル廃棄物を貯蔵しつづけるための処置である。これに対し浜ネットは二月二〇日に使用済み核燃料プールの増設に反対する要請をおこなった。

格納容器の横に置かれた使用済み核燃料プールは常に冷却が必要であり、冷却に失敗すると臨界を起こす。中電によれば、一九九七年六月末時点での浜岡での使用済み核燃料の貯蔵状況は一号機から四号機までで二七五一体分であり、貯蔵容量は八〇九四体分である。現在の一号機から四号機までの装着核燃料は二四五六体（燃料棒本数では一五万四七二八本）に及んでいる。これらの装着燃料のうち、一年間で三分の一が取り換えられるとすると毎年約八一三体が廃棄物として外に出されることになる。六年から七年で燃料プールは一杯になるという。五号機では八七二体（二七〇トン）のウラン燃料を必要とするから、廃棄物はさらに多くなる。

三月にはフランスで再処理された高レベル核廃棄物を載せたパシフィックスワン号がむつ小川原港に到着した。これらはウランとプルトニウムを回収したあとの廃棄物である。ガラス固化された六〇本は輸送容器三基に入れられ、六ヶ所村の高レベル廃棄物管理施設に運ばれた。これまでに浜岡からは約三〇〇〇体の使用済み核燃料がフランスに搬出されているが、今回の六〇本のうちの一〇本分は浜岡からフランスに送られていたものの一部である。一九九五年四月の再処理廃棄物一本の輸入価格は四四〇〇万円だった。

原子力資料情報室の調査によれば、一九九五年九月末までに中部電力はフランス核燃料公社に三六九・九トン、イギリス核燃料公社に一六二・五トンの再処理を委託している。全電力会社の委託量はフランス核燃料公社に二九二五・四トン、イギリス核燃料公社に二六六二・六トンの計五五八八トンとなる。大量の再処理の委託がおこなわれ、少量のプルトニウムが抽出され、その他は高レベルの核のゴミとなって日本に戻ってくる。戻される核廃棄物は増える一方であるが、これらの処分方法は確立されず、処分地だけでなく処分の実施主体も決められていない。

低レベル廃棄物についてみておけば、一九九八年一二月に電気事業連合会の調査によって、全国九か所の原発で低レベル廃棄物の入ったドラム缶約一万二五〇〇本の腐食が発見された。浜岡原発では五〇〇本の腐食が確認された。電力会社は腐食部分をステンレス板で補修した。これまで低レベル廃棄物のドラム缶の腐食については情報の提示がなかった。

また、一九九八年一二月に原子力安全委員会の放射性廃棄物安全基準専門部会は、老朽原子炉の解体時に出る低レベル廃棄物のうち、放射能レベルの極めて低いコンクリートや金属を産業廃棄物として扱うことができるとする報告書原案をまとめた。

なお、一九九八年一〇月には、五号機建設現場の搬出土から旧陸軍の不発弾が発見された。場合によっては爆発していた可能性がある。この地域には戦前、陸軍の遠江射場があった。

8　参議院議員会館での石橋克彦講演

一九九八年四月二四日、石橋克彦は参議院議員会館で講演し、討論した。この研究討論会は新社会党が科学技術庁に働きかけて二月から開催してきたものであり、原子力安全委員会の審査委員や科学技術庁の審議官、通産省の原子力発電安全企画審議課の審議官なども出席し、傍聴者も一〇〇人を超えた。

石橋克彦は、地震の原因は震源断層面のずれによるものであり、活断層がなくても直下型の大地震が起こりうることを示し、巨大地震では震源が多重となり、東海地震ではプレート境界面の多重震源に加えて、浅い部分に伸びた枝分かれ断層も震源となる可能性を指摘した。そして、浜岡周辺では地盤が隆起し、地盤破壊が起き、浜岡原発の地盤高六メートルでは津波で大丈夫とはいえないとした。討論のなかで、石橋は原発震災の可能性を主張したが、国側は安全審査の基準は最高の科学技術の水準に照らして決めているとし、耐震性、安全性を強調した。

この「原発震災」をめぐる討論は、原子力利権に組み込まれて安全を語るのではなく、科学的理性と人類の将来をふまえて行動することを問いかけるものだった。この時の問題提起を、政府はきちんと受け止め、地震と原発の安全性についての調査を深めるべきだった。

浜ネットは当日、科学技術庁と資源エネルギー庁に耐震指針以前に作られた浜岡原発の耐震安全性に関するデータなどの公開を求める二〇数項目の質問書を出した。

六月九日には、科学技術庁で浜岡原子力発電所の耐震性などについての地元住民と国との討論会がもたれた。この討論会は四月二四日の参議院議員会館での討論会に続くものである。この席で住民側は、東海地震で安全性が確保されるというデータや一・二号機の耐震性のデータの公表を求めたが、国側は検討するとし、一九七八年の発電用原子炉施設に関する耐震設計審査指針の見直しにも触れなかった。同席した石橋克彦は、活断層がみられない場所でも地震が起こることは専門家の間でも定着しつつあり、早い段階で認めることを求めた。

六月二四日、浜ネット、とめようネットワーク、浜岡町原発問題を考える会は静岡県知事に対して、原発震災の発生可能性の認知、地震防災への原発事故防災の組み入れ、県が浜岡原発の廃炉と五号機中止を中電に申し入れることなどを要請した。静岡県は、原発問題は「国の専管事項」とし、地震時の原子力防災対策にも取り組もうとしなかった。それに対して浜ネットは静岡県が主体性を持って対応するように求めた。さらに一〇月には科学技術庁と資源エネルギー庁、中部電力に浜岡原発の停止や核燃サイクルの中止、省エネルギーの促進を求める要請行動をおこなった。

四月二九日には、チェルノブイリ救援基金浜松の主催で「チェルノブイリは終わらない」の講演会が浜松でもたれた。集会では事故の処理にあたったウクライナの消防士レオニード・アントニュークとオレグ・トビヤンスキーが講演した。その講演では、事故から一二年を経て、住民の放射線によるガンや白血病、健康障害が増加し、事故処理にあたった人々の多くが健康を侵されている実態が明らかにされた。

9　明らかになった原発事故での損害予測

一九九八年八月、科学技術庁が一九六〇年に日本原子力産業会議に調査を委託した「大型原子炉の事故の理論的可能性及び公衆損害額に関する試算」の全文が明らかになり、政府による被害想定の実態がわかった。この文書の本文は一九九七年九月に参議院議員の山口哲夫が科学技術庁に資料請求をおこなうなかで入手した。本文では損害額を一六万キロワットの原発から二％の放射能が漏れた際には、一兆円を超えるとされていた。しかし、報告書の全文から、付録に五〇万キロワットで四年間稼働したケースの表があり、そこでは放射能放出事故での賠償額は三兆七三〇〇億円、要観察人員を四〇〇万人とする試算があることがわかった。ここには晩発性のガンなどの被害想定は入れられていない。

この賠償額は、当時の国家予算の二倍の額となり、現時点での価格に換算すれば百兆円を超えるものになる。全文を入手した環境新聞社は、一九六一年の原子力損害賠償法では電力会社の賠償最高限度を五〇億円（現在では一二〇〇億円）とし、それ以上は国が支払うとしてきた。この文書では、賠償法の制定前に国の支払い自体が不能となるような額も提示されていたため、文書は秘密扱いされてきたとした（環境新聞一九九八年八月五日）。

この文書は一九九九年に入って参議院経済産業委員会で追及され、科学技術庁は全文を公開した。調査から四〇年近く経っての公表だった。原子力を推進した者たちは大事故になれば賠償支払いが不能になることを知っていたが、それを明らかにせず、安全を宣伝し、原子力損害賠償法を制定したのである。

10　五号機第二次公開ヒアリング

一九九八年五月三一日、浜岡町の県原子力広報研修センターで浜岡町原発問題を考える会、浜ネット、とめようネットの共同の主催による原発問題シンポジウムが開かれた。このシンポは六月に国が開く五号機の第二次公開ヒアリングが形式的な欺瞞であることを示し、住民が原発を批判する場として設定された。

集会では、矢部忠夫（新潟県柏崎市市議）、山本定明（名城大講師、能登原発訴訟原告）らが五号機・改良型沸騰水型軽水炉（ＡＢＷＲ）の問題点、原発事故と防災計画の問題点などを指摘し、ＡＢＷＲがコストを下げるために安全性を犠牲にしていること、東海地震によって事故が起きれば放射能からは逃れられないことなどを示した。参加者は柏崎と能登からの問題提起を聞き、五号機増設反対への思いを強めた。

▲…５号機公開ヒアリング反対行動

六月四日には五号機の第二次公開ヒアリングが浜岡町民会館でもたれた。主催は原子力安全委員会である。ヒアリングでは浜岡町など五町村から選ばれた一八人が一〇分の持ち時間で意見を述べた。傍聴人は四七〇人ほどである。このヒアリングは町長や知事が同意した後のものであり、増設を前提としている。出された質問は、相良層の軟弱性、使用済み核燃料廃棄物、放射線の影響、経済的評価、東海地震による浜岡原発への影響などさまざまであり、地震の原発への影響については一〇人が言及した。

ヒアリングで意見陳述した石原顕雄は「東海地震が襲来する浜岡町への原発増設は火薬庫のなかのたき火ではないか。地震と原発災害が同時発生したらどうするのか」と批判した。角田道生は「東海地震が心配される浜岡に巨大な原子炉を造ろうとするのはそもそも無謀。改造型の五号機の特徴は安全性の向上よりも再循環ポンプを炉内に内蔵するなど省スペース、コスト削減という経済性が優先されている。この機構では制御が複雑になることはないのか。地震による電源喪失があった時、再循環ポンプの弱点は冷却材喪失事故につながる恐れがある」と指摘した。これらの原発批判や問題点の指摘は的確なものだった。しかし通産省は「浜岡原発の安全性は十分に確保できている」と強調した。

浜岡町原発問題を考える会の柳沢静雄も会場で意見を述べた。その動機は「佐倉地区ではもうこれ以上原発はいらないという気持ちが強い。国や中電が安全といっても大地震がいつ起きるかわからない状況では安心できない。震源域に増設するなんて間違っている。県独自の原発と地震を結びつけた防災計画もない。原発は人類とは共存できない。浜岡町から原発がなくなってほしい」というものだった（中日新聞一九九八年六月四日夕刊記事）。

会場前では、浜ネットや原発問題を考える会のメンバーが「まやかし公開ヒアリングはヤメロ！」「浜岡原発反対」といった横断幕を広げて抗議行動をおこなった。抗議行動では「原発で地域の活性化をめざすのはナンセンス、良心をお金で売るのと同じ」、「大地震が起こったらどうなるのか。五〇年、一〇〇年後を考えてほしい」、「ヒアリングは儀式にすぎない、開催して原発が見直しになったことはない」、「浜岡全機の廃炉を」などと訴えた。原水爆禁止静岡県民会議は会場前で公開ヒアリングと五号機増設への反対を申し入れた。

公開ヒアリングでの陳述人は安全委員会が選出する。都合のよい質問者も依頼できるし、傍聴人も動員される。反対する側の意見も陳述させるが、形式的なものであり、増設を止めるつもりはない。周辺五町以外の市民は傍聴ができない。会場周辺は警察権力によって厳戒体制が敷かれ、原発に反対する行為が犯罪のように扱われる。茶番劇といわれる所以である。

11　五号機漁業補償

榛南五漁協との漁業補償の仮協定は一九九七年九月一七日に結ばれ、二五億円が支払われることになった。漁協側は四号機までの放棄区域に加えてさらに沖合に約六〇〇メートルの扇形を放棄することになり、制限区域は放棄区域からさらに四〇〇メートル先となった。各漁協での総会を経て、一九九八年三月、榛南の五つの漁協と正式な漁業補償協定が結ばれた。八月に入り、福田と浜名の漁協との補償交渉がまとまった。その協定内容は三・四号機の放水路を起点に沖合二・五キロ、東西七・二キロの範囲で計四・二平方キロの漁業権制限区域を設け、九億八〇〇〇万円を支払うというものだった。

一号機から四号機によって生じた漁業権の放棄区域と制限区域が五号機増設にともない外側に拡大されたわけであるが、放棄区域と制限区域でも漁はおこなうことができるというものである。原発には、温排水による生態系の破壊や放射性物質の流出による海洋汚染など多くの問題がある。金では買うことができない大切なものが漁業補償の名によって奪われた。

榛南五漁協への漁業補償額は一号機で六億一一〇〇万円、二号機で二億五〇〇〇万円、三号機で一八億六〇〇〇万円であり、四号機の一七億九〇〇〇万円、五号機の二五億円を合わせると、七〇億一一〇〇万円ほどになる。遠州二漁協への漁業補償額は、一号機で二億七〇〇〇万円、二号機で一億一一〇〇万円、三号機で七億二五〇〇万円、四号機で七億円、五号機で九億八〇〇〇万円であり、計二七億八六〇〇万円である。

榛南と遠州の漁協への漁業補償額は、合計すれば九七億九七〇〇万円であり、一〇〇億円近くになった。

12　佐対協の不同意撤回

一九九八年九月の静岡県議会では白鳥良香が代表質問で、石橋論文を引用しながら東海地震での浜岡原発の危険性、防災体制の不十分性、使用済み核燃料の増加とその危険性、県がプルサーマルを拒否すること、県が五号機増設容認の姿勢を改めるべきことなどを示し、県当局を追及した。しかし、県は、安全は確認されていると繰り返し、プルサーマルや五号機問題については答弁しなかった。一二月二五日、通産大臣が浜岡五号機の増設を認める設置許可を出したが、これに対して浜ネットなどは連名で抗議文を出した。

▲…池宮神社の大鳥居

五号機をめぐる動きのなかで、佐対協は一二月二八日、緊急役員会を開き、一九九五年三月に町に提出した不同意の意見書の撤回を決めた。この撤回は、地元の要望事項を一つでも多く実現するためと、合理化された。一九九九年一月に入り、佐対協正副会長と三人の議員が町役場に出向いて、意見書撤回の書面を渡した。一般住民がこの決定を知ったのは、一月に入って配布された「佐対協だより」の記事からだった。

撤回の決定を知った原発問題を考える会は、佐倉地区の住民の意思は中電による協力金のようなお金はいらない、これ以上の原発はいらないというものだ、これではいつまでたっても原発依存から脱却できないと抗議した。

原発近くの桜ヶ池の池宮神社の社務所が新築された。当初は桜ヶ池歴史資料館を建設するというものであったが、できあがったものは社務所であり、その一角に歴史資料室はできたが、資料は収集中だった。建設はゼネコンが請け負って、その下請けに地元の大工が参加するが、ゼネコンの中間搾取により下請けにわたされる金は減らされ、下請けの間でその分配をめぐりもめることになる。また、池宮神社の大鳥居の建設や「郷土の偉人」水野成夫の銅像建立もすすめられた。水野成夫は浜岡出身で産経新聞やフジテレビの社長を務め、浜岡原発建設に賛成した人物である。大鳥居の建設には一億円以上をかけ、二〇〇二年一二月に完成した。佐対協による不同意撤回の見返りとして中電の多額の寄付によって作られ、手打ちの象徴といわれた。

中電に協力金を無心し、社務所や大鳥居の建設、銅像の建立をおこなう佐対協に対して、考える会の住民は、佐対協の行為は住民への裏切りであり、原発からの安全を求める住民の意思とはかけ離れたものであると批判した（「考える会会報」一三二）。

13　二号機・給水ポンプ水漏れ事故

一九九八年一一月三日、二号機でタービン建屋のタービン駆動給水ポンプ附近で水漏れ事故が起きた。配水管を通る水蒸気とその凝結で生じた水の影響で炭素鋼製の台座管の腐食がすすみ、穴が開いたのだった。

この事故に対して一一月一八日、浜ネットは中電と県に対して抗議の要請をおこなった。浜ネットは中電に対して、運転再開の中止と徹底的な修理、定期検査での精密検査と全データの公開、事故についての説明会の開催を求めた。県に対しては二号機の運転停止継続の指導、中部電力への立ち入り調査の実施、他の原子炉の運転停止などを要請した。

しかし、中電は腐食した台座管八本を低合金鋼製に取り換え、運転を再開した。この事故は原発の老朽化を示すとともに部材の品質など設計自体に問題があることを示すものだった。

14　定期点検時の窒素放出の実態

一九九九年三月二〇日、浜岡町原発問題を考える会は空間ガンマ線量率の異常をとらえた。ちょうど一号機の定期点検がおこなわれていたときであり、この測定データでの線量率の増加は、定期点検の際に格納容器から窒素ガスが排気筒を経由して放出されたためとみられた。六月二六日、浜岡町原発問題を考える会、浜岡原発とめようネットワーク、浜岡原発を考える静岡ネットワークの三団体は中部電力に対し、排気筒モニターのガンマ線量率の公開を求める申し入れ書を出した。考える会などは、一号機定期点検作業項目の時間的経過を明示する工程作業表の公開も求めた。しかし、中電はそれらのデータの公開を渋った。

この問題について考える会は、七月一七日に山本定明（能登原発防災研究会）を講師に学習会をもった。山本は、ヨウ素は揮発性が高く、燃料棒被覆管を通過し、一次冷却水中に常に漏れ出していること、中性子が飛び込むと金属は放射化され、BWRでは沸騰により蒸気に混入した放射性物質がタービンまで運ばれること、BWRの格納容器内には窒素ガスが入れられているが、点検のときには環境中に放出されること、ウランとプルトニウムは核分裂時の中性子エネルギーが違い、分裂する特性も違う、そのためMOX燃料は制御が複雑で難しいことなどを示した。

一次冷却水は燃料棒からのヨウ素や配管などの金属が放射化されたコバルトなどに汚染される。放射性のクリプトンやキセノンなどが放出された窒素ガスとともに大気中に流れ出していく。放出されたキセノン一三五は壊変して九時間ほどでセシウム一三五となる。セシウム一三五の半減期は二三〇万年である。

明石昇二郎「原発周辺で赤ちゃんが死んでいく」（「週刊プレイボーイ」二〇〇一年八月二一・二八日）には、原発立地半径一〇キロ圏内で胎児死亡率が増加したことが記されている。明石は安定期といわれる妊娠二二週から生後一週間までの周産死亡率を調べ、一九九七年を境に原発立地周辺で上昇していることを発見した。この上昇期は経営効率を理由に原発での定期点検が短縮されるようになった時期と重なる。

明石たちは「浜岡原発一号機第一七回定期検査主要工程表」を入手した。これは、考える会が線量率の増加をつかんだ時期の工程表である。これまで窒素放出は原子炉を停止して熱を冷まし、時間をかけて排気筒から放出していた。しかしこの工程表から、九九年三月の浜岡での定期点検では原子炉が停止する前に窒素放出を終えていたことがわかった。さらに、定期点検時の窒素放出は夜間、モニタリングポストのない海上へと風向きをみながら、フィルターを通さずに強制排気ダクトで排出されていたのである。

この明石の調査により、一号機の定期点検時には放射性物質が放出され、それが線量率の増加につながっていたことがわかった。

15　一九九九年の浜ネットの活動

浜ネットの代表の長野栄一は一九九九年六月一〇日、浜岡原発一号機のシュラウドの修理状況を中電の案内で視察した。中電は一人での見学を求めてきた。修理はレーザーピーニングといって、レーザー光線を照射してシュラウド表面の応力を改善するというものだった。東京電力は傷ついたシュラウドを交換したが、中電はレーザーピーニングでの修理だった。長野は核燃料プールの前で「プールに浸してある核燃料棒が水を離れ空気中にさらされるとどうなりますか」と聞くと、中電は「それはたちどころに人間が死ぬでしょう」と語った。そこで長野は燃料棒の危険性を改めて認識した。そしてこのような廃棄物が満杯になっていく将来の浜岡町の姿を想像し、暗澹たる思いになった（「浜ネット会報」一〇号）。

長野栄一は六月九日に相良町でもたれた県知事と県民との交流会「さわやか緑飲トーク」に参加した。そこで、浜岡原発震災への取り組み、浜岡でのMOX燃料問題での公開討論会開催、県による石橋克彦講演の実施などを質問した。県知事の答えは、原子力は大変優れた燃料で捨てがたい、日本の原発は際立って安全であり、浜岡原発は日本のなかでもトラブルが少ない、浜岡でのMOX燃料については聞いていない、石橋講演についてはその必要はないというものだった（「浜ネット会報」一一号）。

しかし、この頃、中電は浜岡の各戸を訪問する「こんにちは運動」を展開し、五号機増設とプルサーマルの実施についての宣伝をおこなっていた。住民が反対の意見を示すと、プルサーマルには実績があり、その使用済み燃料は六ヶ所に運ぶから大丈夫と答えた(「考える会会報」一五)。

六月二九日に開催された中部電力の株主総会には名古屋や静岡、芦浜から反原発の株主が参加した。そこでは、再生エネルギーの推進、耐震性が不十分な原発を稼働させない、芦浜原発の立地計画の撤回、使用済み核燃料の再処理はおこなわないなどの議案を提案した。芦浜の南島町からの一〇人は壇上に詰め寄って抗議した。芦浜では、一九九七年に八〇万人の三重県民署名を集め、三年間の凍結を約束させた。しかし、中電はそれを破ろうとする動きをみせていた。

七月九日には敦賀行きの核燃料輸送隊の警備車両が浜松西インター付近で交通事故にあった。浜ネットなど三団体などは静岡県知事に対して県内での核燃料輸送の実態調査や輸送実態の公開など求める要請書を同月一六日に提出した。

九月五日、浜ネットの第三回定期総会が開催された。浜ネットは、原発は核燃サイクルの破綻、核廃棄物の処分不能、原子炉の老朽化、地震・テロ・二〇〇〇年対応、環境汚染、被曝労働など多くの問題が浮上して行き詰まり、八割の人々が不安を感じるようになっていると情勢を判断し、県、国、中電への要請行動、地域ごとの市民学習会、耐震性・五号機阻止、プルサーマル、放射能汚染、核燃料輸送などのテーマへの取り組み、他団体との連携などの活動を強めるとした。記念講演では、森住卓が「世界の被曝者の叫び」の題でセミパラチンスクなどでの取材をもとに放射能汚染の実態を示した。

16　JCO臨界事故と浜岡

一九九九年九月三〇日、茨城県東海村の日本核燃料コンバージョン(JCO)で臨界事故が起きた。浜ネットは一〇月一日に抗議の宣伝をおこない、静岡県知事あてに要請書を提出した。さらに一〇月二〇日には県内五二団体、県外三七団体の連名による要請書を政府(科学技術庁・通産省)に提出した。その要請書では、原子力推進の転換、プルサーマルの中止、浜岡五号機の中止、防災計画の見直し、放射能測定値の公開などを要請した。また、一〇月二六日には中電あてに「浜岡原発安全審査体制の抜本的見直しを求める要望書」をだした。

JCO事故への政府の対応に対して、浜ネットの会員からは、官房長官ではなく安全委員会の学者は説明しないのか、中性子線の測定が六時間も遅れた原因は何か、中性子線が出ていると分かった段階で屋内退避の近い人から避難所に移さないのか、風向きを考慮して避難所を選ぶように助言しないのか、体内被曝を計るホールボディカウンターは使わないのか、植物や人体、土壌への影響があるのではないか、科学技術庁長官は責任をとらないのかなど、さまざまな疑問があがっていた。

早すぎる安全宣言、測定値の恣意的な操作、汚染の過小評価、原子力政策の継続宣言などの事態の進行、住民に真相が示されずに被曝が蓄積していく。浜岡での事故の際にも同様であるとみられた。行政は対応が遅れ、その事故の責任を政府は取ろうとしない。

▲…浜岡原発とめよう街頭アピール（1999年11月）

浜ネットの河合藤夫は、事故発生から一〇時間も経っての政府対策本部の立ち上げ、事故解決への意欲のなさ、被曝を覚悟して現地で作業した人への思いやりのない原子力安全委員長代理、他人事のようなＪＣＯ幹部、想定外を語る科学技術庁の原子力安全局長などの姿をみて、このような「彼らの顔に共通しているのは冷たく感情がないということ」であり、「被害をこうむった人々や地域社会に対しての心の底からの謝罪の気持ちが沸いてこないのか」と記した。また、東海村の村長が「われわれが守るのは原子力ではない、住民だ」と、毅然と周辺住民の避難に踏み切った姿に共感し、持続した理想主義は必ず結果を残すと記した（「浜ネット会報」一二）。

浜岡の考える会の伊藤実は、この事故の教訓を、放射能汚染では原発と原爆は同じもの、金もうけ最優先の原子力開発が続く限り、事故発生に終わりはない、金もうけ最優先の経営方針と補完関係にある国と企業の秘密主義をうち破らないかぎり、事故の廃絶は望めないと三点にまとめ、浜岡五号機の安全審査のやり直しを求め、原発は安全ではなく、放射能は人間の力では制御できないと記した（「考える会会報」一九）。

このＪＣＯ事故を受けて一一月一五日、浜ネットは静岡県と原子力防災に関する交渉をもった。そこでは、半径一〇キロ圏とされている避難対象地域の拡大、原発震災の認識などについて質問した。その席には、半径一〇キロ圏の拡大などの意見書を議決した榛原町の大石議員も参加した。しかし、県は「半径一〇キロ圏の拡大は困難」「地震によって原発が事故を起こすことはない」と旧態依然の認識を示した。参加者は「このままでは役人の怠慢のために浜岡の友人たちが殺されてしまう」と感じた。

一二月二一日には再度の交渉がもたれた。一二月の交渉では、翌年二月一日の原子力防災訓練で「原発震災」の想定があるのかと問いただしたが、想定はしないとのことだった。

17 石橋克彦「今こそ『原発震災』直視を」

一九九九年八月、石橋克彦は「大地震直撃地に集中する原発」(「週刊金曜日」二八〇)を記した。そこで石橋は、このスラブ内地震による破壊力を示し、東海地震での浜岡原発の危険性を記した。スラブとは、陸のプレートの下に沈み込んで地下深部に斜めに垂れ下がっている海洋プレートのことである。また、大地震をきっかけに炉心溶融という過酷事故になり、その原発震災が国土の何割かを喪失させると警告した。さらに各原発の運転歴、老朽度、地盤・地震危険度、事故の影響度などから廃炉の優先順位を評価することを呼びかけた。そして、その努力が原子力産業を肥大化させ地方経済を荒廃させている政治・経済・社会構造との厳しい対決であるとし、広島・長崎に続く三度目の核の被害をくぐらなければ変われないのかもしれないと記した。

さらに石橋克彦は「今こそ『原発震災』直視を」(「サンデー毎日」一一月二一日)で、「日本中のどの原発も想定外の大地震に襲われる可能性」があり、「多くの機器・配管系が同時に損傷する恐れが強く、多重の安全装置がすべて故障する状況も考えられる」とした。また、「最悪のケースでは核暴走や炉心溶融という『過酷事故』、さらには水蒸気爆発や水素爆発が起こって、炉心の莫大な放射性物質が原発の外に放出されるだろう」とし、「地震活動期に入りつつある日本列島で五一基もの大型原子炉を日々動かしている私たちはロシアンルーレットをしているに等しい」、「どうすべきか考える責任がある」と記し、原発震災への対策を呼びかけた。

「サンデー毎日」に浜岡原発への潜入ルポが連載されると、中電は社員を動員し、浜岡町内で雑誌を買い占め、地域住民の目にふれないようにしたという。行政は、どこで原発震災が起きてもおかしくはない、特に浜岡は危険であるという問題提起にきちんと答えようとはしなかった。その不作為と無責任は、その後の福島原発震災につながった。

18　浜岡原発見学会

一九九九年一二月九日、浜岡町原発問題を考える会は浜岡原発内部を見学した。この見学会には河田昌東（名古屋大学）や小村浩夫（静岡大学）なども参加し、線量計を持参して放射線量などを測定した。見学場所は三号機の使用済み核燃料プールと低レベル固体廃棄物貯蔵庫などである。

三号機の燃料プールサイドでは自然放射線の五〇から六〇倍の放射線を観測した。低レベル固体廃棄物貯蔵庫には三万二四〇七本が保管されているが、線量の高いものもあった。見学して女性や子ども用の見学衣服があることは問題であり、ＭＯＸ燃料が持ち込まれた場合には臨界管理などで問題が生まれることなどを感じた。

河田昌東は、廃棄物には配管などの金属廃棄物が多く、それらはコバルト六〇やマンガン五四などで汚染されていた。これらは原子炉材料に含まれるニッケルやコバルト、鉄などが中性子で放射されてできるものであり、水に溶けて配管を回り、各所にこびりついて配管を汚染する。金属廃棄物の存在は、原発が絶えず部品の交換を繰り返しながら運転していることを示すものと報告した（「考える会会報」二二）。

19　プルサーマルをめぐる動き

ストップ・プルトニウムキャンペーンはプルトニウム発電に反対し、東京電力で使われるＭＯＸ燃料には品質管理に問題があると指摘してきた。福島第一原発三号機と柏崎刈羽原発三号機で使用されるベルギーのベルゴニュークリア社製の燃料約四三万個で、全製品でのペレットの外径検査がおこなわれていないことがわかった。抜き取り検査はあるが、その測定精度は甘いものだった。ペレットの外径が大きすぎると燃料棒の被覆管にあたって管に穴をあけることになり、小さいとペレット内部が高温になって壊れる危険もある。東京電力が提出したデータを通産省が改ざんしていることも明らかになった。

通産省と電力会社は二〇〇〇年をプルサーマル元年とすることをめざしてきたが、新潟県柏崎市は一九九九年一〇月に、プルサーマルの一年先送りを決め、東京電力はそれに従わざるをえなかった。また、東京電力は二〇〇〇年一月七日に福島県知事を訪問し、データ確認のために福島第一原発三号機でのプルサーマル計画の延期を伝えた。

福井の高浜三・四号機用のMOX燃料はイギリス核燃料会社（BNFL）に委託したものであるが、三号機用の燃料データが過去のものの流用であることが一九九九年九月に明らかになった。そのため関西電力は三号機分全てを作り直すことになった。関西電力は日本に到着していた四号機分は不正がないとし、使用する意向を示した。それに対し、住民は高浜MOX燃料の使用差し止め仮処分を申請し、独自に核燃料報告書などの資料を収集した。仮処分決定の前日、追いつめられた関西電力はイギリス核燃料会社からの四号機分のMOX燃料の検査データにねつ造が確認されたと発表した。このため、四号機でのMOX燃料の使用は延期されることになった。イギリス核燃料会社では一部を抜き取り、データをコピーして流用していた。イギリスの核施設管理局（NII）は文書で四号機用燃料に疑惑があることを日本政府に示していたが、通産省はそれを明らかにすることなく、プルサーマルを推進してきたこともわかった。

二〇〇〇年でのプルサーマル使用は不可能になった。MOX燃料は高速中性子の割合が増えるため、炉心構造物の応力腐食割れに注意が必要とされる。MOX燃料の放射線量は高く、専用輸送器に入れて運搬しなければならない。使用済みMOX燃料はウラン燃料に比べて発熱量が大きく、いっそうの臨界管理が求められる。プルトニウム自体の危険性も大きい。このように危険なプルサーマル発電が浜岡原発にも導入されようとしていた。

二〇〇〇年二月には三重県の北川知事が芦浜原発の白紙撤回を決断した。ついに中電は芦浜での建設を断念することになったのである。三重県では三六年に及ぶ反原発の闘いが勝利したのだった。

20　反原発小村ゼミナールの開催

二〇〇〇年一月から浜松で小村浩夫を講師に反原発小村ゼミナールが開催された。第一回目は「JCO事故について」であった。その後、二〇〇一年にかけて「BWRの問題点」、「浜岡原発とチェルノブイリ」、「北朝鮮の原発問題」、「女川原発付近に自衛隊機墜落」、「台湾原発」、「浜岡原発震災を防ぐために」などのテーマで学習会がもたれた。

三月、小村浩夫はチェルノブイリを訪問し、三〇キロ圏内で事故処理に使われたヘリや装甲車などの残骸などを視察した。そしてウクライナでは「チェルノブイリカタストロフ」と呼ばれていることを聞き、原発事故が破局であることを実感した。

二月一二日には相良町福岡区で、浜岡町原発問題を考える会と浜ネットの共催による「東海村JCO事故の検証と浜岡原発の防災」をテーマに学習会がもたれ、小村浩夫と東海村の相沢清子が話した。小村はJCO事故が臨界による放射事故だけではなく、放射能汚染があったことを指摘した。相沢は村からの情報が役に立たなかったこと、住民が屋内退避している中で原子力関係者の家族が他県に避難していたこと、半径三五〇メートル以内の住民が風下のセンターに避難したこと、三五〇メートル以内としたのは五〇〇メートルとすると東海村の行政権が及ばない那珂町が入るためだったこと、那珂町では子どもたちが野外活動をし、雨の中で帰宅していたこと、事故後での被曝検査ではほとんどが健康に影響はないと言われたことなどの事例をあげ、行政が住民の立場に立っていないことを示した。

事故があれば、住民の安全よりも混乱を起こさないことが重視されるのである。この事故を経た後の東海村議選で相沢一正が脱原発の立場で立候補し、当選した。

一月八日には静岡市で平和と人権のための市民行動の主催で、浜ネットのメンバーを講師に原発問題の学習会がもたれた。このように各地で集会が企画された。

二月一日、浜岡原発の事故を想定した原子力防災訓練がおこなわれ、四四〇〇人が参加した。今回の訓練は実際に放射性物質が放出されたという想定だった。考える会や浜ネットはこの訓練の監視行動をおこなった。監視行動から、想定では七時三〇分に事故が発生し、その連絡を受けて駆け付ける予定の県庁安全対策室職員が七時三〇分には来ていたこと、自衛隊も五時三〇分に駐屯地を出発していたこと、住民避難の決定は九時三〇分であったが、バスは九時五分に来ていたこと、避難先の福祉会館は避難した時点では風下になっていたこと、東海地震は想定に入っていないことなどが明らかになった。ＪＣＯ事故を受けて放射性物質の放出を想定するようになったが、原発震災の想定はなされなかったのである。静岡県は原子力災害特別措置法による関連事業で約二一億円をかけて緊急事態対策拠点（オフサイトセンター）の建設をはじめた。このオフサイトセンターは浜岡町役場の近くに設立されたが、重大事故が起きて放射性物質が流出すれば、このセンターは放棄せざるをえず、実際には役に立たないものだった。

21　二〇〇〇年の浜ネットの活動

二〇〇〇年五月九日、浜ネットは石橋克彦と共に五号機の地盤工事現場と四号機内部を視察し、相良層の性質を調査した。この調査で、相良層は砂岩と泥岩の互層であり、泥岩主体の地層であること、ナイフや釘で簡単に削りとることができる軟岩であり、乾燥すると握りつぶすこともできることがわかった。

実地検査で浜岡原発の基盤岩が脆弱であることが明らかになった。一・二号機の地盤はより軟弱であり、老朽化しているうえに、近くに断層がある。四号機の調査では、原子炉横の使用済み核燃料プールが地震で揺れたり、水が抜けたりしたらどうなるのかが話題になった。見学した浜ネットの会員は「日本のような地震国に原発があること自体が間違い」という結論を持った。

五月二六日、浜岡原発の停止を求める全国署名約一万五〇〇〇人分を参議院議員会館で提出し、科学技術庁と通産省との交渉をおこなった。二月に提出した署名約二万四〇〇〇人分と合わせて、約三万九〇〇〇人の署名提出となった。

五月に入り、中電が発電所立地工作のために三五億円を使い、浜岡では中部プラントサービスを通じて六億円が町内の有力企業に流れたことがわかった。国税局は所得隠しとして重加算税を追徴した。浜ネットは五月二五日、中電静岡支店に対し、地元有力者の関係企業名、水増し提供の年月日、浜岡原発立地のために使った会計などの公開を申し入れた。

六月二九日に開催された中電株主総会では反原発株主も参加し、この問題を追及した。反原発株主は事前に、中部プラントサービスから代金の水増しをおこなった地元有力者の関係企業名、六号機増設の可能性、原発からの撤退、佐倉地区での毎年一億円の協力金の実態、五号機建設での裏金問題、漁業補償金での不明朗なうわさ、浜岡対策協議会と佐倉対策協議会への協力金額、五号機の送電線設置での地主の反対などの問題とともに地震動や振動周期などの影響も含め、浜岡原発の耐震性について質問をだした。しかし、中電は具体的な回答はなさず、安全を強調するだけだった。

八月三日、浜ネットは「浜岡原発震災を未然に防ぐための申し入れ書」を静岡県知事、中電、科学技術庁、通産省、原子力安全委員会へと提出した。この申し入れでは、地震工学の研究成果をふまえ、一九七八年の耐震設計の見直しが求められることと七月の茨城県沖地震により福島第一の六号機で蒸気配管が壊れ、二号機でタービン系の油漏れと制御系の水漏れなどの事故が起きたことをふまえ、浜岡原発四機の早急な停止と東海地震に備えての炉心燃料と使用済み燃料の安全な保管を求めた。申し入れでは、使用済み核燃料の崩壊熱の冷却に失敗すればメルトダウンに至ることも指摘し、燃料の保管対策を求めた。

八月四日から九日にかけて長野県鹿島槍スキー場でいのちの祭りがもたれ、三〇〇〇人が参加し、核のないみどりの社会、東海地震と浜岡原発などについてのシンポジウムがもたれた。

一〇月七日、静岡市内で浜ネットの総会がもたれ、広瀬隆が「二一世紀をひらくエネルギー革命」をテーマに講演した。広瀬は使用済み核燃料の増加についてつぎのように話した。

浜岡では今後、使用済み燃料プールが一杯になる。原発の寿命を三〇年とすれば、キャスター四万本の高レベル放射能廃棄物が生じることになる。六ヶ所村の貯蔵庫では貯蔵できなくなり、巨大な貯蔵庫を他にも作らざるをえないが、それは無理である。プルトニウムも大量に発生する。原発現地では、使用済み核燃料プールで、燃料棒を入れるラックの距離を四〇センチから三〇センチに縮めているが、それが地震の際に臨界に達する可能性を高くする。核廃棄物の問題が原子力を行き詰まらせ、この問題で原子力は破綻する。

22　平和の灯の行進

二〇〇〇年一〇月二五日、東京から広島にむかう平和の灯の行進が浜岡に来た。この行進は、アメリカ先住民族トム・ダストウの提唱によるものであり、先住民族の聖なる山とされる地から掘り出されたウランによる原爆の火を平和の灯とし、全国の人々の祈りと共に広島に帰すというものである。六〇人ほどが浜岡砂丘の東端に集まり、聖なるパイプのたばこを回す儀式をおこなった。

そこでトム・ダストウは、母なる地球は見返りを期待することなく私たちを愛してくださると語った。ダストウは、左手の海と右手の原発を示し、私たちには豊かな自然の恵みのなかで生きる道と機械文明のなかで生きる道とがある。私はためらわずに前者の道を選ぶことができる。なぜなら私はこの聖なるパイプ以外、何一つ持ち合わせていないからだと、人類の方向性を示した。この行進を受けて翌年一月と三月には、相良・浜岡ウォークが取り組まれた。

23 原子力・広報安全等対策交付金

広報安全等対策交付金は、原子力の安全宣伝をおこなうために国が浜岡町と周辺四町に渡すものである。浜岡原発関連での年の総額は三〇〇〇万円であり、浜岡町へは二〇〇〇万円が交付された。この金を利用して、二〇〇〇年末には「浜岡アメニティ・ヒューマン・オアシス」という日記帳が浜岡町の町内会を通じて全戸に配布された。この日記帳には「電気を安定して届ける原子力発電」「地震への備えも十分な原子力発電」「放射能廃棄物を安全に処分する原子力発電」といった原発宣伝が書き込まれていた。国と電力会社による税を利用した安全宣伝である。この交付金はのちに広報調査等交付金となった。

交付金を利用し、小中学生に核燃料製造会社で核燃料ペレットの製造工程を見学させる旅行や町会議員を六ヶ所などに連れて行く「先進地」視察旅行が企画された。視察旅行には中電幹部も同行し、ホテルでは酒席が用意された。

数年に一度は海外の原発視察がおこなわれた。スリーマイル島原発やユッカマウンテン核廃棄物処分場（予定地）などの施設を訪れ、ラスベガスにも立ち寄るという旅行もあった。このような形で税金を使っての原発の安全宣伝がなされていた。その後、ユッカマウンテンでの核廃棄物施設計画は、地元住民とネバダ州が抵抗し、オバマ政権の成立によって二〇〇九年に中止になった。

24　東海地震を考える市民ネットワーク結成と議員会館学習会

二〇〇〇年八月下旬、地震予知連絡会で科学技術庁防災科学技術研究所が出した御前崎の沈降データが注目された。データからは一九九六年ころから御前崎の沈降が鈍りだしたとみられ、それはアスペリティ（固着域）がはがれ始めたことを示唆するものとされた。固着がはがれて歪みが解放されれば、大地震となる。マグニチュード八クラスの地震では、原発に悪影響を与える短周期強震動が多くなり、大きな余震も多発する。その揺れにより、核暴走や原子炉が停止しても炉心燃料のメルトダウン、隣接プールの使用済み核燃料の崩壊熱によるメルトダウン、使用済み核燃料の再臨界などが起きる可能性がある。

この情報を受け、九月二日・三日に横浜でもたれた脱原子力の道を話しあう会で、東海地震を考える市民ネットワークが結成され、東海地震の発生までの原発の即時停止を求める活動をすすめることになった。東海地震を考える市民ネットワークの寺田奇佐子は、中電は警戒宣言が出たら止める、一五〇ガルで止まるから大丈夫と言っているが、揺れによる核暴走、冷却不能によるメルトダウン、使用済み核燃料プールの再臨界などで、地球規模の災害につながる可能性は否定できない、子どもたちに安心して生きられる環境を残すのは大人の責任と訴えた。

▲…議員会館学習会「浜岡原発震災を未然に防ぐために」

この会には、東海・関東の一都九県の市民団体・個人が参加し、参議院議員会館で四回の連続学習会を開いた。この学習会は、第一回一〇月二日、石橋克彦（神戸大学）「東海巨大地震が浜岡原発を襲うとき」、第二回一〇月二三日、伊東良徳（弁護士）「耐震設計審査指針の問題点」、第三回一一月一三日、伴英幸（原子力資料情報室）「災害シミュレーション」、第四回一一月二七日、山本定明（元名古屋大学）「原発防災」の順に開催され、その講演録は『浜岡原発震災を未然に防ぐために』の題で発行された。

石橋克彦はこのときの講演で、とても怖いのが電源喪失であるとし、立ち上がる予定のディーゼル発電機が起動しないという例は世の中にいくらもあり、バッテリーの容量が炉心冷却に持つのかも不明と指摘した。伊東良徳は、安全審査の基準が過去の地震に依拠したものであり、将来起きる最大地震に対応した評価ができるのか、現在の耐震安全評価自体が過小評価によるものと指摘した。伴英幸は放射能雲による急性障害や将来のガン死などの想定を示したうえで、地震により配管の破断や制御棒のトラブルから炉心崩壊に至っていく危険性を指摘した。山本定明はアメリカでの核実験と原発周辺での乳ガン発生の増加のデータを示し、地震によって津波と液状化がおこり、原発が事故を起こしても対応できなくなる危険性を指摘した。山本は、いまのオフサイトセンターは機能しえない、防災計画を作る前に原発を止めることが必要とした。

浜ネットは県内の議会へと、浜岡原発への運転停止命令と耐震設計審査指針の見直し及び安全審査のやり直しを求める意見書の採択を働きかけた。その結果、一二月、静岡県議会は浜岡原発への停止命令については受け入れなかったが、耐震設計審査指針の見直しと原発の耐震安全性への信頼性向上を求めるという意見書を採択した。同様の意見書が清水市、磐田市、島田市などで採択された。

一一月、浜ネットの請願書に浜松市で共産党の議員が紹介議員として名を連ねたところ、榛原署は浜ネットの陳情代表者にいつから共産党になったのか電話した。議会への陳情に警察が不当に介入する行為であったが、この体験から浜ネットのメンバーは、原発反対運動が民主主義を守る闘いであることを自覚した。

耐震安全性への批判が高まるなかで、二〇〇一年六月、国の原子力安全委員会は発電用原子炉施設に関する耐震設計審査指針を改定する方針を固めた。

二〇〇〇年一二月には、原子力発電施設等立地地域の振興に関する特別措置法（原発特措法）が成立した。それにより一般財源から原発立地での防災や道路・学校建設、産業振興などさまざまな事業に五割ほどの補助金が支給されることになった。立地地に工場施設を誘致すると、その工場の事業税や不動産所得税、固定資産税などが国から補てんにより減免されることにもなる。交付金に加え、この補助金に依存することで原発が立地する地域の財政はさらに不健全なものになった。

25　六ヶ所への使用済み核燃料搬出に抗議

浜ネットは、二〇〇一年二月一日に浜岡からはじめて六ヶ所の日本原燃再処理工場へと使用済み核燃料が搬出されるという情報を得、中電前に集合して「死の灰輸送反対、核のゴミを出すな」と抗議行動をおこなった。二台の大型トレーラーが六四体約一一トンの使用済み核燃料を収納した二基の巨大なキャスクを載せて、抗議の声のなかを通過した。浜ネットは三台の車で追跡した。これらの燃料は再処理のために御前崎港中電専用埠頭から専用輸送船六栄丸で搬出された。六栄丸は福島第二原発でさらに使用済み核燃料を積み込み、六ヶ所に向かった。

日本の電力会社は日本原燃を設立し、一九九三年から六ヶ所に再処理工場を建設してきた。総工費は二兆一四〇〇億円、二〇〇五年からの操業により年間八〇〇トンのウランを処理し、そこから約五・三トンのプルトニウムを抽出する予定だった。この再処理により高レベル廃棄物が残り、気体性の放射性物質が放出され、環境を汚染する。使用済み核燃料搬出に浜ネットのメンバーは怒りの声をあげた。

株主総会では「脱原発中電株主といっしょにやろう会」による取り組みがすすめられてきたが、二〇〇一年には、浜ネットが安全性確保の特別措置として浜岡原発の運転を即時停止し、東海地震まで一時休止させるという提案や省エネ・自然エネルギー利用の推進、取締役の人数削減、電力自由化にむけての原発新設中止、核燃料サイクルからの撤退など、計五つの提案をおこなった。一般株主からの賛成票は年々増加するようになった。

26　白鳥良香の反原発論

浜ネットの共同代表である白鳥良香は会報に「エネルギー需給から見た原発不要論」を載せ、つぎのように記した（「浜ネット会報」一二〇～一二二号、二〇〇一年）。

多くの地震学者が警告するなかで、石川知事は五号機増設のゴーサインを出したが、愚行である。知事は県議会でのやり取りで原発は必要、安全は国が保障している、地元の町長や町議会も賛成しているとしたが、県独自の安全確認や調査は皆無であり、静岡県民にとって必要か否かも検討されなかった。中部電力は電力の必要な名古屋に原発を建設せず、中電の社長・重役らが住む名古屋二〇〇万人と浜岡一〇キロ圏の人口一〇万人を比べて、浜岡に原発を作った。中電は静岡県を中電の植民地、「低開発国」にしている。愛知県には火力発電所を増設し、静岡県の火力発電施設は遊休させるという政策をとった。

一九九二年の清水での火力発電建設の際に斉藤知事は、たとえ市長や市議会が賛成しても住民の同意がえられているとはいえないとし、建設反対を言明したが、石川知事にそのような姿勢はみられなかった。

中電は、静岡県での火力発電量を一九九九年度にはゼロにし、電源の八割以上を原発に依存するようにしてきた。このため、原発事故があれば他県に電力を依存するという電力消費県となった。天然ガス火力発電所は中京工業地帯に設置し、危険な原発は浜岡に置いている。配電圏を適切な地域に限定するのが世界の電力事業の流れであり、愛知県の電力は愛知でつくることが合理的な選択である。静岡県の必要な電力は九九年度で二九〇億万キロワットであるが、当面一・二号機を廃炉にしても、代替は不可能ではない。今後はエコ発電からの買電が求められる。汚い電力の生産を押し付け、静岡県を企業植民地にしてきた中部電力には、地震に備えての原発停止とその間の配電に大きな責任がある。

このように白鳥は中部電力による静岡県の企業植民地化を批判した。白鳥の原発批判は原子力の利権による地域支配、国と企業による地域社会の原発単一経済化を問いただすものだった。

27 新潟・刈羽村でのプルサーマル住民投票

二〇〇一年五月二七日、新潟県刈羽村で、東京電力柏崎刈羽三号機で予定されているプルサーマル計画の賛否を問う住民投票がおこなわれた。投票結果は、反対が一九二五票、賛成が一五三三票と反対が多数を占め、投票率は八八・一四％だった。刈羽村では九九年の住民投票の直接請求を議会が否決し、その後、町会議員による住民投票の提案を議会が可決した。しかし町長が再議権を行使して差し戻したため、再び直接請求をおこない、議会が可決した。町長は住民投票を実施せざるをえないという状況に追いつめられ、その結果が出たのだった。町長はこの結果を東京電力に伝え、新潟県知事も東電に要請した。それにより東電は六月一日、この夏の定期検査でのＭＯＸ燃料の装着を断念した。

刈羽村でプルサーマル住民投票がおこなわれた時期に、福井では若狭連帯行動ネットワークの呼びかけで、新・増設を考える集会がもたれ、福井・福島・川内・上関・島根・大阪・静岡などから一五〇人ほどが参加した。集会では原発反対福井県民会議の小木曽美和子が、政府や電力業界の強大な力に対して声を限りに反対し、新・増設を止めていくことを訴え、上関や島根からは闘いの報告がなされた。長沢啓行（大阪府立大学）は、エネルギー危機などはなく、電力会社自体が原発増設に躊躇していることを示し、橋本真佐男（神戸大学）は「揺らぐ原発、多発する地震」をテーマに話した。関電や東電でプルサーマルが実施できないという状況のなか、中部電力が浜岡でプルサーマルキャンペーンを始めた。

28　県知事への申し入れ

二〇〇一年三月九日、静岡県議会での浜岡原発の耐震性に対する質問に対して、石川嘉延知事はマグニチュード八・五の地震を考慮して建設され、想定震源域が見直されても耐震安全性は確保されていると認識すると回答した。これに対し、浜ネットは知事あての申し入れ書を作成した。

この申し入れ書で、問題は震源からの距離、地震の起こり方、地盤の硬さ、建物の共振、老朽化などが関係し、浜岡にどのような地震動がかかるのかであると指摘し、県知事の発言を批判した。また、耐震設計審査基準の見直しや浜岡の直下での地震による上下動の問題、配管破断や電源喪失により炉心の崩壊熱が冷却不能となる危険性をあげ、静岡県が救援も復興も望めないような状態になる前に、早急に浜岡原発を停止すべきと要請した。

この申し入れに対し県知事は、国の厳しい安全審査を受け、原子力対策アドバイザーの専門家からも安全性を確認している、このことから浜岡原発には十分な耐震性があり、安全は確保されているとした。

五月二六日、浜岡原発の定期点検をおこなう中部プラントサービスの労働者が亡くなった。御前崎町在住の三三歳であり、四号機の定期点検の作業主任だったが、昼に突然倒れた。病院に運ばれて亡くなったが、点検作業が一日中断されることになり、その事実が地元にも伝わった。定期点検の過酷な労働が原因とみられ、青年労働者の労働条件が問題になった。

浜岡では五号機の建設がすすめられたが、原子炉建屋は鹿島建設、タービン建屋は竹中工務店が請け負い、その下に多くの業者が入った。工事単価が削られるなかで下請けの工賃が中間搾取され、業者からは「儲からない」という声が出た。また、三号機の頃には、高くても品質の良い製品の納入が要求されたが、四号機では、質よりも値段の安さが優先されるようになり、五号機では、さらにその動きが強まったという話も出るようになった。

29　浜名湖で反原発全国の集い

二〇〇一年六月二三日、二四日と浜名湖の弁天島で反原発運動全国連絡会の主催による反原発全国の集いがもたれ、反原発小村ゼミナールも参加した。集会では小村浩夫が台湾の反原発運動について報告し、各地の原発の状況、原子力防災、放射性廃棄物などのテーマで報告と討論がなされた。浜岡町原発問題を考える会やプルサーマル住民投票で勝利した刈羽をはじめ、串間、福岡、広島、島根、能登、大阪、岡山、岐阜、北海道、東京などから報告が続いた。討論では、台湾への原発輸出やロシアでの廃棄物の受け入れの動きなど、日本の反原発運動の思想性が問われているという指摘もあった。

浜岡からは、地域での圧力があり反対を唱えることが難しいなかで、地震と原発の関係で五号機増設反対を始めたことが話され、プルサーマルをめぐる動きについても示された。

中電はプルサーマルを推進するために社内にプルサーマル推進会議をおき、活動を強化しはじめた。六月から浜岡で始まった中電の「こんにちは運動」でプルサーマル実施がキャンペーンされ、プルサーマルの宣伝冊子が全戸に配られた。六月二〇日には原子力委員会委員長藤家洋一が浜岡に来て、町議会で非公開の説明会をおこなった。中電は金さえ出せば浜岡は受け入れるだろうと、交付金の上積みを条件に導入を狙った。プルサーマルは福島、福井、新潟と拒否されたが、その矛先は浜岡に向けられることになった。

その後の九月、中電は浜岡町長へとプルサーマル計画の実施を二〇〇一年内に正式に申し入れることを非公式に打診した。それは静岡新聞の一二月二六日の報道から判明した。

第七章…浜岡一号機事故と浜岡原発運転差止仮処分申請

1　二〇〇一年浜ネット総会・海渡雄一講演会

二〇〇一年九月二二日、浜ネットの総会が浜岡町の静岡県原子力広報研修センターでもたれ、七〇人が参加した。そこでは、東海地震を考える市民ネットワークを立ち上げ、参議院議員会館で「浜岡原発震災を未然に防ぐために」をテーマに学習会を開催したこと、県市町村議会に耐震設計審査指針の見直しの請願をおこなったこと、県知事選で原発問題を広めたことなどが報告された。新年度の方針としては、東海地震発生前に浜岡原発を停止するように要請活動をすすめること、プルサーマルの導入に反対していくこと、他団体との共闘などが提案された。

総会後の記念講演では、海渡雄一弁護士が「巨大地震が原発を襲う」の題で講演した。海渡は講演で、プルサーマル発電の経済性と安全性、地震と原発の順に話をすすめ、プレートテクトニクスは一九七〇年代から理解されるようになり、古い原発の耐震設計審査指針は地震活動が穏やかな時期のものである。断層がないところでも大地震が起きる可能性がある。最先端の地震学の知見と原発の安全審査とにギャップが生まれ、原子力規制機関は自信を失っている。国の役人も危険と思いはじめていると話し、良心に訴え、東海地震の発生まで浜岡原発を止めたい、諦めずに頑張ってほしいと呼びかけた。

アメリカの原子力情報誌「ニュークレオニクス・ウィーク」（四二―三五、二〇〇一年八月三〇日）にシュラウドの老朽化対策の記事が掲載された。そこには、中電浜岡原発ではシュラウドの表面に鋼球を打ち付けるショートピーニングやレーザーピーニングがおこなわれてきたが、GEが今回、貴金属の触媒効果での補修をおこなうようにと勧告したことが記されていた。数か月中に浜岡で貴金属化学物質の注入工事が日本で初めておこなわれるというのである。この記事を受けて、一〇月四日、浜岡町原発問題を考える会は中電にシュラウド補修に関する質問状を出した。そこでは、この工事の内容、費用、工期、対象原子炉、ひび割れがどこにあるのかなどを問い、また、この工事で主蒸気配管での放射線量が一時増加する問題点などもあげた。

このように浜岡原発は老朽化し、シュラウドにひびが生じていた。大地震に耐えられるかわからない状況だったが、中電や県は安全性や耐震性を強調した。だが、大地震の前に浜岡原発は事故によって自壊しはじめた。その事故は一号機からはじまった。

2　浜岡一号機　ECCS系配管の水素爆発事故

二〇〇一年一一月七日一七時二分、浜岡一号機でECCS（非常用炉心冷却装置）の高圧注入系の作動試験をおこない、タービンに蒸気を流し込もうとした際に、爆発音が響いた。ECCSは外部から注水して炉の水位を回復させるための装置である。ECCSの高圧注入系ポンプは、電動ではなく炉の蒸気を使ってタービンを動かし、それによりポンプを回す仕組みである。事故はこのECCSで最初に機能する高圧注入系での試験の際に起きた。余熱除去系熱交換器（B系）の配管のL字型部分で水素爆発が起きたのだった。水素爆発をおこした配管は主蒸気配管から枝分かれして余熱除去系熱交換機にむかうものであり、内径が一五センチメートル、肉厚が一・一センチメートルの炭素鋼である。爆発によって部屋の扉も外れていた。事故がおきた配管には多数の亀裂が生じていた。

それにより原子炉建屋内の放射線量が三五マイクロシーベルトから二九〇マイクロシーベルトにまで上がり、発電指令課長は原子炉建屋内からの緊急避難指令をだした。避難指令に気付かなかった補修員がなかに入り、被曝した。高圧注入系の蒸気配管の圧力はゼロになっていた。一八時一五分に運転の停止が指示され、手動で制御棒が挿入された。二トンの

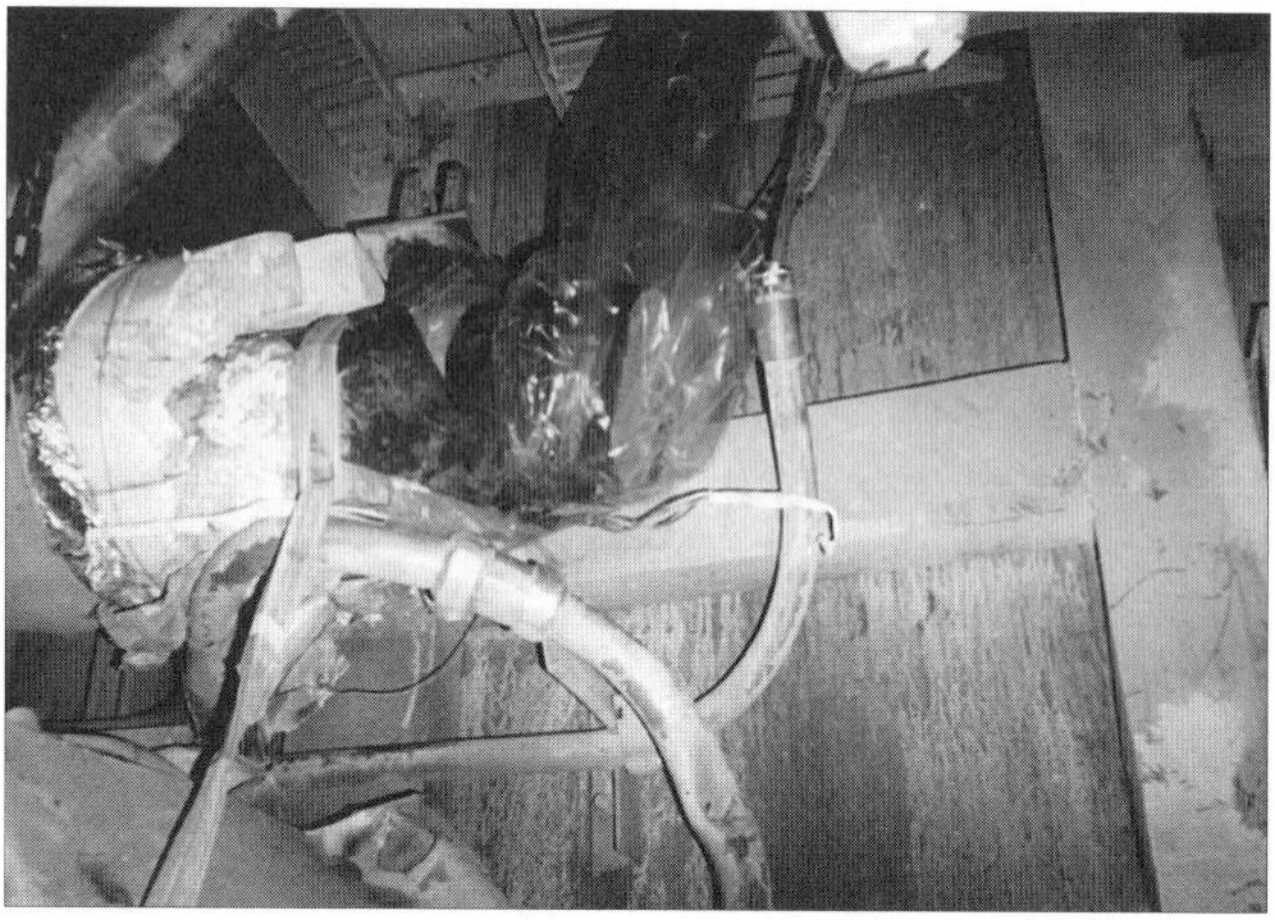

▲…1号機ECCSの配管破断箇所

放射能を含んだ水蒸気が破断した配管から放出された。

　高圧注水系は全電源が喪失した際に電源なしでも機能するように作られているわけだが、炉の蒸気を使って作動させようとしたところ、配管が爆発して機能しなくなったのである。ＥＣＣＳが作動しなければメルトダウンにつながることになり、このＥＣＣＳでの配管破断は重大な事故であった。ＥＣＣＳの配管内での水素爆発は世界で初めてのできごとだった。

　国際的評価尺度ではレベル一の事故とされ、一九九五年の高速増殖炉もんじゅのナトリウム漏れ火災事故と同レベルであった。中電は、ポンプは点検しても配管内部のチェックはおこなっていないとした。この配管は八年間、肉厚などの詳細なチェックがなかったのである。この事故は、高圧と放射線のなかで稼働する原発の劣化・老朽化を示すものだった。安全性よりも効率が重視され、点検が短縮されていることも指摘された。「起こるべくして起こった事故だ。一号機は問題が多すぎる。隠せるものは全部隠してきたのだから」と語る下請けの社員もいた。また、中電から浜岡町への最初の通報は、蒸気が漏れた、外部への放射能漏れの心配はないとするものであり、六時間たって、建屋内に漏れた放射能は微量とし、放射能漏れを認めた。浜岡町はこの事故について広報せず、住民は報道で事故の内容を知った。一号機ではさらに重大な事故が発覚した。

3　浜岡一号機　圧力容器からの水漏れ事故

一一月九日午後、一号機の圧力容器下部の制御棒駆動装置の案内管付近から水漏れが見つかった。制御棒は制御棒駆動機構ハウジング管を使って上下するのだが、この案内管はスタッグチューブという管に溶接され、水漏れを防ぐようになっていた。水漏れはこの溶接部分から起きた。溶接部分を持つ管が八九本あり、そのすべてが二五年間の運転により老朽化しているとみられた。水漏れは七月からはじまっていた。制御棒駆動装置の交換は不可能である。中電による浜岡町などへの報告は漏水の発見から八時間後だった。それは水漏れが安全協定での通報事項の対象外とされたからである。

浜ネットは一一月九日、中電と静岡県に配管破断の原因究明と情報開示などを要請し、一一月一〇日には圧力容器水漏れ事故の徹底解明、市民への説明、一号機の廃炉などを要請した。さらに一一月一三日には中電と経産省に事故説明会の要請などをおこなった。浜ネットは、ここでの水漏れは廃炉とすべき判断が求められるとし、抗議行動を強めた。一一月一四日、名古屋のきのこの会は中電に対し、事故の情報公開と廃炉を申し入れた。

▲…1 号機圧力容器の水漏れ現場

この二つの事故を受けて、周辺自治体からも中電へとつぎつぎに抗議が寄せられた。一一月一二日、浜岡町議会は抗議の意思を示し、通報の遅れを「背信行為」として批判する文書を出した。一一月一六日には大須賀町と菊川町が報道機関から事故を知る事になったという経過から、「激憤に耐えない」という文言の入った要請をおこない、同日、小笠町議会は老朽化による事故ならば「廃炉に」とする要求書を提出した。静岡県や浜岡町は一九八一年の安全協定締結以来、はじめて「安全への県民の信頼を揺るがすもの」として原発内に立ち入り調査をおこなった。事故の続発と連絡遅延により住民の中電への不信感はたかまり、自治体から廃炉の要求や「激憤」が示されるにいたった。それは静岡県では初めての事態であった。

一一月一七日には浜岡町佐倉二区で中電による事故説明会が開催されたが、住民からは、今回の事態を見逃せばいつか必ず重大な放射能漏れ事故

▲…12・1浜岡集会

が起きる、一号機は老朽化しているから廃炉とすべき、といった意見が出された。一一月二七日には浜岡町原発問題を考える会や社会民主党の国会議員団、京都大学の研究者、原子力情報資料室などのメンバーが浜岡で現地調査をおこなった。配管事故現場では調査団が持参した線量計の値は通常の五〇〇倍を超え、炉心の水漏れ事故現場では測定不能となった。水漏れ現場での処理をした労働者は一五分から二〇分で交代して六時間分の作業をおこなったという。

一一月二八日には東京で原子力資料情報室主催による浜岡原発事故についての市民と国会議員の集会がもたれた。集会では老朽化原発の廃炉の視点が提示された。集会後、保安院に一・二号機の廃炉、東海地震に備えての三・四号機の運転休止を求める要請をおこなった。

一二月一日、浜ネットは現地視察をふまえて、浜岡で小村浩夫を講師に「浜岡原発一号機事故分析」の集会をもった。この集会には大阪、東京、名古屋、長野、神奈川からの参加を含め八〇人が参加し、集会後、中電に一・二号機の廃炉、東海地震に備えての三・四号機の停止、電力供給計画の見直しなどを要請した。一二月八日には静岡と沼津で明石昇二郎を講師に地震と原発をテーマに集会がもたれ、そこでも今回の事故の問題点が議論された。

一二月一三日、細野豪志国会議員の仲介で中電による市民向け説明会が浜岡原子力館で開催された。この説明会は住民への情報公開や説明会の開催を求めてきた市民の要請に中電が応えたものである。説明会には五〇人ほどが参加し、国会議員、中電、浜ネット代表のあいさつではじまった。中電が約三〇分間にわたり事故の概要を説明し、質疑が一時間三〇分ほど持たれた。はじめに小村浩夫が科学的な質問をおこない、その後、参加した市民が「水素爆発による配管破断の報道があるが本当か」、「原因が究明されるまで一・二号機の運転の再開はしないでほしい」、「東海地震がおきたとき浜岡原発は本当に大丈夫なのか」、「札束で人間の顔をたたくような原発推進はもうたくさんだ」、「子育てをしていて放射能が怖い」、「芦浜で拒否され、浜岡では事故の続発、中電は歴史に学び、廃炉の方針を示すべき」、「説明は失われた安全性と遅れた連絡による中電への不信を回復するようなものではない」、「自治体の『激憤』に応える姿勢が見られない」などとつぎつぎに発言した。

中電はこの時、二時間後に発表を予定していた「水素の急速な燃焼」による配管破断という中間報告の内容を市民には示さずに対応した。それは中電の、住民への説明よりもマスコミ対策を重視し、住民の生命よりも会社の利益を優先するという姿勢を示すものだった。この一号機の事故は中電によるプルサーマル推進の動きを一時止めることになった。

4　浜岡三号機の運転再開

この一号機の事故の原因特定や安全対策ができない状況下で、経産省・保安院は応急装置の弁をとりつけて三号機の運転を再開することを中電に促した。二〇〇二年一月七日、浜ネットは静岡県の防災局安全対策室に三号機の運転再開反対と事故の調査を要請した。浜ネットによる三号機運転再開への不同意の要請に対して安全対策室長はあいまいな対応に終始した。その理由は二時間後に中電が三号機の運転再開の記者会見を県庁でおこなったことからわかった。静岡県はすでに三号機の運転再開の知らせを受け、それを隠して市民に対応していた。これに対し一月一〇日、中電本社で抗議の交渉がもたれた。そこで市民団体は、中電が三号機運転再開に関しては住民合意を必要としていたにもかかわらず、なぜ再開したのかと強く抗議した。

一月一一日、浜ネットは浜岡二号機、三号機運転再開に関する申し入れ書を出して、経産省・保安院と交渉し、原子炉を永久に封印することを求めた。交渉で保安院は、弁をつけたので水素の滞留はなくなったと考えられるとし、今回の事故を「水素の急速な燃焼」と表現し、爆発とはいわなかった。さらに二号機については停止して点検する必要はなかったと思うと発言した。この保安院との交渉から、霞ヶ関の官僚が中電による二号機の自主的な停止自体を問題視し、水素爆発を認めようとしない立場が明らかになった。利潤追求を求める中電の現場以上に、原発推進に向けて官僚の思考は硬直していた。

関東地域では、浜岡原発と地震との問題が明らかになるなかで東京のたんぽぽ舎が中心になって「浜岡原発止めよう関東ネットワーク」準備会が結成された。二月二三日、二四日には浜岡への学習・宣伝行動が組まれ、四〇人が参加した。二四日には浜ネットと共同し、一〇〇〇戸を目標に戸別訪問した。アンケート葉書も配布したが、その葉書には「中部電力は浜岡の住民を人間と思っていない。何事もお金で解決しようとしている」「子どもたちの未来に光をさしてほしい。このままだと不安でいっぱいです」と記した人もいた。

二月二六日には浜岡町原発問題を考える会が静岡県、県議会に浜岡原発一号機の廃炉を求める要望書を提出した。考える会は四月に入り、ホームページ「浅根通信」を開設して、記事を掲載した。浜岡原発がある場所は浅根山の跡地である。浅根の山林は山桃や松露が採れ、そこから見える海はきらきらと光っていた。砂浜の砂はすくうとさらさらと指からこぼれおちた。そのような故郷浅根への思いが題名になった。四月二一日には東京で、地震の前に浜岡原発を止めよう東京ネット集会がもたれ、翌日には反原発全国集会がもたれた。

5 浜岡原発の運転差止仮処分

二〇〇二年二月二三日、浜岡原発とめよう裁判の会が結成された。共同代表には白鳥良香、大築準、渡辺春夫、佐野慶子、長野栄一、松谷清、芳賀直哉がなり、事務局には馬場利子、鈴木卓馬が入った。結成集会では新潟の柏崎刈羽原発反対同盟の武本正幸が三〇年間の反原発の闘いについて話し、刈羽住民投票の成功をふまえ、民衆の力で日本の原子力政策を転換できる時代がきているとし、浜岡訴訟への連帯の意思を示した。裁判の会は二か月の間に一〇一六人の債権者を集めた。浜岡への原発設置発表から二七年、原発の老朽化と東海地震の危機のなかで中部電力を法廷に出しての闘いがはじまった。

四月二五日には静岡地方裁判所へと浜岡原発運転差止仮処分の申請がなされた。申請の内容は、東海地震はマグニチュード八・〇以上とされるが、浜岡原発はその地震動に耐えられない、一・二号機の老朽化はすすみ、地震で重大事故を起こす可能性は一層高い、裁判所は県民・国民を悲惨な地震・核複合被害から救う責務がある、それゆえ、一・二号機の運転再開は中止し、三・四号機は東海地震が発生するまで運転を差し止めるというものである。提訴は第一次が五二一人、第三次が二九八人と続き、翌年五月までに仮処分申請者は計一八四六人となった。

　提訴の翌日には、裁判の会主催で「東海巨大地震はどんな地震か」の題で河本和朗を講師に静岡市内で集会がもたれ、TOKIWAが演奏した。

　提訴の日、中電は一号機のECCS系配管破断事故の最終報告書を出し、提訴を意識して県庁で記者会見をおこなった。その報告では、配管破断事故の原因を配管内にたまった「水素の急速な燃焼」とした。配管が破裂して吹き飛んでいるのに、中電は水素爆発という言葉を使用しなかった。この報告書では、なぜ配管で七メートルに及ぶ水素と酸素の蓄積が生じたのか、どれくらいの量の水素が発生したのか、その着火の原因については不明だった。

▲…浜岡原発運転差止仮処分申請へ

　中電側は提訴に対する答弁書を七月一二日になって提出した。ここでも二〇〇一年一一月の一号機の事故を「水素の急速な燃焼」であり、「運転制限範囲からの逸脱」とし、いわゆる老朽化問題とは無縁のものとした。炉心からの水漏れについては、耐震安全性に影響を及ぼすものではないとした。また、浜岡原発の耐震安全性は耐震設計審査基準に合っているとし、鉛直地震力が原子炉施設の耐震安全性に及ぼす影響は少ないとした。

　七月一九日には運転差止仮処分裁判の第一回の弁論が静岡地方裁判所でもたれた。河合弘之弁護士は、歴史的な裁判として位置付け、判決には批判と責任が問われると、この裁判の意義を述べ、債権者の馬場利子（裁判の会事務局長）は、安心して暮らせる未来社会を築きたいと提訴への思いを陳述した。

　四月、小笠町議会が石橋克彦講演会を開いた。当時、小笠町は浜岡町との合併問題があったが、浜岡町がこの講演会の開催にクレームをつけたため、開催が一か月遅れた。一般市民の参加も認められ、会場の小笠町公民館は満席になった。

　五月一日の毎日新聞に、掛川通信部中村牧生記者による「東海地震震源域の浜岡原発」

（記者の目）が掲載された。そこで中村は原発震災を防ぐためにも「老朽」二基は廃炉にすべきであり、「予防原則」を適用して国が原発を止める決断をすべきと記した。一号機事故から仮処分申請の動きのなかで、記者は一・二号機の廃炉を提起したのだった。

しかし、中電はこの記事に抗議し、中電側の記事の掲載を求める文書を送りつけた。記事が事実を歪曲し、中電の事業活動に大きな障害となるというのである。そこでは、原発は「高経年化対策」をおこなうことが重要であり、三〇年から四〇年という期間を超えて運転を継続することは十分可能とした。また、一号機からの水漏れは溶接部による粒界型応力腐食割れが原因であり、老朽化によって発生したものではないとした。さらにマグニチュード八・五の地震にも耐えうるものであり、耐震安全性は十分に確保されているとした。そして、一・二号機は三号から五号機と同じ評価方法を用いても耐震安全性に問題はないとも記した。

中電は老朽化という言葉を排し、耐震安全性を強調したわけである。しかし、一・二号機は順調に運転を継続することはできず、結局、中電は廃炉の選択をせざるをえなくなった。毎日新聞の「記者の目」はその後を見抜いていた。

6 浜岡二号機の運転再開と直後の事故

地震を止めることができないが、原発は止めることはできるという思いはさまざまな活動を生んだ。

二号機の運転が再開されるという動きのなかで、二〇〇二年三月二二日、東井怜らの東海地震の前に浜岡原発をとめたい市民の会は、静岡県知事に対し、中部電力に事故原因究明までは動かさないという県民への約束を守るように要請すること、東海地震の発生前に三か月以上の核燃料の冷却期間を確保し、三・四号機を止めることなどを申し入れた。

三月二九日には、浜ネットが県や市町村の長と議会に対し、二号機再開前に県民を対象とした説明会を中電に開かせること、危険を警告する学者を交えた公開討論会を県が主催することなどを要請した。四月二一日には、原発とめよう！東京ネットワークの主催で「巨大地震の前に原発とめよう！どうなる、どうする浜岡原発震災」集会とデモが東京でもたれ、静岡から伊藤実、伊藤眞砂子、長野栄一、塚本千代子、東井怜らが参加し、訴えた。五月一九日にはピースウォーク浜岡の呼びかけで周辺五町への二号機運転再開反対の宣伝活動が取り組まれた。

このような二号機運転再開反対の声を無視して、五月二四日、中電は二号機再開の記者会見をおこない、二号機の運転を開始した。浜ネットや裁判の会のメンバーが中電に抗議文を持っていくと、中電は原告とは一切交渉をもたない、抗議文は一切受け取らないという対応をとった。

中電は二号機の運転を強行したのだが、五月二五日の夜中二時二〇分ころ、二号機の余熱除去系低圧注入管下部の水抜き配管からの冷却水漏れが見つかり、四時三四分に停止した。一〇気圧の水が一一〇リットル飛び散ったという。半年にわたる総点検の後の運転であったが、運転開始後一三時間で停止してしまったのである。余熱除去系低圧注入管は原子炉の水位が低下した際、空焚きを防ぐために七〇気圧の水を送り出すための管である。中電はこの事故を「トラブル」と表現した。浜ネットはこの事故に対して抗議・要請をおこなった。

六月二〇日、中電はこの冷却水漏れ事故の原因を、余熱除去系配管に水を流したところ低圧注入管が振動し、それにより水抜き配管が共振したためとし、共振により割れたのであり、老朽化とは無関係とした。

この事故により六月には、焼津市議会は中電に老朽化二号機の廃炉を求め、吉田町議会は一・二号機の廃炉を県や国に求め、榛原町議会も国と県に一・二号機の廃炉指導を求めた。周辺五町のひとつである小笠町は「老朽化が認められた場合は廃炉」と記し、浜岡に近い吉田町や榛原町も老朽化による廃炉を求めた。掛川市は一・二号機の休炉、清水市は一・二号炉の停止、県議会は新指針合格まで停止などを求めた。老朽した一・二号機の廃炉や停止を求める動きが起きたのである。

自民党県連も中電静岡支店に申し入れをする事態になった。六月二一日、社民党静岡県連合（酒井邦夫代表）は静岡県に対し、県が浜岡一・二号機の廃炉を求めて国と中電に進言するように要請した。しかし、石川知事は七月議会で県としては廃炉を要請する考えはないとした。

このように浜岡では一号機の配管爆発事故から二号機の水漏れ事故と、事故が続いた。老朽化が明らかになり、静岡県議会をはじめ吉田町、榛原町、小笠町、菊川町、御前崎町、相良町、浜岡町、大東町、福田町、浅羽町、大井川町、掛川市、金谷町、川根町、島田市、焼津市、藤枝市、岡部町、静岡市、清水市、由比町、富士川町、蒲原町、三島市、下田市、南伊豆町など二六の市町から政府への意見書や知事や中電への要請書が七月末までに出された。県、市町の議会は相次ぐ事故にその安全性に疑問を持つようになったのである。一〇月末までに決議した自治体は三二の県、市町へと増加した。中電は、老朽化を「高経年化」、水素爆発を「水素の急速な燃焼」などと表現したが、周辺自治体の信用をえることはできなかった。

7　浜岡原発で人間の鎖行動

二〇〇二年六月九日、浜岡原発の廃炉を求めて現地で抗議行動がとりくまれた。この日の行動は、八日のチラシまき戸別訪問、九日のチラシまき、中電への要請、原発包囲（人間の鎖）、浜岡原発から町役場までのデモ、一〇日の県・町への要請という行動の一環である。六月九日、中電は敷地内での示威を制止する看板を貼り、「私服」従業員を構内や申し入れ会場に配置し、廃炉や原発停止を求める市民を監視した。私服警察も配置された。

中電への要請は原子力館入口の休憩室でおこなわれた。浜ネット、浜岡原発止めよう関東ネットなどから約七〇人が参加し、原発の廃炉や停止を要請し、詩を読んでアピールした。中電職員は横断幕をひろげることを拒み、要請書は受け取ったが、質問には答えなかった。

要請の後、人間の鎖行動が取り組まれ、参加者は幕をもって手をつなぎ、両手を高くかかげた。原発入口から約八〇メートルにわたって「人間の鎖」がつくられ、廃炉への意思が示された。短い時間ではあったが、原発入口は市民の抗議の意思で封鎖された。中電は戸別訪問でチラシを全戸に配布し、それをもって「地元の理解をえた」とし、三号機・二号機の再開をすすめた。情報と電力を独占し、裁判を口実に対話を拒否する中電の対応に、市民のみならず廃炉を要求しはじめた自治体担当者からも批判の声があがった。

六月二六日の中電の株主総会に静岡県からも反原発株主が参加した。会場前では脱原発中電株主といっしょにやろう会がビラ配りなどで東海地震前に浜岡原発を止めることを呼びかけた。中電の形式的な議事の運営に、浜岡からの参加者は「浜岡一・二号機の事故は多数の人々の命に関わる重大事、そんな通り一片の報告で済ますな、特別の時間を設けて審議せよ」と動議を出した。株主提案の議案としては、静岡県からの参加者が浜岡一・二号機の運転停止、東海地震が過ぎるまでの三・四号機の停止を提案した。一般株主の賛成の挙手もみられ、反原発議案へ賛同の広がりが感じられた。

七月三日、三号機のタービン駆動系で、七月一一日には四号機の給水系注入逆止弁で水漏れがみつかった。相次ぐ水漏れ事故は、原発が地震の大きな揺れに遭遇すれば、各所から水漏れが生じ、炉心溶融につながる事態に追い込まれる危険性を示すものだった。事故の続出により、浜ネットは七月一二日、中電に対し、一・二号機の廃炉、三・四号機の運転停止、五号機の建設中止を申し入れた。

七月一七日、参議院議員会館で東海地震を考える院内学習会がもたれた。第二回目にあたるこの学習会では、前地震予知連絡会長の茂木清夫が「東海地震と浜岡原発」のテーマで講演した。講演で茂木は、地震の予知は難しく、各界がマグニチュード八クラスの東海地震の被害を最小限にする努力を三〇年にわたってしてきたのに、浜岡ではこれらを無視して原発を増設してきたと批判した。そして、原発は直下型での大地震を経験しておらず、水平加速度に対しての垂直加速度等の設定もあいまいであり、理論的な計算で大丈夫といえるレベルを超えている、原発のような複合体の強度には限界があり、大地震には耐えられないと指摘した。

8　中電浜岡原子力館の安全宣伝

原発敷地内の浜岡原子力館のシンボルは実物大の原子炉である。展示は原子力発電、放射能、安全性、廃棄物、必要性の五つで構成され、原発の安全や必要を宣伝している。原発は「砂丘に灯された希望の灯」という。

一号機の事故後、原子力館では、展示の入口に一号機事故のパネルやビデオがおかれ、ビデオからは「外部への放射能もれはありません」の声が流され、『原子力Q&A』、『プルサーマルについてのご質問にお答えします』、『浜岡原子力発電所一号機配管破断および原子炉下部からの水漏れについて』などの冊子がおかれた。

『原子力Q&A』には、放射能はあっても大丈夫、毎日放射能をうけての生活、放射能をうけても子どもへの遺伝障害は見られない、原発で働く人のがん死率は一般人と同じ、事故時には迅速に対応するといった表現がならぶ。「広島・長崎の原爆により多量の放射能を受けられた方々などを対象に多くの調査がおこなわれました。その結果、今までの調査では子供への遺伝的な影響はみられませんでした。人間の遺伝子は放射線などで傷つけられてもある程度は傷を修復したり排除したりするしくみが備わっていると考えられています」（一〇頁）といった記述もある。このような記述は電力会社が史実を無視して偽りを宣伝するものである。被爆による次世代への影響は否定され、生まれることなく亡くなった生命や、生の断念を強いられた歴史は顧みられない。原発労災についても全くふれられず「死亡率は一般の方とほとんど変わりません」（一二頁）とされる。

プルサーマルの冊子には、「リサイクル」が強調され、MOX燃料をとりあつかう場合も「作業員への影響はありません」と断言されている（七頁）。原子力館のトイレに入ると「プルサーマル推進」の説明板がはられていた。トイレの手洗い場にまでプルサーマルを宣伝し、来館者にプルサーマルのイメージを植えつける。二〇〇二年四月に出された中電の事故冊子の裏には「今回の事故の教訓を活かし、原子力の安全確保に全力で取り組んでまいります」とある。

浜岡原発の運転差止の仮処分に対抗して、中電は耐震チェックの冊子を発行した。ここでも「安全」が強調されている。冊子では「伸縮自在継手」を紹介し、耐震対応を示しているが、配管の応力腐食部分が大地震の際に破損する可能性は高い。

原子力館の六二メートルの展望塔からは、五号機建設用の一〇数基の巨大なクレーンが見え、右側に一、二号機、左側に三、四号機、中央に事務棟がみえた。原子力館に「遊ポット」という子どものあそび場がある。そこには「あそボット」というロボットがあり、放射能が日常的に存在することを示し、放射能への安全性を子どもにキャンペーンしている。原発から出される有害な放射性物質については全く示されない。

八月一日から七日にかけて袋井のデンマーク牧場で「平和の集い」が開かれ、のべ五〇〇人が参加した。浜岡の原発問題を考える会や菊池洋一などが参加して、東海地震と浜岡原発などをテーマに交流会がもたれ、相良・御前崎でのチラシ配布もおこなった。清水正登は「空駆ける虹通信」を発行して反原発を呼びかけた。

一号機などの事故は中電の原発建設計画にブレーキをかけ、自治体からは中電への批判が高まり、老朽原発の廃炉を中電や国へと申し入れる動きが続いた。チラシ入れでの地域住民の反応からは、中電の原発推進政策への批判が高まっていることがわかる。

9　中電の事故隠しと四号機シュラウドのひび割れ

二〇〇二年八月二九日、原子力安全・保安院が東京電力によるシュラウドの損傷などの事故隠しを明らかにした。二〇〇〇年七月のゼネラルエレクトリックインターナショナル社（ＧＥＩＩ）関係者の内部告発から二年経っての発表だった。保安院はこのトラブル隠しの告発者を特定できる情報を東電に伝え、二年間、隠し続けていた。

この公表により、東京電力が長年にわたり検査データの隠蔽や報告書の改ざんをおこなってきたことが判明した。東京電力は原発を停止し、東京電力の会長や社長などが辞任することになった。東電では検査期間短縮の資金として、一九九七年から総額三七億円を支払ったことも明らかになった。

東京電力の事故隠しの発覚を受け、福島と同様の沸騰水型原子炉を持つ浜岡でも、福島のような隠蔽があるのではとみられた。浜ネットは九月二日に「浜岡原発緊急点検に関する申し入れ書」を中電と県に対して提出した。このなかで中電の事故隠しもわかった。九月二〇日、一号機で一か所、三号機で八か所の再循環ポンプ配管のひび割れが報告されず、一部は修理もされないで運転されてきたことがわかった。中電は検査のために浜岡原発三号機の運転を停止させた。

一・二号機は事故で停止中、四号機は定期点検中であり、浜岡の全原子炉が停止することになったのである。一九九三年に四基体制になってはじめてのことである。中電は安全性に問題はないとしたが、このひび割れ隠しは「信頼のひび割れ」と報道された。調査の結果、三号機の配管ひび割れは三〇〇か所を超えた。

また、定期点検中の浜岡四号機のシュラウドには六七か所の応力腐食割れがあることがわかった。九月三〇日、福島第一原発一号機で格納容器の気密性を確かめるデータが一九九二年に偽造された可能性があることも報道された。これらのできごとは沸騰水型原子炉の欠陥を明らかにするものだった。

桜井淳は、沸騰水型原子炉のシュラウド円周の約八分の一に亀裂が生じたままで、最大級の大地震や配管破断事故が起き、緊急炉心冷却装置が作動して急激に冷やされれば、亀裂が円周全体に貫通するという危険性を指摘した。円周状亀裂貫通によってシュラウドの上下がずれれば、最悪の場合、燃料被覆管に破損が生じ、環境に大量の放射性物質が放出され

▲…10.27 浜岡全国集会

▲…10.27 原発入口での人間の鎖

ることもありえるという。

浜岡四号機は東芝と日立が製作した運転一〇年の新しい原子炉である。新しい原子炉は、改良材のSUS三一六LC（ステンレス鋼材、LCは低炭素を示す）を使用したシュラウドを持つが、その半数近くで亀裂が発生するという事態となった。

浜ネットは、九月二四日、中電の一・三号機での再循環系配管のひび割れの隠蔽と四号機でのシュラウドひび割れの発見に対して、「浜岡原発損傷隠蔽に対する抗議および要請書」を中電・県・保安院に提出した。脱原発政策ネットワークの保安院交渉には浜ネットからも参加した。保安院は一〇月一日、報告書で配管のひび割れが安全上、重大影響を及ぼすものではないと過小評価した。

浜岡での事故の続発、配管やシュラウドなど各所でのひび割れの発生は浜岡原発の老朽化を示すものであった。事故や事故隠しにより、全四基が停止するという状態になった。老朽化した原発の耐震性に多くの人々が疑問を持つようになった。一〇月三日、東電等不正事件真相究明委員会（日本共産党国会議員団、吉井英勝委員長）が浜岡原発の原子炉再循環系配管ひび割れ問題について現地調査をおこなった。記者会見で吉井英勝は、福島第一原発四号機と同様、浜岡原発でも傷の進行についての解析は今後の課題であり、ひびを検査する手法も機器も技術的に確立されていない、ひびの問題は安全性を考えるうえで見過ごせないものと話した。この視察には石原顕雄浜岡町議も参加した。

一〇月二七日には浜岡で市民団体による全国集会がもたれ、三〇団体六〇〇人が参加した。集会には広河隆一、菊池洋一らも参加し、浜岡原発入口で人間の鎖をつくって「東海地震が過ぎるまで原発を動かすな」とアピールした。

10　浜岡全機停止のなかで浜ネット総会

二〇〇二年一一月一七日、浜ネットは第六回総会を静岡市内でもったが、この総会は一九七六年の浜岡原発の稼働以来、原発がまったく動いていないという状況でもたれた。二〇〇一年の一号機配管の水素爆発、二〇〇二年九月の事故隠しの発覚により、中電は全機を停止せざるをえなかった。浜ネットは電力会社が事故を隠してきた経過をふまえ、静岡県の中電寄りの姿勢を変えることを課題とし、原発の危険性をさらに地域住民に訴えることをめざした。総会後の集会では村田光平と菊池洋一が講演した。

村田光平はセネガルやスイスなどで大使を務めてきたが、太陽光などのクリーンなエネルギーや原発への危機管理についても発言してきた。村田は「原発を高くて、危険で、必要不可欠でないもの」と考え、二〇〇二年の春、政党の党首九人に原子力政策の見直しを求める文書を送り、そこで、脱原発へと国策を見直すこと、保安院を改組すること、原発事故に国が全責任を持つこと、反原発運動への圧力を中止すること、一企業が資金力を使って社会全体に影響を与えないこと、大地震が予想される浜岡原発を停止すること、核燃料・廃棄物・テロ・被曝労働などを問題とし、立場は異なっても対話したいと記した。この日の講演で村田は、市民としての直感と良心を尊重する立場から、「日本病」としての倫理観、正義感、責任感の欠落を指摘し、物質中心から精神中心の新しい文明、地球の非核化を訴え、浜岡原発を問う意義を語った。

菊池洋一は元ＧＥＴＳＣＯ（ゼネラル エレクトリック テクニカルサービス カンパニー、ＧＥの子会社、後のＧＥＩＩ）の技術者であり、東海原発二号機や福島第一原発六号機の建設現場で監督も経験した。菊池は一九九〇年ころから原発に反対してきたが、浜岡原発は巨大事故の可能性が高いことから、浜岡原発を止める活動をすすめるために、二〇〇二年から〇三年にかけて宮崎県から静岡県の函南町に住まいを移していた。

講演で菊池は次のように語った。東電が労働者の被曝のことを考えていない例として、被曝線量低減のための工事が図面通りではないと指摘しても、東京電力は直さなかった。保安院は自分の出世を考え、その保安院と業者、ＧＥと下請け

2002年12月　「浜岡原発を考える静岡ネットワーク」会報　第28号

NO NUKES 静岡Press

持続可能な社会を目指して

浜岡原発の永久停止を実現したい

会長
長野栄一

師走の候となり何かと忙しくなりました。この1年間いろいろお世話になりまして有り難うございます。
今年は浜岡原発を取り巻く問題がいろいろありました。1号機は昨年11月の配管爆発以来停

▲…浜ネット、原発の永久停止を訴え

などが馴れ合いになり、現場ではミスが隠される。内部告発をせざるを得ない重大なひびがあったわけであり、「安全」は嘘である。大事故の時には格納容器は壊れてしまう。ベント管を付けたが、外国のようなフィルターがなく、放射能の封じ込めは放棄されている。一号機から四号機には危険な再循環系配管がある。国や電力会社は危険性を知らないから安全といっている。原発の耐震性では地震波の増幅については計算されていない。菊池はこのような例をあげて浜岡の危険性を指摘した。

八月、浜岡原発で働き、がんの転移による多臓器不全で亡くなった佐々木孝一の遺族が労働災害の慰謝料の調停を掛川簡易裁判所に申し立てた。佐々木孝一は敦賀や島根などの原発を経て、浜岡に移り住んだ。中電の子会社中部プラントサービスから浜岡原発の定期検査工事などを請け負う阿南重工業で働き、原発に作業員を派遣する会社（豊工業）を作り、自らも原子炉の炉心部で作業した。一九七八年には原発で働きはじめ、二〇年で五〇ミリシーベルトの被曝があったとみられる。一九九七年ころから鼻血や歯からの出血があり、九九年に顎のがんと診断され、翌年に亡くなった。

定期点検は何重もの請負による被曝労働で成り立ち、被曝による健康被害をもたらしている。被曝労働がなければ、原発は稼働できない。

この阿南重工業は関連会社アナン・エンタープライズとともに名古屋国税局の調査を受けた。国税局は、経費の水増しにより、九八年九月期までの三年間で計約二億七〇〇〇万円の所得隠しがあるとし、重加算税を含め両社に約一億四〇〇〇万円を追徴課税した。両社はこれを不服とし、課税処分の取り消しを求めて訴訟（静岡地裁）を起こした。それは二〇〇二年一二月の報道記事で明らかになった。

11　二号機運転再開への抗議

二号機は二〇〇二年五月に運転を再開した直後に停止したが、一二月に入ると中電はその二号機の運転再開に向けて動きを強めた。これに対して一二月五日、市民団体は名古屋の中電本社への要請行動をおこない、運転再開反対署名三二一六人分を提出した。中電は二号機の運転再開に向けて一二月一〇日から社員四〇〇人を動員して周辺五町の約二万九〇〇〇世帯の戸別訪問をおこない、地区説明会を開催した。訪問の場で原発問題を考える会の会員が事故や修理のデータや映像の公開を求めたが、裁判（仮処分申請）に影響を与えるからと公開しなかった。

一二月一二日、東京電力、東北電力、中部電力関係の市民で構成するＢＷＲ監視委員会が保安院との交渉をもった。この交渉では、浜岡二号機の再開問題が焦点になった。交渉参加者は保安院に対して、東京電力は立地自治体の意見を受け、全一七機を停止して点検することになったが、中電は十分な点検をせず、二号機では配管の水漏れ箇所だけを修理して運転再開をおこなおうとしている、保安院はそれを容認しているが、無責任であると追及した。

翌日、保安院は二号機の運転再開に問題はないと安全を明言し、その見解を静岡県防災局に伝えた。一三日、東電の原発不正事件を告発する会が、偽計業務妨害や詐欺などの容疑で東電幹部らへの告発状を提出した。この告発に応じた市民は三一八〇人に及んだ。一五日、浜ネットは三島や名古屋の市民とともに浜岡で戸別訪問をおこない、問題点を訴えた。

中電は一二月一八日に記者会見し、二号機や四号機の起動の予定を発表し、一九日の周辺五町による浜岡原発安全等対策協議会は拍手で運転再開を認めた。一九日には静岡県平和・国民運動センターが一・二号機の廃炉などを求める約三〇万人分の署名を中電に提出して、運転再開に抗議した。二〇日、中電は二号機を起動した。浜ネットはこの運転再開の動きに抗議し、二二日に浜岡現地での街頭宣伝とチラシまきをおこない、新聞へのチラシの折込みもおこなった。この一二月、ベルギー下院は二〇一五年までに原発を全廃する法案を可決した。

保安院の運転許可により、浜岡二号機は二〇〇三年一月二二日に運転を再開した。それに抗議して二四日、静岡県への抗議行動が取り組まれたが、その際の静岡県の担当職員の対応は中電の代理人のようだった。

保安院の運転許可に抗議して、浜岡原発とめよう裁判の会が浜岡原発二号機の検査合格処分の取り消しを求める審査請求を呼びかけたところ、全国から七五四人の市民が応じた。三月一九日、経産省に対して審査請求がなされた。審査請求では、再循環配管への超音波探傷検査は不確実なものであり、シュラウド溶接部のひび割れの検査が三か所に限定されるなどずさんな審査であること、耐震安全評価に際して最悪の事態であるひび割れを想定していないこと、想定限界地震を超える地震が浜岡を襲う可能性を無視していることなどをあげ、浜岡原発は東海地震に対する安全性を確認できないとし、検査合格の取り消しを求めた。

経産省がこの不服申し立てに対する意見聴取会の開催を通知したのは、五年後の二〇〇八年二月初めのことだった。五年の放置への謝罪はなく、意見を聴収するだけで説明や質問への回答はしないという形での開催だった。意見聴取会では七人が、国家壊滅の恐れのある原発震災、同時多発事故の危険、古い手法による想定の過小評価と安全審査、いい加減な保安院の検査基準などの問題点を指摘し、浜岡原発の停止を訴えた。一号機の冷却水漏れ事故では配管が二三年間にわたって交換されず、また、点検されてもいなかったことや運転再開後も一八回の事故が起きていることも指摘した。

12 三・二浜岡全国集会

二〇〇三年三月二日、東海地震の前に浜岡原発を動かすな三・二全国集会がエコアクションなごやと浜岡町原発問題を考える会の主催でもたれ、二〇〇人ほどが参加した。集会では、浜岡町原発問題を考える会の伊藤実、静岡の裁判の会の白鳥良香をはじめ、広瀬隆、浜ネット、東京のたんぽぽ舎、JCO事故裁判の会、能登原発差止訴訟原告団などからの発言が続いた。集会後、浜岡原発までデモ行進がおこなわれ、原発入口で原発の運転停止や建設の中止などを求める抗議文を読んだ。参加者は原発前で人間の鎖をつくり、反原発の意思を示した。中電は裁判中を理由に要請書の受け取りを断った。

事故が続くなかで住民がその安全性に疑問を持ち始めるなか、浜岡町は二月におこなわれた静岡県主催の原子力防災訓練に参加しなかった。四月の全町内会長会議では、ある町内会長がひび割れを抱える浜岡原発の危険性を指摘したところ、町長は、原発がそんなに怖いなら、この町を出ていくしかないと発言した。町議会の議長は、町長発言を詫び、穏便に済ませるようにとその町内会長を懐柔した。地域での反原発の活動は、原発に異議をとなえるなら、この町を出ていけという圧力との闘いでもあった。浜岡の飲食店主は、原発に反対しているとわかると、入ってはいけない店のリストが原発関連業者に渡され、店に客が来なくなるという。

静岡県が中電をチェックする姿勢を示さないことから、五月一五日、浜ネットや裁判の会は年度末の静岡県防災局長の交替を機に要請をおこなった。要請項目は、静岡県の姿勢の転換、自主検査の実施、SUS三一六LC系の応力腐食割れ、情報公開などである。要請では、静岡県が国や中電のいう「安全」を受け売りするのではなく、県自らが国や中電をチェックし、県民の安全に責任を持つことを求めた。また、運転を再開した二号機にひび割れが存在する可能性を指摘し、県が追加検査を要請すべきとした。

浜岡町原発問題を考える会　会報　2003年3月26日　NO. 60　（4）

浜岡で二百人が集会とデモ

三月二日、浜岡町役場の八千代公園で「東海地震の前に浜岡原発を動かすな3・2全国集会」が開かれ、県内各地、首都圏、名古屋、三重などから約二百名が参加した。主催は同集会実行委。

主催者を代表して挨拶に立った浜岡町原発問題を考える会の伊藤実さんは、「一旦約束したデータ開示を、本社からストップがかかったと言って取り消すのは偽がある証拠」と中電の姿勢を批判。「東海地震の前に原発を動かすべきではない」と訴えた。

原子力発電所前で、人間の鎖をつなぐ

浜岡原発とめよう裁判の会の白鳥良香さんは、「もんじゅ裁判に続いて必ず勝利する」と決意表明。作家の広瀬隆さんは、「原子力は経済的に破綻し、燃料電池に取って代わられる日は近い」「一緒にがんばりましょう」と呼びかけた。浜ネットの長野さん、たんぽぽ舎の柳田さん、JCO事故市民調査の会の望…ん、能登原発差し止め訴…原告団の多名賀さんらの…言が続き、最後に集会…を採択。

太鼓のリズムに見送…れながら、参加者たち…岡原発に向かってデモ…発。色とりどりの横断…のぼりを掲げ、リズミ…なコールとともに進ん…

申し入れ書は、受け入れられず、抗議の声があがる

▲…浜岡町原発問題を考える会会報

五月一三日、中電は新聞折り込みで「データ改ざんなどの不正はありませんでした」とする広報をおこなった。そこにはコンプライアンス推進会議を設置し、公益企業にふさわしい、高い倫理性に根ざした企業風土を作るための取り組みを強化する、情報公開を充実するとも記されていた。

仮処分申請以後、中電は裁判所の外では、会わない、渡さない、受け取らないという方針で対応するようになり、裁判関係者の原発内の見学も拒否した。中電は主張があるなら裁判所でやるべきとしたが、争点となる資料については出し渋った。一九九五年に浜岡原発で、全国初めてというSUS三一六のひび割れが発生したが、中電は国に報告していなかった。それが明らかになっていても、それを不正とはしなかった。

公益企業として高い倫理性があれば、名古屋から遠い地域に原発を

押し付けないし、地震による危険を無視して運転再開などはしないものである。

13　静岡県議会での追及

二〇〇三年四月の統一地方選挙で静岡県議会に静岡市選挙区から松谷清が当選した。松谷は前静岡市議であり、地域で反原発の活動もすすめてきた。六月の県議会で松谷は原発と空港問題の二点を知事に質問し、その問題点を明らかにした。松谷は、浜岡一号機の余熱除去系配管の水素爆発、各地自治体での決議、浜岡原発差し止め住民訴訟、東電の不正事件後の浜岡原発の全機停止などの経過を示した。そして電力会社による組織的、系統的な損傷などの隠蔽とこの損傷隠しを発見しえなかった国の安全管理の欠陥を問い、県が独自に問題を把握することを求めた。

また、再循環系配管とシュラウドのひび割れについて質問し、再循環系配管のひび割れでは、国に報告することなく修理を続けてきたことが市民団体の指摘から判明したことをあげ、静岡県が中電への資料請求をおこない、報告書での損傷状況の差異の真相を調査すべきとした。シュラウドのひび割れでは、中電の隠蔽体質を問い、ピーニング（打ち延ばし修理）をしてから定期検査をおこなっていることをあげ、ピーニング前の損傷に関する資料の請求を求めた。

さらに地震対策について、中央防災会議の想定震源モデルの計算では、東海地震による浜岡原発での揺れが耐震設計の六〇〇ガルを超えることをあげ、想定固着域が原発に近くなれば、より大きな地震動となり、枝分かれ断層の揺れが加われば、さらに大きな揺れとなる。この問題での県庁の防災会議での議論の内容について質問した。しかし、県知事はこれらの質問にまともに答えなかった。

四月の地方選挙では浜岡町で清水澄夫（共産党）が当選した。御前崎町では原発問題を考える会の仲間が当選した。各地の議会で原発に批判的な人々が少しずつ増えていった。

14　中電株主総会

二〇〇三年六月二六日に開催された中電の株主総会（第七九期）には反原発株主から、東海地震が過ぎ去るまでの浜岡の一から四号機の運転を停止する、浜岡原発を停止して核燃料を抜き、耐震性を実測するための実験炉とするといった提案が出され、その意見表明がなされた。

これに対し中電側は、二号機のシュラウドは応力腐食割れの予防保全対策をしているから、直ちに点検する必要はない、一・二号機のトラブルに関する点検ビデオや検査データの提示は裁判中であり、公開しない、地震動での揺れについても大丈夫であり、アスペリティからも離れているから原子力災害は発生しない、プルサーマルについては検討中であると発言した。

▲…とめよう裁判の会通信

総会前の六月七日には、東京の代々木公園で「原発やめよう全国集会二〇〇三　子どもたちに原発も核もない未来を」がもたれ、全国から五〇〇〇人が参加した。浜岡の原発問題を考える会をはじめ、静岡からは約四〇人が参加し、静岡のＴＯＫＩＷＡのジャンベ演奏とともに「オンボロ浜岡原発、動かさないで！」とアピールした。集会で採択されたアピールは、嘘・偽りによる安全神話の押し付けに抗議し、名古屋高裁でのもんじゅ違憲判決をふまえ、核燃サイクルからの転換、原発の運転再開の拒否、脱原発の推進などを求めるものであった。参加者は渋谷の街を歩いて反原発をアピールした。

裁判提訴から一年を経るなかで、豊島淑子は次のように詠んでいる。これらの歌には当時、裁判に立ちあがった人たちの心情が詠みこまれている。

人ごとと　思いし原発　いつしかに　廃炉に向けて　我も原告
命救わんと　大きな使命に　動かさる　気迫みなぎる　弁護団尊し
原発が　丸はだかとなり　浮かびくる　地震の迫る　浜岡の地に
祈りつつ　祈りつつめざす　脱原発　我等の世代で　終わらせたまえ

15　国際学会での問題提起

二〇〇三年六月三〇日から七月一一日まで開催された第二三回国際測地学・地球物理学連合総会で、茂木清夫（元地震予知連絡会会長）と石橋克彦（神戸大学）が浜岡原発の危険性について発言した。石橋は、一九六〇年代から始まった日本の原発建設での耐震設計は最新の地震学の観点からは不十分であるとし、浜岡原発は太平洋プレート付近に立地し、浜岡の原発震災により、浜岡から二〇〇キロ離れた東京周辺まで避難を余儀なくされるかもしれない。その被害は日本だけでなく、地球全体に及ぶと、事故の危険性を警告した。

同学会に出席していたアメリカの地質学者ローレン・モレは七月九日に浜岡町を訪問し、翌日、記者会見した。モレは会見で、浜岡近くには活断層があって、とても危険である。浜岡の周辺の地層は泥岩であり、岩盤も固くなく、地震が来たらもたない。津波の心配もある。オフサイトセンターが原発から近すぎ、原発震災の備えもない。大地震が発生した時の予想は不可能であり、原発を止めてエネルギー源を天然ガスに切り替える必要があるなどと語った。

このような動きに対して中電は、東海地震への耐震性は十分確保され、耐震安全性は国の安全審査で確認されている。津波の高さは六〜七メートルと評価され、敷地地盤の高さは六メートルあり、敷地前面には高さ一〇から一五メートルの砂丘があるから安全と反論した。これに呼応して静岡県知事は七月一四日の定例記者会見で、浜岡原発は十分な耐震基準に基づいて設計され、審査もされていると原発を擁護した。

第八章…浜岡原発運転差止訴訟本訴の会の活動

1　浜岡原発運転差止訴訟・本訴へ

二〇〇三年七月三日、浜岡原発とめよう裁判の会（白鳥良香代表）は浜岡原発一号機から四号機の運転差止請求訴訟の本訴を静岡地裁に起こした。この本訴では原告の数を減らし、当初一一人でなされた。原告側弁護団は河合弘之、海渡雄一、内山成樹、青木秀樹、只野靖、望月賢司、栗山知らである。

原告団はこの本訴によって、原発の損傷関係の文書や各機器の固有周期のデータなど中電が明らかにしていない文書への提出命令を出させ、原発の現場検証をおこない、証人を申請して原発の危険性を明らかにし、より詳細に原発の危険性を立証していくとした。この本訴により、これまでの仮処分の審理を引き継いで口頭弁論がおこなわれることになり、本訴の判決と仮処分の決定は同時になされることになった。

一〇月二二日に出された準備書面一では、人格権での侵害予防請求権をあげ、東海地震による強震動、耐震設計、応力腐食割れ、検査の信頼性、耐震安全評価、老朽化、原発震災とその被害予測などから浜岡原発の問題点を指摘した。また、浜岡原発で重大事故・過酷事故が起きる危険性と使用済み核燃料が処理できないことの二つをあげ、老朽化し、圧力容器や配管系に重大な欠陥がある原発を巨大地震が襲えば、重大な事故が発生する恐れが強く、その地震と核の複合災害により、広島・長崎の核爆弾の数千倍の死の灰が拡散するとした。

このように原告側は浜岡原発の危険性を指摘し、浜岡原発の運転の差し止めを請求したのである。裁判とともに社会的な関心も広まり、自治体での意見書採択もおこなわれるようになった。二〇〇三年九月には東久留米市議会で、浜岡原発震災を未然に防ぐことを求め、浜岡原発の全機停止を求める意見書が採択された。同様の意見書はその後、小金井市、三鷹市、武蔵野市、船橋市などで採択された。一〇月、『月刊現代』（講談社）に椎名玲「原発震災　迫る東海大地震が浜岡原発を襲う」が掲載されるなど、報道記事も増加した。

2　四号機運転再開への抗議

女川原発では原子力を考える石巻市民の会が再循環系配管溶接部でのひび割れ深さの超音波探傷データと実測値の差異を発見した。国の安全審査や基準がずさんなものであることが明らかになったのである。この差異の指摘を受け、保安院はシュラウドひび割れに対する維持基準を導入して安全宣言を出そうとしていたが、浜岡をはじめとするＢＷＲ原発の再循環系配管の修理を指示せざるをえなかった。

中電は七月末の四号機の運転再開にむけて、七月三日から社員約四七〇人を動員して周辺五町の戸別訪問を開始し、三週間かけて全世帯二万九〇〇〇戸を訪問した。戸別訪問の文書には、一連の「事故トラブル」を詫び、四号機のシュラウドのひび割れについて健全性評価をおこない、現時点で補修の必要はないとあった。さらに、四号機の再循環系配管のひび割れは取り換え工事を終了し、運転に入るとし、再発防止に努め、発電所の透明性を向上させると記されていた。

シュラウドのひび割れを放置しての浜岡四号機の運転再開の動きに対して、二〇〇三年七月九日、中電本社での交渉がもたれた。この交渉には石巻市民の会の日下郁郎をはじめ、名古屋のきのこの会、浜ネット、たんぽぽ舎、浜岡町原発問題を考える会のメンバーなどが参加した。その席で中電は裁判の債権者の退席を求め、五人に退席を強いた。やっともたれた交渉で、対応した職員はひび割れの実態を「インディケーション（徴候）」と言い換えるなど、質問に対する回答は不十分なものだった。九六年の三号機の再循環系配管のひび割れ事故についても追及したが、対応に誠意はなかった。浜岡町原発問題を考える会は中電に、浜岡原発が事故を起こせば人類の歴史に重大な禍根を残すことになるとし、原発を運転しないことを申し入れた。

七月一一日から四日間、佐倉地区で中電による住民説明会がひらかれた。住民が応力腐食割れによる再循環器系配管やシュラウドのひび割れについて質問しても、納得のいく答えはなかった。考える会は全戸訪問も住民説明会も運転再開のためのセレモニーと批判した。

七月一七日、浜ネットは四号機の運転再開中止を中部電力と静岡県に申し入れた。浜ネットはひび割れ事故の隠蔽を「事故トラブル」と表現していることを批判し、不十分な点検で二号機の再開を強行したことと、「透明性」を語りながら、裁判を理由に資料の提示を拒否している中電の態度について抗議した。さらに浜ネットは八月一日、浜岡原発四号機運転再開反対の緊急集会を静岡市内で開き、抗議の意思を示した。浜ネットは、二号機と四号機の再開は官民一体となって市民を騙すものであり、国土を壊滅的な状態におとしめるものと訴えた。しかし、中電は八月四日、四号機を稼働させた。

八月二九日には原子力安全・保安院との交渉がもたれ、浜岡の原発問題を考える会も参加した。交渉では、保安院を経産省から独立させ、規制機構として自立させることや公開討論会の実施などを求め、ひび割れなどを修理せずに運転できるとする「維持基準」の導入に対し、抗議した。原子力規制のための保安院が原子力推進の旗振りとなっている現状を強く批判したのである。

なお、八月二三～二四日には浜岡町原発問題を考える会が受入団体となり、R‐DAN全国交流会がもたれた。R‐DANとは英語の放射能災害警報ネットワークの略である。

3　三号機運転再開への抗議

中電は四号機に続いて三号機の運転再開も計画した。三号機は再循環系配管のひび割れの隠蔽がわかり、停止していた。検査により、シュラウド全周でもひび割れが確認された。再循環系配管は切断して溶接するという修理がなされたが、高線量の現場であり、労働者が被曝しての作業だった。二〇〇三年九月一日、保安院は静岡県を訪れ、三号機のシュラウドのひび割れは原子炉の運転に問題はなく、中電の評価は妥当であり、現時点で補修の必要性はないとした。それを受けて中電は補修なしでの運転再開を求める申請を国に出した。

一〇月二一日、浜ネットは県知事あてに浜岡原発三号機の運転再開に反対する申し入れ書を出した。そこでは、三号機が運転から八年で再循環系配管の溶接継手部にいくつもひび割れが生じていたにもかかわらず、中電がその事実を隠して運転し続けていたことを批判した。また、国や県がそれを容認し、原因究明もなくひびのあるままで稼働を許しているが、それが大きな事故につながると指摘した。さらに、国の定期検査での判定基準が一三ミリの長さまでは異常なしとみなしていることを批判し、知事が三号機の運転再開に反対することと原発の耐震性に関する公開討論会を開催することを求めた。しかし、県は三号機の稼働を容認し、中電は一〇月二六日に三号機の運転を再開させた。

一〇月には国の検査体制を強化するために、独立行政法人として原子力安全基盤機構が設立されたが、東芝、日立、三菱などの関係者や電力会社の社員の出向者も加わる組織であり、原発産業や電力会社の意向が反映されるものだった。また、一〇月には電源三法が改定され、自治体の独自予算のように使用できることになった。それまでは公民館や体育館などの公共施設の建設、電気料金の割引、産業振興などに用途が限定されていたものが、電源立地地域対策交付金の形で一つにまとめられ、維持運営費や地域活性化事業にも充てられるようになった。

一一月二日には三号機の運転再開の動きに抗議して、東海地震の前に浜岡原発を動かすな！一一・二全国集会が浜岡でもたれ、五〇〇〇人が参加した。集会では村田光平が原発の問題を、東海地震の震源域の上に立つ浜岡原発の異常性、広島原爆百万発分の放射能を放出する危険のある六ヶ所村再処理工場の異常性、原発のずさんな管理体制、倫理と責任に欠ける原子力、大地動乱の時代の原発震災の危険性の五点にまとめ、日本の原子力は国策に値しないと話した。続いて、菊池洋一、鈴木卓馬、東井怜、安楽知子、兼松秀代らが発言し、原発のない社会を求める集会宣言を採択した。その後、浜岡原発までデモ行進し、中電に一・二号機の廃炉と三・四号機の運転停止を申し入れ、原発前では人間の鎖をつくって三号機の再稼働に抗議した。

4　二号機タービン建屋火災

二〇〇四年の二月二一日、二号機は原子炉を停止し、定期点検に入る予定であったが、二号機のタービン建屋屋上で火災が発生した。中電は火事の原因を、タービン建屋ではタービンの発電機を冷却するために水素ガスを屋上の排出配管を使って大気中に放出していたが、配管内のさびやゴミなどの混じった水素が壁面に接触し、静電気によって着火し、壁に引火した可能性が高いと発表した。

タービン冷却用水素放出時の火災事故というわけである。この事故は、原発から水素や配管内のさびやゴミなどが放出されていることを示すものだった。

定期点検に入った二号機では、三月二二日に中電が、シュラウドサポートリングの内側溶接線付近で目視によりひび割れを二か所発見したと公表した。シュラウドサポートリングとは圧力容器の底部を支えるシュラウドサポートシリンダとシュラウドをつなぐものである。一号機に続き、二号機でのひび割れも深刻なものであり、五月末の調査報告では、さらに六か所のひび割れが見つかり、再循環系配管でのひび割れも発見されたとした。

5　五号機試運転への抗議

浜岡五号機は改良型の沸騰水型炉ＡＢＷＲであり、国内では柏崎刈羽の六・七号機に次いで三基目にあたる。五号機では二〇〇四年三月一七日、初臨界の準備中に制御棒の一本が動かなくなった。五号機の制御棒には水圧駆動に加えて、電動駆動が付け加えられている。一三八万キロワットの発電量は一・二号機の発電量を合わせたものとなるが、格納容器は鋼鉄製から鉄筋コンクリート製にされ、ＥＣＣＳの能力は縮小され、排気筒の高さも低くされた。五号機では経済的利益追求のために安全性が軽視された。

五号機については、中電は周辺住民に見学会を呼びかけていたが、浜ネットの代表で裁判の原告でもある長野栄一は見学を拒否された。その理由を中電の広報は「原告団はわが社と全く逆の主張で争っている。法廷外のおつきあいは一切しないというのが社の方針」とした。このような理由で見学を拒む中電の対応を、出見世信之（明治大学・企業倫理）は、見学により訴訟に影響が出るものではなく、一般公開の意味を損なう行為である。企業倫理を尊重するなら、会社の立場を否定する人たちとの対話を続けるべきで、すすんだ企業から見ると劣っているといわざるをえないと評価した（毎日新聞二〇〇四年二月九日）。中電は新聞折り込みで、公益企業として高い倫理性に根ざした企業風土を作り、情報公開を充実させると記していた。

浜ネットは静岡県に対して公開討論会の開催を要求してきたが、原子力安全委員会は県に、真摯に受け止めて前向きに検討していると返事をしてきた。これを受けて二〇〇四年二月、浜ネットは県に、討論会には市民団体の推薦する専門家を入れることなど討論会の開催方法について要請し、さらに県が一号機の廃炉を中電に要請することなどを求めた。また浜ネットは三月に中電に対して、浜岡原発の運転と五号機建設の中止を要請した。

四月二〇日には浜ネットが小村浩夫と東井怜を講師に五号機の運転に抗議する集会を持った。集会では、五号機は改良と称して再循環系配管を無くしたために、一台七トンものインターナルポンプを一〇台、圧力容器ノズルにぶらさげることになった、それが地震の時に壊れてしまう危険が高いことなどが指摘された。

五月二九日、五号機で給水制御系の作動確認試験の準備の際に、原子炉内の水位が上昇してタービンが自動停止するという事故が起きた。水位の上昇はゆっくりと開けるべき弁を急激に開けたためであり、人為的なミスだった。五号機は三一日には試運転を再開し、営業運転は二〇〇五年一月のことだった。

6　求められる浜岡行政の民主化

二〇〇四年二月、浜岡町が町会議員、町内会長など町内の各種の役員を対象に木元教子（原子力委員会委員）を招いて講演会を開催した。浜岡町原発問題を考える会のメンバーが聴講を希望すると、講演会を担当する企画商工課は判断できず、町長の判断で拒否した。企画商工課長はその理由を中電から断られたからとした。町主催の講演会への市民の出席の可否が中電の意思によって決定されたのだった。

四月、浜岡町と御前崎町が合併して御前崎市となった。浜岡町長は、原発に対する考えが異なる町とは合併しないとし、老朽原発の廃炉を求める小笠町との合併はなされなかった。浜岡町には浜岡原発があり、御前崎市には中電埠頭がある。

この合併は原子力の利権が絡んだものだった。国からの交付金と中電からの寄付金に財政が縛られ、中電の意向に行政が支配される。情報公開や行財政の民主化が課題である。合併にともない、浜岡町原発問題を考える会の名称は浜岡原発を考える会へと変更された。

六月二九日には、昨年、浜岡町が参加を拒否した県の原子力防災訓練がおこなわれ、御前崎市は参加した。昨年は五〇〇〇人が参加したが、今回は国・県・地元合わせて約四五〇人が参加するというものであり、浜岡原発三号機が自動停止後、冷却不能になり、放射能が外部に漏れるおそれがあるという想定でなされた。漏れたという想定ではなく、漏れるおそれという想定でなされたのである。このように訓練の想定は甘く、訓練のための訓練だった。実際にメルトダウンして大量の放射性物質が流出すれば、住民の避難は不可能であり、大量の被曝者が生まれる。

7 本訴第四回弁論、原発の安全性

二〇〇四年三月二六日、静岡地裁で浜岡原発運転差止訴訟・本訴の第四回弁論がもたれた。原告側は、中電は放射能災害をもたらす危険性のある原発と火力発電の安全性を同等に考えているのか、中電の採用している中央防災会議の想定よりも震源断層面の位置は浅くなる可能性があり、万一の事故を防ぐためにはより厳しい条件での安全性が確認されなければならないが、中電の安全確保策は欠陥ではないのかの二点について追及した。

この日の弁論で裁判長は、任意文書提出命令申立書について中電にその進捗状況を聞いたが、中電側は、ビデオについては裁判以外の使用は認められない、応力腐食割れ対策のピーニング施行中のものはメーカーのノウハウがあって出せないと発言した。これに対し、原告側は市民の生命・安全のために起こされた裁判であり、メーカーのノウハウを理由に証拠を出さないのは遺憾と抗議した。また、中電は、ビデオは一〇から二〇本くらいならダビングしていいが、それ以上のビデオについてはダビング代金を原告側に負担してほしいとした。

二〇〇四年一月、一九七七年から四年三か月の間、福島第一や福井の「ふげん」、浜岡などで働き、多発性骨髄腫になった長尾光明（大阪市）の労災が認定された。二〇〇三年五月に福島県の富岡労働基準監督署に労災認定を申請していたが、被曝量は七〇ミリシーベルトとされた。一九八六年に退職したが、その後の一九九八年に前歯や首の骨が折れ、多発性骨髄腫と診断された。長尾は他の被曝労働者にも道を開きたいと労災を申請していた。

長尾は労災認定を経て、東京電力を被告に提訴したが、二〇〇七年一二月に亡くなった。裁判で東電は、多発性骨髄腫の診断が間違いと主張し、地裁はこのような東電の主張を認める判決を出した。高裁は多発性骨髄腫であることは認めたが、被曝との因果関係を認めないとする判決を出した。そして最高裁は上告を棄却した。

数多くの労働者が原発被曝によって亡くなっているが、原発被曝による労災認定はこれが六人目だった。労災は認定されても、賠償問題では、東電は病気の診断が誤りであり、その因果関係もないと主張して、被曝労働者の訴えを否定した。このような対応は東京電力の倫理観や責任感の欠如を示すものであり、判決は東電の側に立つ不当なものだった。

8　原発震災を防ぐ全国署名

二〇〇四年四月、静岡で「原発震災」の危険性を訴え、浜岡原発を停止させるために「原発震災を防ぐための全国署名運動」が取り組まれることになった。自治体労働組合と市民団体が共同し、原発震災を防ぐ全国署名連絡会が設立されて署名運動がはじまった。請願項目は、「『原発震災』を未然に防止するため、直下で巨大地震が想定されている地域にある原発の運転を、即刻停止してください」というものである。

全国への署名の呼びかけはチェルノブイリ事故が起きた四月二六日とされ、それに先駆け、四月三日・四日と御前崎市で署名がはじめられ、四月二六日に静岡市の街頭で全国署名への呼びかけがなされた。静岡から、直下で巨大地震が想定されている地域にある原発の運転を即刻停止させるという署名運動がはじまった。六月には、御前崎市での中電による五号機などの説明の戸別訪問に対抗して、御前崎市内での署名運動が取り組まれた。

五月二二日には三島市で石橋克彦講演会「どうなる、どうする、東海地震!!提唱者が語る地震と震災の核心」が開催され、八〇〇人が集まった。石橋は、原発の地下での地震想定と建物に加わる振動の想定が的確ではないことを示して原発震災の危険性を指摘し、原発震災の被害地への救助・救援がほぼ不可能になるとした。そして地震は起こってみなければわからないし、想定外の原発被害は起こりうると警告した。講演会の実行委員会は市民に広く、原発震災の危険性を伝えるために、この集会の映像記録を作成した。

六月六日には東京で全国の反原発団体が集まって会議がもたれ、浜ネットも参加した。この会議では、六ヶ所再処理工場でのウラン試験、原発の使用済み燃料の再処理費用などの国民負担、プルサーマルの実施、中間貯蔵施設建設、もんじゅの再開などが議論され、全国ネットの形成も呼びかけられた。また翌日には、各省庁との交渉がおこなわれた。

六月一二日、浜松での喜納昌吉集会の後に、御前崎で交流会がもたれた。交流会には浜岡原発を考える会のメンバーをはじめ、「原発震災」を防ぐ全国署名をすすめていた菊池洋一、さらに地元の県会議員も加わり、歌を含めての交流会がもたれた。

▲…7月原発震災を防ぐ全国署名連絡会の宣伝（浜松駅前）

七月一四日、浜ネットは静岡県と中電に対して申し入れをおこなった。中電への申し入れ書では「原子力村」の不正・不義の社会問題化をあげ、無責任な原子力行政を後ろ盾としていたら自滅してしまうとし、中電の当事者責任を追及した。浜岡一・二号機での点検で新たにシュラウドや再循環系配管でひび割れが発見されたことから、東海地震が切迫するなかでの運転の危険性を指摘した。そして、一号機でのシュラウド交換を含めた修理方針は多くの労働者の被曝をもたらすものであるとし、中電による再稼働の動きを批判し、一・二号機を廃炉にする英断を求めた。また、地震前の原発の停止とプルサーマル計画の撤回も要請した。

この七月、中部電力の会長が辞任に追い込まれた。その理由は古美術購入に会社の金を流用していたということだった。この中で、中電会長が一九九四年の原子力産業課総合エネルギー調査会原子力部会の会議で、核燃料サイクルでの再処理コストの試算値を公表させないよう発言していたことも明らかになった。そのような圧力によって再処理費用の試算自体が隠蔽されてきたのだった。浜ネットは、このような体質が、中電の原告とは付き合わないという姿勢を生んできたと批判した。

9　四号機不良骨材使用問題

二〇〇四年七月末、浜岡四号機建設に関して御前崎の砂利生産業者の元職員から内部告発があった。四号機のタービン建屋建設に使ったコンクリート骨材の安全試験データを、上司と相談して文書の偽造やサンプルのすり替えなどをおこない、亀裂の恐れのある有害な骨材一〇〇万トンを納入し続けたというのである。元職員は阪神大震災で高速道路が倒壊した時は衝撃を受け、不良骨材が他のトンネルや橋脚に使われていることを考えると心苦しかったとした。中部電力は改めて四号機の成分を調査したが、四号機の健全性は保たれているとした。

この問題は静岡県議会でも問題になった。質問に立った小長井由雄県議は、美浜の冷却水用配管の破断事故と浜岡原発の安全性、不良骨材問題などについて取りあげた。この質問に対して県側は、七月三〇日に通報があり、八月二日に国に調査を依頼した。また、中電が八月二日に記者会見で健全性を主張しているなどと答えたが、県が調査に立ちあう、あるいは独自に調査をおこなうという姿勢は示さなかった。

10　メディアの原発震災報道

朝日新聞は二〇〇四年一〇月一一日から一六日にかけて「地震の話・検証浜岡原発」を連載した。この記事では、地震予知連絡会前会長の茂木清夫の東海地震の警告、浜岡一号機事故以後の自治体の廃炉・停止決議、市民団体による原発震災署名運動、浜岡でのシュラウドや配管でのひび割れ、石橋克彦への原発震災のインタビュー、不十分なままの原子力防災、安全性が疑問視されるアメリカのディアブロキャニオン原発の動きなどについて報じた。

特に一〇月一三日の記事では「原発震災　読めぬ被害」の見出しで、真下にプレート境界がある浜岡原発の危険性に

浜岡原発敷地内の断層

（参考　原発震災を防ぐ全国署名連絡会資料）

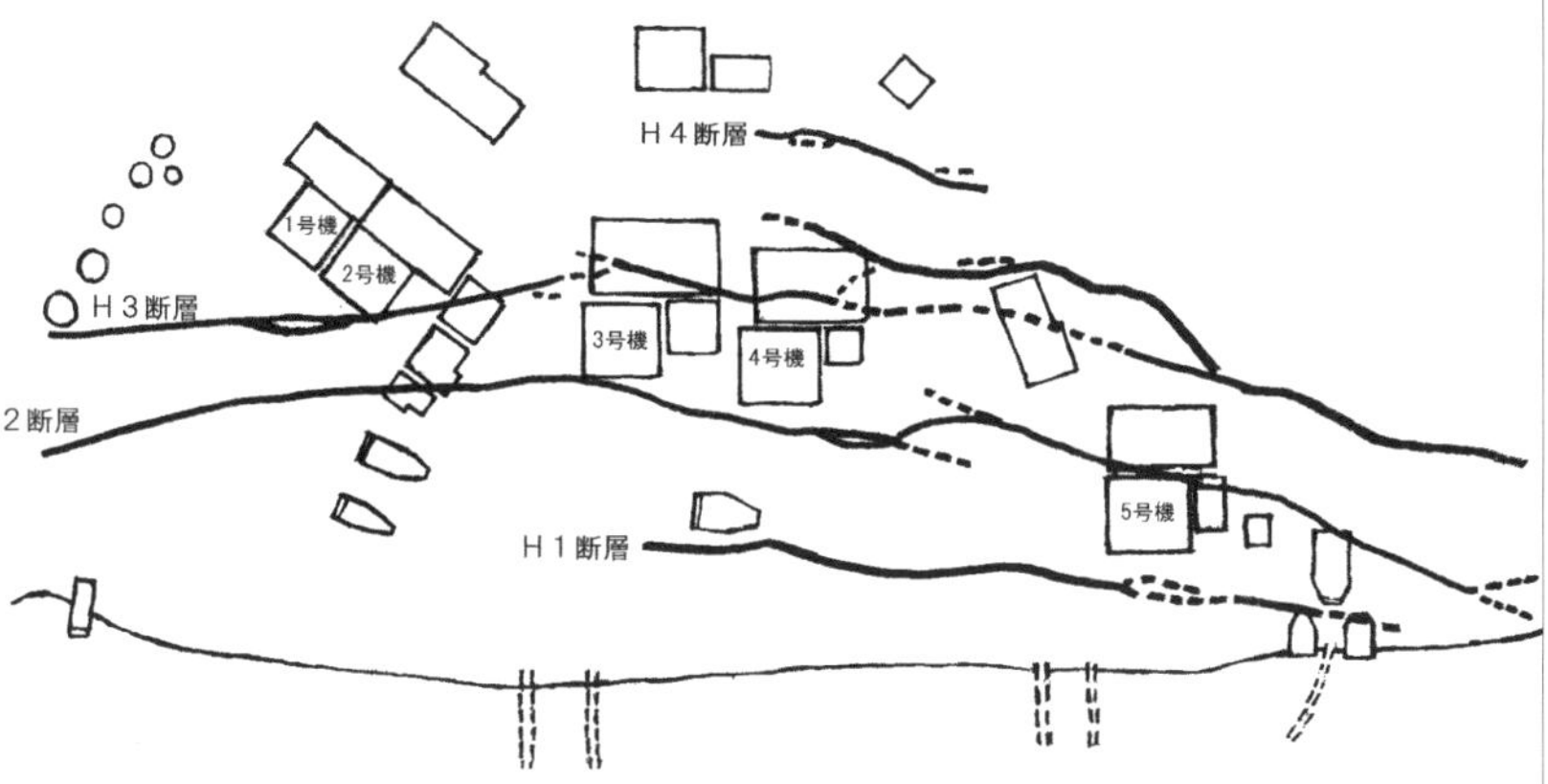

ついて記した。その記事で、ゼネコンで原発を設計していた福和伸夫（名古屋大学）は、一・二号炉は出力が小さく運転効率も高くない、廃炉にしてより安全性の高い新型に作りなおした方がいいと指摘、原子力情報センター事務局長の舘野淳（中央大学）は、老朽化した配管類を設計より厳しい地震が襲った時、本当にシステムとしての安全が保たれるのか、厳しい検証が求められるとした。

　設計する側からも老朽化や効率性・安全性の面から疑問の声があがりはじめていたのである。しかし、この時点で中電は「廃炉はない」という立場を崩さなかった。一〇月一七日、浜ネットは総会をもち、浜岡原発の廃炉に向けての活動を確認した。集会では山崎久隆が「美浜原発事故は浜岡でも起こる」の題で話した。

　朝日新聞連載の後の一〇月二三日、新潟県中越地震が起きた。この中越地震では、本震に続く余震も多く、柏崎七号機は余震によってタービンの主軸がずれ、停止した。中越地震では、北魚沼郡川口町で最大加速度二五一五ガル（震度七）を記録した。岩盤での最大加速度を地下一〇〇メートルで五七五ガルとするデータも得られた。この数値は、中部電力がマグニチュード八の東海地震での最大加速度の想定を二八五ガル（約三〇〇ガル）としたことが、過小な評価であることを示すものであった。

　このようなか、一一月二〇日、原発震災を防ぐ全国交流集会が静岡市内でもたれた。集会では河合弘之（弁護士）、菊池洋一（元GE技術者）、塩坂邦雄（地質学者）、伊藤実（浜岡原発を考える会）、佐野慶子（静岡市議）などが発言し、続出する原発事故の問題点と原発震災の危険性を訴えた。この集会で、菊池洋一は再循環ポンプの耐震性や溶接など施工技術の弱点を示し、塩坂邦雄は強い地震動を出す固着域が浜岡前面の海域に想定されていることなどを指摘した。集会後、参加者は静岡市内をデモ行進した。

二〇〇四年には、映画『東京原発』が制作され、八月には静岡と浜松で上映会がもたれ、計一一五〇人が参加した。石黒耀は『震災列島』を出版した。

原発震災については二〇〇五年一月一〇日にテレビ朝日系の報道ステーションでもとりあげられた。そこで石橋克彦は東海地震がマグニチュード八・五を下回る保証は何もないことを指摘し、小出裕章は浜岡の原発事故の際に風向きが東京に向かっていれば二〇〇万人を超える人々がガンで亡くなることもあるとした。溝上恵（地震判定会会長）も原発事故が「人災」であることを認めた。これに対し、中電広報部は「一〇〇％安全と考えています」と語った。一月一九日の朝日新聞（夕刊）は「防げ原発震災」の見出しで「原発震災」を防ぐ全国署名の活動を紹介した。このように原発震災に対して社会的な関心がたかまり、表現されるようになった。

11　衆議院公聴会での石橋発言

原子力安全委員会の耐震指針検討分科会では、石橋克彦が委員として参加し、「想定外の地震」の恐れをどう評価していくのかが、議論された。

石橋克彦は二〇〇五年二月二三日の衆議院予算委員会の公聴会で公述人として次のように発言した。日本列島はほぼ全域で大地震の活動期に入りつつあるとほとんどの地震学者が考えている。巨大地震では非常にゆっくり大きく揺れる長周期の地震波が放出され、大津波が襲う。原発では震動でいろいろなところがやられ、複数の要因による故障が起き、原発震災となる。浜岡で原発震災になれば、炉心に溜まっている核分裂生成物が外部に放出され、放射能雲が首都圏を襲う。原発震災が起これば、本当に物理的にも社会的にも日本の衰亡に至りかねない。日本列島に居る限り、地震と共存する文化というものを確立しなければならない。全国の原子力発電所の原発震災のリスクというものをきちんと評価して、危険度の高いものから順に段階的に縮小するべきである（要約）。

二月二三日には衆議院予算委員会・経済産業省所管分科会で稲見哲男（民主党）が浜岡事故に言及した。稲見は二〇〇四年一二月に設立された原子力政策「転換」議員連盟の事務局を担っていた。

毎日新聞は二〇〇五年五月二三日から二六日の間、「原発震災『想定外』への備え」（鯨岡秀紀・中村牧生）を連載した。それは、「残余のリスク」、あいまいな防災対策、原発の耐震性などについてふれたうえで想定外地震に対処できない稼働を問題とする連載だった。

原発震災をテーマにした講演会も開催され、四月九日には三島の原発震災を防ぐ風下の会の主催で茂木清夫講演会がもたれ、一二〇〇人が参加した。茂木清夫は地震予知連絡会の前会長であるが、想定震源域の真上に原発を作ったことが異常な立地であると批判し、「壮大な人体実験」になるとした。九月三日には、子どもたちの生命と健康を守る会（山本和子会長）の主催で「原発震災を防ぐには？ 迫ってくる東海地震に備えて」と題する小出裕章講演会が浜松市内でもたれた。

「原発震災」を防ぐ全国署名は三月までに約四五万人分を集めた。署名運動は国会議員を動かし、国策を変更させるために始められたが、メディアや国会議員が賛同する動きをつくりあげた。

12　浜岡裁判と一〇〇〇ガル補強工事

二〇〇四年一二月一七日、浜岡裁判の第八回口頭弁論がもたれた。原告側は、中電側が根拠としている中央防災会議の想定震源域モデルでも、設計用の限界地震を超える可能性があり、地震動に共振して配管や重要機器が破壊される、減肉によって危険性はさらに増すとした。中央防災会議のモデルでは浜岡の直下に固着域（アスペリティ）を想定していないが、その想定でも浜岡原発は危険であるとしたのである。

また、原子力安全基盤機構が確率論的手法で試算した浜岡原発の炉心損傷確率の数値、約二・四％を紹介し、四機全体では一〇％近い数値となり、地震によって損傷する可能性が高いことを指摘した。さらに、井野博満（法政大学・金属材料学）の陳述書から、一九九〇年代以降の低炭素ステンレス鋼配管の応力腐食割れのメカニズムが未解明であることを示した。

二〇〇五年二月二五日、第九回口頭弁論がもたれた。原告側は固着域（アスペリティ）が浜岡の直下にあることも推定できるとし、その場合の地震動も評価すべきとした。また、低炭素ステンレス鋼配管の応力腐食割れを防止する有効な対策がないことを示し、津波ではその高さだけではなく、激流の破壊力が問題であり、土手や砂丘を削り取る力を検証すべきとした。

原子力安全委員会では耐震指針が強化され、確率論的な安全評価法も取り入れられるようになった。市民による原発差止裁判がおこされるなかで、中電は二〇〇五年一月二八日に、一〇〇〇ガルの地震にも耐えられる浜岡原発耐震補強工事を実施すると公表した。中部電力は最大六〇〇ガルの震動にも耐えられる安全性があるが、自主的に耐震補強工事をおこなうとした。費用は数百億円という。

しかし、二月に開催された原子力安全委員会の耐震指針検討分科会で、一〇〇〇ガルに耐えるという技術的な根拠について示すようにとの要請に対しては、中電は「事業者の経営判断」として具体的な説明を拒否した。中電は、一号機から五号機の屋外原子炉機器冷却設備の改造、排気筒の改造、屋外油タンクの追加設置、一・二号機の屋外機器の基礎部の改造、屋内配管サポートの追加設置などをあげ、一・二号機ではシュラウドの取り換え工事もあわせておこなうとした。しかし、それ以上の工事の概要は明らかにしなかった。

これに対し、浜ネットは、一〇〇〇ガル対応の技術的根拠や工事の具体的な内容とスケジュールを提示すること、第三者機関による検証をおこなうこと、三～五号機での原子炉の本体部の補強をしなければ、耐震強度が付加されないこと、電源喪失事故への対策や多重事故対策での補強が欠如していること、三次元の震動についても実験し、全機を止めて振動実験で安全性を確かめたうえで補強工事を実施すること、格納容器内の宙づりの再循環ポンプは一〇〇〇ガルの震動には耐えられないこと、応力腐食割れを抱えたままの運転で激震に耐えうるとする理由を説明すること、津波対策が皆無であることなどの疑問点を提示して、一〇〇〇ガルにも耐えうるとする工事を批判した。

中電による補強工事の発表は「一〇〇％安全」としてきた中電の姿勢の転換を示すできごとだった。

13 浜岡裁判・原発現場検証

二〇〇五年三月六日、静岡地方裁判所が中電に文書提出命令を出した。その命令では、原発で事故が起きれば「当該地域を超えて広い範囲に甚大な被害が及ぶ可能性」があり、文書の提出は「社会共通の要請であり、利益である」とした。浜岡裁判は全国に地震と原発の問題を提起し、裁判長による浜岡の安全は社会全体の問題であるという判断を導いた。

しかし中電は東京高裁に即時抗告し、東京高裁は翌年の三月一五日に地裁の命令を取り消した。東京高裁は、東芝などの独自技術やデータの機密保持を認め、公開すれば受注が減るなどの不利益が生じるおそれがあるとした。それは、市民の生命よりも企業の利益や機密を擁護する不当な決定であった。

このような即時抗告がなされるなかで裁判はすすみ、七月一三日、浜岡原発の現場検証の下見がおこなわれ、九月一日には現場検証がおこなわれた。現場検証は裁判所四人、原告四人、被告三人でおこなわれた。伊東良徳弁護士はつぎのように報告している。

七月一三日の浜岡二号機の下見では、使用済み核燃料プールが水と燃料ラックで合わせて二四〇〇トンもの重量であることがわかった。中電は、浜岡原発は重心が低い構造となっているとしているが、重心が高い位置にあることが判明した。定期検査ではこのほかに仮置きプールや炉心上部にも水を張ることになり、さらに重量が増加する。また、緊急停止用の制御棒を押しこむ水を通す配管に手動のバルブがあり、誤って閉めると制御棒が入らないことがあることがわかった。

格納容器内での再循環系配管や主蒸気系配管の全ての検査は困難であり、グラインダーで表面を削った跡が多かった。近年、グラインダー加工した表面が起点になり、応力腐食割れが起きたことが問題になっている。原子力圧力容器の下側に入るとほぼ全員のポケット線量計のアラームが鳴り、全員退去となった。中電が把握していたよりもずっと放射線レベルが高く、一〇分の調査時間を予定していたが、一分も待たずに設定値を超えてしまった。

九月一日の現場検証では、ケーブル処理室で延焼防止材の吹き付け状況をみたが、吹き付けにはムラがあり、吹き付け剤がついていないケーブルもみられた。中電は溶接部以外のグラインダーで表面を削った多数の跡について、溶接部から飛び散った金属粒をきれいに取るために磨いたものとしていたが、溶接部から遠いところや直線の配管部分が一本分ぐるりとグラインダーがかけられており、現場では安易にグラインダーで削っていると評価できた。緊急停止用の配管の手動バルブでは全てのバルブに「操作・禁止」札があるのではない。経験不足の作業者が従事した場合、誤操作のおそれもあると判断できた（「浜ネット会報」四〇）。

14　二〇〇五年中電株主総会への事前質問書

二〇〇五年六月二八日にもたれた中電の株主総会に対して、「脱原発中電株主といっしょにやろう会」は浜岡原発について以下のような事前質問書を出し、その問題点を追及した。

浜岡原発一号から五号機の総運転時間、三号機第一三回定期検査で取り換えたグランドスチームコンバータ加熱蒸気排水管の金属材質と減肉箇所の肉厚、浜岡一・二号機のシュラウド交換の工期、二号機よりもひび割れの多い三号機のシュラウド（SUS三一六L材）を交換しない理由、三・四号機にもシュラウドサポート部に深刻なひび割れが存在する可能性、三号機ひび割れへの補強ではシュラウドサポートレグ及び縦の溶接線へは効果がないこと、風による共振で一・二号機共用排気筒がひび割れたことの認識、三・四・五号機の排気筒の強風対策、砂丘が地震により液状化するがその対策工事の無実施の理由、一九九〇から九一年ころの地盤補強工事の概要、一から五号機の貯水槽の砂防施設や囲いの実態、一から四号機での配管肉厚検査結果で減肉率が多い発生箇所とその減肉率の炭素鋼・低合金鋼・ステンレス鋼別の公表、配管減肉による交換箇所の数、各号機での高圧及び低圧給水加熱機ベント配管オリフィス下流で最も減肉率の高い事例の公表、浜岡での給水加熱機ベント配管での減肉状態の測定頻度が予防保全上少ないこと、浜岡の広報で肉厚に関する具体的な情報が記載されない理由、浜岡でシュラウドのひび割れがここ三年で次々に見つかった理由、なぜ二〇〇二年以前では発見されなかったのか、第一八回定期検査で一号機のシュラウドサポートリングH七a溶接線で応力緩和策のピーニングをおこなったが、第一九回定期検査で全周にわたるひび割れが生じた理由、シュラウド交換での労働者被曝低減への改善策、一・二号機の高経年化対策としての制御棒駆動機構と中性子モニターのハウジング溶接部の応力緩和策の実態、一号機での第一五回定期検査で低圧第三給水加熱器を取り替えた理由。
このように浜岡原発での配管の損傷状況や広報の不備などを細部にわたって指摘した。

15 告発・耐震強度データ偽装計画

二〇〇五年三月、浜岡二号機の岩盤強度データの偽装について内部告発がなされた。告発は東芝の子会社の日本原子力事業に技術者として勤めていた谷口雅春によるものだった。それは、浜岡二号機の耐震計算結果は地震に耐えられないものであり、直下型地震が起きれば核燃料の制御ができなくなる可能性があるというものだった。

谷口は、一九六九年に日本原子力事業に入社し、東芝鶴見工場で原子炉の炉内構造物の設計に従事した。そこで上部・下部シュラウド、上部・下部格子板、緊急冷却装置など核燃料を支える部分を設計した。担当した原子炉は福島二号機と浜岡二号機だった。浜岡二号機の設計者は一〇〇人ほどであったが、部門ごとの設計者が集められた会議で、建屋と圧力容器について耐震補強の工夫をしたが、空間が狭すぎてうまくいかないため、あきらめたという話を聞いた。

担当した上部格子板の応力計算をしてみたが、「完全につぶれる」という結果が出た。計算担当者の説明では、浜岡二号機が地震に耐えられない理由は、岩盤の強度が弱いことと核燃料集合体の固有振動数が想定地震の周波数に近く共振しやすいことの二つだった。そのため、岩盤の強度が強かったことにする、核燃料の固有振動数を実験値ではなくGE社の推奨値を使用する、建屋の建築材料の粘性を大きくとるなどのごまかしの計算をすることになった。

このような偽装に良心の呵責をもったことから会社を辞めた。その後の耐震補強についてはわからないが、一・二号機がシュラウドなどの亀裂で停止している状況からみて、耐震のための設計変更はなされていないと考えられる。中電は地震に耐えられないことは承知していたはずである。さらに問題は、当時は原発立地において地盤強度の基準がなかった。なぜ地盤強度の弱い浜岡に原発が立地したのか。建屋、圧力容器、配管などに地震計を設置し、地震時のデータを公表すべきである。

現在の原子炉の耐震計算は横波に対してのみ行われているが、直下型では縦波の力も強く、原子炉では制御棒の挿入が不可能になり、制御不能の状態になることが考えられる。沸騰水型では、制御棒が動くスペースを確保するために、核燃料は下部格子板の穴にはめ込まれ、横方向に動かないようになっている。直下型の地震では上下振動と水平振動が同時に襲うことになり、上下振動が強ければ燃料集合体は下部格子板から離れて宙に浮き、水平方向の振動により穴の位置がずれる可能性がある。また、制御棒が核燃料集合体にぶつかったり、破損したりして挿入できなくなる可能性もある。原子炉が制御不能になれば、核反応が止まらなくなり、配管破断による炉内の水漏れ、緊急冷却装置の故障を経て、やがてはメルトダウンになる。浜岡原発は世界に放射能汚染を起こす可能性がある（「浜ネット会報」三九）。

谷口は四月一五日に静岡県庁で記者会見し、勇気ある証言をおこなった。しかし、中部電力は最大の地震を考慮して設計・施工し、国による安全審査でも確認済みである。また、建設後も常に最新の知見に基づき耐震性を確認しているから、安全性は確保しているという見解を発表し、告発の内容も否定した。告発を受けて保安院も調査したが、問題はないとした。

浜岡原発立地の地盤はもともと軟弱であり、二〇〇〇年周期の大地震による断層や亀裂でさらに弱いものになっている。建屋と核燃料集合体の固有振動数は、想定地震の震動の周期に近いものであり、共振する可能性が確認された。それは一九七二年のことであり、通産省に浜岡二号機設置許可申請を出す直前のことだった。そこで耐震偽装が計画されたわけである。二号機では何度も工事計画書が書き直され、一〇回目でパスした。

16　浜岡四号機プルサーマル実施通報への抗議

二〇〇五年九月一二日、中電は浜岡四号機でのプルサーマル導入を発表した。中電による新聞折り込みのチラシには「中部電力では二〇一〇年度から浜岡原子力発電所四号機でプルサーマルを実施することにいたしました」とある。静岡県の調査で、安全協定で電力会社が原子炉の新増設などの重要な変更をする際に地元自治体に「事前了解」を得るという規定が、国内一七の原発のなかで中電浜岡原発だけにないことが分かった。協定上は事前の「通報」だけですすめることができるわけである。安全協定を結んでいる静岡県や御前崎市、周辺市町へと説明はあるが、事前の了解は必要ないのである。

プルサーマルをめぐっては各地の原発で住民の同意をめぐって長期に渡る議論があるが、浜岡では一方的な計画とその通報でプルサーマルが実施されることになった。中電によるプルサーマル導入の発表に対し、同日、浜ネットは中電に抗議し、県に対して受け入れないように要請した。さらに周辺市町への要請と宣伝をおこなった。

浜ネットは抗議・要請書で、MOX燃料の不安定性、地震が想定され、シュラウドや再循環系配管に多数の傷を抱える原子炉への導入の危険性、リサイクルとは名ばかりで再処理のメドは立たず、使用済み燃料は地元に保管すること、中電の地元の事前了解なしでの導入などの問題点をあげ、導入の停止を求めた。また、行政には導入中止の提言、安全協定への事前了解の項目の設定などを求めた。この浜ネットの抗議・要請に全国各地から五〇ほどの団体が賛同した。

九月二一日、原発震災を防ぐ全国署名連絡会は、事前了解の規定を入れるように県知事へと要請した。九月二七日には、原発震災を防ぐ全国署名連絡会と原水爆禁止静岡県民会議が、御前崎、掛川、菊川、相良の首長に計画見送りを中電に要請することや安全協定の見直しを要請した。

17　市民参加懇談会イン御前崎

二〇〇五年一〇月五日、市民懇談会イン御前崎が開催され、二〇〇人が参加した。この懇談会は、原子力委員会が市民の意見を聴収して原子力政策を策定するという趣旨でもたれた。国内一一か所で開催されてきたが、静岡県では初めてだった。第一部は依頼されていた御前崎在住の市民一〇人が発言し、第二部では参加者が意見を述べた。

第一部では、浜岡商工会の副会長が二〇〇億円ほどの原発交付金について示し、電源三法の意味については考えたことはないが、金はあればあった方がいい、金が出れば六・七号機も活性化のために不思議ではないと発言した。

原発に反対する立場からは、大沢尚登が東海地震に耐えられるのか、安全協定に事前了解がないのは浜岡のみであり改善すべきとし、柳沢静雄は今のままでも危険であり、プルサーマルは導入すべきではない、国の原子力政策は情報を隠し、民主主義に反しているなどと批判した。御前崎の漁業協同組合長は、アマエビや伊勢エビもいた豊かな漁場が磯焼けして砂漠のようになっている現状を示し、きれいな海を残していきたいとした。

第二部では、中電の見学会に参加し、その安全宣伝をくり返す発言もみられたが、原発に反対する市民が次々に手をあげて発言した。そこでは、東海地震への耐震性がなく、安全ではないこと、プルサーマル計画の問題点、浜岡原発によるお茶への風評被害、中電の原発に関する情報公開度の低さ、原発事故への防災体制の不十分さ、原子力館で配布されている電気事業連合会などの冊子での偽り、原発関連の交付金などさまざまな問題点がだされた。最後に、地元は御前崎市だけではなく日本全国であること、賛否両方の専門家の討論会を開くべきであること、大地震の恐れのある浜岡でプルサーマルは導入すべきではないとする主張もなされた。

浜ネットの呼びかけで「プルサーマルいらない浜岡ネット」が結成され、一一月五日には御前崎市内での七〇〇〇枚のチラシ入れがおこなわれた。

浜ネットは、プルトニウムはウランに比べ溶けやすく、核分裂が激しく制御しにくい、プルサーマルで使用するプルトニウムは約二トンだが、長崎原爆で使われたプルトニウム約六キログラムの約二二〇発分にあたる量である、プルトニウム一グラムが一・四億人分の摂取許容限度量であり、危険性が高い、プルサーマル実施を一方的に通告するのは中電だけである、もともと原子炉ではプルトニウム燃料の使用は想定されず、高速増殖炉が失敗し、イギリスとフランスにため込んだものの在庫処理にすぎない、余剰プルトニウムをもたないという国際公約のための処理である、使用済みのプルサーマルの燃料は処理場がなく、ずっと浜岡に残ることになる、使用済み核燃料からプルサーマルに再利用できるのは一%であり、「リサイクル」ではない、静岡県がプルサーマルへの見解をもたないのは無責任である、同意条項のない安全協定は問題である、静岡県は市民を守らずに中電を守っているなどと訴えた。

一一月一二日、浜ネットは二〇〇五年度の総会を静岡市内でもち、「東海地震の前に浜岡原発を止めさせせプルサーマル計画を中止させる宣言」を採択した。総会後に「プルサーマル是か非か?市民シンポジウム」を開催し、藤田祐幸（慶応大学）らがプルサーマルの問題点を示した。浜ネットは中電と県にも出席を呼びかけたが、ともに欠席した。

一一月一九日、中電はプルサーマルの公開討論会をもった。意見を陳述する住民代表の六人のなかに原発震災を防ぐ全国連絡会と本訴の会の会員が入り、プルサーマルよりも原発の耐震性、MOX燃料輸送の問題、安全協定での事前了解事項の欠落などを指摘した。

一一月二六日、浜松市内で子どもたちの生命と健康を守る会の主催で「原発震災を防ぐには」をテーマに集会がもたれ、岡本尚が被害想定について、河本和朗が設計基準を超える揺れについて講演した。

18 沸騰水型原子炉での制御棒ひび割れ破損

シュラウドや配管での応力腐食割れが問題とされるなかで、制御棒でのひび割れによる破損が問題となった。二〇〇六年に入り、福島第一原発三号機、六号機でハフニウム板型制御棒のひび割れが見つかり、その一部は破損して原子炉内に残るという事故が起きた。福島第一の六号機では制御棒一七本のうち九本にひびや欠損があり、保安院の調査により各地の沸騰水型原子炉で制御棒にひびなどが確認された。

浜岡原発では八月に、三号機で一三本にひびや欠損が発見された。東海地震に際し、浜岡では制御棒挿入によって緊急停止をおこなうことになるが、その制御棒にひびが入り、破損する状況にあるという事態は大きな問題だった。破片類が燃料棒を傷つける、破片が燃料棒に癒着する、破片類が制御棒の進入を妨げるといった事態になれば、冷却ができなくなる可能性もある。

事故を起こしたハフニウム板型制御棒は東芝製の新型であった。中性子を一定量以上浴びたために応力腐食割れが起きたのだが、特に中性子の照射が激しい炉心中央部で使用された制御棒にひび割れが集中した。原子力安全基盤機構は、粒界腐食や溶接部で発生したひびが摺動抵抗や照射成長により進展したとした。制御棒は中性子を吸収して核分裂を制御するという役割をもつが、これまでもひび割れや変形をおこしてきた。圧力容器内での中性子の照射によるシュラウドや制御棒などの劣化は想定以上のものがあるわけである。

19 志賀原発二号機運転差止裁判判決

浜岡裁判は二〇〇六年の一月と三月に進行協議がなされた。原告側は再循環系配管の問題に加えて、主蒸気系配管の弱点を指摘し、枝管の出ている部分の安全余裕が乏しく、五〇〇ガル程度から変形し、七三〇ガル程度で破損する可能性が否定できないとした。四号機の現場検証にむけての協議ももたれ、現場検証への参加数が決められ、裁判所からは争点の整理表が配布された。四月には四号機の現場検証がおこなわれた。

浜岡裁判の進行協議をおえた三月二四日、金沢地方裁判所で石川県の北陸電力志賀原発の二号機運転差止裁判の判決が出された。井戸謙一裁判長は、電力会社の想定を超えた地震動によって原発事故が起こり、住民が被曝する具体的な可能性があるとして、運転差止を言い渡した。運転中の原子炉で初めて原告の訴えが認められたが、仮執行宣言はつかなかった。志賀二号機は浜岡五号機と同型の改良型沸騰水炉（ＡＢＷＲ）であり、出力は一三五万八〇〇〇キロワットである。

浜ネットはこの判決を企業利益よりも住民の生命を優先するものとし、原発震災に対する住民の人格権を認めたものと評価した。そしてこの判決を受け、三月三〇日に原子力安全委員会と原子力安全・保安院に対して志賀原発差止訴訟判決に関する緊急申し入れをおこなった。申し入れ書では、判決では地震の揺れの想定が実態とは合わないものであることが指摘されているとし、すべての原発と核燃サイクル施設の耐震安全性を見直し、それがすむまでは運用を中止すること、プルサーマルなどの凍結、六ヶ所再処理工場のアクティブ試験の中止、原子力施設の設置許可審査の凍結などを求めた。

20 チェルノブイリ事故二〇周年・現地からの報告

プルサーマル計画が公表されると、掛川市では市民グループによる学習会の開催や安全協定の見直しの要請などがとりくまれた。市民の要求により、二〇〇六年四月二五日には掛川市主催で「プルサーマル計画と安全性の確保」をテーマに「原子力と暮らし市民懇談会」が開かれ、一五〇人が参加した。五月には「東海地震と原子力防災」、六月には「代替エネルギー」をテーマにして懇談会がもたれ、市民は静岡県の出している防災計画に浜岡原発の被害想定が含まれていないことを問題にした。

二〇〇六年はチェルノブイリ事故から二〇年目である。掛川の市民グループが中心になって実行委員会をつくり、四月一八日に「チェルノブイリ原発事故二〇年・何が起きたのか何が続いているのか」をテーマに掛川市内で集会がもたれた。集会には六五〇人の市民が参加し、ウクライナで環境運動を担ってきたユーリ・シチェルバクさんとボロジミール・ティーヒーさんが現地の状況を話した。

ユーリ・シチェルバクさんは『チェルノブイリからの証言』の著者であり、ウクライナの特別全権大使でもある。シチェルバクさんは、チェルノブイリ四号機は軍事用のプルトニウム抽出のために作られたものであり、事故の原因は運転員のミスではなく原子炉自体の欠陥だったとした。また、事故によって何百万人もの人々が生活を破壊され、地域や国を丸ごと消滅させるモデルとなったと指摘した。さらに、がんや白血病による死者は三万人から四万人にのぼり、甲状腺がんの発症率はウクライナで八から一〇倍、ベラルーシで二〇倍になり、放射能汚染によって免疫力も低下している。IAEAの報告は過小評価であり、放射能汚染の後遺症は長く続き、人々の希望を失わせるものと話した。そして、市民社会は行政の決定に影響力を持つ必要があると課題を示した。

ボロジミール・ティーヒーさんはウクライナの科学アカデミーサイバネテック研究所の研究者である。ティーヒーさんはチェルノブイリ被災者を取り巻く社会問題について、ソ連全土から六〇万人が汚染対策のために動員されたが、かれらは「リクビダートル」と呼ばれている。ウクライナでは一三万五〇〇〇人が強制移住したが、一七〇万人以上が汚染地域にいた。リクビダートルや住民の健康が悪化し、政府は被害者に補償している。その額は小額だが、ウクライナの総予算を圧迫し、国家はこの支出を担えなくなっている。被害者はリハビリの休暇を他所で過ごす。被害者の雇用・健康が社会的問題となっていると語った。そして、事故は多くの教訓を残したが、被害者と汚染地域の社会的自立に向けての条件を作っていくことが課題であるとした。

翌日、二人は掛川市に立ち寄り、浜岡原発に関連する事例として、地質学者の指摘により軟弱地盤での原発立地の計画が中止された例などを示した。

静岡市では、四月二一日、「『まだまにあうのなら』から今、そして未来を語る」という著者を囲んでの集会がプラムフィールドなどの主催でもたれた。このような集会が計画されていた三月一六日、浜岡原発での配管検査中に配管検査装置に不具合が生じ、千葉県市原市の設備検査会社の労働者ら一〇人が被曝した。

21 浜松での小出裕章講演

二〇〇六年五月一三日、浜松市内で「原発震災を防ぐにはＰＡＲＴ２」集会がもたれ、古本宗充（名古屋大）「東海・南海地震による地震動と津波」と小出裕章（京都大学）「原子力が抱える危険——お金と引き換えに売り渡すもの」の講演がおこなわれた。集会は子どもたちの生命と健康を守る会が主催し、七〇人が参加した。中電にも講師として出席を求めたが、中電は参加を断った。

古本宗充は、地震の際に激しい地震波を出す部分であるアスペリティが浜岡の近くにまで広がっているとみる研究状況を紹介し、原発はこのアスペリティの広がりや海面の上昇下降に耐えられる構造であるべきとした。

小出裕章はつぎのように話した。東海地震の想定震源域に浜岡原発があり、浜岡の事故で放射能の雲が東京などの人口集中地域を襲えば、多くの被害が出る。チェルノブイリの事故で放出されたセシウム一三七の量は広島原爆の八〇〇発分になり、本州の六倍の面積である一四万五〇〇〇キロ平方メートルが放射線の管理指定区域になるほど汚染され、その被害は破局的であった。もともと原子炉はプルトニウムを取り出すために作られ、濃縮や再処理も原爆製造用に開発されてきた。アメリカが世界最大の核兵器保有国であり、日本が非核兵器保有国で唯一原子炉・濃縮・再処理を備えている。プルサーマル発電は危険であり、経済合理性がなく、環境汚染をもたらすが、破綻するだろう。原子力は、一、個別電力会社の利益、二、産業総体の利益（三菱・日立・東芝など）、三、国家の意思（核技術や核開発）、四、補助金交付をあてにする地方自治体などによってすすめられている。これらの金儲け、利潤、交付金などと引き換えに、私たちが巨大事故の恐怖と放射能のごみを引き受けることになり、世界の平和を失うことになる。なによりも、自立して平和に真っ当に生きようとする心を失うことになる。

小出はこのように話し、生命と平和を大切にする心を合わせ、原発をなくすことを呼びかけた。

22 耐震設計審査指針の改定と「残余のリスク」

一九七八年に制定された発電用原子炉施設に関する耐震設計審査指針は、耐震設計用の地震動を二つ想定した。ひとつは、過去の地震から将来起こりうる最強地震（設計用最強地震）の地震動S1であり、もうひとつは、過去五万年間に活動した活断層やマグニチュード六・五の直下型地震など、設計用最強地震を上回る地震（設計用限界地震）による地震動S2である。

この耐震設計審査指針では、建物や機器の重要度を四段階に分け、それぞれS1、S2に耐えうるかを審査するとした。設計用限界地震S2は、設計用最強地震を超える地震により、弾性限界を超えて機器を変形させるような地震動である。そのような地震が起きても原子炉での最悪の事故を回避するために設定された。

二〇〇〇年の鳥取県西部地震はこの旧指針の想定を超えるものであった。そのため、二〇〇一年から原子力安全委員会は旧指針の見直しをはじめ、二〇〇六年四月にその改定案をまとめ、九月に新たな耐震設計審査指針を決定した。

この新指針で変わった主なものは、S1、S2をひとつにまとめ、基準地震動Ssとする、十分な支持性能をもつ岩盤での設置とする、評価対象の活断層を五万年前から一三万年前までに広げる、「残余のリスク」を取り入れるなどである。

「残余のリスク」とは、基準地震動を上回る地震動によって原発が重大な損傷を受け、放射性物質が放散され、市民が被曝するという状態を示す。それは、これまでの国や電力会社による一〇〇%安全であるという姿勢から、大地震時には原発事故での放射能汚染の危険性があることを認めるものであった。国は姿勢を転換し、原発の大事故の可能性を認めたのである。

小長谷稔が『放射能で首都圏消滅』を出版したのは、この改定案が提示された年のことだった。小長谷は、二〇〇二年五月に元大使の村田光平、元官僚の下河辺淳、水野誠一元参議院議員らを賛同人にして浜岡原発の運転停止を求める声明を発表させるなど、党派を超えての浜岡原発の停止を求める活動を続けた。小長谷は原発震災を防ぐ全国署名運動に参加し、この本で浜岡原発からの放射性物質の首都圏への流出と汚染について図入りで示した。

23　五号機タービン羽根事故

二〇〇六年六月一五日、浜岡五号機がタービンの異常振動で自動停止した。二三日、中部電力は低圧タービンの羽根車の羽根一本が根本で破断していたとし、続報で同じ羽根車や別のタービンでも同様の破断やひび割れが大量にあることを明らかにした。その数は同じサイズの六台の羽根車の羽根総数八四〇枚のうち六六三枚に及んだ。事故によって生じた金属片は約二〇キログラムであり、そのうち五キログラムは下流に流出したとみられた。

タービンには炉心で沸騰した蒸気が流れ込み、羽根車は一分間に一八〇〇回の高速で回転する。羽根の多くが付け根の部分で損傷し、吹き飛ばされた破片が周囲を破壊した。羽根車の破片がタービンを突き破って周囲に飛び散るというタービンミサイル事故となっていた恐れもあった。タービンのカバーに開いた穴から蒸気・冷却水が漏れだせば、炉心溶融につながる。

五号機では出力を高めるために改良と称して、タービンを大型化し、羽根を長くした。そのための補強が一四段、一三段の羽根でおこなわれたが、一二段目の羽根はそのままであり、その一二段目が吹き飛んだのである。この国内最大級のタービンの羽根車は日立製だった。この事故により志賀二号機も停止して点検したところ、同様にひび割れが見つかった。無理な大型化が事故を招いたのだった。

この事故に対して、六月二六日に原発震災を防ぐ全国署名連絡会は、原因の徹底究明と安全確保を求める要請書を静岡県知事に出した。さらに七月一三日、浜ネット、原発震災を防ぐ全国署名連絡会、浜岡原発を考える会は中部電力に対し、原因の徹底究明と安全確保を求める要請書を出した。そこでは、五号機のタービンの羽根の点検、軸振動記録などの公表、事故による金属片・金属粉の完全回収、一・二号機でのタービン点検、三号機を止めての制御棒の確認と破片の回収などを求めた。この事故では、中電は原告とは会わないという姿勢を変更し、会議室で要請書を受け取った。浜ネットなどは静岡県に対しても同様の要請書を出し、国に対して第三者による事故調査委員会の立ち上げを求めることなどを要請した。

七月二四日、ピースサイクル静岡は浜岡原発の全てを停止し廃炉にすることを要請した。九月一六日には社会民主党の保坂展人議員が現場を視察し、浜岡原発を考える会のメンバーが事故や立地状況を説明した。

このタービン羽根車の事故は、効率を求めて大型化した際の設計変更に起因し、ABWR型炉の欠陥を暗示するものだった。この事故への中電の対応は第一二段の羽根をすべてはずして金属製の整流板を設置し、運転再開を計るというものだった。東井怜は浜ネットのニュースや『JANJAN』などに、浜岡原発での事故を分析して掲載し、問題点を明らかにした。

一二月、中電は製造元の日立製作所に復旧などの直接的損害と火発燃料費などの間接的な損害の賠償を求めたが、日立は直接的損害のみ負担した。そのため中電は二〇〇八年に間接的損害四一八億円の支払いを求めて提訴したが、三・一一を経て浜岡全炉が停止した後の二〇一一年一〇月に、九〇億円で和解した。

24　浜岡裁判・証人尋問　田中三彦・井野博満証言

浜岡裁判は二〇〇六年後半から二〇〇七年前半にかけて証人尋問、二〇〇七年五月には最終弁論がなされ、〇七年秋には判決が出されることになった。仮処分申請から五年経っての判決である。

証人尋問は二〇〇六年九月からはじまった。立証項目は、浜岡原発の安全性、東海地震発生の可能性、地盤、耐震設計、老朽化、応力腐食割れなどである。主尋問では、九月に原告側の田中三彦（元原発設計）、井野博満（東京大学）、一〇月には被告側の徳山明（元富士常葉大学）、新井拓（電力中央研究所）、伯野元彦（東京大学）、一一月には被告側の斑目春樹（東京大学）、原告側の石橋克彦（神戸大学）、二〇〇七年一月には被告側の中沢博文（中電原子力部）、溝上恵（中央防災会議）、二月には被告側の鈴木純也（中電原子力部）の順になされ、回を変えて反対尋問もなされた。また、二月・三月に原告・被告双方から入倉孝次郎（京都大学）への尋問もなされた。

このような進行予定をふまえ、八月一七日、浜岡原発とめます本訴の会は浜岡原発裁判・弁護団による報告集会を静岡市内でもち、弁護士が裁判の経過や争点などについて解説した。

九月八日の証人尋問では田中三彦が耐震設計、井野博満が応力腐食割れについて証言した。田中はバブコック日立で圧力容器の設計にかかわった経験を持つ。証言は書画カメラで資料を映し出しておこなわれた。

田中の証言を記者会見での発言も含めてまとめると、化学プラントでの設計上の安全率は四であるが、原発の安全率は三であり、鋼材の肉厚は三〇％ほど薄い。原発の圧力容器のノズルは、四〇年は軽くもつとされていたが、一二、三年で壊れ、浜岡原発では六か月でひびが入った。設計当時の地震設定から知見が新しくなっているから、中電は安全性を検証すべきである。中電は原発を製造しているわけではなく運転しているだけである。

田中は後に、原発が頑丈に作られているわけではなく、中電の裕度向上工事には科学的な根拠がないとし、国や電力会社による原発に十分な余裕があるとする主張は受け入れられるものではないと記した（田中三彦「浜岡原発はなぜ危険か」）。

井野博満はつぎのように証言した。一九七〇年代のステンレス鋼のひび割れ問題の原因が判明して新しい材料が開発されたが、一九九〇年代から再び応力腐食割れが多発した。そのメカニズムは今も解明されていない。電力会社や原子力安全・保安院によるシュラウドのひび割れ進展予測評価は信頼しがたい。超音波探傷検査法は技術精度に疑問がある。中性子線の照射によって鋼は劣化してもろくなる。圧力容器が照射脆化により破壊されれば最悪の事故になる。金属材料は日々劣化し、地震などの非常時に安全性が保たれる保障はない。絶対に事故を起こさない技術はない。このように井野はひび割れの問題点を示した。

これに対し、一〇月二日の中電側の証人は、耐震性については、相良層は充分強度がある、東海地震による隆起量は約二・五メートルであり、傾斜量もわずかで問題はない、マグニチュード八・五の揺れを想定して審査したが安全であるとした。さらに応力腐食割れについては、材料・応力・環境の三点からみてひとつでも除去すれば、進展を遅らせることができる、亀裂しても破壊までに補修すれば健全である、シュラウドのひび割れは実測値が予測値を大幅に下回っているから評価は保守的であるとした。一〇月二〇日の中電側の証人は、東海地震での被害は考えない、原発は岩盤上に造り、壁式の剛構造で、一般の建築物の三倍以上の耐震設計であり、揺れが少なく、機器配管も変形が少ないとした。このように、中電側は浜岡原発には耐震性があり、安全である、腐食割れは補修すればいいなどと主張した。

このような裁判の動きのなかで一一月四日、浜ネットの第一〇回総会がもたれた。総会では代表の長野栄一が、浜岡原発を考える静岡ネットワークを結成し、「功利的に世渡りをする人の多い原発立地で、反原発に情熱を燃やしているみなさんの所在を知り、原発で苦しんでいるのはわれわれだけでない」と意を強くした。「地震は防げなくても原発の被害はわれわれの努力で防げる」と裁判の勝利をよびかけた。総会後、田中三彦が「原発を内側から見る」の題で講演した。

総会宣言は、日本の原発資本が世界で原発の売り込みに躍起となっていること、浜岡でプルサーマルを実施しようとしていること、三・四号機の制御棒、シュラウド、再循環配管などで摩耗・損傷・ひび割れなどが発見されているにもかかわらず運転が強行されていることなどを批判し、東海地震の前に浜岡原発を止めるという決意を示すものだった。

この裁判での田中と井野の意見は、原発老朽化問題研究会編『まるで原発などないかのように　地震列島、原発の真実』に詳しい。

25　浜岡裁判・証人尋問　石橋克彦証言

二〇〇六年一一月二四日、被告側の班目春樹と原告側の石橋克彦の証人尋問がおこなわれた。班目春樹は原発の安全性について、きちんと設計されたものは壊れない、いくら大きな地震があっても壊れない、経年劣化論には賛成できないと証言した。

これに対し、原告側証人の石橋克彦は、被告側が根拠にしている中央防災会議のモデルが決定的なものではなく、強震動予測をはじめ、地震では解明されていないものが多く、どんな地震にも耐えうるという姿勢を批判した。石橋証言をまとめると次のようになる。

一九七〇年代から巨大地震の警告をしてきた。最近になって土木や建築の学会で長周期地震動についての提言がなされるようになった。人間本来の先見の明や知恵を忘れているが、原発の安全性も同様ではないか。二〇〇一年一二月の中央防災会議の想定東海地震の新しい震源モデルは地震防災対策強化地域の外縁の改訂を検討するもので、科学的真理の追究ではなかった。強震動予測はまだ研究段階である。震源断層面の深さは確定しておらず、中央防災会議モデルより浅いという知見が増えている。アスペリティ（固着域）の位置に科学的根拠はなく、バランスよく置いたものである。浜名湖付近のアスペリティの面積はもっと小さく、東により、震源域も狭くなる可能性がある。想定東海地震は単独ではなく東南海・南海と連動して更に大規模地震が起きるという可能性も否定できない。一〇〇〇ガルの耐震安全裕度向上工事では、中部電力に原子力安全委員会耐震指針検討委員会で質問したが、技術的な根拠はなく、経営方針で行うという回答だった。本震後に続発する大規模余震の影響は重大であり、非常に懸念される。

浜岡原発の安全性の検証のためには、震源断層面をもっと浅くし、直下にアスペリティを置き、すぐ沖合に枝分かれ断層を設定して最大地震動をもたらすモデルを検討すべきである。巨大地震の想定震源断層面の真上に五基五〇〇万キロワットの原子力発電所が稼働していること自体が、全地球的規模からみて異常である。異常を異常だと感じられなくなっている日本社会が全世界的、人類的にみておかしい。法廷で争っていること自体異常であり、ドイツやアメリカでは止まっている(以上要約)。

このように石橋は人類史をふまえ、人間本来の先見の明や知恵を忘れているのではないか、巨大地震の想定震源の真上で浜岡原発を稼働させるという異常を異常だと感じられなくなった日本社会がおかしい、争っている場合ではないと証言した。

浜岡裁判で証人尋問が始まった九月には、発電用原子炉施設に関する耐震設計審査指針が改定され、そこでは「残余のリスク」の存在が認められた。それは、地震による過酷事故は起きることがないとしてきた国や中電の主張が転換したことを示した。この新指針を受けて原子力安全・保安院は、九月二〇日に各電力会社などへと既設炉の耐震安全性の評価に関する指示を出した。それにより、中部電力は一〇月一八日、浜岡原発一号機から五号機の耐震安全性の評価に関する実施計画書を出した。他方で中電は三・四号機の「耐震裕度向上工事」と称する補強工事をすすめた。

このような新指針をめぐる動きの中で、一二月五日、浜ネットは静岡県と中電に対して要請と質問状を出した。浜ネットは静岡県に対して、想定東海地震と浜岡原発をテーマとする公開討論会を早急に開催すること、タービン破損事故を起こした五号機の運転再開を認めないこと、三から五号機での耐震補強工事に関する解析のデータの入手などを要請した。中電に対しては、「残余のリスク」が存在することを認めること、原発震災のリスクを否定してきた誤りを認めて謝罪すること、三から五号機での耐震補強工事のデータの公表、五号機の運転再開の中止、地元を無視してプルサーマル計画を進めないことなどを求めた。
耐震設計審査指針の改定により「一〇〇％安全」という表現は通用しなくなった。「残余のリスク」の存在をふまえ、直下型大地震の地盤の上にある危険な浜岡原発を停止させることが可能になった。

26　隠されてきた制御棒脱落事故

二〇〇七年三月一五日、北陸電力志賀一号機で一九九九年六月一八日に制御棒三本が抜け落ちて核分裂が始まり、二秒後に臨界に達したことが明らかになった。このような制御棒が脱落するという事故は一九七八年から二〇〇〇年にかけて福島第一・第二、女川、浜岡、柏崎で起きていたこともわかった。福島第一原発三号機での臨界事故は三〇年も隠されてきたのだった。

浜岡では、三号機で一九九一年五月三一日に三本が脱落していた。この事故の発覚は二〇〇七年三月一九日のことであり、事故から一六年後だった。ちょうどこの日は浜岡裁判の日であり、原告側が志賀一号機の制御棒事故などを例にトラブル隠しを追及した際に、「重大なものはない」としながら、その後の尋問で九一年に三号機の定期検査中、「制御棒駆動機構で三本引き抜けた」とした。制御棒脱落事故があり、それにより手引書を変更したことを認め、午後に記者会見するとしたのである。この発言に法廷内は、驚きと非難で沸き返った。この日の尋問では、中電側は経年劣化による事故を「経年変化事象」と言い換えるなど、老朽化や劣化の認識を否定する対応に終始した。

この事故を受けて三月二七日、浜ネットは中電と県に抗議・要請行動をおこなった。中電に対しては、中電が国への報告義務はなく、隠蔽や偽装ではないとし、それを口実に謝罪しないことに抗議し、一九九一年の段階で公表していれば、志賀での事故も防げた可能性もあると指摘した。また、福島第一の三号機では一九七八年一一月に制御棒五本が脱落し、臨界状態になった例をあげて、これらの事故が沸騰水型炉の構造的な欠陥であり、核暴走事故につながる危険性を指摘した。そして、プルサーマル計画の中止と沸騰水型全機の運転停止を求めた。静岡県に対しては、中電と国に対し、浜岡原発の沸騰水型全機の停止を要求することを求めた。この要請書には全国各地の約七〇団体が賛同した。

この県と中電への抗議に先立ち、浜ネットは牧之原市の西原市長と会談し、電力会社の隠蔽体質、地震や残余のリスク、プルサーマルの安全性の討論会開催などについて議論した。牧之原市は浜岡原発の風下にあり、市長の自宅は原発から風下二キロ圏にある。有機農業に取り組む大石和央牧之原市議は、地震と安全性に関する公開討論会の開催を求める意見を述べた。

沸騰水型炉では制御棒水戻りノズルでのひび割れ事故が起きている。制御棒は高圧水で駆動させるが、その際に冷たい水が原子炉に流入する。水戻りノズルはこの冷たい水が流入する口であり、高温の原子炉と水との温度変化でひび割れが起きた。このひび割れをもたらす冷水流入をなくすために、運転中にノズルを塞ぐことにしたが、これをノンリターン運転と呼んだ。制御棒の脱落はこのノンリターン状態での定期点検中に起きた。検査中に手順を間違えることで、ピストンを隔てた差圧に微妙な逆転が起き、制御棒が脱落したのである。その対策として運転停止中はリターン状態にし、検査などでノンリターン状態にする際にはこまかな手引きを示して、脱落を防ぐことになった。これが、手引書の変更がなされた背景だった。原子力安全・保安院は志賀以外の事故を「事象」と表現し、その不正な報告や炉のもつ問題点を明らかにはしなかった。

浜ネットは五月八日に静岡県に対して、この制御棒脱落事故と耐震性をテーマにした公開討論会の開催について申し入れた。申し入れでは、原発の安全行政への予算・人員配置を求め、静岡県が中電の不正行為への見解を示し、県民の安全を守る立場に立つこと、耐震指針の改定をふまえ、保安院が参加する公開討論会を開催することなどを求めた。しかし、県は公開討論会ではなく、一方的な説明会を開催する意向を示した。

27 浜岡裁判・最終弁論

仮処分申請から約五年、二〇〇七年六月一五日に浜岡裁判の最終弁論が静岡地裁でもたれた。原告側の最終準備書面は四三三頁に及ぶものとなり、そこには原発内部の現場検証の写真なども収録された。

最終弁論では、原告側が最終準備書面にそって、想定を超える大地震が発生する可能性、安全性を確保できない耐震設計、安全性を低下させる老朽化、想定をこえる地震の際には安全性は確保されないこと、原発震災を未然に防ぐための運転差し止めなど、五点にまとめて陳述し、「勇気ある正義の判決」を求めた。原告団を代表して白鳥良香が、大地震と事故が重なる不安を電力会社や国に訴えても一向にラチが明かなかったことを示し、「不正を重ねる電力会社には道徳性がなく、原発の運転資格はない」とし、勇気ある判決を求めた。

被告側の中電は、国の厳しい安全規制の下で設計し、放射性物質の多量放出を防止する能力がある、十分余裕を持った耐震設計である、マグニチュード九を想定したとしても大きな揺れには襲われない、亀裂は耐震性に影響しないなどと陳述した。そして、原告の主張は、雑多なトラブル事象を列記し、単なる危惧の念で運転差し止めを求めているのであり、危険性の根拠はない、請求は棄却されるべきとした。

この最終弁論から一か月後に中越沖地震がおき、柏崎刈羽原発が停止した。七月一九日には仮処分申立を結審させるための手続きがなされ、追加して『最終準備書面三』が出された。

28 「六ヶ所村ラプソディー」掛川上映会

二〇〇七年六月三〇日、鎌仲ひとみ監督映画『六ヶ所村ラプソディー』の上映会が掛川と菊川でもたれた。上映に先立ち、主催者が模型を使って再処理工場の問題点を示した。浜岡でのプルサーマル計画がすすめられ、六ヶ所村再処理工場の本格稼動がこの秋にはじまるというなかで多くの市民が参加した。

映画は津軽三味線の音と共に始まり、本格稼動を前に核燃料施設に抗う人々の姿と、その施設の下で生きる人々を描いている。二兆円以上をかけて建設された再処理工場は確実に放射性物質を放出し、海からのやませが再処理工場の煙突からの放射性物質の塵を農地に向かって流していく。沖合に流される工場の廃液は強い波に戻され、砂に集積する。サハリンから引揚げ、戦後必死に開拓してきた人々の村を核燃料サイクル計画の札束の力が襲った。海を汚すな、命の海を！という声を権力で押さえ、権利を金銭に換えた。

「安心はないが、せめて信頼すること、最後は金だ」と語る東京大学の御用学者もいれば、地元に帰って農業をしながらチラシをまいて反対する農民もいる。核燃料サイクルを「経済効果」とし、建設やクリーニングでの一攫千金を夢見る者もいれば、本当の味にこだわり、有機農法でおいしいトマトを作って幼児に与える農民もいる。最後にセラフィールド再処理工場によるアイリッシュ海の深刻な汚染の状況が示され、周辺住民の声が語られる。

映像は、核燃料サイクルとの共存共栄に向かう者たちの貧しさを示し、三味線の高らかな響きと共に人間の方向性を問いかける。この作品は、広島・長崎だけでなく、セラフィールドからのメッセージに心を澄まして耳を傾けること、そして六ヶ所の今を自らの課題として受け止めながら、プルサーマルと核燃料再処理工場の本格稼動を止める行動に起つことを語りかける。

29 インドネシアの反原発メンバーとの交流

二〇〇七年七月七日、インドネシアでのムリア原発反対運動のメンバー、ヌルディン・アミンとヌル・ヒダヤディが浜岡原発を視察した。アミンは、インドネシア最大のイスラーム組織ナフダトゥル・ウラマーの中ジャワ州ジュパラ県代表であり、ムリア原発建設計画に反対してきた。ヌル・ヒダヤディはグリーンピース東南アジア・気候エネルギーキャンペーンのメンバーである。

インドネシアでは関西電力の子会社が立地可能性の調査をおこない、日本の輸出入銀行がその調査費を出すなど、日本政府と企業の支援により、中ジャワ州ジュパラのムリアで原発の建設が計画されてきた。三菱重工がウエスティングハウスと共同で原発本体の輸出をおこなうとみられ、日本でも反対運動が取り組まれた。

現地での反対運動やアジアの経済危機のなかで、その計画は中断されていたが、二〇〇二年になって建設計画が再燃した。二〇〇八年に日本からも入札が実施されるという状況のなかで、日本のインドネシア民主化支援ネットワークは「ムリ無理」キャンペーンを実施した。七月にインドネシアからアミンとヒダヤディが来日し、東京と大阪でインドネシアでの原発の問題点を考える集会がもたれた。二人はその途中に浜岡に立ち寄り、浜岡原発に反対する住民との交流会をもった。

Ⅳ

福島原発震災前後の反原発運動

ここでは、福島原発震災前後の反原発運動についてみていく。二〇〇七年の中越沖地震による柏崎刈羽原発の事故は福島原発震災を警告するものであった。しかし、それを無視して柏崎刈羽の再稼働がなされ、二〇一一年三月の福島原発事故につながる。福島事故後、二〇一一年五月に浜岡原発は政府の要請で停止した。反原発の動きが強まり、二〇一二年五月には全原発が停止するという状況が生まれた。しかし、再稼働の動きが強まり、それに抗して再稼働反対の市民運動が形成されていった。

第九章では、中越沖地震とその後に出された浜岡訴訟地裁判決の問題点、浜岡でのプルサーマル計画反対運動、原発震災を防ぐ署名運動などの動きについてみる。

第一〇章では、浜岡訴訟の控訴審の経過、MOX燃料搬入への抗議行動、駿河湾地震での五号機での大きな揺れと五号機の再稼働などの問題についてみていく。

第一一章では、福島原発事故以後の動きを、静岡県内各地での反原発運動の形成と浜岡原発の政府要請による停止などを中心に記していく。

第一二章では、浜岡原発をはじめ全ての原発が停止した後の再稼働反対の動きについて、県内自治体での永久停止や廃炉の決議、反原発のデモや県民投票運動、新たなネットワーク形成の動きなどからみる。

第九章……浜岡原発訴訟地裁判決とプルサーマル導入反対運動

1　中越沖地震による柏崎刈羽原発の停止

二〇〇七年七月一六日の中越沖地震による柏崎刈羽原発の被害は、原発震災を予告するものであり、東海地震の想定震源域の真上にある浜岡原発の危険性を実証するものであった。この中越沖地震では、想定していなかった震源断層も明らかになった。

中越沖地震はマグニチュード六・八の規模であったが、柏崎刈羽原発で観測された揺れの強さ（加速度）は、水平方向で最大二〇五八ガルに達した。七基の原子炉すべてで設計時の想定を超え、七基中五基で一〇〇〇ガルを超えたのである。二〇五八ガルは三号機タービン建屋の一階のタービン架台上の値である。地下の解放基盤表面での加速度では、一から四号機で一〇〇〇ガルを超え、一号機では一六九九ガルだった。六号機では、天井のクレーンが破損し、放射能水が漏れたが、天井部で一四五九ガルの揺れがあった。

このようにマグニチュード六・八の地震で、柏崎刈羽では一〇〇〇ガルを超える強い揺れに襲われた。それにより、変圧器の火災、サイト内での陥没・亀裂・液状化、空や海への放射能漏れ、建屋へのひび、緊急対策室の扉の変形、配管の破損、使用済み核燃料プールからの水漏れ、燃料集合体の飛び出し、炉内ジェットポンプの損傷、制御棒の引き抜き不能、タービン回転羽根の損傷など、多くの事故が起きたのである。

実際の揺れが、活断層や地震動の評価が過小であることを示した。そのような過小評価は浜岡原発でも同様であり、それを以て「安全」が宣伝されてきた。浜ネットはこの地震による被害を、東海地震での原発震災の予告としてとらえ、七月二四日から二六日にかけて国（原子力安全・保安院）、中部電力、静岡県、周辺四市などに抗議や要請をおこなった。

国に対する抗議・要請では、これまで柏崎刈羽の地元が地震断層の存在を指摘し、原発への影響を警告してきたことをあげ、国や東電の「想定外」とする対応を批判した。また、浜岡裁判では巨大地震の可能性を指摘し、重大事故が起きることを主張してきたが、実際、柏崎刈羽原発では多重防護が機能しなかったことをあげた。そして、浜岡原発の停止命令、全国の原発のうち近くに地震断層があるプラントの停止、東電による柏崎刈羽原発の全機器・配管の調査データの公表、第三者機関による柏崎刈羽原発の調査などを求めた。

中越沖地震による柏崎刈羽原発事故は、政府による安全審査への信頼を打ち砕くものであり、マグニチュード八を超える大地震の際の原発震災を予感させるものだった。

中越沖地震の前に、小山真人（静岡大学・火山学）は東海地震について次のように指摘していた。マグニチュード八クラスの地震は一〇〇キロに及ぶ長大な震源断層面が破壊して生じる。静岡県内が破壊的な揺れに襲われる時間は一分半から二分を超える。マグニチュード八の本当の怖さはその揺れの長さである。県内では、この揺れが収まらないうちに津波に襲われる場所もある。間髪を入れずに余震が数限りなく続き、一年ほどは油断禁物である（静岡新聞五月一〇日付、時評）。

中越沖地震を経た七月二一日、中部電力は、国・経産省から七月四日に浜岡四号機でのプルサーマル許可がおりたことを示す一面大の新聞広告を出した。

2　地震で原発だいじょうぶ？会

二〇〇七年八月四日、掛川の市民が中心になって地震で原発だいじょうぶ？会が発足した。プルサーマル問題をテーマに集まったところ、柏崎刈羽原発の地震被害から、地震で原発だいじょうぶ？会をつくり、県内各地と連携しながら活動をすすめることになった。八月に入り、周辺四市町でチラシの戸別配布をおこなった。

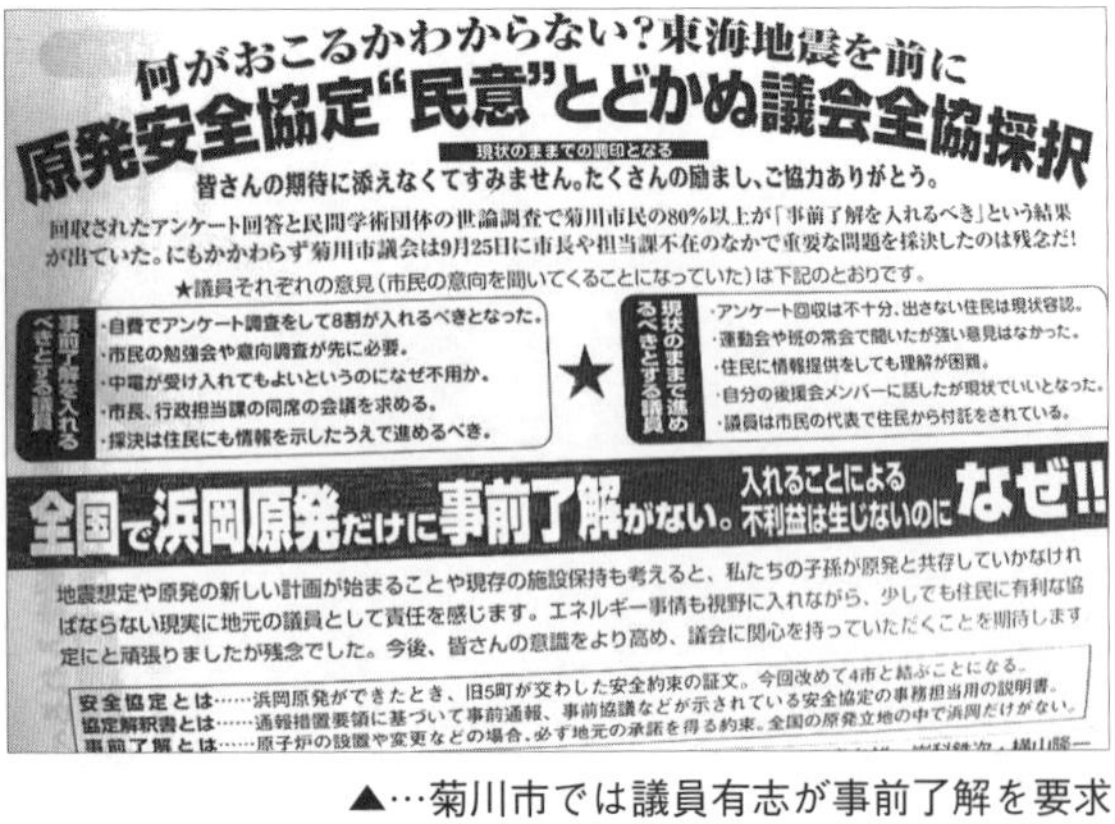

何がおこるかわからない？東海地震を前に
原発安全協定“民意”とどかぬ議会全協採択
現状のままでの調印となる
皆さんの期待に添えなくてすみません。たくさんの励まし、ご協力ありがとう。

回収されたアンケート回答と民間学術団体の世論調査で菊川市民の80％以上が「事前了解を入れるべき」という結果が出ていた。にもかかわらず菊川市議会は9月25日に市長や担当課不在のなかで重要な問題を採決したのは残念だ！

★議員それぞれの意見（市民の意向を聞いてくることになっていた）は下記のとおりです。

事前了解を入れるべきとする議員
・自費でアンケート調査をして8割が入れるべきとなった。
・市民の勉強会や意向調査が先に必要。
・中電が受け入れてもよいというのになぜ不用か。
・市長、行政担当課の同席の会議を求める。
・採決は住民にも情報を示したうえで進めるべき。

現状のままで進めるべきとする議員
・アンケート回収は不十分、出さない住民は現状容認。
・運動会や班の常会で聞いたが強い意見はなかった。
・住民に情報提供をしても理解が困難。
・自分の後援会メンバーに話したが現状でいいとなった。
・議員は市民の代表で住民から付託をされている。

全国で浜岡原発だけに事前了解がない。入れることによる不利益は生じないのになぜ!!

地震想定や原発の新しい計画が始まることや現存の施設保持も考えると、私たちの子孫が原発と共存していかなければならない現実に地元の議員として責任を感じます。エネルギー事情も視野に入れながら、少しでも住民に有利な協定にと頑張りましたが残念でした。今後、皆さんの意識をより高め、議会に関心を持っていただくことを期待します

安全協定とは……浜岡原発ができたとき、旧5町が交わした安全約束の証文。今回改めて4市と結ぶことになる。
協定解釈書とは……通報措置要領に基づいて事前通報、事前協議などが示されている安全協定の事務担当用の説明書。
事前了解とは……原子炉の設置や変更などの場合、必ず地元の承諾を得る約束。全国の原発立地の中で浜岡だけがない。

▲…菊川市では議員有志が事前了解を要求

八月二六日に御前崎市で資源エネルギー庁と原子力安全・保安院主催のプルサーマルシンポジウムが開催された。主催者の説明の後で、推進の出光一哉、山名元と反対の館野淳、伴英幸が意見を述べた。館野淳は、プルサーマルは百害あって一利なし、それよりも老朽化による地震対策に力を入れるべき、事故が起きてから想定外では遅いと指摘した。伴英幸は、敷地内にH断層系という四本の断層があり、地震で動かないとは言い切れない、断層上にあるタービン建屋が壊れる恐れがある、プルサーマルの使用済み燃料も浜岡に貯蔵されることになると指摘した。質疑では指名された一一人のうち九人が、地震での浜岡原発の危険性や討論会の開催などを求めた。

このシンポでは、保安院が参加者を動員し、その必要性を語る発言を依頼することを仕組んでいたことが、後に明らかになった。会場からの意見がプルサーマル反対一色になることを避けるための工作だった。保安院は電力会社との二〇〇六年の学習会で、津波で電源設備が失われる危険性があることを認識していた。

七月一二日、周辺四市と中電との間で結ぶ浜岡原発の安全協定の再調印をめぐって四市長が会談し、現行のままでよいと合意した。施設の設置変更等に対しての事前了解の項目は入れない形での再調印となった。

菊川市議会では議論となり、九月中旬、伊藤芳雄、岩科鉄次、岡本徳夫、すずき麗華、田島允雄、横山隆一ら六議員が事前了解のある安全協定を求めて市民アンケートをとり、二二九通を回収した。そのうち二〇〇が事前了解を求めるものだった。六議員は、二六年前の安全協定の内容は見直すべき、浜岡原発の協定のみ事前了解がない、事前了解条項は市民に不利益にならない、菊川市は地域住民の安全は地域が守ると主張すべきとした。しかし九月二五日、菊川市議会で強行採決されることになり、怒号の中で六議員は退席し、「現状のままでよい」とする案が一三対二で可決された。六議員は「何

がおこるかわからない?東海地震を前に　原発安全協定〝民意〟とどかぬ議会全協採択」というチラシを出して抗議した。敗けはしたが、菊川市の六議員の動きは新たな地方自治の動きを示すものだった。

牧之原市議会では九月議会で大石和央議員が、牧之原での安全協定の強行採決（一四対五）を批判しつつ、浜岡原発と地震に関する討論会、地域防災の見直しなどについて質問した。

九月、明治大学の生方卓らの社会研究グループ「ちきゅう座」は「浜岡原発周辺における地震と原発についての世論調査」（一一〇三人分）をまとめ、公表した。その調査から、プルサーマルへの理解は不十分であり、約八六％の市民が東海地震による浜岡原発の事故を心配していることが明らかになった。

九月三〇日には浜松市内で「浜岡原発は今、地震とプルサーマル」というテーマで、牧之原の増田勝（浜ネット）と掛川の藤田理恵（地震で原発だいじょうぶ?会）を講師に集会がもたれた（主催人権平和・浜松）。増田は、柏崎刈羽の原発震災の状況や浜岡原発裁判の現状、今後の活動について語った。藤田は、事前了解なしの「安全協定」やプルサーマル実施以前に耐震性が問題であることを示し、掛川地域での運動の経過を報告した。集会での討論をふまえ一〇月四日、国と中電に「浜岡原発の停止を求める要請書」が出された。

3　一〇〇〇年に一度の「超」東海地震

二〇〇七年八月末から日本第四紀学会が開催され、そこで「静岡県御前崎周辺の完新世段丘の離水時期」の題で、藤原治（産業技術総合研究所）・平川一臣（北海道大学）・入月俊明（島根大学）・長谷川四郎・長谷義隆・内田淳一（熊本大学）・阿部恒平（筑波大学）らの共同調査が発表された。それは、浜岡原発から約二キロ東でのボーリング調査によって想定東海地震の約三倍の地殻変動をもたらす大規模地震がこの五〇〇〇年に少なくとも三回起き、そのような大規模地震はもう一回発生しているとみられ、一〇〇〇年周期の可能性があるというものである。

この調査は二〇〇五年から〇七年にかけておこなわれ、浜岡原発から東約二キロの地域で計八か所、一〇数メートルのボーリングが実施された。その結果、東海地震は八〇〇〇年以上前から一〇〇年から二〇〇年の周期で発生し、想定東海地震とは別とみられる大規模地震が約四八〇〇年前、三八〇〇から四〇〇〇年前、二四〇〇年前頃の計三回、発生していることが分かった。年代は特定できないが、この後にも同タイプの地震が起き、一〇〇〇年に一度は大規模な隆起をもたらす大きな地震がこの地域を襲っているとみられるという。この調査は二〇〇八年にもおこなわれた。

産業技術総合研究所の調査によって一〇〇〇年単位で最大で二・八メートルの隆起が起き、この度重なる隆起によって現在の浜岡の海岸段丘が形成されていることがわかった。また、国が想定するタイプの東海地震とは別の活断層があり、それが一〇〇〇年周期で局地的に大きくずれているという。

一〇〇〇年に一度、プレートにたまった歪みが解き放たれ、プレートが大きくずれることにより、「超」東海地震が発生する。地殻の変動期に入った現在、一〇〇〇年周期での大規模地震への対策が、浜岡だけでなく日本各地の原発建設地で求められるわけである。

4　浜岡裁判、勝利判決をめざす全国集会

浜岡差止裁判の判決前の二〇〇七年一〇月七日、浜ネットの総会後に「浜岡原発運転差止訴訟、勝利判決をめざす全国集会」が静岡市内で持たれ、一八〇人が参加した。

集会は原告団団長の白鳥良香の挨拶から始まった。白鳥はこの間の経過をふまえ、力強く闘いの継続を呼びかけた。新潟の近藤正道参議院議員は、柏崎刈羽原発での震災事故の状況を現地調査による写真を示しながら、原子炉内での調査は未実施であり、塑性変形の可能性が高い。住民は三〇年来、地盤の問題を主張してきたが、その主張が証明された。現地では、抵抗の団結小屋が破壊されるなど、「原発の行くところ民主主義はない」状況だった。原子炉内の有害なひずみの検証は不可能であり、運転の再開は許されないし、廃炉しかないと語った。

浜岡原発運転差止訴訟・原告側弁護団の海渡雄一は訴訟の要点や争点をつぎのように話した。

浜岡原発はプレート間地震の震源断層の真上に建設されているが、ここではマグニチュード八を超える地震が想定されている。浜岡原発はきわめて危険な原発である。原発震災になれば国家が壊滅しかねない。原発事故での災害は四五〇兆

円を超える試算もあるが、原子力損害賠償法と損害保険制度では、中電はわずか三〇〇億円分の保険金で済ませることができる。後の損害は国が援助する仕組みである。地震では中電は免責され、市民が甚大な被害をうける。行政には原発震災への対策はない。

裁判では、想定を超える地震と地震動が発生する可能性を立証してきた。追及するなかで、中電は南にあるとみていた小さなアスペリティを浜岡の下に移動させて地震を想定し、「安全」とした。しかし、より大きなアスペリティがあり、それが剥がれることで激しい地震動があると考えられ、決して安全ではない。また、震源断層面も中電が想定した場所よりも浅いところにあるとみられると追及した。これに対し中電は、説得力のある説明ができなかった。

原子炉内部の地震での危険性については、再循環系配管の脆弱性などについて示し、安全性が確保できないことを明らかにした。中電は安全性確保についての立証を放棄し、安全性基準については「余裕」などを語るなど、情緒的な主張を展開した。

この講演の後、基調報告を弁護団の河合弘之がおこなった。河合は裁判の経過と中電の問題点について、つぎのように語った。

裁判で中電が出した図面はマスキングだらけだった。本訴では現場検証もおこない中電側を追い詰めた。電力会社はリスク管理やコンプライアンスを無視している。それは地域の電力を独占し、自らがつぶれないからだ。原発被害についてのデメリットは首都圏を放射能が襲い、国家の壊滅さえ想定されるというものであり、きわめて甚大な被害である。中電にとってメリットは中電内での電力のやりくりくらいだ。リスクのほうが大きいことは明らかである。裁判で負けても、中電は原発を止める意思がないことを記者に語っている。それはコンプライアンスを無視する対応であり、無責任だ。今回の裁判に勝って、中電を追及して原発を停止させるべきであり、たとえ負けても勝つまで裁判をすすめる。浜岡で大きな事故があれば全国民に被害が及ぶ。裁判官には、世の中で一番危険な浜岡原発を止めるという判断を求めた。

このような報告の後、静岡、牧之原、三島、掛川など静岡各地や茨城、東京、名古屋など全国各地からアピールがおこなわれた。

5　浜岡原発訴訟・地裁不当判決

二〇〇七年一〇月二六日、浜岡原発訴訟の地裁判決が出された。傍聴希望者は五〇〇人ほどが詰めかけ、報道関係者も一〇〇人ほどが集まった。この日の地裁判決は原告の請求を棄却するものであり、裁判官は棄却を告げると退席した。傍聴席からは、不当だ！裁判長は責任がとれるのか！と怒りの声が出た。判決時間は三〇秒足らずだった。原告側は「不当判決」と記した板を掲げて抗議した。

判決は、地震が起きても大丈夫であるとし、旧耐震指針でも安全とした。また、国は巨大地震についてはむやみに考慮することを避けるべきであるとし、複数の重要機器の同時損傷の危険性を退けた。原告はその後に持たれた集会で、判決は柏崎刈羽での地震災害を直視することなく、真実を見ないものである。中電の主張のみを取り上げ、浜岡原発は安全と断定するものであり、断じて許されないと強く批判した。

▲…浜岡原発運転差止訴訟地裁判決の日

▲…不当判決への抗議集会

石橋克彦は、必ず起こる巨大地震の断層面の真上で原発を運転していること自体、根本的に異常で危険なのに、判決は原発推進の国策に配慮したもので全く不当だ、判決の間違いは自然が証明するだろうが、そのときは私たちが大変な日に遭っている恐れが強いと評した（毎日新聞二〇〇七年一〇月二六日記事）。

この判決の報道記事をみると「耐震安全性、残る不安」「中越沖の教訓どこへ」「不安は消えず」「被曝死遺族無念」「裁かれなかった安全神話」「沈黙強いられる地元」といった見出しが並ぶ。毎日新聞一一月一日付の「記者の目」には、静岡支局記者の稲生陽による「浜岡原発差し止め退けた静岡地裁判決」が掲載された。そこで稲生は、判決文には納得できる根拠がないとし、御前崎市が原発震災を想定外としていることや原発マネーの存在などの問題点もあげ、判決に記された「安全神話」を信じるつもりはないと記した。

浜岡原発運転差止訴訟原告団は控訴することを決め、二〇〇八年三月一〇日、原告団は東京高裁に控訴理由書を提出した。この控訴審も第一審と同様の弁護団でおこなわれた。弁護団の只野靖は一審裁判の概要を『まるで原発などないかのように　地震列島、原発の真実』に記した。

この判決の誤りは福島原発震災で証明され、原発事故による放射能汚染は現実のものとなった。

6　周辺市と県によるプルサーマル承認

中電は二〇〇五年九月にプルサーマル計画を通報したが、浜岡原発の安全協定に地元の事前了解がないことが問題になった。二〇〇七年七月に国が中電にプルサーマルの許可を出すと、静岡県知事は理解を示し、地元四市の意向尊重を語った。静岡県議会としての十分な議論はなかった。中電は二〇〇七年夏、地元の事前了解の条項は入れることなく県・地元四市と安全協定の再調印をおこなった。耐震性が社会的な問題となり、二〇〇六年九月の新耐震指針によって耐震性の再評価がなされるようになったため、プルサーマルを予定している浜岡四号機の耐震性評価は、二〇〇八年に入っても審議がおこなわれていたが、中電は地元でのプルサーマルの同意を急いだ。

浜岡裁判での地裁判決が出ると、御前崎市の副市長と防災課長は笑顔で握手した。被告は中電であるが、御前崎市の幹部は中電幹部と同じように喜んだ。判決後、プルサーマル実施の動きは加速し、一一月二七日には御前崎市議会がプルサーマルの受け入れを表明した。言いたいことが言えなくなるからと、全員協議会は非公開とされ、採決結果は一四対一だった。御前崎市は受け入れを早速、中電や国などに連絡した。二〇〇八年に入ると、隣接の牧之原、菊川、掛川の三市で容認にむけての動きが強まった。

牧之原市議会では一月二二日の原子力対策特別委員会で審議され、一月三一日の全員協議会で容認の方向が出された。柏崎刈羽の現地視察をした議員が安全であり、不安はないとし、国策であり、エネルギー需要からみても必要と結論づけた。賛成議員が二一人、反対の意思を示した議員は三人だった。二月一二日に市長が受け入れに同意した。

菊川市議会では、市民の安全を第一に共同する動きがあらわれ、事前承認を求めた六議員を中心に慎重派と容認派に分岐した。二月一二日の市議会では、柏崎刈羽原発を視察するかどうかで採決がなされ、全会一致で視察が決まった。しかし休憩後に、プルサーマルの議論に入り、容認派は国や中電の主張を繰り返し、慎重派は議会に先だって市が受け入れを決めたことを問題にした。議長は三回目の休憩を入れ、副議長が裁決を提案した。怒号のなかで採決がおこなわれ、その結果は賛成一四、反対七だった。議長は決議直後に徹底した安全対策を要請するという付帯条件を読みあげた。容認派は発言の順も含め筋書きを作っていた。議員からは「議長不信任」の声があがった。今日の採決には反対すると言っていた慎重派の議員が、採決で受け入れに賛成するなど、さまざまな圧力の存在を感じさせる議場だった。傍聴した市民は、安全を後回しに苦渋の選択を強いるような国策にろくなものはない、ゴリ押しのつけは必ず来るだろうと語った。

掛川市では市民の要請により、二〇〇八年二月二日に掛川市主催で「東海地震と原子力発電所」のパネルディスカッションがもたれた。保安院が中越沖地震をふまえた浜岡原発の耐震安全性について話し、長沢啓行（大阪府立大学）、西川孝夫（首都大学東京）が意見を述べた。長沢啓行は、柏崎刈羽原発で震源断層、直下地震、基準地震動などへの過小評価があったことを、東電のみならず国も国民の前に謝罪すべきとし、予測される東海地震では、浜岡原発の設計用加速度応答スペクトルを超えることを示した。また、固有の振動数のものを補強工事で無理に固定することの不安、配管は持ちこたえても弁が閉まらなくなって被害が起きるという可能性なども指摘した。

このシンポの後に、会場を変えて掛川市議会主催の「プルサーマルの説明と意見交換会」がもたれた。このシンポは容認の動きに対し学習すべきという声によって開催されたが、講師は国（保安院とエネルギー庁）と中電の推進派だった。会場参加者との質疑では市民からの批判の声が続出した。

掛川市では二月一三日の全員協議会で各議員が意見を表明し、総務委員会の「容認せざるをえない」とする受け入れ案が承認された。掛川市議会では採決はなかったが、プルサーマル賛成が二九人、反対は三人であった。掛川市議会では容認に際し、浜岡原発が東海地震にも十分耐えられるか再確認する、代替エネルギーの早期開発、高レベル核廃棄物の最終処分場の早期確保、県が指導的な立場で市民の安心安全に取り組むといった要望を四市の対策協議会に提案することを決めた。

石川県知事は一二日の記者会見で、疑念や懸念は中電や国の説明で十分に納得できるとし、四市の公式的な了解があれば、県は国に異存がないことを伝えると発言した。

このように二月一二日、一三日にかけて周辺市での容認の決定がすすめられた。それは六ヶ所村の再処理施設の稼働にむけて、BWR型原子炉でプルサーマル実施の確約をとろうとする動きだった。この周辺市の動きを受けて、浜岡原発安全等対策協議会が開催され、プルサーマル計画が承認された。国策の後押しにより、中電は「地元了解」を得たのである。プルサーマルを承認した周辺市には、国から一〇年間で六〇億円の核燃料サイクル交付金が出される。従来の配分率から、このうち約四一億円が御前崎市に出されることになる。

7　プルサーマル計画承認への抗議行動

このような動きのなかで浜ネットは二〇〇八年二月一四日、静岡県に緊急の「プルサーマルと原発の耐震性に関する要望書」と「中部電力プルサーマル計画に関する静岡県への質問書」を出し、静岡県議会にも要請した。

プルサーマルと原発の耐震性に関する要望書では、浜岡三・四号機のバックチェックがなされていない中でプルサーマルを承認することは常軌を逸しているとし、中電がプルサーマルをリサイクルと宣伝する偽りを批判した。また、中越沖地震による柏崎刈羽原発の事故により東電の過小評価や国の評価基準の低さが明らかになり、全国の原発の耐震性見直しが求められるようになったとし、静岡県がプルサーマルに無批判であることに抗議した。そして、耐震性が確保されるまでのプルサーマル計画の凍結と県主催による地震とプルサーマルに関する公開討論会の開催を求めた。

中部電力プルサーマル計画に関する静岡県への質問書では、浜岡での耐震性再評価結果が出る前になぜプルサーマルを受け入れるのか、プルサーマルを四市だけで判断して決めていいのか、県議会の承認は必要ないのか、MOX燃料発注状況や製造契約など正しい情報を入手して公開すべきではないのか、海外抽出のプルトニウム・回収ウラン・高レベル廃棄物の中電所有の量や保管場所について示すべきではないのかなどと問いただした。

二月二九日、静岡県防災局原子力安全対策室はこの質問に対し、つぎのように回答した。静岡県は安全、安心があればプルサーマル計画そのものは否定しない、国や県原子力対策アドバイザーからプルサーマル計画が直接、原子力発電所の耐震安全性に影響を与えないと聞き、県もそのように理解している、県の考えを答弁し、県議会のなかで議論することで県民の理解となる、市長、市議会の容認の意向だけでなく農協、漁協、市民団体代表を含めた浜岡原発安全等対策協議会も受け入れる意向である、（MOX燃料などの情報については）中部電力に直接確認してほしいというものだった。

三月二九日、浜ネットは御前崎市と掛川市で街頭宣伝とチラシの配布をおこなった。この行動には四〇人が参加し、五〇〇〇枚のチラシを配布した。さらに浜ネットは県の回答に対して、五月一九日、原子力アドバイザーの名簿、その説明内容、県民理解、県の説明責任、プルサーマル計画に関するMOX燃料の情報開示などを再質問した。

8　小出裕章プルサーマル問題掛川講演

二〇〇八年四月五日、浜ネット主催による小出裕章講演会が掛川市内でもたれた。小出は「原発は危険、浜岡原発は最高に危険、プルサーマルはさらに危険を増やす」という題でつぎのように話した。

一九五七年にアメリカの原子力委員会が、大事故が起きれば最大で七〇億ドルの財産損害を生むと想定し、損害賠償のためにプライスアンダーソン法ができた。日本でも一九六一年に原子力損害賠償法が制定された。東京電力は自分の給電範囲内に原発を作れなかった。浜岡原発は東海地震の想定震源域の中心にあるが、マグニチュード八から八・五の地震は広島原爆一〇〇〇発から五〇〇〇発分の力にあたり、危険である。プルサーマルには実績と呼べるほどのものはなく、再利用できるプルトニウムはわずかである。経済効率も悪く、毒性も強い。プルサーマルはやればやるだけ危険であり、やればやるだけ破綻する。長崎型のプルトニウム型原爆は原子炉でウランを燃やし、プルトニウムを再処理することで作られた。原子炉の出発は軍事利用である。高速増殖炉でプルトニウムを利用しようとする核燃料サイクルの計画は破綻し、四五トンものプルトニウムをため込んでいる。これは長崎型原爆を四〇〇〇個もつくることができる量であり、世界の脅威になっている。この余剰プルトニウムを始末するためにプルサーマル計画がたてられたが、人々の安全が犠牲にされている。一〇〇万キロワットの原子力発電所は、原子炉の中では三〇〇万キロワットの熱を作る。その三分の一が電気に変えられるが、残りは海に捨てられているから、原子力発電所というよりも「海温め装置」である。原子力発電所の建設では三菱・日立・東芝が利益を得てきたが、日本での建設が止まり、海外での建設をすすめている。いまや原子力の凋落は決定的である。

このように話したうえで、小出は会場からの質問に答え、長い目でみれば原発は自滅するが待っているわけにいかない。事故が起こることや浜岡原発は東海地震にされられているからと語り、原子力発電に夢はない、原子力は自滅するが、止めないと大きな事故になると、市民の力で原発を止めることを呼びかけた。

9　原発震災を防ぐ全国署名、九〇万人

二〇〇八年五月一三日、原発震災を防ぐ全国署名連絡会（鈴井孝雄会長）は首相と原子力安全委員長に、巨大地震震源域の原発の停止、地震による柏崎刈羽原発被害の調査、政府の従来の許認可審査の誤りへの謝罪、静岡県内での耐震安全性をテーマにした公開討論会の開催、原発震災の不安払拭まで浜岡でのプルサーマル実施を認可しないことなどを要請した。六月二日には原発震災を防ぐ全国署名一一万八九二六人分を保安院に提出し、交渉した。

この二〇〇四年からの署名運動で署名数は九〇万人を超えた。この時点での静岡県内の全国署名呼びかけ団体は、浜岡原発を考える静岡ネットワーク、浜岡原発とめます本訴の会、浜岡原発を考える会、ピースウォーク浜岡、浜岡原発巨大地震対策虹のネットワーク、生活クラブ生協静岡、浜岡原発市民検討委員会、原発震災を防ぐ風下の会などである。署名者数が一〇〇万人を超えたのは二〇一一年のことだった。

三島の原発震災を防ぐ風下の会（加藤健一会長）は一〇月二六日に小出裕章講演会「巨大地震が原発を襲うとき――閉

鎖すべき浜岡原発」を開催した。小出は被曝と人体、原発と地震、柏崎刈羽原発震災、原子炉立地審査指針、浜岡原発と東海地震、原発の廃絶の順に講演した。この講演は原発震災防止用の映像資料としてまとめられた。

10 内藤新吾『危険でも動かす原発』

内藤新吾は『危険でも動かす原発――国策のもとに隠される核兵器開発』を二〇〇八年七月に発刊した。内藤は日本福音ルーテル教会の牧師であり、原子力行政を問い直す宗教者の会の世話人として行動し、浜ネットにも参加して掛川で活動してきた。

この本で内藤は、戦後に原子力をすすめてきた軍事利権の構造を指摘し、日本の軍事大国化の動きや浜岡でのプルサーマル計画を批判し、命を愛するものは力を合わせて原子力を廃止していこうと訴えた。

内藤は、原発近くの町では、電力会社から直接地域にばらまかれる資金があり、それが宴会や旅行にまで使用されるというアメと、反対すれば村八分や仕事を回さなくするというようなムチがあり、矢面に立てる市民が少ない。しかし、声なき声を誰かが代弁しなければならない。浜岡裁判の地裁判決は、一・二号機が旧指針でも大丈夫というおかしな判決であったが、それはかえって多くの人々に中電の背後にある巨大な力の陰謀を気付かせたと記し、闘いを継続し、未来を切り開くことを呼びかけた。

11 川上武志『原発放浪記』

川上武志は『原発放浪記』の第三章「『浜岡原発』下請け社会」で、低レベル廃棄物処理の下請け労働の実態を描いた。川上は浜岡原発で二〇〇三年から二〇〇八年まで下請け労働者として働いた。ダミー会社を設立させられての労働であり、その労働条件は、日当だけで有給やボーナスはなく、雇用保険も健康保険もなかった。また、厚生年金にも無加入だった。雇用保険への加入を求めると解雇されたが、寮に残って交渉し、遡及しての雇用保険の加入を認めさせた。その後、ガンを発症し、労災を申請した。同書では、中電の総括広報グループによる地元での反対派の封じ込めのやり方についても指摘している。

原発労働者は元請け、下請け、孫請け、ひ孫請け、派遣など数次に及ぶ業者によって集められてくる。定期点検での労働は、原子炉格納容器の除染、炉内の計器の点検・修理、冷却系配管の点検・補修、汚染水タンクの清掃、機械器具の錆落とし、放射性廃棄物の仕分け・運搬などがあり、作業内容は三〇〇種類に及ぶという。原発内での実労働時間は短いが、被曝しながらの労働であり、下請けの労働者ほど被曝量が多くなる。多重派遣による中間搾取がおこなわれ、中電から元請けに五万円が支払われ、現場の労働者には一万円前後が支払われることになる。下請け労働者は社会保険に未加入であることが多い。このような原発労働がなければ、原発は稼働できない。

第一〇章…浜岡原発運転差止訴訟控訴審

1　浜岡控訴審　口頭弁論はじまる

二〇〇八年九月六日にもたれた浜ネットの一二回目の総会では、九月一九日の東京高裁での第一回口頭弁論を前に弁護団の海渡雄一弁護士が控訴審について話し、長沢啓行（大阪府立大学）が「私たちはどこまで地震のことを知っているのか」という題で講演した。総会では、原発がなくても地域経済が成り立つような運動の必要性が提起され、原発震災を止めるための運動とプルサーマル発電導入反対運動を強め、六ヶ所村再処理工場反対運動、保安院や中電との交渉などの運動をすすめることが確認された。

浜岡裁判の第一回口頭弁論は九月一九日に東京高裁でもたれた。法廷は記者席を入れて九六席、そのうち七五席の傍聴席を求めて一九〇人ほどが並んだ。電力会社から動員されたとみられる男性も多く、最後まで傍聴する意思がない者もあり、空席となる傍聴席もあった。原告側はこれを原告への傍聴妨害であると抗議した。口頭弁論ではプレゼンテーションが認められ、原告側は二時間、被告側は一時間にわたって主張を展開した。

原告側はつぎのように主張した。中越沖地震はマグニチュード六・八であったが、浜岡原発の基準地震動Ｓｓを超えた。東海地震ではより大きなものを想定し、東海地震の前に浜岡を停止しておくべきである。被告側の新知見検討モデルはアスペリティの面積を小さくし、蓄積された歪みのエネルギーが地震によって解放される量を小さく設定している。アスペリティを浜岡直下におき、解放エネルギー量をあげて、強い地震を想定すべきである。被告は安政東海地震を最大の地震と想定しているが、その可能性は小さい。一審判決では同時多発的損傷はおよそ考えられないとしたが、柏崎刈羽では多数の損傷が同時多発的に起きている。耐震設計で許容値が設定されたからといって、安全余裕があるとみてはならない。特に一号機の再循環配管は危険である。老朽化した原発は耐震安全性が低下しているから運転してはならない。超音波検査には不備があり、ひび割れが発見できない可能性がある。一・二号機での耐震再評価をどう扱うのか、原発直下で地震が起きたらどうなるのか、中越沖地震の地震動を増幅させた地下構造と同様の構造が浜岡にあるのか、それらについて明らかにしたい。原告側はこれらの事がらを手順よく説明した。

これに対して、被告側は、控訴での原告の主張は原審での主張の繰り返し、原発の設計・建設・運転は国により厳格に規制されている。安全性の基準は相対的安全性を意味するもの、安政東海地震を想定することは科学的、合理的である。

浜岡原発
「とめます本訴の会」通信 NO 23
2008年7月1日
地震はとめられない、原発はとめられる
浜岡原発本訴訴訟団

9月19日（金）は
東京高裁にいこう

やっと決まりました。浜岡原発裁判・東京高裁での口頭弁論です。9月19日（金）、13時30分から16時30分の3時間です。

全国から結集した約1800名が「浜岡原発の運転まかり成らん」と仮処分申請を静岡地裁にしたのが02年4月、03年7月本訴を加え、07年10月26日予想だにしない不当判決、そして即日抗告、がおおざっぱな経過。

この間、他の原発裁判では、「も

控訴理由書を東京高裁に提出（3月10日）

▲…浜岡原発運転差止控訴審へ

新知見検討モデルは念のために確認したもの、耐震設計審査指針等の基準を満たせば、安全上重要な設備が同時に複数故障するとは考えられない。中越沖地震の増幅は地域特性によるものであるなどと反論した。

その後、裁判長が、一・二号機と三・四号機には設置形態に違いがあり、一・二号機は運転を停止していることをあげ、和解にむけての話し合いを打診した。原告側は話し合いに応じたいとしたが、中電は拒否した。

一一月二八日には第二回目の口頭弁論がなされた。この弁論では原告側が四五分のプレゼンテーションをおこなった。原告側は、岩手宮城内陸地震では判明していなかった活断層が地震を引き起こしたという新たな知見を示し、浜岡でもそれが予想されること、プレート間断層の真上にある浜岡原発では大きな上下動が予測され、耐震性に問題があること、枝分かれ断層と連動した地震を検討し、より大きな地震が起きることを考慮すべきこと、柏崎刈羽原発では建物が地盤に埋め込まれていて、揺れが減衰したが、浜岡では期待できないなどと主張した。

2　県・保安院への要請や質問

二〇〇八年九月の県議会では、大石裕之議員が浜岡原発の耐震性について質問し、超東海地震での安全性、枝分かれ断層、公開討論会の開催などを問いただした。これに対する県総務部原子力安全対策室の回答は、御前崎周辺の隆起現象は必ずしも超巨大な地震に結びつかない、第四紀学会の発表内容は東海地震との関連には言及されず、中電の耐震安全性評価報告ではプレート境界からの枝分かれ断層の存在は想定されていない、公開討論会は中央での公開審議が終了してから開催するというものだった。

このような県の対応に対し、浜ネットは一〇月三一日、県に抗議・要請をおこなった。そこでは、一〇〇〇年から一五〇〇年に一度の超巨大地震により御前崎周辺が隆起した事実をあげ、枝分かれ断層の連動の可能性を指摘した。また、中電や国の説明を支持して、県として独自の安全性の判断をしない県の姿勢を批判した。一一月二〇日には県との交渉をおこなった。

一一月四日、浜ネット、浜岡原発を考える会、核のゴミキャンペーン中部、原子力資料情報室、福島老朽原発を考える会などの五団体は、保安院に「浜岡原発三・四号機バックチェック報告書の検討に際して質問書」を出した。この質問書では、中電が出したバックチェック報告書での地震動Ｓｓが新指針の要求を満たすものではなく、報告書の結論は認められないとし、プレート間地震と御前崎海脚東部の断層帯による地震の連動、新知見検討モデル、地下構造による影響、石花海《せのうみ》海盆西縁の断層帯による地震の評価などについて質問した。

これに対し、保安院は一一月一七日に回答を示したが、専門家の意見を踏まえつつ厳格に確認するというものだった。なお、中電は裁判で、安政東海地震を最大規模とし、これを上回る検討用地震の想定はしないとしたが、保安院での会合では、中電はそのような主張をした事実はないと答えた。

3 浜岡五号機・気体廃棄物処理系で水素爆発

二〇〇八年一一月五日、定期点検に入っていた浜岡五号機で、調整運転で出力上昇中に気体廃棄物処理系で午前九時三一分に水素濃度が上昇し、さらに午後三時四五分に希ガスホールドアップ塔の温度が上昇するという事故が起きた。そのため五号機は午後四時一五分に手動で停止した。気体廃棄物処理系は復水器からの放射性希ガスなどを処理して気体廃棄物を排気筒に流す機器系である。

浜ネットは、過去に一~五号機で起動後の出力上昇中に同様の事故はなかったのか、再結合器で五〇〇度に達した原因は何か、水素濃度が一六%を超えた原因は何か、実際の濃度の値はいくつか、希ガスホールドアップ塔で六九度となった原因は何か、タービン内の温度の異常はなかったか、チャコールフィルターと排気筒で確認した希ガスの種類と量、通常運転と一一・五事故時のデータの提示、二〇〇六年のタービン事故の処理が一因か、女川と志賀原発での同様事故の原因・対策を把握しているかなどの質問状を出した。

中電によれば、気体廃棄物処理系の再結合器での温度が五〇〇度となった。再結合器は高濃度の水素を除去するために酸素を送り込んで水にするためのものであり、通常の温度は一五〇度である。その出口にある水素濃度が一六%を超え、水素濃度計の針が振り切れた。通常の水素濃度は一%未満である。水素濃度は四〇から五〇%になり、さらに下流にあるホールドアップA塔下部配管で水素爆発が起きた。希ガスホールドアップ塔は放射性希ガスの放射能を活性炭で減らすためのものであり、通常は二五度である。この爆発により、A塔内部の微粉炭（チャコールフィルター）が燃焼し、六九度になった。そのため、原子炉の停止に至った。A塔上流の露点温度検出器の金網状フィルターが変色し、複数の穴が開いた。さらにA塔あるいはB塔で二度目の水素爆発があったとみられる。

一二月二六日に中電は事故について保安院に報告した。保安院は、水素濃度が可燃限界の四%を超えたことを示す警報が鳴った時点で、原子炉を停止しなかったことを重視した。保安院は、作業手順を遵守しない違反があったとし、中電を厳重に注意するとともに二〇〇九年三月三一日までに違反に係る根本原因の分析と再発防止の対策を指示した。また、I

ＡＥＡ（国際原子力機関）の事故レベル一とした。

中電は警報が点灯してから七時間近く、原子炉の停止を逡巡していた。水素濃度上昇という異常事態への対応が遅く、作業手順に違反し、水素爆発を引き起こしたのである。

ところが中電は保安院に報告した翌日の一二月二七日に五号機を起動し、再び水素濃度上昇事故を起こした。一二月三〇日午前〇時二七分、出力八三万キロワット保持中に水素濃度上昇を示す警報が点灯し、その後も水素濃度が上昇し、排ガス再結合器の性能の低下が続いた。そのため警報から一二分後に手動で停止した。その結果、再結合器を解体して調査することになったが、再結合器の放射線量が高いことが問題となった。

二〇〇九年一月、浜ネットは浜岡原発広報部に説明を求めたが、ウェブサイトに公表している内容以上のことは話せないと対応した。そのため独自に調べたところ、原子力安全委員会のウェブサイトで保安院から安全委員会への報告書を見つけ、そこから事故の詳細を知ることができた。中電の報告書は周辺四市にも提出されていなかった。浜岡原発広報部に質問したところ、二〇〇七年七月の第二回定期点検の際にも出力上昇中に水素濃度が四％を超え、警報が点滅したことがあったことがわかった。その時は事態が安定したために原子炉を停止しなかった。浜ネットは、この事故は再結合器だけの問題ではなく、五号機の根本的な欠陥によるものと中電を追及した。

二〇〇九年五月五日には四号機で同様の事故が起きた。調整運転中に気体廃棄物処理系の水素濃度が上昇し、手動で停止したのである。中電は事故の原因を再結合器が正常に機能しなかったためとした。

4　一・二号機廃炉と六号機新設へ

二〇〇八年一二月二三日、静岡新聞は中電が浜岡一・二号機を廃炉とし六号機を新設する意向であることを報じた。その理由は一・二号機の運転再開には大型部品の交換や耐震工事で費用が高くなるためであり、六号機の出力は一・二号機の出力を合わせた一四〇万キロワット級のものになるという。中電はこれを「運転終了」による「リプレース」（原子炉の置き換え）と説明した。

この報道を受けて、浜ネット代表の長野栄一や浜岡訴訟原告代表の白鳥良香らは記者会見し、危険な原発のうちの二つが廃炉となることは原発廃止の世論と運動の勝利であると廃炉を評価し、六号機の新設には反対の意思を示した。原発震災を防ぐ全国署名連絡会は、六号機増設に反対し、東海地震が過ぎるまでは三〜五号機の運転停止を求めるとコメントした。すでに一・二号機は運転開始から三〇年を超え、事故により一号機は二〇〇一年一一月から、二号機は二〇〇四年二月から停止したままであった。中電は、地裁判決では勝ったものの、耐震基準が厳しくなるなかで、老朽化し、事故で止まったままの原発の稼働をあきらめた。老朽化した商業用原発の廃炉第一号が浜岡で実現した。

浜ネット、浜岡原発を考える会（御前崎市）、核のごみキャンペーン・中部（名古屋市）は一二月二二日、静岡県に対して浜岡原発六号機の新設を拒否するよう要請した。さらに一二月二四日、中電に対して浜岡原発六号機新設計画の白紙撤回を求める申し入れ書を出した。

中電への申し入れ書では、巨大地震の震源域の真上で、危険な原発が現在も稼働し続けていること自体が極めて異常な事態であり、六号機の新設は原発震災のリスクを高め、私たちに更なる危険な賭けを強いるものであるとした。そして、中電が否定してきたプレート間地震と分岐断層の連動が過去に実際に起きていることをあげ、六号機用地とされる場所がこの分岐断層の活動により大きく隆起する区域であり、六号機新設を白紙撤回するように求めた。この申し入れ書には全国から八二団体が賛同し、静岡県内では太田川ダム研究会、地震で原発だいじょうぶ?会、みしま原発を学ぶ会、人権平和・浜松などが賛同した。

また、一二月二一日に菊川市議会が主催した講演会で、石橋克彦は東海地震の想定震源域の真上にある原発に六号機を新設することを批判した。一二月二四日には浜岡原発を考える会が御前崎市に対して六号機新設の申し入れを拒否するように要請した。

5　浜岡控訴審・第三回口頭弁論

二〇〇九年二月二〇日、東京高裁で第三回口頭弁論がもたれた。原告側はプレゼンテーションで、中電の安政東海地震が最大規模の地震であり、これに対応できれば耐震安全性が確保できるという論を批判した。また、三・四号機の耐震安全性を確認するために一・二号機の改修予定内容の詳細を明らかにするように求めた。中電は一・二号機が十分な安全余裕をもち、耐震性が確保されていると主張してきたが、廃炉の決定をした。従来の主張と廃炉の決定の整合性を知るには、二〇〇五年一月公表の耐震補強工事の内容、三〇〇〇億円という工事費用の内訳、免震構造による補強対策を必要とする技術的根拠、廃止措置申請のスケジュール、使用済み燃料の保管予定などが明らかにされるべきとした。

さらに原告側は、新たな知見として、中越沖地震が原発の耐震安全性についての考え方を根底から覆し、電力会社が原発敷地の地下構造の調査をおこなうようになったこと、一〇〇〇年に一度の地殻変動量の大きい地震が発生する懸念があることなどをあげた。また、一・二号機の廃炉決定は裁判での和解打診の動きが大きな影響を与えたとみられること、一・二号機の再開のために必要とされた耐震補強工事費が三・四号機では必要はないのか、現状の耐震補強レベルでは耐震安全性はないのではないかなどと被告側を追及した。そして裁判所に対して、早期結審しないように求めた。

三月三〇日には参議院議員会館で浜岡原発の耐震バックチェックに関する保安院とのヒアリングがもたれ、浜岡裁判の弁護士や地質学の立石雅昭（新潟大学）、浜ネットや首都圏の市民団体が参加した。対応した保安院安全審査課は、新指針による三・四号機の耐震バックチェックについては年度内には出さない、五号機のバックチェックについてのスケジュールは未定とした。三・四号機の免震化や上下動対策は必要ではないのかとの質問には、耐震工事は自主的な取り組みであり、保安院の確認対象ではないとした。公開討論会の開催の質問には、審議会の専門家は出席できない、保安院の担当部署に正式な依頼をしてほしいと答えるなど、やる気のない対応であった。

五月一八日には第四回口頭弁論がもたれ、原告側はプレゼンテーションをしながら、中越沖地震での新知見に対して立証がつくされていないこと、耐震安全性を評価できる地下構造を含む調査結果が出たうえで、双方が主張し、立証したのちに判断すべきこと、石橋克彦・立石雅昭両証人の採用などを求めた。六月の進行協議で裁判所はこの二人の証人採用を認めた。

6 プルサーマル中電本社交渉

二〇〇九年四月二七日、中電名古屋本社で浜ネットや核のごみキャンペーン・中部によるプルサーマル問題をめぐる交渉がもたれた。交渉は中電が出したパンフレット「プルサーマル計画」の内容に沿っておこなわれた。

これまで市民団体は中電のパンフレットの宣伝に対し、プルサーマルでのリサイクル率はたった一％であり、資源の節約にはほとんどならない。一％のプルトニウムを再利用すると厄介な核のゴミが増え、再処理工場により環境汚染が広がる。やればかえって電気の値段が高くなる。実績もなく、危険性が増大する。浜岡のBWR炉は世界一地震で危険なところにある。行き場のない使用済MOX燃料が浜岡にたまる。ため込んだ使用済みMOX燃料が一五〇年周期の巨大地震に耐えられないなどと批判してきた。

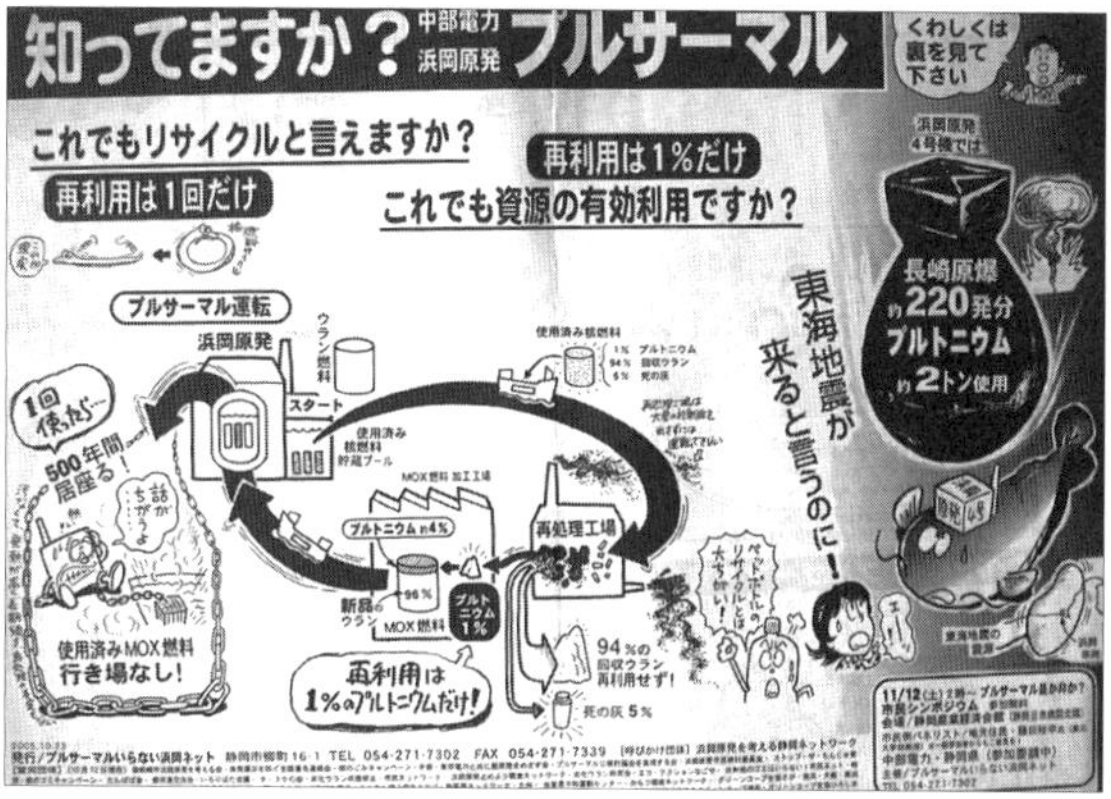

▲…プルサーマル反対のチラシ

交渉ではこれらの視点を提示しながら、ウランは実際にどれくらい節約できるのか、使用済みMOX核燃料の実績データ、回収ウランの具体的な利用計画（工場名、重量、委託先など）、四号機での具体的なスケジュールなどについて質問したが、中電は具体的な数値や会社名、計画を示さなかった。中電は質問に答えるなかで、四号機のシュラウドの損傷は、修理してプルサーマルで使用するとした。参加者は、秘密主義の行き着くところは腐敗だ、プルトニウムを減らすというのなら原発自体をなくせと中電を追及した。

7 原発に頼らない地域の再生を！浜岡集会

二〇〇九年五月一〇日、「一・二号機廃炉歓迎、六号機増設などトンデモナイ」

集会が浜岡でもたれ、二〇〇人が参加した。主催は浜ネットを中心にした実行委員会であり、山口、新潟、石川、東京などからの参加もあった。集会では、清水修二（福島大学）が「原発に頼らない地域の再生」の題でつぎのように講演した。原子力発電の立地問題とは電力の生産と消費が空間的に分離し、自分の裏庭には迷惑なものをつくらず、遠い場所につくってお金で解決しようとすることである。

原発による財政は電力会社依存型、財政支出依存型になり、若者の定着や人口流出の問題は解決せず、道路や体育施設などの社会資本は整備されるが、地域が発電所に依存し、経済的な自立のない「発展なき成長」となる。雇用も原発に依存し、財政も発電所の固定資産税に依存し、減価償却が進むにつれ増設を求めるようになる。原発と地域が一蓮托生の関係となっていく。電源三法は利益誘導が構造化された法律であり、一九九〇年代になると目的が「電源地域の振興」へと転換された。大切なことは地域経済の内発的発展であり、地域の資源を活用して地域内経済の循環をつくっていくこと、未来を見つめながら、原発に頼る豊かさを問い直し、原発に頼らない地域の再生をすすめていくことである。

御前崎市の二〇〇七年度の浜岡原発の固定資産税などの原発関連税収は六六億九〇〇〇万円、一般会計に占める関連税収の割合は三八・四％であり、原発の交付金・補助金などの累計額は三七六億円に及ぶ（朝日新聞二〇〇八年七月二〇日付、地域経済と原発特集）。原発経済は札束で人々の生活や価値観を蹂躙していく。

集会では刈羽、志賀、祝島などでの反原発の取り組みの報告があった。山口県祝島からの参加者は、海底から真水がわき、たくさんの魚介類がとれる、そのような宝の海を守り、一流の田舎をつくって原発に頼らない生活をしていきたいと訴えた。

五月九日と一〇日には浜岡弁護団と証人予定の立石雅昭（新潟大学・地質学）による現地地質調査が行われた。調査は、五号機を見下ろす高台で何回にもわたって隆起したとみられる海岸段丘、一五〇号線北側の台地にある道路建設で露出した切出し斜面、桜ヶ池裏側の建設現場などでおこなわれ、六号機増設予定地も見学した。調査に同行した伊藤勇夫は、建設予定地や周辺の地下には数多くの断層があるとみられ、「強固な岩盤の存在」や「動く可能性のある断層がない」という中電の資料の信憑性に疑問を呈した（「浜ネット会報」五六）。この日の調査結果は七月の第五回口頭弁論でプレゼンテーションされた。

8　浜岡ＭＯＸ燃料搬入抗議行動

二〇〇九年五月一八日朝六時すぎ、プルサーマル用のＭＯＸ燃料を搭載したパシフィックヘロン号が御前崎港に接岸した。パシフィックヘロン号はパシフィックピンテール号とともに三月はじめにフランスを出発し、約二か月の航海を経て、御前崎に姿を現した。両船とも武装し、警察部隊を乗せての移動だった。このＭＯＸ燃料はフランスのメロックス社に製造を依頼したものであり、浜岡、伊方、玄海の原発での使用が予定されている。

二八体のＭＯＸ燃料は三基の輸送容器（全長六・二メートル、外径二・五メートル、重さ一〇〇トンのキャスク）に入れられ、大型トレーラーで浜岡原発まで輸送された。港から原発まで約五キロであるが、三〇分かけて輸送され、到着は午後五時すぎだった。

この輸送に対し、浜ネット、静岡県労働組合共闘会議、東京のたんぽぽ舎などの約四〇人が抗議行動をおこなった。早朝から参加者は、御前崎埠頭前で、接岸する輸送船に向けて、「ＭＯＸ燃料の使用をやめろ！」「プルサーマル反対！」などとコールし、ＭＯＸ燃料搬入に反対した。一一時には浜岡原発入口に移動し、中部電力に抗議文を手渡した。抗議文では、四号機の使用済みＭＯＸ燃料が数百年単位の期間で浜岡原発の敷地に保管される可能性が大きいことや事故の危険性について指摘し、浜岡原発四号機へのＭＯＸ燃料装荷の中止、プルサーマル計画の凍結などを求めた。

▲…御前崎港でのＭＯＸ燃料搬入抗議行動

プルサーマルを予定している浜岡四号機は、五月に起きた気体廃棄物処理系での水素濃度上昇事故で停止したままであった。二〇一〇年夏の定期検査時に予定された燃料の使用にむけての装荷はできなかった。また、二〇一〇年末になっても国は四号機の耐震安全性確認について評価を出せなかった。

9 MOX燃料搬入抗議、経産省交渉

浜岡へのMOX燃料搬入があった五月一八日、「使用済MOX燃料を憂慮する全国の市民団体」(四二〇団体の連名)が、経産省へと、玄海・伊方・浜岡原発でのMOX燃料使用反対、プルサーマル計画の凍結を求める質問・要望書を提出した。この行動には浜岡、玄海、伊方などプルサーマル現地を含め、全国各地から五〇人が参加した。

要請では、使用済みMOX燃料は危険であり、搬出先がないことから、玄海・伊方・浜岡原発へのMOX燃料の装荷を許可しないこと、使用済MOX燃料処理の前提である六ヶ所再処理や「もんじゅ」の進捗が大幅に遅れていることから、プルサーマルも凍結することの二点を求めた。交渉では、使用済みMOX燃料の処理方法が未定であることを国や電力会社が市民にきちんと説明しないことが大きな問題とされ、参加者が「どうしようもないゴミが出てしまうことがわかっているのか」と詰め寄った。静岡からの参加者も「処理の予定が立たないのならプルサーマルも延期しろ」と訴えた。核のゴミ処理には何十万年という時間がかかる。参加した市民はそのような泥沼の道に反対の声をあげた。

この時に運ばれてきた浜岡四号機用MOX燃料は受け取り検査の段階で、輸送中の燃料を固定する金属セパレータにずれが見つかった。そのため、国の法定検査である輸入燃料体検査が受けられなかった。

これまでMOX燃料は東京電力と関西電力用に一九九九年、二〇〇一年と輸送されたが、燃料の検査データの改ざんやトラブル隠しが明らかにされたため、プルサーマルで使用できなかった。MOX燃料は浜岡に続いて玄海や伊方にも運ばれたが、現地で市民が抗議行動をおこなった。電気事業連合会はプルサーマルについて、二〇一〇年度までに一六～一八基の原発で実施するという計画の見直しを決め、六月、核燃料再処理施設がある青森県や経産省などに伝えた。

五月二八日には御前崎、菊川、掛川、牧之原など四市の対策協議会が開催されたが、プルサーマル交付金五五億円の配分をめぐり、話がまとまらなかった。

一・二号機の閉鎖で二〇〇八年度から五年間で予定されていた二五億円の原子力発電施設立地地域共生交付金が打ち切られることになった。この交付金は三〇年を経た原発がある県に出されるものであるが、県はこの金を当てにして五年分の地域振興計画を立てていた。困った静岡県は中電に地域振興の継続にむけて「ご配慮」を求め、中電は県へと二〇〇九年から一一年の間に一六億三〇〇〇万円を寄付した。県は国からの交付金が打ち切られたため、中電に寄付金で肩代わりさせたのである。

10　保安院・中電への要請

二〇〇九年六月二五日に開かれた中電の株主総会では、脱原発！中電株主といっしょにやろう会などの反原発株主が一・二号機廃炉の真の理由や四号機プルサーマル問題、四・五号機の事故、ロシア企業とのウラン濃縮契約、耐震安全性などについて中電を追及した。

七月六日には浜ネットが中電に対して、四・五号機の事故やプルサーマルについて質問書を提出した。

四号機の気体廃棄物処理系での事故については、手動停止時の時刻や水素濃度の％、手動停止時の再結合器やホールドアップ塔での温度、排ガス再結合器内部での触媒カートリッジ溶接部のひび割れの原因、運転再開での対策などを質問した。五号機の同様の事故では、一一月に事故対策をとったものの一二月に同様の事故が起きたが、その対策の問題点は何か、水素の爆発の着火原因を弁の金属摩擦としているが、そのような想定があったのか、水素濃度上昇自体の想定はなかったのかなどと質問した。

プルサーマルについては、電事連のプルサーマル計画の五年間延期や使用済みＭＯＸ燃料の処理方策の遅れへの中電の理解、中電が再処理プルトニウムを海外、六ヶ所で保有している量、ロシア企業との濃縮ウランの契約内容、イギリス・フランスでの処理内容、四号機でのＭＯＸ燃料の使用開始予定年月、炉心内でのＭＯＸ燃料二八体の配置予定、二〇一〇年に始めた場合の交換予定時期、使用済みＭＯＸ燃料は燃料プールに保管し続けるのか、その後どう処分するのかなどを質問した。

この質問書に関する中電との交渉は九月一五日にもたれた。中電は、裁判の争点であり、答えないとしたが、つぎのように答えた。中電が再処理したプルトニウムはこの三月末までに海外で三・三トン、青森で〇・二トンである。ロシアでの契約は二〇〇九年三月にヘネックス社と結んだ。イギリス・フランスにある中電の回収ウランはイギリスに一五七トンウラン、フランスに三五九トンウランである。プルサーマルの開始予定月は決定していない。MOX燃料は二回目には六〇体入れ、MOX燃料を三分の一にまで増やしたい。第二再処理工場が完成するまで燃料プールで保管する。燃料プールの耐用年数は四〇から五〇年である。五号機の地盤調査は今まで三から五キロの地下で調査してきたが、狭い範囲で浅く調査する。このように中電は答えた。

中電は、四・五号機の事故の内容にはほとんど答えず、プルサーマル計画については国の計画に依拠し、再処理工場ができるまでは燃料プールで保管し続けるとした。これに対し、再質問し、一二月一〇日に再度の交渉をもった。

七月二一日、政府の地震調査研究推進本部は全国地震動予測地図の最新版を公表した。予測地図は防災科学技術研究所のウェブサイト「J-SHIS」（地震ハザードステーション）で公開された。今回の二〇〇九年の改訂では震度七の地域を特定したが、そこに浜岡原発が入った。全国一七か所の原発で震度七とされたのは浜岡だけであり、浜岡で大地震が起きることを政府も認めたことになった。これに対し中電は、耐震安全性は十分に確保され、震度七でも問題はないとした。

八月三日には、原発震災を防ぐ全国署名連絡会が原子力安全委員会、保安院に浜岡原発の運転停止などを要請した。連絡会はこの要請で、大地震が想定されるときには震源域直上にある原発の運転を即刻停止することの法制化、浜岡一・二号機廃炉の際には解体撤去ではなく密閉管理か遮蔽隔離にすること、三・四・五号機については新耐震設計審査指針による耐震安全性が確認されるまで運転を停止すること、六号機増設の中止、耐震安全性に関する公開討論会の開催、浜岡でのMOX燃料装荷を認めないことなどを求めた。

11　静岡県議会で浜岡原発について追及

二〇〇九年六月、浜岡三号機は定期点検に入り停止した。一・二号機は廃炉、四・五号機では気体廃棄物処理系で事故が続いた。プルサーマル導入のためにＭＯＸ燃料を運び込んでも原子炉自体が不調で動かせない状態であった。中電は五号機の運転を再開し、四号機では調整運転をすすめた。

七月の静岡県知事選挙で民主党が推薦した川勝平太が新知事となったが、七月の静岡県議会では新知事に対して、野沢洋県議と小長井由雄県議がプルサーマルや耐震性について質問した。質問内容は、東海地震の震源域の中心地にさらに原子炉を増やすことが安全か、プルサーマルで使用済みＭＯＸ燃料の行き場がなく浜岡に積みあげられることになるが、県はどう対応するのか、川勝知事に代わったが、県は「絶対安全論」を変えるのか、公開シンポジウムを企画し、県民に本当の情報を提供する考えはないか、絶対安全論者で固め、県民には非公開の原子力安全アドバイザー制度はどんな役割を果たしているのか、新たに浜岡原発安全対策専門委員会を組織する考えはないかなどというものであった。

これに対する県の回答は、ＭＯＸ燃料が貯蔵においてもウラン燃料と同程度の安全性があり、地震時の危険性が増大するとは考えない、その処理方策については国と事業者に強く働きかける、国による地下構造調査なども含めた耐震安全評価の審査が終了した段階での公開シンポジウムの開催は内諾しているから、審査終了を待って開催を求めていく、原子力安全アドバイザー制度は充実させ、学術委員会のような組織の設置を検討したいというものであった。県は原発についての従来の姿勢を変えようとはしなかった。

12　駿河湾地震での五号機の大揺れ

二〇〇九年八月一一日、このような県の姿勢を批判するかのように、駿河湾を震源とするマグニチュード六・五の地震が起き、四・五号機は自動停止した。特に浜岡五号機での揺れは四〇〇ガルを超えた。一九七六年の浜岡原発の運転以来、浜岡原発が地震で自動停止したのは初めてのことだった。地震による放射性物質の外部漏れ、建屋のボルトの破損、壁のひび割れ、制御棒駆動装置など多くの損傷箇所が発見された。中電による損傷箇所の発表は次第に増加し、九月段階で六六か所の損傷があるとした。この駿河湾地震の揺れは一〇秒ほどだったが、想定東海地震の揺れは一分から二分とされている。原発の損傷はより大きなものになる。

九月一七日の県議会では、再度浜岡原発の耐震性が問題にされた。その答弁での浜岡原発の問題点を検討する学術委員会の委員選定について、県の姿勢が保守的であることから、九月二八日、民主党・無所属クラブは独自に推薦名簿を提出した。

九月一七日の牧之原市議会では、大石和央議員が駿河湾地震に関連して原発震災について質問した。大石議員は市長に対して、駿河湾地震での浜岡原発に関する市民への情報伝達、原発震災に対する危機意識の欠落、地震後に四号機が起動したことなどの問題点をあげ、公開討論会の開催や市による学習会の開催などを求めた。

駿河湾地震の後の九月二三日に浜ネットの総会が持たれ、広瀬隆が講演した。広瀬は日本列島の地盤から話を始め、地震が多発し始めた現状を示した。また、相良層の軟弱性、隠されてきた断層の発見、地震による放射性物質の放出、津波の破壊力などにふれ、地震と津波に対する原発の脆弱性を指摘した。そして広瀬は、地震の大きな揺れがくれば、制御棒が入らないという状態がおきる。オペレーターは大きな揺れの中では何もできないだろう。中越沖地震では変圧器で火事が起きた。緊急時に電力を送る施設が火事になったのであり、緊急時に電気が通じなくなることもありえると、原発の危険性を指摘した。

13　浜岡裁判　石橋克彦証人尋問

二〇〇九年九月一八日、浜岡控訴審の第六回弁論がもたれ、石橋克彦証人の原告側主尋問がおこなわれた。地裁判決で証言を否定された証人が、高裁で再び採用されることは異例のことだった。控訴審では中電側は証人をたてなかった。石橋証人は、五〇枚を超えるスライドを映しながら、中越沖地震や駿河湾地震で得られた知見などを含め、地震学の視点から、九〇分にわたってつぎのように証言した。

駿河湾地震の震源が浜岡原発から四〇キロメートル離れているにもかかわらず、五号機ではマグニチュード八を想定した基準地震動を上回った。地下構造だけでは説明がつかず、未知の破砕帯がある可能性があり、なぜ五号機でこれだけの地震動が起きたのかが説得力をもって説明されない限り、浜岡原発の耐震安全性については何の判断も下せない。震源断層面の深さでは、中電はプレート境界面の深さを二〇キロメートルとしているが、地震学会では一四～一五キロメートルが定説となっており、地裁判決の間違いは明らかである。海底の遠州断層帯について、中電は御前崎沖で切れているとしているが、海底構造の専門家は陸に延びていると指摘していて、その地下に枝分かれ断層の存在が考えられる。枝分かれ断層も地震波を出すことがわかってきており、枝分かれ断層の同時活動を基本モデルに入れるべきである。浜岡でのアスペリティ（固着域）についてはわかっていないから、原発に最も厳しくなる少し沖合におくべきである。浜岡では通常の東海地震では一から二メートル隆起し、一〇〇〇年に一度の特別な東海地震では四から五メートル隆起する可能性があり、柏崎刈羽原発で起きたことが大規模に発生する可能性がある。東海地震は繰り返し起きているが、宝永地震と安政東海地震では隆起のパターンが異なり、安政東海地震を絶対視することは誤りである。

石橋は、中電の想定する東海地震の基本震源モデルが不十分であり、より厳しい想定をおこなうべきとし、日本の原子力関係者は根拠のない自己過信と無責任で突き進んでいるが、それは敗戦に突き進んだ戦前の軍部のエリートのありさまと共通している、起こっては困ることを起こらないことにしていると批判した。

石橋は最後に、中越沖地震や駿河湾地震を天佑として受け止め、誤った流れをたださなければならないとし、この法廷で「審理が正しくおこなわれ、正しい判断がなされ、日本列島の全生命、全地球的人類を救うことができることを切望している」と述べた。石橋証言を受け、傍聴席から拍手が響いた。

一〇月三〇日には石橋証人への反対尋問と再主尋問がなされた。再主尋問では中央防災会議の強震動予測が万全ではなく、応力降下量には高精度で信頼できるデータがないこと、運転歴、地震の危険度などを加味すれば、廃炉の優先順位一位が浜岡原発であること、地震の危険がある真上で運転しており、欧米人が聞いたら腰を抜かす、事故になれば首都圏に死の灰が舞うことなどを示した。

14　浜岡裁判　立石雅昭証人尋問

二〇〇九年一一月二七日の第八回弁論では立石雅昭証人の主尋問がなされた。立石証人は、中越沖地震での柏崎刈羽原発での揺れや地質データ、駿河湾地震のデータ、浜岡原発周辺の地質調査結果などから作成した資料をスクリーンに映してつぎのように証言した。

マグニチュード六・八の中越沖地震により柏崎刈羽原発は基準地震動で最大で三・七倍を超える地震動を受けた。一号機から四号機は五号機から七号機と比べて著しく大きく揺れたが、地下の地質構造が地震波を増幅させた可能性がある。浜岡原発の地下は柏崎刈羽原発と酷似しており、地震波を大きく増幅させる構造となっている可能性がある。浜岡原発の地下構造の調査は横五〇〇メートル、深さ三〇〇メートルまでしかおこなっておらず、不十分であり、深さ数百から二キロメートルまでのデータが必要である。二〇〇七年の産業技術総合研究所・古地震研究センターの学会報告からは、通常の東海地震とは異なる大規模な隆起が約一〇〇〇年周期で起きていることがわかっている。この隆起は御前崎海脚東部断層帯の活動では説明できず、中電の想定は正しくない。つぎの東海地震がこのような地震となる可能性がある。御前崎南岸の隆起も分岐断層によって起こっている可能性が高い。駿河湾地震は想定東海地震よりはるかに小さな地震であったが、なぜ五号機だけが大きく揺れたのか説明されていない。基準地震動と比較すべき解放基盤における揺れのデータを中電が公表していないのは理解できない。東海地震では震源の方位、地震波の入射角度により、三・四号機が五号機よりも揺れる可能性がある。駿河湾地震は浜岡原発の耐震設計について強い警告を発している。

このように立石は証言し、東海地震による影響を予測しえない現状では浜岡原発は停止すべきとした。新たな知見をふまえての証言により、中電が五号機のデータを出さなければ裁判を終了させることができない状況になった。そのため、審理は延長されることになった。

翌年二月一二日には第九回の口頭弁論がもたれ、立石証人への反対尋問と再主尋問がなされた。中電側は立石の著書から、活断層列島として、世界の地震の一割が集中する日本列島で原子力発電所を次々に建設しようとすることは、全く無謀としか言えないという部分を利用して反対尋問をおこなったが、それは逆に、証人の主張をいっそう明らかにすることになった。

再主尋問では、東電が地下構造調査で深さや目的に応じて探査法を変え、組み合わせているのに対し、中電は浅い層も深い層と同じ手法を用いて調べて問題がないとしていること、中電は、五号機が駿河湾地震で突出した揺れを招いた要因を、地下構造が「ほとんど」、「概ね」影響を与えていないとするようなあいまいな表現を用いていること、現段階で五号機の揺れの理由を明解に説明する資料がないこと、広範に揺れる東海地震で大丈夫とする科学的根拠を明らかにすべきこと、中越沖地震、駿河湾地震を教訓にすべきであり、震源断層の特性や伝搬過程が検証されていないこと、原子炉を停止したうえで検証すべきことなどが示された。

立石証人は弁論後の報告集会で、五号機の突出した揺れに対して中電は説明ができていないとし、新潟での環境汚染や地盤沈下に取り組んできた経験から、科学的真理は常に痛みを感じる住民の側にあると、信念を語った。

15　三号機・濃縮廃液漏れで労働者被曝

二〇〇九年一二月一日、三号機の補助建屋地下二階の四か所で国への報告基準の約三二〇倍にあたる約一二億ベクレルの放射性濃縮廃液が漏れ、復旧作業で二〇人以上の労働者が被曝した。濃縮廃液タンクの排水升周辺では総量約五三リットルの漏水があった。中電によればタンクの廃液を抜く作業の際に配管が詰まり、廃液が逆流して、配管がつながっている排水升からあふれ出た可能性が高いとみて、配管を調べたところ、廃液中に含まれる鉄さびなどの不溶解物が積もっていたとのことである。

この事故に対して一二月九日、浜ネットは中電静岡支店に対して三号機での被曝事故について抗議文を提出した。翌日にもたれた浜ネットとのプルサーマルをめぐる交渉に際し、中電はこの事故についての謝罪の意を示した。

この三号機での被曝事故に対しては、一二月一五日に御前崎市長や御前崎市原子力対策特別委員会などが浜岡原発を視察し、徹底した再発防止策を申し入れた。この視察があった日、中電は静岡県に駿河湾地震で停止した五号機の点検期間を二〇一〇年五月まで延長することを伝えた。

この三号機の濃縮廃液漏れ事故では、濃縮廃液は固化処理設備に送ることが決められているが、二〇〇五年の固化処理設備の不具合により、二〇〇六年に社内決定を経て、三号機と四号機で本来の使用目的と異なる配管を使って排水していたことが判明した。保安院はこの中電の作業を保安規定違反として厳重注意し、根本的な原因を究明し、再度報告するように指示した。

この事故の問題点は、貯蔵タンクの底に高濃度の沈殿物が溜まることを予想していないこと、配管内の洗浄がおこなわれていないこと、固化装置に廃液を誘導しなければならないのにサンプタンクに移していたこと（保安規定違反）などがあった。また、中電報告書には労働者被曝についての記載がなかった。それは中電の労働者の健康や安全への姿勢を示すものだった。

三号機ではこの年の八月三日にタービン建屋地下一階の空調機器冷却海水ポンプエリアで床面に約二五〇平方メートルの水たまりが見つかっている。台風第一八号の影響で放水路の水位が上昇し、建屋につながる配管ダクトに海水が入ったことが原因だった。

16　五号機の揺れへの中電見解

二〇一〇年四月、中電は駿河湾地震での五号機の揺れに関する調査報告書を保安院に出した。中電は一月の報告では地下二五〇メートルのところに砂岩優勢互層があるためとしたが、今回の報告では地下三〇〇から五〇〇メートルに「低速度層」があるためとした。それは凹状の堆積物であり、この下に地震波が入ると屈折し、地表で収束して地震波が増幅するというのである。そして中電は、駿河湾地震の震源断層面からの地震動を二倍して計算したが、浜岡の耐震安全性は確保されているとした。中電は、安全性は確保されているとするチラシを静岡県全世帯に新聞折り込みで配布し、周辺四市で市民説明会をおこない、安全を宣伝した。

これに対して浜ネットは四月一五日に、中電に対して一方的な市民説明会を中止するように申し入れ、一八日に御前崎市で開催された説明会では中電の調査結果の不備を指摘して抗議した。

五号機に揺れを起こしたとされる「低速度層」は三・四号機の底にまで広がっているとみられ、敷地の真下でより大きな地震が起これば、他の号機にも大きな被害が出ることが予想される。

掛川の内藤新吾は、中電は国が検討中としているのに「大丈夫」とし、五号機を再起動させようとすることに疑問を提示し、浜岡の地下には泥岩と砂岩の軟らかい互層があり、そこにレンズのように歪んだ層があることを認めたくないために、「低速度層」という造語を用いていると批判した。そして、一度事故が起きれば影響は計り知れない、原子炉を止めたうえで、震源が異なれば三・四号機に地震波が集中することはないのか徹底的に調べるべきであり、危険を指摘する専門家も交えて包み隠さずすべての可能性を示すべきとした（朝日新聞二〇一〇年五月二五日付記事）。

中電のいう「低速度層」とは、軟弱な砂と岩の地層のことであり、強固な岩盤の上にあるという偽りを隠すために持ち出されたものである。立地地図をみても、五号機は一から四号機よりも海岸線沿いにあり、地盤の軟弱さが推測される。四号機までの建設予定を変更し、五号機を地盤の悪い場所に増設したために、このような揺れに襲われたとみられる。

六月一六日、牧之原市議会では、大石和央議員が五号機の再起動問題、設備の健全性と耐震安全性、市民学習会の開催などについて質問し、五号機再起動の動きを批判した。

しかし、六月二四日、原子力安全・保安院は「安全上重要な設備は健全で、原子炉の起動に問題はない」とする評価報告書をまとめた。保安院の原子力発電検査課長は静岡県庁を訪問し、五号機の健全性評価を伝えた。保安院は耐震安全性の議論をすりかえ、「設備の健全性」という表現を用いた。これに対し、静岡県の危機管理監は再開には東海地震に耐えられることが示されることが必要と、慎重な姿勢をとった。

この保安院の報告書が出されたのは、中電の株主総会の前日だった。六月二五日の株主総会にむけて反原発株主は、地震損害保険、地元了解、耐震バックチェック、耐震安全性、駿河湾地震と浜岡原発などのテーマで詳細な質問状を出していた。

質問状では、駿河湾地震と五号機の揺れに関しては、中電は耐震安全性が確保されているとしているが、それは国が承認したのか、耐震安全性は国でバックチェックの審議中であるが、安全を保証できるのか、五号機の異常増幅の原因究明なしで起動は差し支えないと考えるのか、地元自治体は将来起こる地震への耐震性の確保を指摘しているが、これを尊重するのか、駿河湾地震における解放基盤面での一号機から五号機の地震動の数値の公表など、こまかく質問した。

17　広瀬隆浜松講演「浜岡原発の危険な話」

二〇一〇年四月二五日に、浜松市内で広瀬隆講演会「浜岡原発の危険な話―いよいよ迫る東海大地震と浜岡原発」が人権平和・浜松の主催でもたれた。前日には三島で同様の講演会が原発震災を防ぐ風下の会の主催で開かれた。

広瀬は「地球は生きている」とし、巨大地震が迫るなかで推進されている日本での原子力発電がいかに危険かを示し、浜岡原発の問題をつぎのように話した。

一九七六年三月、浜岡原発一号機が営業運転を開始したが、それからわずか五か月後の八月に石橋克彦が地震予知連絡会で「駿河湾でマグニチュード八クラスの巨大地震が起こる」と警告を発し、それ以来、浜岡原発は三四年にわたって巨大地震の危険性と同居しながら綱渡りの運転を続けてきた。二〇〇九年の駿河湾地震はわずかマグニチュード六・五の小さな地震であったが、浜岡原発が一九七六年に稼動して以来、三三年目にして最大の揺れに襲われた。運転中の浜岡原発四・五号機が緊急自動停止した。この地震発生から一週間後に報告された浜岡原発のトラブルは四六件を数え、そのうち二五件が最新鋭のＡＢＷＲ型五号機で起きた。この駿河湾地震では一号機と五号機の周辺で、一〇～一五センチもの地盤の隆起と沈降が起きたが、東海地震では隆起が一～二メートルになるとみられ、配管は簡単に破断されてしまうだろう。

原発震災で最も怖い事がらは、非常用の配線が寸断され、発電所内が完全停電となるステーション・ブラックアウトである。駿河湾地震では五号機で制御棒約二五〇本のうち約三〇本の駆動装置が故障した。マグニチュード八を超える東海地震ではさらに深刻な事態が想定される。特に駿河湾地震で浜岡五号機が一～四号機と同じ地盤にありながら、三倍～四倍も揺れた。一階の東西方向では、設計用最強地震Ｓ１を超える四八八ガル、三階では五四八ガルの揺れを記録した。「浜岡原発の耐震性六〇〇ガル」と宣伝してきたが、駿河湾地震でぎりぎりの揺れを記録した。

この駿河湾地震の七〇〇倍の東海地震が起きれば、浜岡原発は原子炉、配管などが破壊され、大惨事を起こす。その最大の原因は、地元民が指摘してきたように五号機の地盤の弱さにあり、それに隣接して増設するという六号機の地盤はさらに軟弱である。

二〇〇三年三月の中央防災会議・東海地震対策専門調査会による「東海地震に係る被害想定結果」では、「本物の東海地震」で浜岡の震度が六弱と予測したが、今回の駿河湾地震ですでに震度六弱を記録したのだから、この予測の嘘が実証された。また、二〇〇一年五月の静岡県による「東海地震の第三次地震被害想定」における緊急輸送路の被害予測では、牧之原の東名高速道路は「ごく軽微な被害、またはまれにしか被害が発生しない幹線道路」とされていたが、今回崩落し、この予測も嘘であることが実証された。

浜岡原発のある相良層は、日本列島が形成された最後の造山運動によりグリーンタフと呼ばれる緑色凝灰岩が形成された軟岩地帯である。この相良層は伊豆諸島や小笠原諸島から続くグリーンタフ地帯にあたる。この一帯は海底深くで、活発に動き始めている。浜岡は、縄文時代には縄文海進によって海水の下にあった。地質学者・生越忠は、原発ほど弱い地盤の上に建っているものはないと指摘した。

浜岡原発の耐震性は、一号機建設当初は三〇〇ガルだったのが、三号機から四五〇ガル、耐震性見直しで六〇〇ガル、今は一〇〇〇ガルの補強工事がおこなわれている。このように「余裕を持って設計している」と主張してきた中部電力の耐震性の数字がつぎつぎに変るのはどうしてなのか、それは根拠などないということである。浜岡原発は加速度一〇〇〇ガルにも耐えられると言うが、地球の万有引力に逆らい、すべての物体を宙に浮かせるエネルギーが重力加速度九八〇ガルである。そのような巨大な揺れが東海地震で一～二分も続くのであり、一〇〇〇ガルの揺れを受ければ、原子炉建屋は宙に浮いてしまう。それなのに、なぜ原子炉が耐えられるといえるのか。地震学者も中部電力も日本政府も、日本が破滅する前に即刻答える必要がある。

この講演の後の二〇一〇年八月に、広瀬は『原子炉時限爆弾—大地震におびえる日本列島』を出版した。この本は翌年の三・一一福島原発震災を予言するものだった。

18　県内四三二団体が県知事に浜岡原発閉鎖を要請

五号機再起動の動きのなか、原発震災を防ぐ全国署名連絡会は二〇一〇年六月一四日に県知事へと浜岡原発の閉鎖にむけて努めることや、市民との懇談の場を設定することを求める要請をおこなった。この要請は呼びかけ一一団体に県内の四二一団体が賛同する形でおこなわれた。呼びかけ一一団体は、原発震災を防ぐ全国署名連絡会、浜岡原発を考える静岡ネットワーク、浜岡原発を考える会、地震で原発だいじょうぶ?会、原発震災を防ぐ風下の会、三島浜岡原発・巨大地震対策虹のネットワーク、静岡県平和・国民運動センター、生活クラブ生活協同組合静岡、静岡ＹＷＣＡ、チョイス・フォア・ザ・フューチャー実行委員会、浜岡原発市民検討委員会などである。

この要請では、静岡県がこの国の中央に位置し、気候温暖で各種産業の立地として恵まれていることをあげ、大地震に襲来された歴史もあることを記し、特に浜岡原発で原発震災が起こり、大地が汚染される危険性をあげた。さらに原発震災を防ぐ署名運動が九〇万人を超える署名を集め、県内の四二〇を超える団体が署名に賛同したことを記した。そして、一・二号機の廃炉決定に続いて、知事が三から五号機の閉鎖にむけて努力し、市民団体との意見交換の場を早急に設けることを求めた。

福島第一原発では六月一七日の二号機の電源喪失・水位低下事故と三号機でのプルサーマル実施問題が起き、六月二二日に市民団体による要請行動が取り組まれた。浜ネットもストッププルサーマル！ふくしまや福島老朽原発を考える会など六団体とともにこの要請に賛同した。

19　漂流し始めた浜岡裁判

駿河湾地震はマグニチュード六・五の地震であったが、予想される東海地震はこの地震の数百倍ともいわれる規模である。中電は東海地震でも大丈夫と主張していたが、駿河湾地震での五号機の大きなダメージは、中電による安全の主張を崩すことになった。

中電は地下構造の追加調査を余儀なくされた。調査のなかで中電は、五号機の揺れの原因を地下五〇〇メートルあたりの「砂岩優勢互層」から、地下二〇〇メートルあたりの「チャンネル堆積物」へ、さらに地下三〇〇メートルあたりの「低速度層」へと見解を変え、それはレンズ状の向斜構造をもつが、他の号機への影響はないと結論づけた。この中電の調査報告に対し、国の審議会の委員からは多くの疑問や意見が出され、中電はさらに追加調査の報告を出すことになった。

浜岡裁判で、裁判官が追加調査の期間を問いただしても、中電は、今は回答できないとした。中電はその調査が終わらなければ、二〇一〇年五月までに予定されている原告側の準備書面への反論もできないとし、結審を先に延ばすことを求めた。原告もしっかりとした審議を求めた。このような経過で七月二日に予定されていた結審は延長された。七月二日にもたれた第一一回口頭弁論では、原告側がプレゼンテーションをおこない、アスペリティを浜岡沖に想定すべきこと、同時多発的損傷の可能性を考慮すべきこと、原発震災には復興がないことなどを提示し、原子炉を止めて調査をおこなうべきことを強調した。

七月一四日の静岡県議会では小長井由雄議員が浜岡原発について質問した。小長井は東京高裁での裁判の状況を示しながら、中電が地下調査をやらないと結審ができないとしたことは、現時点では浜岡原発の安全が担保できないことを認めているものとし、安全性が担保できるまでは五号機と現在運転中の三・四号機を停止することを国に提言すべきと質問した。これに対し県は、質すべきことは質す、剣を抜いていくと発言した。それは、石川知事の時期の中部電力とは信頼関係にあるという姿勢からの転換を示す対応だった。しかし、三・四号機を停止するよう国に求めるという判断はしなかった。

2010年8月　「浜岡原発を考えるネットワーク」会報　第62号

NO NUKES 静岡Press

持続可能な社会を目指して

漂流し始めた原発裁判

追い詰められた中部電力

結審を引き延ばしたのは中部電力

（文責　塚本）

二転、三転した、中電調査報告

2009年8月11日に起きた「駿河湾地震」より、浜岡原発 5 号機が基準地震動を超、3・4号機と比べても 2.6 倍の大きなれに見舞われた。地震規模はマグニチュド 6.5 という中規模であったにもかかわず、中部電力が想定していた地震動を大く上回ったため、その原因を地下調査をい解析した。その結果を今年春に原子力全保安院へ提出したが、審議会の委員か多くの疑問や意見が出され、それらに対る回答も未だ出せないでいる。

7・2 東京高裁前での街頭宣伝

▲…浜岡控訴審で追いつめられる中部電力

このような情勢をふまえて、七月二二日に浜ネットは中電に対し、地下調査の解析が国に認められるまで三・四号機を停止すること、五号機の運転を再開しないこと、四号機へのＭＯＸ燃料の装荷を凍結すること、住民への安全宣言を撤回することなどを要請した。中電側は回答するかどうかも含めて検討するとした。

浜ネットと裁判の会は、浜岡裁判で明らかになったことや地震と浜岡原発の危険性を記した『浜岡原発震災を防ごう』（たんぽぽ舎）を発行して、運動への支援を呼びかけた。

このように市民運動や裁判によって国や電力会社への追及がなされ、原発震災の危険性が訴えられた。しかし、二〇一〇年、保安院は原子力安全基盤機構と設置した検討会で、原発の炉心損傷に至る過酷事故対策の法制化問題に関して、電気事業連合会幹部らに対し、安全に疑義が生まれて行政訴訟が起きることを考慮し、慎重に考える、悩みどころは一致などと発言し、想定すべき過酷事故への対策を先送りしたのである。

20　浜岡ＭＯＸ燃料検査合格への異議申し立て

二〇〇九年五月に浜岡に搬入された浜岡四号機用ＭＯＸ燃料は、受け取り検査の段階で輸送中の燃料を固定する金属セパレータにずれが見つかり、国の法定検査である輸入燃料体検査が受けられなかった。中電はその三体の燃料の健全性について評価をすすめ、二〇一〇年三月二五日に国に報告書を出した。該当の三体についても他の二五体と同様にプルサーマルで使用するとしたのである。

中電は当初四八体を使用しようとしたが、燃料の組み立て前に日本のメーカーがフランスに送った被覆管で油の付着が見つかり、製造本数を減らすことになった。このときは油が付いたものと付いた可能性があるものは使用しないという選択をした。しかし、金属セパレータでのずれ問題に際しては、内側の燃料棒での細かな検査をすることなく、健全であるとした。保安院は中電の報告書を受理し、輸入燃料体検査をおこない、六月八日、二八体に合格証を交付した。

七月二八日、ＭＯＸ燃料に反対する市民一二人は、経産省が六月八日に発行したＭＯＸ燃料二八体の検査合格証を取り消すことを求め、行政不服審査法に基づいて同省に異議を申し立てた。

八月三日には参議院会館でプルサーマルの中止を求めての行政交渉がなされ、静岡も含め、全国から四〇人が参加した。要請書には全国から七九四団体が賛同した。要請では、使用済みＭＯＸ燃料の処理やその貯蔵管理が問題とされた。参加者は「処理方法も決まっていないのにプルサーマルを開始するな」と詰めよったが、国側は「処理は国の方策であり大丈夫」と根拠のない発言に終始した。静岡からの参加者は、国の対応には真剣さがなく、国民の命を軽視していることを痛感させるものだったと報告した。

このように市民団体はプルサーマルの中止を求める行動をとったが、中電は二〇一〇年四月一六日、浜岡町と協定をむすび、五月末までに寄付金二億五〇〇〇万円を渡した。中電はプルサーマル実施にともない、御前崎市の事業費の一部を負担したのである。牧之原、菊川、掛川の三市にも寄付金が渡された。その合計金額は一〇億円に及んだ。

21「パッと壁が割れて光が差す」

二〇一〇年九月一一日、浜ネットの総会がもたれ、プルサーマル行政交渉に参加してきたアイリーン・美緒子・スミスが「地球温暖化と原発」の題で話した。新たに浜ネットの代表になった白鳥良香は、前代表の長野栄一が「危険を知ったのに黙って生きるのは後の世代に対して大きな罪だ」（広瀬隆『原子炉時限爆弾』）という言葉に共感したことを紹介し、変わらない日常も、運動の積み重ねのなかで、「パッと壁が割れて光が差す」という状況が生まれることを示し、一三年の活動をふまえて、浜岡原発を停止させ、原発震災を止めることを呼びかけた。

代表を務めてきた長野栄一は退任の挨拶で、中電が一から四号機までで後は作らないとしながら、それを反故にし、地盤の悪い敷地に五号機の増設を発表したこと、既設の原発のデータ改ざんや中電の誠意のなさに地元住民として対応に苦慮していたが、そのなかで心を同じくする人々と出会い、浜ネットの結成につながったことなどを回想した。また長野は、それ以後に起きた二〇〇一年の一号機の配管の水素爆発、浜岡原発運転差し止めの提訴、その後の一・二号機の廃炉決定、駿河湾地震での原発の停止などの経過をふまえ、浜ネットの活動の成果や意義を話した。そして、四号機でのプルサーマル計画、六号機増設問題、使用済み核燃料乾式貯蔵施設の新設など、今後の取り組みの課題をあげ、営利を求めずに清々しく活動する反原発の仲間と出会い、ここまで活動できたことに感謝した。

アイリーン・美緒子・スミスは、原発推進側が原発は二酸化炭素を出さないと宣伝しているが、実際には原発は斜陽化しているとし、その理由を、建設費が二倍に増加し、計画から運転までの期間が長すぎ、太陽光・風力・バイオマスなどの技術革新がすすんだからとした。また、ドイツ政府の委託報告では、国際的な原子力産業が低下傾向を転換できる兆しはないとされていることを紹介した。そして、原発推進国は日・韓・フランス・ロシアの四国に過ぎないとし、地球温暖化と二酸化炭素の排出削減を口実にすすめられている原発政策を批判した。

このような問題提起をふまえ、電力資本、原発機器メーカー、ゼネコン、国会の族議員、官僚、地元の自治体などが政府の補助金や電力資本の利潤に群がっていること、儲かればいいとし、赤字でも税金をつぎ込んで原発が推進されてきたことなどが論議された。

二〇一〇年九月二六日、原発問題住民運動全国連絡センターは掛川で「浜岡原発の即時運転停止を求める」全国交流集会を開いた。そこでは、立石雅昭が「浜岡原発の耐震対策は大丈夫か」の題で講演し、伊東達也が浜岡原発の立地の問題点と運動の方向性を示した。集会アピールでは、原発等の設計用基準地震動を過小評価しないこと、万全な耐震対策と苛酷事故を想定した防災対策を緊急に確立すること、現状の原発の危険を増幅する「プルサーマル」計画の中止、「高経年化」対策や出力増強・長期連続運転など老朽原発の酷使の中止、再処理工場と「もんじゅ」の運転の中止、国際基準に則った原子力安全規制機関の確立、地球温暖化対策を口実とする原子力推進政策の見直しなどを呼びかけた。

22　五号機の運転再開と四号機プルサーマルの延期

二〇一〇年九月二四日の静岡県議会では、大石弘之議員（民主党）が浜岡原発の安全性に関する県の姿勢を問い、国の安全確認が出されるまでは静岡県が絶対に運転再開を認めないことを求めた。また、国の審査終了を待たずに公開シンポジウムを開き、県民の理解を得ることを求めたが、県の回答は必要に応じて説明を求めるというものだった。

二〇一〇年末には四号機が定期検査に入り、三号機も翌年の一月には定期検査となり、浜岡の全機が停止するという状況になった。このなかで中電と保安院の動きが活発になった。中電はプルサーマルについてはＭＯＸ燃料の装荷を公にして二〇一一年三月からの発電の実施を狙った。一一月一六日には保安院が浜岡五号機の運転再開を承認する動きが報道された。

このような動きに対し、浜ネットは自治体での意見書採択を求めるとともに一一月三〇日に中電と静岡県に対して緊急要請を行い、一二月二日には保安院交渉をおこなった。この交渉では、保安院側はまだ浜岡五号機の運転再開を了承していないという姿勢を示した。しかし、翌日、保安院は五号機の重要施設の機能維持に支障がないとし、運転再開を妥当とした。四号機のプルサーマルについては耐震評価の審査未了で延期となった。中電は一二月六日に、耐震安全性の確認が未了であり、国の運転許可が得られないとし、プルサーマルの延期を発表した。

この保安院の決定に対し、浜ネットは一二月九日に声明を出した。その声明で、四号機のプルサーマル延期はこの間の耐震安全性をめぐる要請を無視できなかったためと評価できるが、その延期の見返りとして五号機の再開を認めたことに強く抗議した。浜ネットは、五号機は四号機よりも悪い地盤の上にあり、その五号機が四号機より先に安全であるとされることは道理に反する。この決定は静岡県民の安全を肴にした危険な取引であるとし、運転再開に抗議した。

一二月七日、浜ネット、地震で浜岡原発だいじょうぶ?会、浜岡原発を考える会、核のごみキャンペーン中部、プルトニウムなんていらないよ！東京、空と海の放射能を心配する市民の会、福島老朽原発を考える会などの七団体が五号機の運転再開に反対する共同声明を出した。声明では、基準地震動が未確定、主な施設とされる部分のみ仮想的東海地震の評価結果の数値が低いものになっているといった問題点をあげ、五号機の耐震安全性は未確認であるとし、運転再開に抗議した。

一二月二二日、牧之原市では中電と保安院による説明と質疑がもたれた。大石和央市議は中電に対して、仮想的東海地震の震源モデルで水平動が一四五四ガルだが、上下動では一八六ガルとしている、これは小さすぎるのではないか、市民への地元説明会は各地区でおこなうのか、裁判で中電は地下調査が終わっていないとしているから、耐震安全性は確保されたといえないのではと質問した。保安院に対しては、地下調査が終了していないのに耐震安全性が確保されたといえるのか、安全委員会によるダブルチェックはしないのか、仮想的東海地震の震源モデルでは八施設での強度確認となっているが、他の施設は大丈夫か、地震動が実際には一分から二分といわれているが大丈夫かと質問し、問題点を指摘した。

23　五号機運転再開への抗議

二〇一一年一月、中電は五号機の再開にむけて地元で形式的な説明会を開催する動きをみせた。これに対し原発震災を防ぐ全国署名連絡会は一月五日に、県知事に五号機再開を認めないことと四・五号機の営業の自粛を中電に要請するように求めた。一月七日には静岡県防災・原子力会議の第一回原子力分科会で中電と保安院が五号機の耐震安全性と四号機のプルサーマル延期について説明した。分科会での結論は「妥当」とされた。

一月八日、浜ネットは静岡市青葉公園で街頭シール投票を実施した。そこでの六〇三の投票のうち、東海地震が過ぎるまで停止は二四三票、国の耐震安全性評価結果を待つべきは三三三票、運転再開可は二七票であった。市民のほとんどが再開を認めていないことが分かった。

一月一五日には、中電と保安院が四市対象の地元市民説明会を開催したが、四市の市民以外は質問や意見を許さず、録音も写真撮影も禁止した。引き続き開催された浜岡原発安全等対策協議会では「運転再開について差支えなし」という用意された結論が示された。

一月二四日、浜ネットは保安院と静岡県に対して、県民だれもが参加できる国主催の説明会が開催されない理由、バックチェックの未了の段階で四号機よりも地盤の悪い五号機の安全が保障できるという理由などを問い、地震での五号機の安全性に関する公開討論会の開催などを求めた。

一月二五日、中電は五号機の運転を再開させた。これに対して浜ネット、浜岡原発を考える会、地震で原発だいじょうぶ？会は、一月二七日に五号機の運転再開に抗議する文書を出した。そこでは運転再開に抗議するとともに、地質学に「低速度層」という用語はなく、それは軟らかな地層を示すものであり、軟弱な地盤をごまかすものであると批判、嘘とごまかしによって住民を欺いていることへの謝罪を求めた。また、三号機から五号機の耐震強度や超巨大地震、巨大津波の可能性に答えない理由の説明、東海地震が過ぎるまでの営業自粛なども求めた。

写真誌『ＤＡＹＳ ＪＡＰＡＮ』（二〇一一年一月号）は、浜岡での五号機の運転再開に抗議し、原発震災を警告する広瀬隆「浜岡原発　爆発は防げるか」を掲載した。原発震災は浜岡原発ではなく、福島第一原発で起きた。

第一一章…福島原発震災と浜岡原発の停止

1　福島原発震災と浜岡原発

二〇一一年三月一一日、東日本での大地震と津波によって福島第一原発では電源が喪失し、一号機で炉心溶融（メルトダウン）がはじまった。一号機の建屋は翌日に爆発した。

浜ネットは三月一二日に中電に対し、「浜岡原発、即座、無条件停止の緊急の申し入れ」をおこなった。申し入れ書では、福島第一原発で「止める・冷やす、閉じ込める」の三原則が機能せず、緊急炉心冷却システムは働かず、原子炉の燃料棒が露出して最悪の事態が予想されること、炉内の圧力が異常に高まり、放射性ガスの大気中への放出が始まったこと、原子力非常事態宣言が出され、周囲一〇キロ以内の住民に対し避難勧告を出すに至ったことなどをあげた。そして、この状況は中部電力・浜岡原発にとって人ごとではなく、浜岡でも電源喪失と緊急炉心冷却システムの機能停止により大きな事故を起こす危険性があるとし、浜岡原発の即座・無条件の停止を要求した。静岡県に対しても、中電に停止の要請をおこなうことや国に地震列島日本での原発推進政策を見直すように申し入れることを求めた。

福島第一原発の一号機、二号機、三号機では、核燃料が溶融して圧力容器を貫通し、格納容器を壊した。炉心溶融と記された報道記事が出たのは、三月一二日の福島第一原発一号機建屋の爆発を経た一三日のことだった。この事故を受け、石橋克彦は広域複合大震災が東北沖の地震で起きるとは思わなかったが、これが日本列島であり、今回の事態は原発震災

2011年3月　「浜岡原発を考えるネットワーク」会報　第66号

NO NUKES 静岡Press
持続可能な社会を目指して

原発震災が現実のものに
浜岡原発と心中はゴメンだ
中部電力はすぐ止めろ

月11日の東北地方太平洋
震は、多重防護施設で守
いる原発絶対安全だと豪
ていた電力会社。自然の
前には完敗に終わり、27
在、まだ原発震災の収束
見通しがつかず、被害は増
かりだ。
想したとおり「想定外」、
年に1度の災害の言葉が
し、誰もが責任を逃れよ
している。しかし、これ

国道150号線沿いに建てたの大看板

▲…福島原発震災から浜岡原発の停止へ

であるとした。そして、地震列島の海岸線に五四基もの原発を林立させている愚を今こそ悟るべきと記した（中日新聞三月一三日記事）。東京電力と日本政府が炉心溶融から炉心貫通に至っていることを公表したのは、五月末だった。放射能の拡散予測データはアメリカ政府に提供されたが、市民には隠された。

三月一四日には浜ネットなどの市民団体六〇人が県への申し入れをおこない、要請後、静岡市内で浜岡原発の停止を求める宣伝をおこなった。この一四日には福島第一原発三号機建屋が一号機よりも大きな爆発で吹き飛ばされた。二号機も炉心溶融にともない格納容器が壊れ、一五日には大量の放射性物質を放出した。四号機も一五日朝、燃料プール付近で爆発事故が起きた。福島第一原発から放射性物質が放出され、その雲が周辺に流れた。一五日には首都圏で大量の放射線が観測された。三号機ではＭＯＸ燃料を使用していたが、その燃料棒からの汚染もひろがった。福島第一原発からの放射性物質の放出が続き、関東・東北の各地にホットスポットが広がった。放射性物質は世界に広がった。

アメリカはメルトダウンの発生と燃料プールの危険性をいち早くつかんだ。アメリカ軍は海兵隊の化学生物事態対処部隊（ＣＢＩＲＦ）を含む統合部隊を編成し「トモダチ作戦」をすすめた。統合任務部隊（ＪＴＦ５１６）の司令部をハワイから横田に移駐させ、兵士約二万四五〇〇人、艦船二四隻、航空機一八九機を投入した。アメリカは三・四号機の燃料プールの動向に注目した。その意向の下で三月一六日から自衛隊ヘリコプターによる三号機燃料プールへの放水も取り組まれた。自衛隊は福島原発事故対策のために中央即応集団を現場に向かわせた。

放水車による燃料プールへの注水がすすめられたが、福島第一原発には一万体を超える使用済み核燃料があり、四号機には一三三一体があることも報道された。四号機燃料プールが崩壊すれば、より多くの放射性物質が放出され、各原子炉での制御も不能になり、さらに多くの爆発につながるという状態になった。

福島原発から放射性物質が大量放出されるなかで、一五日、御前崎市長は浜岡四号機のプルサーマルについては安全神話が崩れ、現状では難しいとした。中電は砂丘の内側に一二メートル以上の防波壁を作るとした。一八日、浜ネットは再度中電に要請し、牧之原市長にも要請した。浜ネットは二一日から連日、地元四市での宣伝行動をおこなった。四月九日、湖西市の三上元市長は浜松市西区でもたれた浜名漁協主催の行事で原発反対運動をおこなう意思を示した。

福島事故を経て中電は、三月二三日に浜岡六号機着工とプルサーマル発電の延期を発表したが、四月二八日、定期点検中の三号機を七月に再開させる計画を示した。翌年三月、中電はこの年の供給計画で浜岡六号機新設の記述を外した。

2 「すべて想定されていた」

毎日新聞西部報道部の福岡賢正は「すべて想定されていた」という記事で石橋克彦の「原発震災─破局を避けるために」(『科学』一九九七年一〇月号)を引用し、石橋が、地震によって外部電源が止まり、ディーゼル発電機もバッテリーも機能しない事態となり、炉心溶融が生じる恐れが強いこと、水蒸気爆発や水素爆発が起こり、格納容器や原子炉建屋が破壊されること、四基同時に事故を起こすこともありえ、爆発事故が使用済み燃料プールに波及すれば、ジルコニウム火災などを通じて放出放射能がいっそう莫大になると推測されることなどを記していたとし、二〇〇五年に衆議院の公聴会で証言したことを指摘した。福岡は、福島原発事故が「想定外」ではなく、彼の訴えに「私たちメディアや政治家がくみしなかっただけなのだ」と記した(毎日新聞二〇一一年三月二九日付)。

浜岡裁判で中電側の証人として証言した斑目春樹は、二〇〇七年二月の原告側による反対尋問で、非常用発電機や制御棒などの重要機器が複数同時に機能喪失する事態を、想定していないと答え、その理由を、全てを考慮すると「設計ができなくなっちゃう」、「どっかで割り切るんです」と発言した。その後、斑目は二〇一〇年に原子力安全委員会の委員長になっていたが、福島事故後の三月二二日の国会質問で浜岡裁判での証言を追及され、反省と謝罪の意を示さざるをえなかった。

3　福島原発震災後の広瀬隆講演

二〇一一年四月一六日に浜ネットは静岡市内で総会をもち、広瀬隆が「福島原発で何が起こっているのか、そして浜岡は」という題で講演した。この講演会は浜ネットが呼びかけ、静岡県内の市民団体が共催する形でもたれ、七〇〇人が参加した。

集会では河合弁護士が新たに浜岡原発の運転差止請求を行うことを呼びかけ、浜ネットの白鳥良香が地震時の浜岡原発の危険性について説明した。その後、広瀬隆は三時間にわたって、福島原発の現状と問題点、放射能汚染の現状、浜岡原発の危険性についてつぎのように話した。

今回の地震はマグニチュード八・四から九・〇にあげられたが、それは単位をモーメントマグニチュードに変え、地震をより大きなものに見せるための操作である。福島第一原発では五〇〇ガル程度の地震で配管に亀裂などが入り、冷却水が漏れて炉心を冷やせなくなり、水素爆発に至ったとみられる。津波ではなく地震で配管が損傷し、冷却材を失ったことが事故の主原因だろう。それは日本の原発五四基のバックチェックがすべて吹き飛ばされたということである。

福島第一原発は地震と津波で電源を喪失し、実際にブラックアウトになった。東海第二原発も電源喪失の危機にあったことが判明した。四月七日の地震では女川と東通原発でも電源喪失の危機にあった。福島の原子炉はGE製やGEの下で東芝、日立、IHIがライセンス生産したものである。GEの製造にかかわった人々がその安全性を告発している。一九七六年には三人のエンジニアが辞職して反原発運動に参加した。

「五重の壁」などと宣伝しているが、実際には圧力を維持するためにはバルブを開けるしかなく、放射能が外部に放出される。大量の放射能流出を批判したら「デマ」扱いされたが、一か月後には政府が大量流出を認めた。炉心溶融が起きているのに、「安全」を語る政府やTVに出てくる学者の発表はデマそのものだった。レベル七になることを知っていながら、国民に被曝を強要したのである。早い段階から一〇〇キロ内の避難を検討すべきであった。三月一五日には三号機付近で毎時四〇〇ミリシーベルトが検出されたが、これは通常の三五〇万倍である。福島市内の値は高く、汚染が深刻である。海の汚染も想像を超えるレベルである。

冷却用に水を注入しているが、底の抜けたバケツに水を入れるようなものであり、流出した水による汚染が続く。今後はそれが濃縮されて蓄積する。プルトニウムやストロンチウムも検出されている。三号機のMOX燃料は中性子線やα線の放射線量が高く、そこからのアメリシウムやキュリウムも危険である。核燃料プールからの蒸気にはトリチウムなどの放射性物質も含まれている。

政府は「安全」とか「ただちに影響はない」などと宣伝しているが、それは子どもたちを死に追いやる犯罪行為である。体内被曝は危険であり、正常と異常とは概念的なものであって、もともと安全の基準値などはない。政府は暫定基準値なるものを公表しているが、FAOとWHOが設定したコーデックス（CODEX・食品の国際規格）のヨウ素一三一の基準値が一キログラム一〇〇ベクレルであるのに、二〇〇〇ベクレルにまで引き上げている。

放射線同位元素協会（現・日本アイソトープ協会）は当初、核実験の問題点を伝えてきたが、核実験に反対する人々が追われ、原子力の推進を掲げるようになり、その有効利用の方向に転換した。アイソトープ協会や放射線医学総合研究所は悪質である。自衛隊員や労働者の被曝量を二五〇ミリシーベルトに引き上げているが、これは原発労働者の年間被曝量の上限五〇ミリシーベルトの五倍にあたる数値である。

浜岡では砂丘が原発を守り、さらに一二メートルもの防波壁を作るというが、それでは守れない。取水トンネルは破壊されるだろう。直下型地震が来れば、浜岡原発はすぐに破局をむかえる。今すぐに浜岡原発は止めるべきだ。必要なものは電力ではなく、命である。原発事故は人類の生存にかかわる問題である。このように広瀬は話した。

翌日、浜ネットは浜岡現地で「浜岡原発と心中はゴメンだ！浜岡原発無条件で即時停止を」というチラシを撒いた。そのチラシでは、中部電力が一二メートルの壁を作って津波を防ぐと説明しているが、巨大な東海地震による事故は防げないこと、もともと浜岡原発は安政東海地震（マグニチュード八・四）を想定して地震対策を行ってきたものであり、原発本体がマグニチュード九の地震に対応した地震対策を取っていないことなどをあげ、その危険性を訴えた。

4　政府要請による浜岡原発の停止

福島事故の後、浜ネットは「福島の原発震災は人災であり、このうえ浜岡で原発震災を起こせば、それは世界に対する犯罪だ」と訴えた。浜岡原発の停止にむけて各地で市民運動が活発になった。中日新聞や毎日新聞などは反原発の社説を掲げて記事を掲載するようになった。外国メディアが浜岡を訪問し、浜岡裁判の原告団や浜ネットのメンバーが取材に協力した。外国メディアは福島事故以後も浜岡が稼働している実態に疑念を示した。原発は犯罪である、東京電力は犯罪企業であるとする報道も現れた。

二〇一一年四月一五日、ＳＴＯＰ！原発震災はまおかキャンペーンによる浜岡原発の即時停止を求める緊急署名の提出が中電と県に出された。五月一六日には第二回目の署名が提出され、提出署名数は計二万二五〇九筆となった。伊豆の松崎町では独自の署名運動が取り組まれ、二〇〇〇筆が集められた。四月二四日には静岡市内で原発を問う「菜の花パレード」がもたれた。二〇～三〇代の若者たちによるグループ「ふきのとう」の呼びかけに、一〇〇〇人ほどの市民が参集し、「世界一危険な浜岡原発を止めよう！」「静岡が危ない」「原発なしでも音楽は聴ける」「子どもたちを殺すな！」「想定外はもうゴメン！」と街を歩いた。参加者はパレード終了後も音楽に合わせて踊った。五月七日には浜松市内で「アレクセイと泉」の上映会が持たれ、四〇〇人ほどが参加した。五月八日には名古屋で、「脱原発×ＳＴＯＰ浜岡」主催の集会とデモがとりくまれた。デモには一〇〇〇人が参加し、中電本店前で浜岡原発の停止を訴えた。

浜岡原発裁判での原発震災の危険性の提起、国会での学習会や問題提起、そして福島原発震災以後のこのような反原発の動きの高まりなかで、五月五日、海江田経産相が浜岡原発を視察した。浜ネットは原発入口で要請書を渡すために待機したが、経産相一行は記者とともに裏口から中に入った。翌日の五月六日、菅直人首相は中電に浜岡原発の停止を要請した。三・一一から約二か月後のことである。それにより中部電力は五月九日に停止要請を受け入れ、浜岡原発四号機・五号機は一四日までに停止することになった。

経産省の官僚は浜岡を停止し、「一番危ないものを止めたからあとは大丈夫」として、その他の原発を再稼働させるというシナリオをもった。しかし、菅首相ら官邸側は首相自らが会見して経産省側の画策を抑えた。首相にはこれまでの原子力行政に対する反省が必要であり、原発に依存しない社会をつくりたいという思いがあった。しかし、浜岡を止めて、その他の原発を再稼働させるという動きはその後も続いた。原子力推進の利権集団は福島事故での首相の行動を批判し、その地位を奪った。

中電も再稼働を求めた。中電は浜岡停止の際に、津波などへの安全対策が完了し、原子力安全・保安院の評価と確認をえた時には運転を再開できるという経産相との確約があるとした。中部電力は五月一四日、新聞紙上に「津波に対する安全対策の強化に取り組み、浜岡原子力発電所の運転再開を目指してまいります」という全面広告を掲載した。

福島原発震災は、浜岡周辺の自治体と住民の意識に大きな変化をもたらした。浜岡原発の停止と廃炉を当然とする声も強まった。中日新聞による四月の県内三五市町長へのアンケートでは、浜岡の三号機再開・六号機建設・プルサーマル実施に対し、一五の市町長が廃止、凍結と答えた。湖西市の三上元市長のように原発反対を語る市長も現れた。市民の声に押されて廃炉を語る市会議員も目立つようになった。

五月二二日には、福島原発震災以前から準備がすすめられてきた反原発自治体議員・市民連盟が東京で結成され、浜ネットで活動してきた静岡市議の佐野慶子が代表の一人となった。反原発自治体議員・市民連盟は七月の静岡での石橋講演会と全国集会の成功を呼びかけた。

5　ドイツ緑の党、浜岡へ

二〇一一年五月一九日、ドイツの緑の党の原子力・環境政策担当であり、国会議員でもある、ジルビア・コッティング・ウールが、浜岡を視察し、静岡市内で交流会をもった。主催は「虹と緑しずおかフォーラム」である。

ジルビアは一九五二年生まれ、二〇〇三年に緑の党バーデン・ヴュルテンベルク州の代表に選任され、教育、移民や失業問題などに取組んできた。二〇〇五年には連邦議会議員に初当選した。この三月末、ジルビアの地元の州は原発が立地する保守的な地域であるが、州議会選挙で緑の党が勝利し、緑の党のウィンフリート・クレッチマンが州知事となった。

ジルビアは福島を訪問し、続いて静岡県の浜岡原発を視察、県知事とも会談した。川勝知事に対して、「浜岡は福島と比べものにならないくらい危ない。事故があれば、甚大な人命被害と壊滅的な経済的影響が出る」と語り、浜岡の廃炉を求め、再生可能エネルギーへの転換を呼びかけた。静岡市内でもたれた講演と討論の中でジルビアは次のように語った。

浜岡原発は三つのプレートが集まる場所に立ち、狭い敷地に五基もある。これは無責任であり、中電は住民の安全を考えていない。政府は、学校内で子どもは二〇ミリシーベルトまでは安全と数値を引きあげているが、この数値はあまりに高すぎる。子どもに閾値はなく、少量でも危険である。浜岡を停止させたのは第一歩、廃炉を目指すべきだが、自然エネルギーによる代替エネルギーは市民による小規模分散型がよい。日本はハイテク技術があり、風力・太陽光の条件は整っている。市民運動のうねりが大切である。

福島の事故により、危険性が暴露された。原発事故が起きるわけであるから、電力会社はきちんと保険を掛けるべきだが、どの保険会社も加入をうけつけないだろう。ドイツの核廃棄物最終処分場での汚染実態はつかめていない。地下水に漏れ出ているのが実状である。

緑の党は単一体ではなく、まだら模様の組織であるが、総意は環境・エコロジー・脱原発である。異なる意見のグループを尊重し、何を求めているのかを理解し、共通の目標を定め、議論を集約させていくことが大切だ。それによって力を一つにしていく。今は事故のショックの時期だが、今後、事故により、住めない地域や汚染の実態がだんだんと明らかになるだろう。

事故での隠ぺいは原子力自体が内包する問題である。原子力は民主主義、透明性と相いれないものである。原子力は基本的に反民主主義なのである。「原子力の平和利用」そのものを捨てるべきだ。

ジルビアはドイツと日本の違いについての印象を、ドイツでは国家に対して理念を抱くことやナチの体験からくる批判精神の存在があるが、日本にはそれがないのでは、と語った。過去の戦争責任への無責任の体質が、現在の「想定外」を語り、事実を隠して「安全」を宣伝する体質につながっている。「原子力の存在そのものが反民主主義」という指摘は的をえたものだった。

6　福島原発三〇キロ圏からの報告

二〇一一年五月二一日、浜岡原発から三〇キロ圏にあたる袋井市で、いわき市議の佐藤和良による福島原発三〇キロ圏からの報告会が持たれ、四〇〇人が参加した。集会ではまずはじめに、湖西市の三上元市長が原発に反対する意思を表示し、続いて佐藤和良が、福島原発震災の発生状況と被曝の実態について話し、原発震災の原因と責任に言及した。佐藤和良は現在福島第二原発がある楢葉町の出身であり、福島原発の反対運動をすすめてきた。佐藤はつぎのように話した。

福島の浜通りは出稼ぎ地帯だったが、そこに原発を作れば仙台のようになれると宣伝され、原発が建設された。プルサーマルや増設に反対の意を示しはじめた佐藤栄佐久知事は国策捜査によって辞職に追い込まれた。福島原発四〇年にあたり集会を用意していた。三・一一の地震と津波により、福島第一原発は炉心溶融をおこし、深刻な放射能汚染と被曝をもたらした。放射能汚染の広がりは原発難民というよりは「原発棄民」を形成している。被曝線量の上限があげられ、被曝が強制される状況となっている。大地、空、海が汚染されることで第一次産業が破壊され、被害額は一〇兆円を超えるとみられる。「想定外」はその責任を逃れるための方便となっている。

長崎の学者の山下俊一や行政を利用して「安全」が宣伝され、福島で新たな被曝者が作られている。今になってメルトダウンを認めているが、テレビに出てくる者たちは原発を推進してきた犯人グループであり、本当のことは言わない。現実はかつての国家総動員体制と変わらず、東電という国策企業が原発によるモノカルチャー化をすすめ、植民地支配と同様の状況がすすんでいる。原発側は今も降伏文書に調印していない。

被曝の中でホールボディカウンターによる被曝調査要求がたかまり、保護者の上京による子どもの二〇ミリシーベルトの安全基準の見直しを求めての文科省交渉がおこなわれている。風評被害というよりも放射能による実害が深刻であり、今後は海洋汚染が問題になる。不必要な被曝が強要され、それは福島県民二〇〇万人の棄民化につながる。原発は「いのちの問題」であり、浜岡原発を含め、市民の要求による原発の停止と廃炉に向けての活動が求められる。

このように佐藤は、立地経過や事故の問題点、電力、保安院、安全委員会、学者、マスコミなどの原子力推進集団の責任、国策としての原子力政策と東京電力の地域支配の実態などについて語り、原発の停止・廃炉を呼びかけた。集会後、袋井の野草社で交流会がもたれた。

7　福島原発事故と放射能汚染

二〇一一年五月二二日、浜松市内で河田昌東講演会「福島原発事故と放射能汚染の実態―チェルノブイリ事故から学ぶ」が人権平和・浜松の主催でもたれた。河田は大学に勤めながら、チェルノブイリ救援・中部で活動し、支援活動を担ってきた。

河田は、原子炉での燃料棒溶融の仕組み、一・二・三号機のメルトダウンの状況、放射能汚染の実態など福島事故の概要を具体的なデータをもとに示し、放射線と被曝の仕組みを解説した。また、チェルノブイリの放射能汚染調査から、外部被曝と内部被曝、ナロジチ地区のセシウム一三七の体内への蓄積、事故による放射性物質の吸収と内部被曝、食品汚染、心臓病・脳血管病・糖尿病・先天異常・ガン・免疫力低下などの症状の増加などを示した。さらに、福島やその周辺での放射能汚染の状況、野菜や魚など放射能の検出、政府による暫定基準値の問題などについて説明し、最後に労働者の被曝と浜岡原発の廃炉について語った。労働者被曝と浜岡原発について河田はつぎのように話した。

政府は事故処理作業員の被曝限度を一〇〇ミリシーベルトから二五〇ミリシーベルトへと倍増させたが、作業現場は過酷である。足を放射性物質で汚染され、二人の作業員が搬送された事故では、四〇～五〇分で一七〇ミリシーベルトを超える作業がおこなわれていた。三号機周辺のがれきでは毎時九〇〇ミリシーベルト、三号機の配管表面では一六〇ミリシーベルトなどの現場も発見されている。このような現場で作業すれば、すぐに限度の二五〇ミリシーベルトを超える。過酷な被曝労働が続いている状態であり、三月末の報道では、朝食はビスケットと野菜ジュース、夜食は非常用の五目飯と缶詰、宿舎はすし詰で雑魚寝状態という。労働条件の改善が求められる。敷地内の土壌からは三月末にはプルトニウムも検出されている。

福島県外で働く福島県出身の原発労働者から内部被曝が四七六六件発見されていることも重要である。それは福島県内に立ち寄って放射性物質を吸い込んだということであり、一般の住民も放射性物質を吸い込み、内部被曝をしているということである。住民への被曝検査が急務である。

浜岡原発について政府は、五月六日に中部電力に対して浜岡原発の停止を要請し、中電は稼働していた四・五号機を停止した。五号機の運転停止作業中に冷却用の海水の配管が復水器内で破損し、復水器に海水四〇〇トンが流入し、圧力容器内へと五トンの海水が流入するという事故がおきた。浜岡原発は東海地震の震源域の中央にあって震度六から七の地震が起きる場所であり、早急に止めるべきである。中電管内での原子力発電への依存度は二〇〇九年では一二・三％であり、中電は原発なしで十分な電力を供給できる。

集会の最後に、浜松市民による反原発・脱原発の表現の場を設定することをめざし、「浜岡原発を廃炉へ！やめまい！原発・浜松ウォーク」に取り組むことが提案された。

▲…やめまい！原発・浜松ウォーク

8　やめまい！原発・浜松ウォーク

二〇一一年六月一一日の脱原発全国行動にあわせて「浜岡原発を廃炉へ！やめまい！原発・浜松ウォーク」が取り組まれ、二〇〇人が参加した。

集会では参加者が地域での反原発の取り組みや白血病と放射線治療の体験談などを話し、続いて浜松在住のベリーダンサーが会場で踊り、命と平和への思いを表現した。また、福島から浜松に避難移住している女性がオカリナを奏で、歌った。その詩は「偽りと嘘を重ね、民と子らを、よく働く人たちを踏み、棄てるのか」というものであり、故郷を奪った原発への強い怒りを示すものだった。詩「みえないばくだん」の朗読、NO！NO！BANDの「よみがえれ、いのちの海、とりもどせ、いのちの森」の歌、実行委員会の「ずっとウソだった」などが歌われた。ウォークでは「国策被曝」「エネルギーシフト」「しあわせは小さくていいの」「みんな誰かを愛してる」「人を傷つけないエネルギーを」など、さまざまな思いのプラカードが示された。参加者は「原発やめまい、命が大事」「原発反対、浜岡廃炉」「原発いらない、電気はあるよ、放射能は怖い、子どもが危ない、命が一番」などとさまざまなコールを繰り返し、街中を歩いた。中部電力浜松支店前では、「中電は浜岡原発を廃炉にしろ」「自然エネルギーへの転換を」と力強くコールした。

静岡県では茶の高濃度の放射能汚染があり、一番茶では浜松北部の茶の方が掛川の茶よりセシウム値が高かった。浜松にも深刻な汚染があることを示す値だった。

六・一一には全国各地で集会とデモが取り組まれ、一〇〇から万単位の集まりがあった。福島原発震災は民衆の意識を変え、「これだけ放射能が出されているのに安全なんて嘘」「この地震の国に原発は無理」「原発止めて、この国を救ってくれ」「自然エネルギーを」などといった声が、全国各地で叫ばれるようになった。反原発の声をあげる場が各地域でつくられ、さまざまな出会いの積みあげにより、新たな社会を創りあげていく情勢になった。

9　静岡地裁浜松支部への浜岡原発運転永久停止提訴

二〇一一年五月二七日、静岡地裁浜松支部へと浜岡原発三号機から五号機の運転の永久停止を求める訴状が出された。原告は浜岡原発三〇キロ圏内に居住する御前崎市や掛川市の市民であり、浜岡原発永久停止弁護団を結成して裁判となった。

訴状では、中電による原発建設と反対運動の形成、中電による増設の経過、原子炉の構造、その事故歴と地震での危険性について記し、原発が平和的生存権、環境権、人格権を侵すものとした。準備書面一では、地震による同時多発的損傷、マークI型原子炉の欠陥、使用済み核燃料プールの破損、地震と制御棒や配管の損傷の危険、脆弱な地盤と活断層の存在、老朽化などをあげて、浜岡原発の永久停止を求めた。

原告らは二〇一二年一一月一八日に御前崎市佐倉公民館で「浜岡原発永久停止裁判静岡県の会」を結成した。結成集会で大橋昭夫弁護士は、浜岡原発の廃炉を求める運動は継続されてきたが、「原子力の平和利用」の教条があり、静岡地裁に提起された運転差止裁判の支援をすることができなかった。福島第一原発事故は原発が国民の生存と両立し得ないことを証明し、全国民が思想・信条の違いを乗りこえ、原発永久停止、廃炉でまとまる契機となったとした。

この浜松支部での裁判では第一次提訴後、県内各地で原告を集めた。二〇一三年二月には、国を被告に加えての第五次提訴が一五〇人ほどでなされ、原告数は三四〇人ほどになった。原告団はさらに原告を増やして一〇〇〇人にする意思を示した。

10 中電株主総会での反原発行動

二〇一一年六月二八日、中電の第八七期株主総会が名古屋市でもたれた。今回の株主総会は福島原発震災と政府要請による浜岡原発の停止を経て開かれたものであり、開催時間も過去最長となった。株主総会には浜ネットや脱原発中電株主といっしょにやろう会などの株主も参加し、会場前では「脱原発こそ企業価値を高める！」という横断幕を広げて企業の社会的責任を訴えた。

総会では脱原発企業にむけたロードマップの作成、浜岡原発の閉鎖、三重県南部など巨大地震の予想震源及びその周辺に原子力発電施設を設置しない、処分先が定まらない使用済み核燃料や使用済みＭＯＸ燃料を排出しない、電気を作って売る事業から発電設備を作って売る事業への転換などが提案された。しかし中電の取締役の答弁は、原子力発電が電力安定供給と地球温暖化対策のために必要不可欠であり、最優先に推進していくというものだった。

この日は参加株主が多く、会場に入ることができない株主もあった。それに対して、参加株主が多くなることを考えて、なぜもっと大きな会場を準備する対策を取らなかったのか、その対策もとれずに、原発事故への予想や対策がとれるのかという発言がでた。それに呼応して「想定外」のヤジが飛ばされるという一幕もあった。

11　浜岡運転差止訴訟、控訴審の再開

二〇一一年七月六日、東京高裁で一年ぶりに浜岡控訴審の口頭弁論がなされた。駿河湾地震により五号機が大きく揺れ、その原因究明のための地下構造調査が長期化した。それにより裁判は漂流した。さらに福島原発震災が起き、政府は浜岡原発の停止を要請した。裁判長以外の裁判官二人の交替もあった。このようななかでの弁論の再開であり、双方が一〇分ずつの更新意見を述べた。

原告側は、政府による浜岡の停止を条件付きではあるが評価し、中電が運転再開への投資ではなく、再生可能エネルギー源への転換に向けて投資すべきとした。また、裁判所が運転再開を認めないように判断すべきとした。さらに原子力安全委員長の斑目春樹の再尋問や福島事故を踏まえて津波を争点に加えることなどを求めた。被告の中電は津波対策をおこなって安全性の主張・立証を検討するとした。この控訴審の日、川勝静岡県知事は、中日新聞の取材に対し、浜岡原発の再開は「限りなくできない状況」という認識を示した。

控訴審の進行協議は一〇月、一二月、翌年二月、四月とおこなわれた。一二月の進行協議では裁判官に対する原発と地震についてのプレゼンテーションがなされ、原告側は浜岡原発の再稼働前に判決が出ない場合には、仮処分決定による暫定的な司法判断をおこなうように求めた。二〇一二年八月の口頭弁論では、原告側が再稼働前の司法判断をあらためて求めたが、中電側は一二月までに津波や地震動への追加対策の要否や内容を判断するとした。

一一月一五日、浜岡裁判の原告弁護団長である河合弘之の講演会が浜ネットの主催により静岡市内でもたれた。原発裁判を担う弁護士が八月九日に脱原発弁護団全国連絡会を結成したが、河合はその呼びかけ人でもある。

河合は講演で、地震がプレートテクトニクスで説明されるようになった時には、すでに原発は国策となり、巨大な利権構造（原産複合体・原子力村）ができ、反対するものが排除されてきたという経過を示した。また、自然エネルギーを開発しながら止めればいいという「ゆっくりじっくり脱原発論」や原発を入れてのベストミクス論を批判し、それが利権構造を生き延びさせるものとした。さらに、事故の再発防止策もないまま再稼働をすすめようとする動きや原発輸出の問題

点を指摘した。そして、脱原発弁護団全国連絡会の結成と各地の裁判の動向について紹介し、それらの裁判と住民運動との連携の大切さを語った。

12 中電による防波壁建設

▲…中電による防波壁工事（2013 年 7 月）

中電は二〇一一年七月二二日に、海抜一八メートル、全長約一・六キロの防波壁を建設するという津波対策の概要を公表し、二四日には県と周辺四市に説明した。これまで中電は過去の地震から六メートルの津波の遡上を想定し、敷地は六から八メートルあり、砂丘もあるから大丈夫としてきたが、福島の一五メートルの津波をふまえ、海抜一八メートルとなる壁を提示した。

この中電の発表前の六月二六日には、中央防災会議が「東北地方太平洋地震を教訓とした地震・津波対策の中間取りまとめ」を発表している。そこでは、これまでの地震・津波の想定の誤りを認め、最新の地震学等の業績と警告を無視してきた結果が三・一一の災害の原因とした。さらにこれからの海溝型地震津波の想定では今回の東北地震津波が上限にならないことを認め、東海・東南海・南海地震の津波での最大限想定の見直しを提言した。

このような動きのなかで浜ネットは、プレート境界型地震では、津波が一八メートルを超える可能性もあり、地震で相良層の岩盤が流動化し、一・六キロに及ぶ防波壁の何か所かは断層によって破壊される恐れが強いとした。また、原発敷地は東西が川に挟まれ、そこから水が発電所に侵入する危険性、沖の取水塔はトンネルで敷地内の取水槽につながっているが、そのルートで水が流入する危険性、取水ポンプの電源喪失によって冷却ができなくなるといった危険性などを示した。

二〇一二年八月、内閣府の有識者検討会は、南海トラフ巨大地震で想定される浜岡原発付近の津波高を最大一九メートルと発表した。この予測値は浜岡で建設中の壁の高さよりも高いものであった。そのため、中電は二〇一二年一二月、防波壁の高さを海抜二二メートルにかさ上げするとした。

中電は防波壁を含む津波対策工事に三〇〇〇億円をかけた。名古屋国税局はこの工事にともなう佐倉協力会などによる、五億円の所得隠しを指摘した（二〇一四年四月報道）。佐倉協力会は浜岡原発の工事や物品納入の仕事を請け負う約八〇の業者の団体である。

13　石橋講演「原発震災を繰り返さないために」

二〇一一年七月一六日、静岡市内で浜ネット主催、反原発自治体議員市民連盟共催の石橋克彦講演会「原発震災を繰り返さないために」が持たれ、六〇〇人が参加した。

講演で石橋はつぎのように話した。日本列島は大地震活動期に入っている。三・一一の超巨大地震はさらに日本の地震活動を活発なものにする。その中で、原発の全廃を目指して歩むことが求められ、これまでの産業構造は根本的に改めるべきである。福島原発は津波以前に地震による激しい揺れによって、機器配管・圧力抑制室が損傷を受けた可能性が高いから、津波を原因とする説に騙されてはいけない。日本列島は原発の立地条件を満たしてはいない。日本の原発は地雷原でカーニバルをするようなものである。浜岡は大地震で一から二メートルの隆起があり、防波壁も壊れる可能性が高い。そこを津波が襲う。安全装置は壊れ、死の灰が降り注ぐことになるだろう。本質的な安全とは原発をなくすことである。三・一一を経て、加害者意識ももってほしい。浜岡原発は永久閉鎖すべきである。

講演後の意見表明では湖西市長の三上元が「黙っていたら推進派、声をあげよう」、「政治家は今こそ学び、発言するとき」と原発反対の持論を展開した。講演後には交流会がもたれ、鹿児島、横須賀、東京、浜岡現地、静岡、浜松など全国各地からの参加者が反原発の思いを語った。東伊豆町議会が七月四日、中部電力浜岡原発の永久停止・廃炉などを求める意見書を採択したように自治体レベルでの反原発の動きも活発になった。

14　廃炉は浜岡から！反原発全国集会

▲…廃炉は浜岡から反原発全国集会

石橋講演会の翌日の七月一七日、静岡市内で、廃炉は浜岡から！反原発全国集会が浜岡原発を考える静岡ネットの呼びかけでもたれた。集会には、静岡県内の市民グループや全国労働組合連絡協議会傘下の労働組合、反原発自治体議員市民連盟、たんぽぽ舎などの市民団体から六〇〇人ほどが参加した。

集会では参加団体の挨拶とともに、福島瑞穂（社民党党首）や佐藤栄佐久（元福島県知事）が連帯のアピールをおこなった。集会決議文を採択し、組合旗などをなびかせて「浜岡原発廃炉をすべての原発の廃炉の突破口に！」とデモ行進した。中電静岡支社前では「中電は原発から撤退しろ」「浜岡原発を再開するな」「浜岡原発を廃炉にしろ」と力強くシュプレヒコールをあげ、中電支社入口に集会決議文を貼り付けた。

集会決議文には、福島に続いて浜岡での原発震災を許せば、それは人類に対する犯罪となる。そのような犯罪の加担者にさせられることを絶対に拒否し、浜岡原発の完全廃炉をめざす。原発の完全復活を狙う電力資本、原子力村に巣くう官僚と御用学者、電力資本の番頭と成り下がった全国電力関連産業労働組合総連合（電力総連）、それらに揉み手をしながら奉仕する政治屋集団を打ち破るために全力を尽くす。「頑張ろう！日本」を隠れ蓑に居座りを策す東京電力と原子力安全・保安院、原子力安全委員会等の犯罪的な責任を徹底的に追及し抜くことなどが記された。

五月の浜岡原発の停止の際に、五号機では復水器での配管の破損により、海水が原子炉内に流入する事故が起きた。七月一五日、中部電力は御前崎市議会に対して溶接方法などに問題があったと説明したが、原因はコスト削減とみられる。翌年になると次々に不具合が見つかった。二〇一二年三月、復水貯蔵槽に四〇か所の穴が発見され、うち一一か所は貫通していた。七月には制御棒駆動装置に錆がみつかり、交換された。九月には原子炉内全体で錆が見つかり、核燃料を吊り下げる金具にも錆があった。海水流入は五号機に多くのダメージを与えた。この事故は五号機の再稼働を不可能にするものだった。

中電は、原子力は必要とし、浜岡で津波防護対策をおこない、再稼働するという方針であったが、これに対して市民によるさまざまな反原発の表現がなされていった。

▲…ピースサイクルによる廃炉要請

15　さまざまな反原発の表現

二〇一一年七月二四日、神奈川や浜松のピースサイクルが中部電力浜岡発電所への要請をおこなった。要請では、マグニチュード九に近い直下型の大地震に原子力発電所が耐えることができるという想定に無理がある、中電は廃炉に向けての工程表を作成すべき、津波対策をすれば安全としているが、原発が地震そのものに耐えることができないことを自覚すべきなどと訴え、浜岡原子力発電所を無条件に廃炉にすること、中部電力は脱原発を確立し国民に親しまれる企業になることの二点を申し入れた。対応した広報担当者は一〇〇〇ガルまで耐えられますと繰り返した。七月二七日にはピースサイクル名古屋が中電本社に浜岡原発の廃炉を要請した。

七月二五日、「新エネルギー、未来への選択・浜岡原発は運転再開させてもいいのか?」をテーマに浜松市内で集会がもたれ、一五〇人が参加した。集会では菊地洋一（元ＧＥ技術者・福島第一原発設計者）と湖西市長の三上元が発言した。

菊池洋一は、福島原発の修理工事には世界から原発労働者が集められ、危険な線量の箇所での労働を強いられたこと、福島原発は津波以前に、地震で配管が破壊されたとみられること、ＧＥ製の沸騰水型原子炉は下部が穴だらけの構造になっているから、二〇〇〇度以上の溶けた炉心が下に落ちていけば、下から差しこまれている棒などを溶かしてメルトスルーしていくことなどを話した。また、原発を作った者として危険を感じ、浜岡原発を停止するための運動に参加した経過も話した。菊地は二〇一一年に『原発をつくった私が、原発に反対する理由』を出し、配管が宙づり状態にあり、特に再循環システム系配管が脆弱であることを指摘した。

湖西市長の三上元は、国論が二分されているときにこそ政治家が問われる。自民党議員も「超原発」と言い始めた。原発事故で自分自身学習した。浜岡原発は直下型地震に耐えられない。市民が大きな声をあげ、それを政治家に届けることが大切と話した。

この集会は、生活科学ネット、浜岡原発・巨大地震対策・虹のネットワーク、原発震災を防ぐ全国署名連絡会などの市民グループが主催し、復興と地域防災を考える会、ロハスな生活を楽しむかえるの会、浜松サーフィンクラブ、湖西サーフパトロール、遠州の映像「記録屋」などが協力した。それは原発の廃炉に向けてさまざまな人々が動き始めたことを示すものだった。

七月二六日には上関原発建設に反対する祝島の人々を描いた『祝《ほうり》の島』上映会が、浜松の自然食カレーの店ＢＩＪＡでもたれ、四〇人ほどが参加した。この映画は遠州こたつだんらんツアーの形で、県西部各地で上映された。

一九八二年に中国電力の意向を受け、上関町長が上関原発の誘致に賛成したが、祝島の人々は三〇年近く反対の声をあげてきた。映像は、原発が地域をばらばらにしたことへの怒り、瀬戸内海の美しい風景と海からの豊かな収穫物、島で伝承されてきた神楽と「お種戻し」の船、棚田をつくった先祖への思いとその思いを石に刻む作業、原発建設地に船を出して中電と対峙する漁民たち、その現場での反原発の叫び声、豊かな海を守れ、一〇〇〇回を超える原発反対！エイエイオーの島でのデモ行進、タコ、タイ、ヒジキ、ウニの生命のメッセージなどを示す。

原発は安全ではなく、廃棄物の処理もできず、被曝労働を強いる。原発は平和と環境と人権に反する存在であり、差別の営み、生命のサイクルを破壊するものであることを島々の風景が物語る。映像はその物語を受けとめ、時空を超え、さまざまな現場での反原発の表現を求めるものだった。

16　浜岡原発運転終了廃止等請求訴訟

二〇一一年七月一日、浜岡原発運転終了廃止等請求訴訟が静岡地裁に提訴された。原告は三〇人ほどであり、静岡県弁護士会の一一三人が中心になり、浜岡原発運転終了廃止等請求訴訟弁護団（鈴木敏弘団長）を結成しての提訴だった。原告らは「浜岡原発を全部廃炉にして子どもたちに安心の未来を」という横断幕を掲げて浜岡原発の廃炉を求めた。弁護団は翌年一二月には二七七人になった。

八月七日、この弁護団による集会が静岡市内でもたれ、一五〇人が参加した。集会ではいわき市の渡辺淑彦弁護士が「フクシマの報道されない真実―福島第一原発事故がもたらした悲劇」、郡山市の渡邊純弁護士が「個人的な原発事故体験」、浜岡訴訟団の青山雅幸弁護士が「浜岡原発の危険性」の題で話し、原告団からの意思表示がなされた。集会には下田市長が参加し、袋井市長は祝電のメッセージを送った。原告である湖西市長も参加した。

渡辺淑彦弁護士は、生まれ育った浜通りの体験、いわきで弁護士事務所を開設した経過、原発への無関心の罪などを語り、原発の下請けの派遣会社に労働者が雇われ、危険な作業に送り込まれるなど地域での東電を頂点にした搾取と接待の実態を示した。また、原発事故後の大量の人口流出、農業破壊、学校の再開と父母間の対立、母親たちの脅え、失われた海と大地の現実、幼稚園や産婦人科の閉鎖、販売マーケットの喪失などの深刻な地域社会の破壊の実態を示し、愛する福島を取り戻したいという思いを語った。

渡邊純弁護士は、弁護士業までの経過、郡山での震災体験、家族の選択、相馬・南相馬での調査経過などを話し、原発事故は地域の基盤そのものを破壊し、金では解決しえない、利益の追求が放射能汚染をもたらしたとし、公害問題として、賠償だけでなく、健康管理と汚染物質の除去をおこない、住民を救済していくことを考えるべきとした。

浜岡原発訴訟弁護団の青山雅幸弁護士は訴訟内容についてつぎのように話した。浜岡原発は地震による液状化と津波に耐えられない。地震によって原発の配管が破断する危険がある。浜岡原発の敷地には戦後の米軍写真では川があり、川を付け替えた上に原発が建設されている。そのため、地震によって液状化が起こりやすいし、側方流動によって地盤が海のほうに流れやすい。また、大地震で一一メートルの津波が浜岡を襲うという想定があるが、津波は防波堤を上にあがって行くものであり、中電の防波堤では耐えられない。浜岡原発の立地は悪く、技術も古く、安全は確保できない。福島事故の教訓に学ぼうと呼びかけた。

最後に鈴木敏弘弁護団長が、原発の安全性、五つの壁は嘘だった。危険な浜岡原発を廃炉にしよう。福島事故の教訓に学ぼうと呼びかけた。

第一回の口頭弁論は一〇月一三日に静岡地裁でおこなわれ、八人が意見を陳述した。二〇一二年一月には原告側が準備書面を出し、福島第一原発での地震による配管損傷などを指摘、浜岡原発の立地をふまえ、巨大な東海地震と津波に浜岡原発は耐えられないとした。

この訴訟では新たに五号機の運転差し止めを求める仮処分申請を二〇一二年一二月一一日におこなった。この仮処分申請には住民七七七人が債権者となって参加した。

17　第二回やめまい！原発浜松ウォーク

三・一一福島原発事故から六か月、九・一一事件から一〇年にあたる九月一一日、浜松市内で二回目のやめまい！原発浜松ウォークが取り組まれ、二〇〇人が参加者した。

浜松駅前市民の木で集会がもたれ、開催の挨拶ののち、浜岡原発を考える静岡ネット、御前崎の浜岡原発を考える会、浜岡原発本訴裁判の会、ストップ浜岡原発、子どもの給食を守る会浜松などの団体や市民の発言が続き、三上湖西市長も発言した。その後、ナオミの祈り、めでたバンドとＮＯ！ＮＯ！ＢＡＮＤの演奏が続いた。

集会後は、モール街、有楽街、中電前、鍛治町などを「原発いらない」「原発廃炉」などの掛け声をあげて歩き、中電前では「中電は浜岡原発を廃炉にしろ」「再稼働反対！」と力強くコールした。ウォークではさまざまな反原発のプラカードが掲げられ、先頭にピースドラムのグループ、後ろに労働組合の旗が続いた。

ウォーク終了後の総括集会で、集会宣言が採択された。その宣言では、原発は平和・民主主義・人権・環境に反するものであり、事故では情報隠ぺいやウソが宣伝されているとし、政府に対して、福島事故資料の公開、福島などからの自主的な避難への支援、子どもたちの集団避難体制づくり、暫定「安全」基準値の見直し、汚染被害への賠償、内部被曝への医療調査とケア、原子力政策の転換、原発の再稼働と新規建設の中止、原発輸出の停止、独占的電力事業の分離などを求め、中部電力には浜岡原発全機の廃炉などを求めた。その後、国鉄労働組合組浜松支部や愛知など各地の参加者が発言し、サンバ演奏がおこなわれた。静岡から派遣されてきた警察隊は中電浜松支店前でビデオ撮影するなど過剰な警備をおこなった。

前日の九月一〇日には、シネマイーラ（浜松の市民映画館）とやめまい！原発浜松の共催で、映画監督鎌仲ひとみを囲む会が肴町公会堂でもたれ、五〇人が参加した。囲む会はシネマイーラでの鎌仲作品「ミツバチの羽音と地球の回転」の上映の後に企画された。鎌仲は、福島原発事故とその後の政府の事故の真相の隠ぺいが、国家犯罪を完全犯罪とするような形ですすんでいることを指摘し、エネルギー政策の転換についての具体的な事例を紹介した。そして、各地域で脱原発の活動をすすめることを呼びかけた。最後に、バンドが「黒い雨」などを演奏し、交流会を終えた。

18　原発廃止にむけて！全国交流集会

二〇一一年九月一八日、東京の総評会館で「反原発新聞」の呼びかけによる原発廃止にむけて！全国交流集会がもたれ、八〇人が参加した。集会では、一、福島事故被災地報告　福島、宮城、茨城、二、ストップ原発震災報告　柏崎、浜岡、島根、三、止めよう新規立地　上関、天草、四、核燃料サイクル報告　青森、福井、岡山、五、原発阻止報告　三重、六、追加報告　伊方、鹿児島、佐賀の順に現地報告がなされ、最後に福島瑞穂議員が今後の国会での活動の課題をあげた。

福島からは、今も放射性物質が放出され、低線量被曝を強いられ、検査はあっても治療はないというヒロシマと同じ状況が繰り返されている、即時・無条件の原発停止を求めるべきであり、原発はエネルギー問題ではなく生命の問題であると、訴えがなされた。

各地からは、「福島事故以降、新たな動きが形成されているが、どのようにして原発をなくすのかを具体化したい」、「火の粉がかからないと自分の問題としてとらえられないでいいのか」、「各地で新たな断層が発見されている」、「新潟では阿賀野川からセシウムが検出されている」、「浜岡では県知事が再稼働に際して、使用済み燃料の処理などの新たな条件を提示するようになった」、「昨年中国電力は島根原発なしで夏を乗り切っている、現在、上関町長選挙が焦点となっている」、「三重では漁民の体を張った闘いと労組の支援、県民の過半数を超える反対署名で原発を阻止した」、「関西電力は大飯での再稼働を狙っている」、「新たな安全基準を策定させ、地元の不同意などで、再稼働を阻止することが必要、原子力の利権構造は全く変わっていない」といった報告がなされた。

この日、経済産業省前では、二〇代前後の四人の「将来を想うハンガーストライキ」が八日目を迎えた。直射日光をパラソルで遮りながら、四人は「命そのものが大切にされる社会を」と訴え、一〇日間を目標にハンストを続けた。四人の要求は、上関などでの新規建設の中止、線量の高い地域での健康保障、事故の危険性と事故の責任の説明、原発輸出の中止、全ての原発の廃炉とエネルギー転換である。「コブシを使わず、拡声器を使わず、ただ食べずに想いを発信する」と書いた横断幕に激励のメッセージが記された。

19　さようなら原発集会・東京

二〇一一年九月一九日、さようなら原発一〇〇〇万人アクションによる「さようなら原発集会」が東京の明治公園で開催され、六万人が参加した。参加者は公園外にあふれ、駅周辺まで人の波で埋まった。福島から参加した黄色のTシャツ隊が集会場の中央に座り、「怒　福島隊」の旗が翻った。集会はバンド寿の歌で始まり、反原発のポスターが紹介された。

呼びかけ人がスピーチし、鎌田慧は「核と人類は共存できない。原発のない社会を作ることは文化革命、これ以上の犠牲をつくってはならない」、大江健三郎は「私らができるのは民主主義の集会とデモ、推進する者に思い知らせよう」、内橋克人は「新たな原発神話と核武装に向かう国策に注意を、さよなら原発！命が輝く国へ」、落合恵子は「想像して、子どもたちの今を。処理できない廃棄物を作りつづけることは国家の犯罪。その犯罪にこれ以上、加担しない」、澤地久枝は「この国は原発など持ってはいけない国だった。国境を超えて命を守る、人間の砦を作ろう」などと、反原発の思いを語った。ドイツ「地球の友」のフーベルトヴァイガーは「脱原発を政治が実行するかしないかの時期にある、共に闘おう」、山本太郎は「生きてくためには、原発はいらない」と呼びかけた。

福島の廃炉アクションの武藤類子は、被曝生活の問題点をあげ、政府は事実を隠し、国民を守らない、福島は実験材料とされている。電気の便利さと発展は差別と犠牲の上に成り立っている、怒りを燃やし続ける。怒りと悲しみを出すことを許し合い、手をつなごうと現状を批判し、連帯を呼びかけた。

数万人のデモが三方向に向かってすすみ、「原発をとめよう」「原発はいらない、命を守ろう」「再稼働させるな」「こどもたちを守ろう」などのさまざまなコールをあげて街を練り歩いた。手作りの反原発グッズが数多くみられ、拡声器よりも市民の声が大きく響くような力強い行進が目立った。静岡からの参加者も、浜岡原発反対の幕を掲げ、「浜岡廃炉」などのコールをあげ、原宿方面にむかって街を歩いた。

三・一一から半年、数万の人々が明治公園を埋めた。参加した人々は会場に座り、発言に耳を傾けた。共感の拍手と掛け声が時にうねるように広がった。集会場は、汚染された大地に住むことを強いられた民衆がこの歴史を変革する意思を共有する場であった。

20　福島原発の歴史と原発責任

二〇一一年一二月一一日、浜松市内でたんぽぽ舎の山崎久隆を講師に「原発責任　東京電力福島第一原発・四〇年間の歴史と東電の抱える根源的問題」のテーマで集会がもたれた。そこで山崎はつぎのように問題をまとめた。

原子力推進体制の特徴として、産官学による推進体制、電源三法と呼ばれる税金、電力族議員、日本原子力研究開発機構や資源エネルギー庁などから電力会社や関連事業への天下り、土木学会など学会への影響力、メディアへの莫大な原発マネー、労働組合（連合の原発推進方針）などがある。そのような力を利用して、恣意的な原発立地がおこなわれ、原発が核兵器産業を支えてきた。一度建てた原発を四〇年から六〇年へと運転を引き延ばそうとし、連続運転ができる期間を従来の一三か月から最長二四か月まで拡大したが、福島第一原発一号機は稼働四〇年目の三月二六日を迎える前に、メルトダウンした。

福島原発での主な事故には、一九七八年の福島第一原発三号機での定期検査中の制御棒脱落・臨界事故、一九八一年五月の福島第一原発二号機での給水喪失・緊急炉心冷却装置（ＥＣＣＳ）作動事故、一九八九年一月の福島第二原発三号機での再循環ポンプ損傷事故、二〇一〇年六月の福島第一原発二号機での電源喪失事故などがある。福島原発事故の歴史をみると、一つ一つの事故に今につながる教訓がある。福島原発事故は突然起きたものではなく、長い日本の核開発の歴史の中で周到に準備されてきたものである。福島原発震災後、東電はゴルフ場の除染と損害賠償の裁判で汚染物質を「無主物」と主張したが、その責任の追及が必要である（以上要約）。

二〇〇〇年七月の茨城県沖地震では、福島第一原発六号機の炭素鋼配管が破断している。原発敷地内では震度四ほどの地震で、金属疲労で腐食していた部分が切断されたのだが、この配管は一九七九年の運転開始から約二〇年、一度も交換されず、点検記録も残っていなかった。今回の地震でも原発の配管が壊れ、水が噴き出してきたとする労働者の証言がある。大きな長い揺れによって原発の各所で配管が破断したとみられる。現時点からみれば、三・一一前に福島原発で起きた数々の事故は、福島原発震災を予言するものであった。地震と津波により、個別の事故が複合して大きな事故が発生することは想定できたはずである。

政府は一二月一六日に福島原発事故の「収束」を宣言した。原子炉内の状況が判明していない中での「収束」宣言により、政府への信用はいっそう失われたが、それは他の停止中の原発を再稼働させるための方便であった。

21　電源三法・三七年間で四三七億円の交付金

御前崎市の「御前崎市予算決算と電源三法交付金一覧表」によれば、電源三法によって一九七五年から二〇一一年にかけて、浜岡原発関連で御前崎市（旧浜岡町・御前崎町）へと交付された金額は四三七億二〇〇七万円である（千以下四捨五入、以下同）。その内訳は電源立地促進対策交付金が二六一億四三万円、初期対策交付金が三五億四六〇五万円、長期

子力発電施設立地地域共生交付金が二億一六〇〇万円、発展対策交付金が一三一億六一七万円、広報安全等対策交付金が七億四二万円、施設維持基金交付金が五一〇〇万円、原子力発電施設立地地域共生交付金が二億一六〇〇万円である。

一号機の建設によって一九七五年から交付された電源立地促進対策交付金が最も多い。電源立地促進対策交付金の内訳は、一・二号機で一九七五年から七八年にかけて二二億三五三一万円、三号機で一九八三年から八八年にかけて六三億三〇〇〇万円、四号機で一九八九年から九八年にかけて七六億九四二万円、五号機で二〇〇〇年から二〇〇七年にかけて九九億二五七〇万円である（『ここちいいまちおまえざき』）。これらの交付金は、道路・水道・通信、スポーツ・レクリエーション・環境衛生・教育文化・医療・社会福祉、国土保全、消防などの施設や産業振興などに使われた。道路・水道・通信で約九六億円、スポーツ・レクリエーション・環境衛生・教育文化・医療・社会福祉では約一二五億円が使われている。

長期発展対策交付金は一九九七年から交付された。当初は四億円ほどであったが、二〇〇三年からは倍増し一〇億円ほどになった。これらの交付金は、病院、図書館、振興公社、給食センター、保育園・幼稚園・学校などの運営費に使用された。二〇一〇年をみれば、約一〇億七九〇六万円のうち、病院と保育園・幼稚園・学校の運営費で四億円を超える。初期対策交付金は、学校施設や運動場の修理・整備、医療機器の購入、イベントなどに使われている。

原発の増設は交付金の増加につながり、一九七五年から三七年間の交付金は四三七億円に及ぶ。これに加えて中電から地域振興協力金（寄付金）が一〇〇億円ほど支払われた。

中電とその協力企業で働く地域住民は二〇〇〇人ほどである。御前崎市の人口は三万五〇〇〇人ほど、世帯数は一万二〇〇〇ほどである。原発にかかわりをもつ世帯が多い。

増設によって中電からの土地・家屋・償却資産などの固定資産税も増加した。固定資産税による税収は、二号機が営業運転を始めると一九七九年には二〇億円、三号機が運転を始めると一九八八年には四二億円、四号機が運転を始めると一九九四年には七四億円となった。五号機が運転を始めた二〇〇六年には七〇億円ほどの税収となった。二〇〇九年までの浜岡原発関連の固定資産税は一〇〇〇億円を超えるものになる。原発の立地は地域での原発単一経済の形成につながった。

第一二章…原発再稼働反対の運動

1　牧之原市議会、浜岡原発永久停止決議

福島原発震災は浜岡原発周辺自治体の原発への対応に大きな変化をもたらした。自治体が原発の永久停止や廃炉を語るようになったのである。また各地で反原発・脱原発の市民団体が新たに結成され、原発再稼働に対抗する動きを示した。

牧之原市議会は二〇一一年九月二六日、浜岡原発の永久停止を求める決議を採択した。この決議は福島第一原発事故で安全神話は崩壊し、周辺ではコミュニティが崩壊し、放射能汚染が全国に深刻な影響をもたらしているとし、浜岡原発が東海地震の震源域の真上にあり、確実な安全・安心が将来も担保されない限り、浜岡原発は永久停止にすべきというものである。

この決議を受けて、西原茂樹市長は、どんなに地震や津波の対策をしようと一〇〇％確実に事故が起きないというものではない、再稼働は認められない、福島事故を見て「残余のリスク」があると分かった以上、永久停止すべきと感じて当たり前の判断をした、一般市民、企業の思いも一緒、原発に地域の未来は託せないと発言した。

川勝県知事も、安全が確保されない限り、再稼働はないと言ってきた県と立場が同じと、この決議に共感の意を示した。この決議の後、吉田町長は廃炉の意思を示し、焼津市長も永久停止とする意思を表明した。菊川市議会は市民の理解が得られない限り再稼働は認めないとする意見書を採択した。しかし、御前崎市はこの牧之原市の決議を、意外であり、困惑

しているとした。

九月二三日には藤枝市で、なくそう浜岡原発・命とふるさとを守る藤枝市民の会が結成された。この会は市民団体・労働組合の参加は認めたが、政党の参加は認めなかった。会員は一一〇〇人に達し、翌年二月、藤枝市議会と県議会に約一万人分の浜岡廃炉署名を提出した。事務局に参加した枝村三郎は、福島事故に大変な打撃を受けた、原水爆禁止運動に関わって第五福竜丸事件の研究も続けてきたが、原発には積極的に反対してこなかった、それを反省し、最後の仕事と考えて活動をはじめたと語った。

一一月二六日、「ひまわり集会・浜岡」が浜岡現地で開催された。集会では発起人代表の林克（静岡県労働組合評議会議長）が浜岡原発の永久停止と全国の連帯を呼びかけ、四〇〇〇人が人間の鎖をつくり浜岡原発を包囲した。この集会は七月の浜岡原発の永久停止・廃炉を求める静岡市での集会（五〇〇〇人参加）に続くものだった。翌年、二月には浜岡原発廃炉・日本から原発をなくす静岡県連絡会が結成された。この連絡会の構成は、県労働組合評議会、県商工団体連合会、自由法曹団県支部、新日本婦人の会、県民主医療機関連合、共産党県委員会などである。

2　県内自治体で永久停止・廃炉の意見書

二〇一一年一二月議会が始まると廃炉を掲げた意見書が各地の議会で採択された。吉田町議会は「再稼働しないままの廃炉を求める」という決議と意見書を採択した。富士市議会も同様の意見書を採択し、三島市議会は県民の再稼働への合意が形成されなければ廃炉にするという決議を採択した。清水町議会は永久停止を決議した。藤枝市は「絶対的な安全対策がなされ、市民の安全と安心が担保されない限り、施設の再稼働は認められない」とした。焼津市議会や袋井市議会も同様の決議をあげた。

県内各地の市町議会が再稼働に反対し、永久停止、廃炉を求める意見書を採択するようになった。一二月中旬でその数は一〇の市町に及んだ。しかし、一二月の静岡県議会では、議員提出の浜岡原発の永久停止と廃炉を求める意見書案を全会派の一致がないことを理由に議案としなかった。

一二月七日、西原牧之原市長は衆議院第一議員会館でもたれた「浜岡原発の安全性を検証する勉強会」に出席し、永久停止の趣旨を話し、再稼働の際には住民投票を行う意向を示した。また、西原市長は、翌年一月に横浜で開催された脱原発世界会議に三上元湖西市長と共に参加し、原発に私たちの未来は託せない、命と財産を守ると発言した。

毎日新聞は三〇キロ圏（御前崎、牧之原、菊川、掛川、吉田、袋井、島田、磐田、焼津、藤枝、森）の首長と県知事に対してアンケートをとった。御前崎市長は国が新たな安全規制を地元に説明し住民の理解を得れば再稼働に賛成とした。掛川市長は一〇〇％の安全安心を再稼働の条件とした。静岡県知事は再稼働への賛否を述べる段階ではないとした。菊川、牧之原、吉田、焼津、袋井、磐田、藤枝、森の首長は再稼働に反対した。静岡大学と中日新聞による二〇一二年二月の共同調査では、浜岡原発の再稼働について静岡県民の七割が反対し、県民の八割が二〇一一年五月の全面停止をよかったとした。脱原発への支持は八割になった。浜岡の再稼働に県内三五市町のうち二一の首長が否定的だった（毎日新聞二〇一二年三月一日、中日新聞三月一三日記事）。

このように浜岡原発の三〇キロ圏内の自治体から永久停止や廃炉の意見書があがり、再稼働に反対する意思が示され、他の自治体も同様の意志を示すようになった。浜岡原発三〇キロ圏内には約八〇万人、五〇キロ圏内には約二一〇万人が居住している。五〇キロ圏内には浜松・静岡両市が含まれ、県人口の五七％ほどになる。三〇キロ圏内には東海道線、新幹線、東名高速道路、国道一号線があり、大事故が起きれば封鎖され、東西が遮断され、全員の逃げ場はない。福島原発震災の事例から、大地震が想定される浜岡原発の永久停止や廃炉を求める政治決断は当然の選択である。

浜ネットは二〇一二年三月二五日に静岡市内で浜岡原発の再稼働についての市民シール投票をおこなった。その結果は八六五人中、再稼働賛成七八、永久停止・廃炉に賛成七〇四、わからない八三であり、八割が永久停止・廃炉の意思を示した。このように事故は首長の姿勢と県民の意識を大きく変えたのである。

二〇一二年一月に開催された静岡県農業経営士協会の通常総会では、確実な安全担保がない限り浜岡原発は再稼働すべきでないとする決議が採択された。七月には静岡県椎茸産業振興協議会が生産者大会の際に脱原発を含む大会宣言を採択した。このような動きは一〇月の全国農業協同組合中央会の脱原発決議につながっていく。

3　浜岡原発を考える袋井の会結成

二〇一二年一月二二日、袋井市で浜岡原発を考える袋井の会の結成総会と講演会がもたれ、二〇〇人が参加した。講演会では飯館村の長谷川健一が「今、飯館村で何が起きているのか」の題で、飯館村の被曝と現状について話した。飯館村は福島第一原発から三〇キロから四五キロ地点であり、浜岡原発から袋井市の距離と同じである。長谷川は「原発はすべてを奪った」と語り、原発事故が、酪農も財産も村も家族との生活もすべてを奪った状況を話した。そして、除染しても子どもたちを住まわすわけにはいかない、とするならば村は終わりだと語った。

飯館村は大規模合併を拒否し、地域おこしをすすめ、自然が豊かで日本一美しい村と認定された村だった。しかし、原発事故で状況が一変、現在は計画避難区域に指定された。事故当時は毎時一〇〇マイクロシーベルトを超える高濃度の汚染に襲われた。しかし、政府・村当局は事実を隠しつづけ、住民は被曝を強いられた。長谷川は独自に判断し、村民を集め、対策を講じた。深刻な汚染がわかるなかで、飯館の人々は酪農をあきらめた。現在は伊達市の仮設住宅で暮らしながら、飯館村の見回りをしている。長谷川は福島語の「までえ」を紹介し、飯館の「までえな村づくり」とその破壊を語った。「までえ」は、ものごとを大切にする、几帳面などという意味で使われる。そのような農民の「までえ」な試みを破壊した原発政策への怒りがにじむ語りだった。

飯館村の民衆の視点から捉えれば、一二月の政府の「冷温停止」・「収束」宣言が、いかに欺瞞に満ちたものであるかがわかる。

4　原発いらない浜松@デモ

二〇一二年一月二九日、原発いらない@浜松デモが「TwittNoNukes 浜松」（反原発デモを実行する Twitter 有志）の主催でもたれ、一三〇人が参加した。参加者は「原発いらない」「浜岡廃炉」「命を守れ」「子どもを守ろう」と声をあげた。

このデモには「やめまい！原発浜松」などの市民グループも賛同した。

呼びかけたメンバーは、もう無関心でいることは決してできません。私のように無自覚に原発を容認してきた大人が、今のこの荒廃した日本を作ってきたとも言えるからです。ですから私には福島への責任があります。原発をこの地上からなくしたいです。停まっている原発の再稼働は必ず阻止しなければなりません。今ほどデモをやって当然の時はないと思います。国民の安全への思いを無視して、この期に及びなお原発を推進し続ける電力会社、政府、それに従うだけの自治体に対し、はっきりと声を上げなければなりませんと記した。

「TwittNoNukes浜松」によるデモは、三月一一日、四月二九日、九月一一日と繰り返された。四月二九日のデモの呼びかけには、福島第一原発は先に地震で壊れたのか津波によるものかという議論がありますが、どちらにしても浜岡原発は危険すぎる、何千億円もかけて防波壁を作るよりは、今すぐ燃料棒を取り出すべき、浜岡の原子炉には、未だに燃料棒が装填されている、安全度を上げるにはまず原子炉の中の核燃料を抜き出すこと、使用済み核燃料プールも大変危険、使用済み燃料を取り出してどこかに持って行こうにも、置き場所がない、原発を稼働させれば、置き場所も処理もできない核のゴミを増やすことになる、どう考えても原発を再稼働し継続していいという結論にはなりません、これ以上子どもたちに、未来の世代に負債を先送りすることはやめましょう、原発はいらないとあった。

二〇一二年一月末には日本国内での稼働原発は三基となり、これらの三基も四月下旬までに定期検査のために停止した。五月初めには五四基すべてが停止し、再稼働をめぐる攻防が焦点となるという情勢のなか、浜松で新しいデモがはじまった。

原子炉は核兵器開発のために生まれた。原発は、原爆投下とビキニ水爆実験での被爆を経て高まる原水爆禁止運動に対して「原子力の平和利用」という隠れ蓑とともに日本に導入されてきた。それは日米安保という軍事同盟のなかでの導入であり、日本は米軍の核兵器の持ち込みを認める密約を持ちながら、非核三原則を唱えて市民を騙し、地域民衆の反対を金と権力で抑えつけて、原子力発電を推進した。米軍の核戦力の傘と国内での原発推進が戦後の日本の核開発の特徴である。核燃料サイクルとはプルトニウム保有の工程だった。NoNukesは、核兵器と原発に反対する核反対の表現であるが、核兵器と原発が別のものとして受け止められてきた。

このような日米安保体制下での核開発の推進は、三・一一による福島原発爆発事故によって転機を迎えた。市民からは、原発を認めてきたことへの反省、無関心であったことへの責任、子どもたちの未来への不安、福島原発事故への怒りの声があがった。今回の「TwittNoNukes 浜松」の呼びかけもその一つである。青年が「私には福島への責任がある」と立ち上がり、デモを設定し、その先頭に立ったのである。

5　がれき処理を考える島田集会

自治体で浜岡原発の永久停止や廃炉の意見書の採択が続いていた二〇一一年一二月、島田市は被災地のがれきを受け入れて焼却処分する意向を示した。環境省はがれきの広域処理をすすめ、静岡県は県内自治体で計六〇〇トンの受け入れを決めていた。産廃業の桜井勝郎島田市長が最初に受け入れを表明した。関東以外では初の受け入れ表明に市民からは汚染がれき焼却反対の声があがった。

二〇一二年二月一一日夜、島田市へのがれき搬入処理に反対する集会が島田市内でもたれ、二〇〇人が参加した。二月一六日には試験処理用がれき四トンが搬入されるという状況下、多くの市民が詰めかけた。集会では次のような発言が続いた。

静岡県の島田は今回の事故による汚染が少ない。その島田に汚染がれきを持ってくる必要はない。汚染のない自治体で燃やせば汚染が拡大する、バグフィルターで放射性物質は取り除けると宣伝されているが、信用はできない。このがれき処理は環境省がすすめ、それを産廃業の島田市長が引き受けているが、その結果は汚染の拡大となる。市長は反対する市民を「左翼系やくざ」、「血も涙もない人」などと言って非難している。島田はがれき処理問題の最前線となり、世界が注目している。がれきよりも命が大切、放射能物質は動かさないというのが原則。受け入れはがれきの利権によるものであり、金のための行動にすぎない。そのなかで市民の生命が切り捨てられている。三・一一以後生き方が変わった、勇気をもって、今立ち上がるときだ。本気でやらないと終わりだ。

この集会は、大地が汚染され、命が侵され、未来も奪われるという状況の中で、さまざまな人々が立ちあがり始めていることを示すものだった。二〇一三年五月の選挙で市長は交替した。

がれき焼却は静岡市でもおこなわれることになり、静岡市では六月一三日から一五日にかけて岩手県大槌町の震災がれきの試験焼却がおこなわれた。

二月一一日、静岡市で「放射能から子どもを守ろう・浜岡原発の再稼働をとめよう」をテーマに福島から中田麻意（避難者）と斎藤春光（いわき自由労働組合）を招いて集会がもたれた。集会は脱原発静岡連絡会が主催し、二〇〇人が参加した。集会後、一三〇人がデモに参加し、福島のゲストを先頭に、原発いらない、命を守れと歩いた。

集会では、福島県民を守らない福島県は嫌い、汚染されていない場所に避難したのになぜがれきを受け入れるのか、福島からすでにいろいろなものが流出し、汚染を広げ、内部被曝が広がっている、福島の野菜を食べても農家を助けることにはならない、東電と御用学者は教化作戦を繰り広げている、東電の体質は隠ぺいと無責任であるといった意見がだされた。

福島原発事故の現場では一日に三〇〇〇人が働いているが、雇用は多重化し、偽装請負や中間搾取がおこなわれている。そのなかで、安全性がおろそかにされ、被曝量が増加し、事故も多い。全国から労働者が集められているが、福島出身の原発関係労働者も多い。

二月二四日、福島原発第一原発事故の処理作業中に亡くなった浜岡町在住の労働者（大角信勝）の労働災害が認定された。大角は前年の五月一四日、汚染水処理の配管工事の作業中に体調不良となり、心筋梗塞で亡くなった。そのため、妻が七月に労災申請していたものである。二〇一三年八月、妻は事故処理作業をおこなっていた東電、東芝、ＩＨＩなど四社の安全管理が不十分だったとして、損害賠償を求めて提訴した。

６　第三回やめまい！原発浜松ウォーク

福島原発震災から一年の二〇一二年三月一一日、浜松市で集会とデモがもたれ、一三〇人が参加した。集会では、参加した市民が原発事故への思い、裁判の活動、原発県民投票、原発関連の集会などについて次々に発言した。ＮＯ！ＮＯ！

BANDとめでたバンドが歌い、デモでは、「核と人類は共存できない」「やらまいか原始力」「国策被曝」などさまざまなプラカードが示され、草の根の市民の声が表現された。集会ではつぎのようなアピールが採択された。

これまで浜松の「市民の木」の前で原発や戦争への反対を訴えてきたが、核開発とそれにともなう戦争の危機は続いている。福島原発震災後も日本政府は「安全」、「収束」などの言葉をもって、真実を覆い隠している。市民の避難の権利は認められず、原発事故被災者への救済も十分になされていない。子どもたちに対しては年二〇ミリシーベルトという避難基準まで適用し、低線量被曝が容認されている。東京電力は事故で放出した放射能を、裁判においては「無主物」と表現し、その汚染の責任を取ろうとはしない。除染や復興などが利権の対象になっている。中部電力も防波壁を築いて、安全を宣伝し、再稼働するつもりである。日本政府は原発事故対策会議の議事録さえ残さない。市民に公開するよりも先にアメリカにスピーディや原発内部の線量地図を渡していた。原発震災の責任は全くとられることなく、原発の再稼働がねらわれ、さらに原発の輸出までおこなおうとしている。市民の安全を無視した無責任と隠ぺいがいまも続いている。

原発事故は生命・家族・財産・地域・環境などすべてを破壊するが、人間にとって一番大切なものを破壊してまで、核開発の利権や利益にしがみついてはならない。原子力開発は民主主義にはそぐわないものであり、核と人類は共存できない。核兵器で他国をおどし、原子力発電でもうけるというような時代を終わらせることが、ヒロシマ・ナガサキ・ビキニ・フクシマを体験した市民の決意であり、使命である。「市民の木」は空襲後に新たに緑の芽をだして、再生した木であり、再生の柱は、生命・緑・平和である。この地から反原発・反戦の声をあげよう。原発推進派は「安全」を掲げて大飯原発三・四号機の再稼働など、各地の原発の再稼働をねらっているが、力を合わせて、原発の廃炉と核の廃絶にむけて行動しよう！真実をみよう！この国を変えよう！大切なものは命や愛！

この日は各地で集会・デモがおこなわれた。福島現地では大きな集会がもたれ、国会議事堂を包囲する人間の鎖もおこなわれた。

浜松では同日、福島を応援する会イン浜松の主催で、映画「ひろしま」上映会がもたれ、福島の自然農業の見上進・見上喜美枝の講演「福島の農家が語る福島の未来」、静岡県被爆者の会西遠支部長の大和忠雄による被爆体験談もなされた。

浜ネットは、浜岡原発の再稼働に反対し廃炉を求める要請書を政府に出した。そこでは、「防波壁完成即再稼働」の動きを批判し、新耐震指針以後に国の安全審査を受けない違法運転であることを指摘し、再稼働の道理はないとした。そして、亡国の道を歩まないためにも、地震列島日本での全原発の廃炉を求めた。

浜ネットは三月二五日に浜岡原発の街頭投票をおこなった。八六五人の投票中、永久停止・廃炉が八六五人、再稼働が七八人、わからないが八三人だった。この投票結果のように、福島原発事故により、永久停止・廃炉の意見が多くなった。四月の御前崎の市長選では現職が当選したが、その際の中日新聞の出口調査では、浜岡の永久停止・廃炉が二九％、しばらく停止継続二三％と再稼働に反対するものが、五二％を占めた。しかし、安全対策をしての再稼働が三五％あるところに原発を抱えた町の特徴がある。

四月末には、脱原発をめざす首長会議が発足し、首長・元首長七二人が参加した。五月一四日には三上元湖西市長や村上達也東海村長らが経産省へと脱原発にむけての取り組みを要請した。同日、浜岡原発廃炉・日本から原発をなくす静岡県連絡会が中電静岡支店に浜岡の廃炉を求める要請書を渡した。浜岡原発停止から一年を経ての行動だった。菊川市では五月一七日に浜岡原発はいらない・命を守る菊川市民の会（代表北原勤ほか）が結成された。

7　大飯原発三・四号機の再稼働

二〇一二年五月には全原発が停止したが、他方、再稼働の動きが強められた。六月八日には野田首相が記者会見で、大飯原発を再稼働すべきである、原発を止めれば生活は立ちいかない、国民の生活を守るため、豊かで人間らしい生活を送るために再稼働すべきであり、炉心損傷は起きない、安全性も確認できると発言した。再稼働は「関係閣僚による政治判断」でおこなわれることになった。

同日、首相官邸前で首相の会見を聞いていた市民からは、再稼働阻止！の激しいコールがはじまり、恥を知れ、あなたに私の命を預けたつもりはない、子どもを守れ、市民の声を聞け、これ以上の汚染はごめんだ、一時の金のために国土を無くすつもりかなどの声があがった。人々は、財産よりも生命が大切であり、原発なしでも人間らしい生活はできる。地震や事故対策用の免震施設や除去フィルターの設置ができていないのに、どうして安全を確認できるといえるのか、現時点での再稼働はあり得ない。「政治判断」で再稼働するなと抗議した。

大飯原発の再稼働に対して政府は、地元の同意は法律で義務付けられていないし、理解が得られたのかは、政府が判断するとした。これに対し、浜岡原発の再稼働を容認する立場の御前崎市の石原茂雄市長は、開いた口がふさがらない、これでは住民の理解が得られず不信感が募ると記者に語った。牧之原市長も、乱暴であり、発言は許されるものではないとした。県知事も地元の同意抜きに再稼働はできないとした。

政府の再稼働の動きに対して、首都圏反原発連合によって毎週おこなわれる国会前の金曜デモの参加者は毎週増加し、「再稼働反対」のコールが国会周辺に響き渡るようになった。この抗議行動への参加者は数万人に膨れあがり、六月二九日には主催者発表で一〇万人が集まった。このような動きに共感した牧之原市民の松本吉彦は「梅雨空《つゆぞら》に　脱原発の声　稔り響く」と詠んだ。

七月二日、「おーい!大飯止めたいママアクション浜松」が再稼働中止や節電を浜松市長に要請した。要請に際して子どもたちの書いた手紙も添えられた。七月二〇日からは静岡市内でも再稼働反対の金曜行動が始まった。

この大飯原発再稼働に対し市民は運転差し止めを求めて福井地裁に提訴した。その判決は二〇一四年五月二一日に出された。判決は、生命を守り生活を維持するという人格権の立場から関西電力に対して運転差し止めを命じるものだった。再稼働反対の声は裁判官にも届いた。

8　浜岡原発の再稼働を問う県民投票

市民団体・原発県民投票静岡による署名活動が、二〇一二年五月一三日から七月一一日にかけておこなわれた。八月二一日、静岡県選挙管理局は有効署名数一六万五一二七人分を確定した。直接請求に必要な有権者数の五分の一は六万二〇〇〇人ほどであるが、それを大きく上回る数だった。八月二三日には子育て中の女性たちが住民投票の実現を訴える七一通の手紙を県知事に届け、静岡から民主主義の発信を、今を生きる大人の責任として原発問題としっかり向き合いたいと投票の実施を求めた。

当初、慎重な姿勢を示していた県知事は九月に入って賛意を示した。浜岡原発の再稼働の是非を問う住民投票条例案の原案とその修正案の二つが静岡県議会で審議されることになったが、一〇月一一日、修正案は賛成一七、反対四八で否決、原案は六五人全員が反対して否決された。議会では本質的な議論はなされず、手続き上の不備を口実に住民投票そのものが否定された。住民投票を求める一六万五〇〇〇人の市民の声は無視され、静岡県の市民が原発の再稼働について意思を表明する機会は認められなかった。

原発県民投票静岡の有志は翌年二月に新たにネットワーク県民投票を結成して活動した。

9　ダッ!ダッ!脱原発静岡集会

二〇一二年七月一日、静岡市内で、大飯原発の再稼働絶対反対!浜岡原発を廃炉に!放射能から子どもたちをまもろう!をテーマに「ダッ!ダッ!脱原発集会」が、脱原発静岡連絡会の主催でもたれた。

集会では武藤類子が「福島からあなたへ」の題でつぎのように話した。山小屋の喫茶店で自然と共に生活する豊かな生き方を楽しんできたが、三・一一はその全てを奪った。国は、アメリカへのスピーディ情報の提供にみられるように、情報を隠し、たいしたことはない、直ちに健康への影響はないなどと事故を矮小化し、被曝許容量を、年間一ミリシーベルトから二〇ミリシーベルトに引き上げた。東電はゴルフ場の除染費を請求された時、自分たちの所を出ていったもの（放射能）は「無主物」であるとし、責任を認めずに居直った。そのような状況のなかで、被曝した自分たちが東電・国の責任を追求しない限り、福島の本当の再生はない。今、新しい生活、新しい価値観を考えるべき時にある。一人ひとりが変わることで社会が変わる。見えない檻は自分で鍵を開けて出て行けるということを忘れないでほしい。

武藤は東電第一原発事故での東電幹部・国の関係者三三人の刑事責任を問う福島原発告訴団の団長になった。講演に続いて、制服向上委員会が「国民は東電の奴隷じゃない」「プロテスター」「ダッ!ダッ!脱原発の歌」などを歌った。最後に主催団体が、原発県民投票、福島に続いて静岡での福島原発告訴団の結成、七・一六さよなら原発一〇万人集会への参加などを呼びかけた。

その後、静岡県内では福島原発告訴団・静岡（長谷川克己代表）が結成された。九月に入り、事故から一年半、責任の所在は明らかになっていない、いま行動を起こさなければ、再び同じような事故が起きると告訴団への参加を呼びかけた。六月には福島一三二四人の第一次告訴がなされていたが、一一月の第二次告訴に静岡からの告訴参加者九二一人を含め約一万三二六二人が参加した。告訴団は二〇一三年二月二二日に東京地検や東電本社を包囲するなどの行動をおこなった。二〇一三年九月、東京地検は不起訴処分としたが、告訴団はこの処分を不服とし、一〇月・一一月と東京検察審査会に審査申し立てをおこなった。

10　さようなら原発一〇万人集会・東京

二〇一二年七月一六日、東京の代々木公園で、さようなら原発一〇〇〇万人署名市民の会の主催による、さようなら原発一〇万人集会がもたれ、主催者発表で一七万人が参加した。警察発表では七万五〇〇〇人と少ないが、会場周辺には人々があふれるという状況だった。静岡の平和・国民運動センターと浜岡原発を考える静岡ネットのデモ隊も七〇〇人ほどの隊列になった。

メイン会場では集会の呼びかけ人が、政府がすすめる原発政策による人間への侮辱と野蛮の実態を語り、再稼働に反対し、原発のない社会に向けて行動することを呼びかけた。「もう原発はいらない」、「再稼働などもってのほか」、そのような発言に会場からの共感の拍手と声が大地に響く。メイン会場以外にも集会場が設営され、訴えがなされた。会場からは、立ち上がり声をあげよう、命を守ろう、この国を変えることができる、広島、ビキニ、チェルノブイリ、フクシマ、もうたくさんだ、核の文化・社会を変えよう、原発の息の根を止めよう、人々のいのちの叫び、魂の声を聞け、大切なものは電気よりも命、ひるまずに闘おう、このままでは子どもたちが生きていけないなど、さまざまな声があがった。

原発の再稼働は原子力利権のために、市民の命を博打に賭けるようなものであり、このままでは殺されてしまう、そのように感じた人々が政派や階層を超えて結集した。原発反対署名はこの時点で七五〇万人を超えた。しかし政府は原発推進、再稼働を止めようとしない。原子力を含む日米の軍事的な同盟関係、企業利権はいまも強い。この原子力の利権構造を変えなければ、原発のない社会は実現しないことも明らかになってきた。

炎天下のなか全国各地から人々が集まった。参加者一人ひとりが一〇万人集会という歴史の場にいることを確認し、原子力を推進する政府の野蛮と侮辱への強い怒りと反原発への熱い思いをつなげた。会場は民衆が力を発揮する時が来ていることを確信する場であった。

前日の七月一五日には、再稼働阻止全国相談会や反原発新聞の全国交流集会などがもたれ、全国各地から報告がなされた。福島現地での民衆の権利の確立、反原発・再稼働阻止の運動の全国的なネットワークの再構築、焦点となっている大

▲…さようなら原発 10 万人集会での静岡のデモ隊

飯での再稼働の阻止、官邸前の行動などの運動の高まりと新たな政治的、社会的な勢力の形成など、多くの課題が示された。

七月二四日には、ピースサイクルが中電浜岡原発前で浜岡原発の廃炉を求める申入れ書を渡した。申し入れ書では、七月一六日に名古屋で開催されたエネルギー政策意見聴取会に、中部電力が原子力部社員を参加させ、「去年の福島の事故で、放射能の直接的な影響で亡くなった人はいない」、「原子力のリスクを過大評価している」などと発言させ、傍聴者のみならず市民から反発を受けたことを指摘した。そして中電が防波壁等の建設による対策で原発の運転再開を認させようとする動きに対し、津波の問題以前に東海地震は直下型であり、原発が破壊される、中部電力に私たちの命を奪う権利はどこにもないとし、浜岡原子力発電所を直ちに無条件に廃炉にすることを求めた。中電は八月の浜岡控訴審後の記者会見で、

廃炉については考えていないとし、再稼働をめざす立場をあらためて示した。

11　浜松市で震災がれきの広域処理

二〇一二年九月二六日、浜松市長は震災がれきの広域処理を浜松市で受け入れると表明した。受け入れるがれきは岩手県の木くずである。浜松市は空間線量だけで「安全」を強調し、最終処分場がある浜松市平松町自治会で住民に投票させて実施を決めた。受け入れ賛成は四分の三であり、四分の一が反対する中での決定だった。一〇月一八日以降、浜松でも震災がれきの焼却処理がおこなわれることになった。

一〇月一八日、人権平和・浜松は浜松市長に「原発震災がれきの広域処理にともなう浜松市での焼却の中止を求める要請書」を出した。要請では、原発震災にともなうがれきの多くは放射能で汚染され、それを広域処理することは核汚染の拡大になる。汚染の可能性がある物質は移動させないで現地での処理をすすめることが原則である。すでに福島事故により、浜松市でも天竜のお茶をはじめ大きな被害が出ている。震災がれきによる利権やがれき量の水増しについての指摘をふまえて、広域焼却処理自体を見直すべきである。空間線量のみを公表して「安全」とし、一般ごみと混ぜて焼却し線量を下げるやり方も不当である。焼却場のフィルター能力への疑問、そこでの労働者の被曝、周辺住民の被曝、焼却灰の梱包袋の劣化、地下水への汚染など未解決の問題がたくさんあることを指摘、広域処理による汚染問題の発生については誰も責任をとれないとし、受け入れの中止を求めた。

12　カルディコットの提言

二〇一二年一一月、ヘレン・カルディコット医師が日本を訪れ、講演した。すでにカルディコットは八月に、「原子力の犠牲になっている私たちの子どもたち、放射能汚染下の日本への一四の提言」を出している。

その提言は、日本国内全土の土壌と水の放射能検査と汚染状況の把握、いかなる状況でも放射能を帯びたごみやがれきを焼却してはならないこと、食物でのスペクトロメーターによる放射性核種の検査、放射能汚染された食物の売買・混入や飲食の中止、飲料水での毎週の放射能検査、太平洋側で獲れた魚の長期の放射能検査、高線量放射能汚染区域の居住者、特に子ども、妊婦、妊娠可能な女性の避難、福島事故による被曝者、特に新生児、子ども、免疫力低下者、年配者のがん、骨髄、糖尿病、甲状腺異常、心臓病、早期老化や白内障などの定期的な検査と治療、医師や医療従事者が『調査報告チェルノブイリ被害の全貌』から学習すること、カルディコットのウェブサイトNuclear Free Planet、ラジオ番組If You Love This Planet、著書『Nuclear Power is Not the Answer』から情報を収集すること、国際医学コミュニティー（特に世界保健機構）による支援、日本政府が国際的なアドバイスと援助を受け入れること、緊急事項として、福島第一原発四号機の使用済み燃料プールの崩壊阻止のために国際原子力機関と米国の原子力規制委員会、カナダやヨーロッパなどの原子力専門家の国際的アドバイスと援助を受け入れること、国内外のメディアが真実を報道することなどである。

来日したカルディコットは会見で、福島の事故は終わっていないとし、日本政府が子どもたちを線量の高い地域に住まわせ続けていることに驚いている、日本政府は日本の人々よりも東京電力を守ろうとしている、使用済み核燃料冷却用プールが崩壊するとチェルノブイリの一〇倍の放射性物質がさらに放出されることになる、福島事故の放射能で汚染されたがれきの焼却は犯罪的であると語った。カルディコットは安易な除染や帰還の願望に疑問を呈し、現状を犯罪的で非人道的であるとし、真実を伝えないマスコミを批判した。このようなカルディコットの指摘や提言は広く受け入れられるべきである。

二〇一三年一月、環境省は広域処理の必要ながれきの量が、当初の推計四〇一万トンの六分の一の六九万トンに減り、岩手県の木くずは三月までに広域処理が終了する見込みとした。推計が誤っていたのである。

国と電力会社は事故の責任をとらず、ゼネコンと電力関連業者ががれきの広域処理と除染で利益をあげる。そして安全と帰還が宣伝されていく。しかし、それは汚染地での居住と被曝の拡大であり、犯罪的で非人道的な行為である。震災がれき交付金一二〇億円のうち、九割はがれきを受け入れない自治体に配分され、がれき処理とは無関係なごみ処理施設の建設などに支出されたことも二〇一三年五月に明らかになった。

13　ヤブロコフのメッセージ

カルディコットは提言で『調査報告チェルノブイリ被害の全貌』について紹介しているが、この本はチェルノブイル事故の影響について長年にわたり調べてきたロシア科学アカデミーのアレクセイ・ヤブロコフが、ワシリー・ネステレンコ、アレクセイ・ネステレンコ、ナタリア・プレオブラジェンスカヤらと出版したものである。そのヤブロコフが二〇一二年一二月一五日に開催された第二回脱原発国際会議に参加した。

講演でヤブロコフはチェルノブイリの教訓について話し、高汚染だけでなく低汚染地での被害についても指摘した。ヤブロコフは、事故による血液・循環器系、内分泌系、免疫系、呼吸器系、泌尿生殖系、骨格系、中枢神経系、眼球などの疾患の増加や乳幼児、染色体などへの影響を示し、低線量でも被曝が何年にもわたることによって人体に大きな影響を与えるとした。さらに日本でも今後、同様の被害がでるとし、原子力産業は原子力発電によって地球を危機に陥れることもいとわないものと警告した。

そして、最後に日本の人々へのメッセージとして「皆さんは真実のために闘わなくてはならない。健康のために闘わなくてはならない。原子力をなくすために闘わなくてはならない。政府と闘わなくてはならない。なぜなら政府と原子力産業はあらゆるところで、私の国だけでなくすべての国で、アメリカで、ここ日本で、データを隠ぺいしようとするからである。原子力産業と政府は、人々を恐れている。真実を恐れている。なぜなら真実はとても不愉快なものであるからだ。真実とは、原子力技術は恐ろしく危険であり、コストは異常に高く、プラスよりもマイナスばかりということである」と語った。

それはわたしたちが心に刻むべき言葉である。『調査報告チェルノブイリ被害の全貌』の日本語訳は二〇一三年四月に出版された。

14　不可能な八五万人避難計画

福島原発からは大量の放射性物質が放出され、二〇一二年九月の東京電力の発表によれば、この時点でも福島原発からは毎時一〇〇〇万ベクレル、一日二億四〇〇〇万ベクレルという放射性物質が放出され続けている。海洋汚染もいっそうすすんでいる。また、九月には福島の一〇歳代の生徒の半数ほどで甲状腺での嚢胞・結節の発見が報告された。このような深刻な事態がつづくなかで、汚染地からの早急な避難と移住者への生活保障が求められる。

二〇一二年一〇月には原子力規制委員会が過酷事故での放射能拡散予測を公表した。浜岡原発で福島のようなメルトダウンがおきれば、一週間での積算被曝が一〇〇ミリシーベルトとなる地点が浜岡三〇キロ圏内にあることが示された。本来このような予測は原発を作る前に市民に提示されるべきものだった。浜岡三〇キロ圏内には約八〇万人が居住している。

二〇一三年四月、中電は浜岡二・三・四号機の揺れで最大一〇〇〇ガル、五号機の揺れが最大一九〇〇ガルに達するという推計を発表し、補強によって安全性が確保できるとした。津波対策も見直し、対策の完了を二〇一五年三月とした。中電はこのように再稼働の意向を変えようとはしない。しかし、一九〇〇ガルの強い揺れに耐える補強ができるのだろうか。

今後の原発事故に備え、静岡県は半径三一キロ圏内の一一市町に住む周辺住民八五万人の避難計画の作成をすすめることになった。原発に近い順にマイカーとバスで避難させるというのである。これに対し、中日新聞の「ニュースを問う」で、静岡総局の加藤隆士記者は「桐生悠々なら『嗤う』だろう」とし、原発事故は取り返しのつかない大惨事となり、もはや事故を前提にした避難計画は無意味と記した（二〇一三年五月五日）。

順次の八五万人の避難は不可能であり、浜岡の再稼働を認めることは、大事故があれば、生命・自由・財産など全てを失うことを了解するということである。市民の生命・自由・財産を博打に賭けるような原子力推進の態勢は即時に見直されるべきものである。利益よりも生命と地域が大切である。反原発は核汚染を防ぎ、自由と生存の権利を確立する運動である。

15 「反原発をあきらめない」

福島原発事故と各地の原発の停止、その後の再稼働の動きのなかで、全国各地で市民がさまざまな形で反原発の表現をおこなうようになった。二〇一二年一一月九日には被ばく労働を考えるネットワークが設立され、一一月一〇日には再稼働阻止全国ネットワークが結成された。

▲…浜松駅前でのNO! Nukes再稼働反対金曜アピール

浜松駅前では浜松市民有志の呼びかけで、二〇一三年一月一一日の金曜日の夜から、再稼働に反対する金曜行動がおこなわれるようになった。音楽や絵画など、反原発の自由な表現が交わるような場が増えることが、原子力による社会支配を終わらせていく力になるだろう。

三月九日、浜松市内で、臨済宗の薪流会が主催した「今を生きるいのち、明日を生きるいのち」をテーマにした「反原発をあきらめない」小出裕章・佐高信講演会がもたれ、六〇〇人が参加した。小出裕章は、原発は危険であるからのみならず、被曝労働や過疎地への押し付け、後の世代への核廃棄物の押しつけにみられるように、差別の象徴であるとし、事故後ひとり一人がどう生きるのかが問われているのであり、原発を廃絶させるまで、わたしはあきらめないと結んだ。佐高信は、原発報道などでテレビに出てくる人々は無害な人々であるが、それは生きていないということだ、公正中立とは実際には無責任な生き方を表すものであって、そのような在り方と闘ってきたと思いを語った。

翌日の三月一〇日、浜松駅前市民の木前で、第四回やめまい！原発浜松ウォークがもたれ、一〇〇人が参加した。集会アピールでは、原発を再稼働し、戦争をあおる動きに対して、ＮＯ！の声をあげる。この浜松の空襲で生き残ったプラタナスの木の前で、再び戦争の惨禍が起こらないようにする。生命や財産、地域や社会を破壊する原子力・核を廃絶し、原発の再稼働に断固反対し、核のない平和な社会を求めることを誓う。子どもたちの未来のために、わたしたち自身の生存のために、いま、胸を張り、力強く、この浜松の地から、声をあげていくと呼びかけた。

三月には湖西市で太田隆文監督『朝日のあたる家』の撮影がはじまった。この映画は浜岡原発事故をテーマにした市民参加による作品であり、同年七月には映画製作に協力した湖西市で完成上映会がもたれ、市民三〇〇〇人が集まった。

16 丹田に力を！反原発の行動へ

二〇一三年四月二〇日、静岡市内で浜ネットの総会と神田香織講談会「フクシマから」がもたれた。

神田香織はつぎのように語った。福島原発から五五キロほどの地で育った。講談のテーマは怒りであり、それを生かすのは笑いと涙である。私の師匠は目的と情熱をもち、頭のなかのものを、心を込めて語っていたから、七〇歳でも若々しかった。講談師となり、一九八六年の「はだしのゲン」以後、「チェルノブイリの祈り」、「フラガール物語」、「哀しみの母子像」など演じてきた。福島事故以後、フクシマ支援・人と文化ネットワークを立ち上げた。世界中が福島周辺の汚染に注目しているが、日本では報道されない。福島では原発事故のことを本心で語れない。それは精神的な拷問のような状況である。甲状腺ガンの子も数多く発見されているのに、なぜチェルノブイリのように避難の権利がないのだろう。除染で儲けているのは原発を作ったものたちだ。本を読み、話を聞くとは、想像力を培うことだ。間違った方向をただす、それを行動に移そう。自分の声を鍛えよう、生きるか殺されるかの時代になったのだから、命がけで守ろう。乱世を生き抜く語り口を持とう、と。

神田香織は滑舌のイロハから話をはじめ、青田恵子の詩「拝啓関西電力様」、「一万円」を朗読し、「はだしのゲン」や「チェルノブイリの祈り」、「悲しみの母子像」の一節を紹介した。最後に参加者とともに、丹田に力を入れ、明るく、強く、短く、ヤーッ！と力声をあげた。乱世を生き抜く語り口を持て！と、気力を奮い起こし、新たな時代に向けての変革を呼びかけた。

九月一五日には大飯原発が定期検査のために停止し、一年二か月ぶりに全原発が停止した。七月以降、電力会社各社による再稼働申請の動きが強まるなかで、中電は九月二五日、浜岡四号機の再稼働に向けて原子力委規制委員会に安全審査を申請する方針を示した。

このような再稼働の動きのなかで、静岡県会議員の天野一（静岡県議会原発・総合エネルギー対策議員連盟代表・自民党）は『浜岡原発の今とこれから』を制作し、市民に配布した。この映像は、浜岡原発の敷地内の断層の存在とその地盤の弱さ、事故時の首都圏への放射能の拡散と三〇キロ圏内にある東海道線・東名高速などの幹線の分断の問題などを指摘し、市民にその危険性を訴えたものである。

一〇月一三日には東京で「一〇一三 NO NUKES DAY 原発ゼロ☆統一行動」がもたれた。この行動は首都圏反原発連合が主催し、さようなら原発一〇〇〇万人アクションと原発をなくす全国連絡会が共催し、脱原発世界会議、経産省前テントひろば、再稼働阻止全国ネットワークなどが協力するかたちでもたれた。静岡市内でも共同の集会がもたれ、一〇月二〇日には浜松市内で「なくそう！浜岡原発・浜松集会」がもたれた。

二〇一四年二月一四日、中電は浜岡四号機の再稼働に向け、原子力規制委員会に安全審査を申請した。これに対し、浜ネットをはじめ菊川・袋井・浜松など各地の市民団体は共同して中電に抗議文を提出した。三月九日には県内各地で反原発の集会・デモがもたれた。浜松市内では「いらない！やめまい！さよなら！原発集会」がもたれ、二五〇人が参加した。五月一八日には県内各地の市民団体が集まり、「浜岡原発の再稼働を許さない静岡県ネットワーク」を結成した。

さまざまな立場から原発批判の声が出され、力を合わせての反核・反原発の運動が地域ではじまった。丹田に力を！反原発の行動へ。

おわりに

最後に、反原発の表現のなかで印象に残っている言葉をあげておきたい。

第一は、「核と人類は共存できない」という言葉である。この表現は、原水爆禁止運動のなかで語られるようになったものであり、凄惨な原爆による被災とそのなかで生き抜いてきた被爆者の熱い思いが結晶したものである。それはいかなる主義、政治体制であろうと核兵器を廃絶し、戦争を繰り返さないという思いに支えられ、核（原子力）の平和利用をも批判するものである。

第二は「原子力と民主主義は相いれない」というものである。これはドイツの緑の党のメンバーの話の結語にあったものである。この言葉は国策としての核（原子力）の管理とその維持のために集権化がすすみ、民主主義に敵対するものになっていくことを示すものであり、核開発による帝国の形成を語っている。原子力を中心とする権力の形成を生み、それが民主主義に反するものに成長していく。原子力それ自体が反民主の根である。

第三に「地震の国に原発は無理」という言葉である。福島第一原発の事故は地震から始まっている。さらに津波が事故を増幅させたが、地震による配管の損傷や破断は各所にみられたはずである。地震の活動期に入った現在、この日本で原子力発電所は維持できない。今ある核燃料や核廃棄物の安全管理に専念し、地震による放射能汚染が起きないようにすべきだろう。

第四に「国の安全を信じたら殺される」というものである。これは一九九〇年代後半、東海地震の前に浜岡原発の停止を求めるための署名用紙に記されていた言葉である。福島事故での政府の対応は、事故の真相を明らかにせず、その責任もとれないまま、汚染された大地に多くの民衆を放置するというものである。事故があれば、人々は棄民とされ、他方で「安全」が宣伝される。東京電力に至っては放出された放射性物質を「無主物」と形容した。核の推進は破局を生み、そのつけは民衆へと転嫁されるのである。この言葉は、このままでは殺されてしまうと感じる人々の抵抗の意思を示す表現である。

第五に、「原発は差別」、「原発は犯罪」という言葉である。原発の問題点は、危険であるからだけでなく、労働者の被曝、過疎地での立地、次世代への核廃棄物にみられるように他者に危険を押し付けるものである。原発は差別の象徴である。人間と地域を序列化し、事故があれは捨て去る。原子力の重大事故は、地球被曝をもたらし、地域や生活、家族や財産の全てを奪うことになるが、その責任はとられない。原子力発電と核燃料サイクルはプルトニウムをとりだし、核兵器を開発することにつながる。「原子力の平和利用」は詐欺であり、核開発は犯罪である。核（原子力）の帝国は罪を認めない。反原発の運動は核政策推進による差別と犯罪との闘いである。このような核の政策を終わらせる歴史的な責任が問われている。

「核と人類は共存できない」、「原子力と民主主義は相いれない」、「地震の国に原発は無理」、「国の安全を信じたら殺される」、「原発は差別」、「原発は犯罪」、これらの言葉は平和的生存、民主主義、環境、抵抗、歴史的責任などを問いかけるものである。

ホピの預言にある「精神的な教えや信仰を無視し、自分の欲望のために生きとし生けるものを傷つけてきた人間は、大きな苦しみを受ける。地震、津波、旱魃などの災害、汚染、治療法のない病気、そして自ら引き起こした戦争によって、罰せられることになる。生き方を改めなければ、人類は滅びる」というメッセージも再度、胸に刻みたい。

核開発・原子力の推進に対して多くの人々が大地に立って抵抗してきた。そのような活動に参加した人々の歴史を大切にしたい。これほどの放射能汚染をもたらしても、その真実を明らかにせず、責任もとらないという原子力の権力構造を、根本から変革するときである。反原発の運動は人間の生命・自由を維持し、生存を確立する活動でもある。核・原子力反対（ＮＯ！ＮＵＫＥＳ）の大きな運動が求められている。反原発をあきらめない。

表　中電浜岡原発と地域財政

契約書・請求書	年月日	契約先・支払先	金額	内訳・備考	典拠
1号機 土地買収	1968年～	土地所有者	15億4376万9000円	土地交渉　発電所用地約14億7789万円、社宅用地約6500万円他	1
1号機 建物・立木・果樹補償	1968年～	建物・土地関係者	2億984万円	住宅・立木・果樹・施設工作物などへの補償	1
1号機 佐倉財産区土地売買覚書	1969年10月31日	浜岡町	1億2950万円	覚書により、先渡しの2000万円を除き、5500万円を支払い、後に5450万円を支払う	2
1号機 漁協対策	1969年10月ころ	7漁協	3億5000万円	中電から1漁協5000万円×7	11
1号機 協力金請求	1970年3月31日	浜岡町	5370万円	地主への協力金、4月9日までに支払い	2
1号機 漁協海洋調査費	1970年3月30日	7漁協	7700万円	海洋調査費を中電が負担、漁協交渉委員会との交渉	1
1号機 漁業補償協定書	1971年3月1日	榛南5漁協	6億1100万円	漁業補償　御前崎・地頭方・相良・坂井平田・吉田	1
1号機 漁業補償協定書	1971年4月20日	遠州2漁協	2億7000万円	漁業補償　福田・浜名	1
御前崎埠頭建設覚書	1971年4月8日	御前崎漁協	3270万円	建設費中電負担	1
1号機 仮協定書	1971年5月17日	浜岡町	2億4000万円	地域開発協力費　公民館、町営グランド、町道、上水道整備。8・9協定書による金額の確定、71年9月に1億2000万、72年9月に1億2000万円支払い	1
1号機 仮協定書了解事項	1971年5月17日	浜岡町	3000万円	佐倉中央公民館建設用、佐倉小学校・浜岡町庁舎は今後協議	2
1号機 交通安全協力	1971年7月ころ	県公安委員会	1239万6000円	交通信号機5基新設、1基改良、標識	1
1号機 覚書	1971年12月25日	御前崎町	6000万円	地域協力・教育振興、対策審議会の活動を評価	1
1号機 覚書	1971年12月25日	相良町	6000万円	地域協力・教育振興、対策審議会の活動を評価	1
1号機 交通安全協力	1973年1月ころ	県公安委員会	218万円	150号バイパスと進入路の交通信号機	1
1号機 覚書先進地視察費	1972年1月24日	浜岡町	730万8260円	覚書で支払約束、5月に入り、1月から4月までの20回、727人分を請求	2・4
2号機 確認書付帯確認事項	1973年1月18日	佐対協	3000万円	防犯灯・保育園・サービスセンターなど佐倉地域振興、73年3月末までに3000万円支払い、各戸に分配（1戸53500円）、74年3月、75年3月も各3000万円を町経由で受け取り	2・5
2号機 対策費請求	1973年2月6日	浜岡町	215万3840円	72年4月～12月の2号機対策費、町長交際費、出張旅費、会議賄料ほか	5
2号機 佐倉財産区協力費	1973年3月15日	浜岡町	1000万円	1・18確認書による。土地譲渡にともなう佐倉財産区協力費の中電負担、3・15受取	5・6

2号機 佐倉地区調整金	1973年3月30日	浜岡町	193万4682円	2号機建設にともなう町による佐対協への調整費、3・30受取、町から桜ヶ池町内会へ(地主・小作調整金)	5・6
2号機 覚書	1973年6月14日	浜岡町	4800万円	1・18確認書による佐倉公民館・遊園地等建設費、1地区1200万円×4地区分、9月までに支払い	5
2号機 協定書	1973年10月25日	浜岡町	3億9200万円	地域開発協力費、2億7000万円は地域振興、1億2200万円は福祉向上	1・2
2号機 覚書	1973年10月25日	浜岡町	3億3800万円	協定書への加算金、1974年5月支払い、2億3800万円は地域振興、1億円は福祉向上（未報道）	2
2号機 漁業補償協定書	1974年3月4日	榛南5漁協	2億5000万円	漁業補償　御前崎・地頭方・相良・坂井平田・吉田	1
2号機 漁業補償協定書	1974年3月26日	遠州2漁協	1億1100万円	漁業補償　福田・浜名	1・2
2号機 覚書	1974年7月31日	御前崎町	1億2000万円	地域開発協力費	1
2号機 覚書	1974年7月31日	相良町	1億2000万円	地域開発協力費	1
3号機 増設対策費請求	1978年5月25日	浜岡町	172万7690円	1977年6月～78年3月までの費用、旅費・会議賄料他、6・6受取	2
3号機 佐倉地区町内会調整金	1978年12月	浜岡町	64万3000円	1978年6月～10月までの費用、12・15受取、4町内会に配分	2
3号機 増設対策費請求	1979年4月10日	浜岡町	723万9000円	1978年4月～79年3月までの対策費、交付金・旅費・需用費ほか	2
3号機 増設対策費請求	1980年4月5日	浜岡町	791万2000円	1979年4月～80年3月までの対策費、町内会研修補助金・旅費ほか、4・25受取	2
3号機 増設対策費請求	1980年4月5日	浜岡町	1億3968万4000円	増設研修費（福島旅行）785万円、遊園地増設3392万2000円、同報無線9000万円、4・25受取	2
3号機 増設対策費請求	1982年5月17日	浜岡町	1589万2413円	1981年度分、事務費、対策費	8
3号機 地域振興費請求	1982年5月17日	浜岡町	3417万円	商工会館増築費3000万、同報無線417基81年度分417万円	8
3号機 協定書	1982年8月27日	浜岡町	18億7200万円	地域振興協力費、10月支払い	3・8
3号機 確認書・了解事項	1982年8月27日	浜岡町	29億2800万円	協定書の金額への加算金、1983年4月に4億6000万円、83年12月に5億円、84年4月に5億円、84年中に5億円、85年中に5億円、86年中に4億6800万円の支払いを確認。地域医療での17億円は別途要請。（未報道）	3・7・8
3号機 設置対策費請求	1983年3月1日	浜岡町	1693万円	1982年度分、原発視察交付金（18町内会875万円）、各種負担金	8
3号機 覚書	1983年5月31日	浜岡町	7億3600万円	確認書での1983年4月の4億6000万円分と前年度の町の地域振興費3億8500万円の内、支出分2億7600万円を中電が補てん。残りの1億900万の補てんはその後。	3

3号機 漁業者振興費	1984年3月	浜岡町	600万円	浜岡沿岸漁業振興	8
3号機 覚書・地域医療	1984年12月18日	浜岡町	17億円	1984年12月に5億、85年6月以降8億（工事着工、7月受取）、86年1月以降4億円（医療機器用、4月受取）	3・8
3号機 覚書・地域振興	1985年5月24日	浜岡町	2億4400万円	1985年4月の事業計画による支払い	8
3号機 覚書・地域振興	1986年3月25日	浜岡町	3億4000万円	1986年2月の事業計画による支払い	8
3号機 漁業補償協定書	1982年11月18日	榛南5漁協	18億6000万円	漁業補償　御前崎・地頭方・相良・坂井平田・吉田	7
3号機 漁業補償協定書	1982年12月28日	遠州2漁協	7億2500万円	漁業補償　福田・浜名	7
4号機 協定書	1986年4月3日	浜岡町	18億円	地域振興協力費6月支払い、医療、教育、企業誘致、環境整備	3・8
4号機 覚書	1986年4月3日	浜岡町	17億円	協定書への加算、1986年12月に5億、87年5月に7億、87年12月に5億の支払いを約束（未報道）	3・8
4号機 確認書	1986年4月3日	浜岡町	6億8100万円	覚書への加算、86年5月に2億1300万円、87年3月に4億6800万円の支払いを約束（未報道）	3・8
4号機 漁業補償協定書	1987年3月9日	榛南5漁協	17億9000万円	漁業補償　御前崎・地頭方・相良・坂井平田・吉田	10
4号機 漁業補償協定書	1986年12月2日	遠州2漁協	7億円	漁業補償　福田・浜名	10
5号機 協定書	1996年12月25日	浜岡町	25億円	医療福祉、産業振興、環境整備、97年3月末支払い	9
5号機 漁業補償協定書	1998年3月18日	榛南5漁協	25億円	漁業補償　御前崎・地頭方・相良・坂井平田・吉田	10
5号機 漁業補償協定書	1998年8月18日	遠州2漁協	9億8000万円	漁業補償　福田・浜名	10

註　協定・覚書・確認書は中電と町などが交わした文書、請求は町が中電に出した文書を示す。支払いは中電による。年月日は、協定書の結ばれた日、請求が出された日を示す。なかには受取の日を示すものもある。（未報道）は、協定書が結ばれた日に別に交わされた確認書・覚書類で、表に出されず報道されなかったものを示す。

ここで示したものは判明分である。このほかにプルサーマル関連で2010年4月16日に中電と御前崎市の間で2億5000万円の協定が結ばれた。同様の協定が牧之原、菊川、掛川市と結ばれ、計10億円の寄付金が渡された。

典拠

1「浜岡原子力発電所立地の概要」(12)
2「原発関係協定書綴」(13)
3「H 13 & 4（3・4号機関係）」(16)
4「原発文書綴3」(18)
5「原発文書綴4」(21)
6「佐対協修正関係」(23)
7「原発3号機合意までの覚」(40)
8「起S 59～原発関係」(42)
9「平成8年度　浜岡原子力発電所5号機協定関係」（情報公開）
10　新聞報道
11　浜岡原発反対共闘会議資料
（　）内の数字は御前崎市所蔵の原発関係文書の整理番号

浜岡・反原発の民衆史　年表

年	月	できごと
1956	3	中部電力、火力部に原子力課をおき、原子力研究・開発へ
1963	11	中部電力、三重県知事に熊野灘での原発建設を正式に提示、御前崎は不適格と判断。64年芦浜への建設を決める
1966	9	三重県芦浜原発建設をめぐり、反対漁民が衆議院特別委員会視察団を実力で阻止（長島事件）
1967	1	中電、浜岡での原発建設の意向を浜岡農協組合長に伝える
	7	サンケイ新聞　浜岡原発設置計画を報道
		榛南5漁協、浜岡原発設置反対協議会を結成、8月には原発設置反対漁民集会
	8	浜岡町議会全員協議会で受け入れ用意申しあわせ広報で原発の宣伝へ
	9	中電、浜岡町に原発建設を正式に申し入れ、町は条件付き受け入れ
	10	浜岡町内で反対運動、学習会など
		浜岡原発設置反対共闘会議結成
		中電による土地買収、地権者と交渉へ
1968	1	榛南に浜岡原発問題対策審議会の設置、反対切り崩しへ
	2	中電による土地買収価格の提示、5月交渉委員の選出、7月町に交渉を委任
	3	漁民反対協議会による海上デモ
	7	浜岡原発設置反対大行進
	8	用地買収の仮協定書、10月に本調印へ
		浜岡原発佐倉地区対策協議会、浜岡原発対策協議会の設立
	10	用地買収基本協定調印、移転世帯の土地買収も完了（原発用地約15億円）
		浜岡町、共闘会議の集会場使用を拒否
	11	浜岡町民有志が町へと公開質問状提出
	12	中電、原子力平和利用展開催
		用地周辺の測量・杭打ちへ
1969	3	漁協役員会、中電と話し合い開始の動き
	5	電調審、浜岡原発を条件付き認可
	6	反対協と中電、名古屋で会談、中電による念書提出へ
	7	5漁協、浜岡原発問題究明委員会を設立し、海洋調査の準備
	9	浜岡原発問題究明委員会の海洋調査報告書、原発との共存共栄へ、のち中電は漁協に預金振り込み
	11	11月末、原発対策審議会会長、原発の安全性確保の監視機構と漁業補償を盛り込んだ最終見解を提示、12月、各漁協は総会で受け入れ
		茂木清夫、東海地震の可能性指摘
1970	3	第1回漁業交渉
	4	中電、用地買収終了による協力費支払い
	10	浜岡原子力問題研究会、「うみなり」で浜岡での4機計画を示す

年	月	事項
	12	政府、1号機設置許可
		風船あげ実行委員会による放射能飛散調査へ
1971	2	榛南5漁協漁業補償仮調印、4月、5漁協と漁業補償協定、遠州2漁協とも交渉妥結、計8億8100万円
	3	県、3町と安全確認に関する協定
	5	浜岡1号機起工式、抗議行動
		中電と町で1号機に関する地域開発協力費の仮協定書（2億4000万円）、了解事項も書面化
	6	静岡県、県民だよりで原発を賛美、公害対策県連絡会議などが抗議
	10	風船あげ実行委、原発道路阻止集会・デモ
	11	浜岡原発安全等対策協議会発足
1972	1	中電、2号機建設を正式申し入れ
	2	電調審、2号機建設を承認
	8	浜岡原子力館開設
	9	中電、国に浜岡2号機の設置許可申請
1973	1	佐対協、2号機建設に条件つき同意、振興費3000万円ほか
	10	浜岡町議会、2号機受け入れを決定
		中電と町で2号機の協定書（3億9200万円）、別に覚書で3億3800万円の追加支払い約束
1974	1	住みよい浜岡を築く会が原発学習会開催、原発批判
	3	2号機の漁業補償協定締結、5漁協2億5000万円、2漁協1億1100万円
	4	中電、2号機の起工式
	6	1号機臨界、8月試運転
	10	1号機再循環ポンプバイパス管にひび
	11	共闘会議集会、ムラサキツユクサによる放射能影響調査結果を発表
1975	8	京都で反原発全国集会
1976	2	アメリカでGEの3人の技術者がマークI型炉の脆弱性を批判して辞職
	3	1号機営業運転の開始（着工から5年）
	8	石橋克彦、地震予知連絡会で東海地震説
1977	6	中電、3号機建設を正式申し入れ、共闘会議は町に増設拒否を要請
	11	1号機、制御棒駆動水戻りノズルにヒビ
1978	2	共闘会議、町への要請で原発敷地内の破砕帯（断層）を指摘
	5	2号機、試運転開始、11月営業運転へ、共闘会議は抗議
	6	浜岡での労働者被曝管理のずさんさが問題化
	7	浜岡町佐倉で3号機反対の署名運動
	8	静岡大学原発研究会、浜岡で荻野晃也を講師に集会（原発と地震）
	9	佐倉地区懇談会で増設批判高まる、佐対協役員の総辞職、佐対協改編へ
	10	佐倉住民交流会が十分な論議を求める質問書、佐対協総会で3号機条件付き了承
		電調審、浜岡3号機を承認
	11	静岡県、東海地震の被害想定から浜岡原発を除外
1979	3	スリーマイル島事故、町は中電に安全を要請、3号機増設の動きが一時止まる
	4	静岡市内で浜岡原発1・2号炉の停止を要求する静岡市民集会
	9	浜岡原発に反対する住民の会結成、10月浜岡で集会とデモ
1980	1	使用済み核燃料の輸送の安全確保に関する協定
		1号機定期点検中に放射能冷却水漏れ
	2	古川路明（名古屋大）、浜岡原発周辺でコバルト60などを検出、5月県環境放射能測定技術会も検出
	3	1号機使用済み核燃料の東海村への搬出、住民の会な

		どが抗議行動、6月の輸送にも抗議
	5	毎日新聞「原発の町から」連載
	10	生越忠（和光大）、東海地震での浜岡原発の耐震性への疑問を指摘
	12	通産省、3号機の安全審査終了、翌年11月、3号機の設置許可
1981	3	3号機、第2次公開ヒアリング開催、反対行動に6000人、阻止の座り込み行動も
	7	小村浩夫「東海地震と浜岡原発」（『科学』7月号）
		1号機の廃棄物処理施設で、濃縮廃液約1トン漏れる
	9	県、5町で中電と浜岡原発の安全確保等に関する協定を結ぶ（立ち入り認める）
1982	8	佐対協、着工同意の文書、中電と浜岡町で3号機増設の協定18億7200万円、同日に確認書で追加金29億2800万円、了解事項で病院建設費17億円。浜岡町は寄付金を区ごとに振り分け、自治振興基金で保管
	11	浜岡からフランスへと使用済み核燃料の搬出、住民の会など抗議行動、83年1月にはフランスで搬入抗議行動
		3号機、5漁協と仮協定書18億6000万円、2漁協とは7億2500万円で調印へ
		3号機着工
1983	2	浜岡でムラサキツユクサ第4回全国交流会
	5	中電と町とで会談、7億3600万円の覚書へ
1984	5	静岡市で反原発・反トマホーク祭り
	8	核のない社会をめざす浜松市民の会、反核の集い・前野良講演会
		浜松市民の会『遠州のからっ風』発行、反核デモ開催
	11	浜岡2号機の使用済み燃料68体がフランスに向けて搬出、抗議行動
		浜岡で原子力防災訓練
1985	3	中電、4号機の増設を正式に申し入れ
	7	浜岡3号機圧力容器の輸送への抗議行動
1986	3	中電、4号機の環境影響調査を通産省に提出
	4	中電と浜岡町、4号機増設で18億円の協力金の協定書、別に覚書で17億円、確認書で6億8100万円の寄付金
		チェルノブイリ事故、静岡県内でも放射性物質を検出
	8	4号機第1次公開ヒアリング、抗議行動
	10	浜松と清水での集会で荻野晃也、チェルノブイリ事故による汚染状況を報告
		4号機、5漁協との漁業補償仮協定17億9000万円、翌年3月に本協定。12月には2漁協と7億円の漁業補償
		電調審、4号機を承認
	11	1号機の使用済み燃料をイギリスのウインズケールへと搬出、住民の会は高感度中性子検知器を使い、輸送中のトレーラーの中性子線を監視
1987	4	ノーモアチェルノブイリ浜松集会・デモ
	8	3号機、営業運転開始
1988	1	4号機第2次公開ヒアリング、住民の会抗議行動
	2	1号機でスイッチの焼損による再循環ポンプの停止、住民の会抗議
	4	静岡・広瀬隆講演会に500人（6月・浜松）
		新浜岡原子力館完成
	5	浜岡原子力館前で地球の子どもの日行動
		2号機定期検査で配管の損傷発見、浜岡1号機とめようネットワークの設立
	8	アメリカ先住民族の大地といのちのランニングが浜岡へ
		静岡市内でとめようネットが「原発とめよう、いのち

		が大事」フェスティバルを開催
		反原発ネットワーク静岡県西部が「西部地区原発とめよう『ねっとニュース』」を発行
	9	1号機圧力容器水漏れ事故、インコアモニタハウジングの取り付け部の応力腐食割れ
	12	浜松で放射能汚染測定室開設の準備
1989	2	愛知県大府で原発を考える市民集会（実行グループ・ハイロ）
		4号機、建設着工
	3	葬っちゃおう！1号機、浜岡パレード
	5	原発問題住民運動静岡県センター結成
	6	原発とめよう中電包囲ネットワークと中電との公開討論会開催（名古屋）
	7	浜岡で浜岡原発1号機をとめよう集会
		参院選で「原発いらない人々」立候補
	9	3号機主蒸気隔離弁不良、2号機高圧注入系ポンプの羽根車に粘着テープ
		浜岡町で「核分裂過程」の上映会、11月には生越忠講演会開催
	12	静岡県消防防災課と交渉
1990	3	祈・ハイロ行動
		1号機で燃料集合体から放射能漏れ（10月に判明）
	5	チェルノブイリ救援基金浜松結成、8月ネクストストップキエフ、浜岡へ、9月ウクライナ訪問報告会
	6	中電株主総会で脱原発株主運動、脱原発中電株主といっしょにやろう会結成
	10	中電を追及（1号機燃料集合体からの放射能漏れ）
	11	県と浜岡町による原子力防災訓練
	12	浜松でセラフィールドのジャニン・スミス交流会
1991	3	4号機圧力容器搬入に抗議
	5	3号機で制御棒脱落事故（2007年3月判明）
	11	核燃料輸送を浜松で監視
1992	4	もんじゅ核燃料反対！プルトニウムキャラバン静岡県へ、7月監視行動
	12	中電、5号機建設に言及
1993	1	低レベル放射性廃棄物の輸送の安全確保に関する協定書
	3	六ヶ所へと浜岡から第1回低レベル放射性廃棄物の輸送、抗議行動
	5	嶋橋労働災害申請、翌年7月労災認定
	9	4号機営業運転開始
	12	5号機増設正式申し入れ
1994	12	1号機で燃料集合体から放射能漏れ、95年4月の調査で亀裂発見（2012年公表）
		町長、中電と5号機について話しあう意向を示す
1995	1	兵庫県南部地震後、佐倉地区での5号機増設の会議で、不同意の声多数
	3	佐対協、町長に「5号機増設不同意」の意見書を提出
	11	3号機タービン建屋でビニールシート火災、12月、1号機で冷却装置に異常、翌年1月、3号機タービン建屋地下室で低レベル放射性廃棄物ビニール袋から出火など事故が続く
1996	2	浜岡原発とめようネットワーク、町長に申し入れ書と公開質問状提出
		浜岡町原発問題を考える会結成の動き
	5	浜岡町原発問題を考える会、5号機増設絶対反対の立看板50枚設置
	6	佐倉で住民懇談会、5号機批判の声高まる
		町議会全員協議会は中電との協議へ
	7	PKO法雑則を広める会、中電に東海地震が起きる前に浜岡原発全機を止める署名提出
	9	佐倉で浜岡原発5号機増設反対住民会議の結成

	10	町議会全員協議会、5号機増設を同意
	12	5号機第1次公開ヒアリング、考える会・とめようネットは抗議行動
		中電と浜岡町、5号機協定書で25億円の協力金
1997	2	原子力防災訓練、県議会は5号機関係の請願を不採択
	3	PKO法雑則を広める会、通産省に東海地震が起きる前に浜岡原発全機を止める署名提出
		県知事は5号機同意の意見書を国へ
		電調審で浜岡5号機承認
		静岡市で10市民団体の共催、東海地震・浜岡原発はどうなるかシンポジウム
	9	浜岡原発を考える静岡ネットワークの結成、県知事と中電に公開質問状、翌年1月には2回めの質問状
		日立製作所・日立エンジニアリングサービス、伸光の溶接工事での虚偽報告判明（浜岡でも）
	10	石橋克彦「原発震災」『科学』10月号
		静岡県、原子力対策アドバイザーをおく（斑目春樹ら）
1998	1	伊豆で「地震と原発」第3回全国集会
	2	使用済み核燃料貯蔵のため核燃料プール内スペースに核燃料ラックを追加設置へ
	3	浜岡の高レベル廃棄物をフランスコゲマ社から日本原燃に初搬入
		5漁協と5号機漁業補償協定締結（25億円）、8月には2漁協と締結（9億8000万円）
	4	参議院議員会館で石橋克彦講演、原発震災の可能性指摘
	6	科学技術庁で浜岡原発の耐震性など住民と国との討論会開催
		浜ネットなど県知事要請
	8	5号機、第2次公開ヒアリング、意見陳述と抗議行動
		1960年の原発事故での損害予測試算調査、明らかになる。99年全文公開へ
	9	県議会で白鳥良香、原発震災、使用済み核燃料などについて質問
	11	2号機、タービン駆動給水ポンプ附近で水漏れ、浜ネット抗議
	12	通産省5号機設置許可
		佐対協緊急役員会で5号機不同意を撤回
		低レベル廃棄物用ドラム缶に腐食、浜岡では500本確認
1999	3	5号機着工
		考える会、1号機定期点検時に空間線量率の異常を把握、中電に要請、7月に学習会
	7	敦賀行きの核燃料輸送隊の警備車両、浜松西インター付近で交通事故
	9	浜ネット総会、森住卓「世界の被曝者の叫び」
		JCO事故に対し、10月浜ネット抗議、11月県と交渉
	11	石橋克彦「今こそ『原発震災』直視を」（「サンデー毎日」11月21日）
	12	考える会、浜岡原発内見学
2000	1	浜松で反原発小村ゼミナールはじまる
	2	三重県知事、芦浜原発の白紙撤回を決断
		相良町で考える会と浜ネット「東海村JCO事故の検証と浜岡原発の防災」学習会
		原子力防災訓練、放射能放出事故想定
	8	浜ネット、浜岡原発震災を未然に防ぐための申し入れ書を静岡県知事、中電、科学技術庁、通産省、原子力安全委員会に提出
	9	東海地震を考える市民ネットワーク結成、10月から参議院議員会館で講演会、講師石橋克彦ら
	10	平和の灯の行進（トム・ダストウ）浜岡へ
2001	2	浜岡から六ヶ所村日本原燃再処理工場に第1回使用済

年	月	事項
		み燃料輸送、浜ネット抗議
	3	県議会での知事の耐震安全性確保発言に浜ネット要請書提出
	6	浜名湖で反原発全国の集い（反原発運動全国連絡会）
	9	浜ネット総会、浜岡で開催、海渡雄一講演「巨大地震が原発を襲う」
	11	1号機、ECCS系配管で水素爆発事故、放射能漏れ、1号機圧力容器の制御棒駆動装置案内管付近から水漏れ、浜ネット抗議・調査
	12	浜ネット、浜岡で1号機事故分析集会
2002	2	浜岡原発止めよう関東ネットワーク、浜岡でチラシ入れ、4月東京で、地震の前に浜岡原発を止めよう東京ネット集会
		浜岡原発とめよう裁判の会結成（運転差止仮処分申請へ）
	4	浜岡原発運転差止仮処分申請・静岡地裁
		小笠町議会、石橋克彦講演会開催
	5	中電、2号機運転再開するが、すぐに冷却水漏れで停止、浜ネット抗議
	6	浜岡原発前で廃炉を求めて抗議行動、人間の鎖
	7	1号・2号の事故により、7月までに静岡県議会をはじめ吉田町、榛原町、小笠町、菊川町、御前崎町、相良町、浜岡町、大東町ほか26の市町から意見書や要請書など
		3号機タービン駆動系、4号機給水系注入逆止弁で水漏れ
		浜ネット、1・2号機の廃炉、3・4号機の運転停止、5号機の建設中止を要請
		参議院議員会館で東海地震を考える院内学習会（茂木清夫）
	8	袋井のデンマーク牧場で平和の集い
		阿南重工業の下請労働でがん死した労働者の遺族が労災の慰謝料を申し立て
	9	東京電力の事故隠しに関連して、浜岡1・3号機の再循環ポンプ配管でのひび割れが未報告、3号機停止へ（全機停止状態）
		定期点検中の4号機でシュラウドにひび割れ発見
		全機停止のなかで浜ネット総会、村田光平と菊池洋一が講演
	12	静岡県平和・国民運動センター、1・2号機廃炉要求30万人分の署名を中電に提出
		池宮神社の大鳥居完成
2003	1	2号機運転再開、抗議行動、3月裁判の会は2号機運転許可取り消し審査請求（経産省は5年後に意見聴取）
	2	浜岡町、原子力防災訓練に不参加
	3	東海地震の前に浜岡原発を動かすな3・2全国集会
	6	県議会で松谷清、原発と空港問題を追及
		中電株主総会で反原発株主が東海地震が起きるまで浜岡原発停止を求める
	7	6月末からの国際測地学・地球物理学連合総会で茂木清夫と石橋克彦が浜岡原発の危険性を指摘、会議出席の地質学者ローレン・モレが浜岡視察、危険を指摘
		浜岡原発運転差止請求訴訟、本訴へ（静岡地裁）
	8	中電、4号機運転再開
		浜岡でR—DAN全国交流会
	10	中電、3号機運転再開（シュラウドひび割れの補修なし）、抗議行動
	11	東海地震の前に浜岡原発を動かすな！11・2全国集会
2004	1	福島県富岡労基署、長尾光明の労災認定（浜岡でも労働）、その後の賠償裁判で東京電力は労災認定と賠償責任を否定
	3	2号機、定期点検でシュラウドサポートリングでひび

割れ、再循環系配管でもひび割れ

4　浜岡町と御前崎町が合併し、御前崎市成立
浜ネット、5号機運転に抗議集会、改良型沸騰水型炉ＡＢＷＲの問題点を指摘、5月、5号機試運転へ
原発震災を防ぐための全国署名運動はじまる、1年で45万人署名

6　原子力防災訓練、3号機で放射能が漏れるおそれ想定

7　浜ネット、県と中電に要請
中電会長、古美術購入で会社の金の流用により辞任
御前崎の砂利生産業者元職員、4号機で不良骨材使用を告発

10　朝日新聞「地震の話・検証浜岡原発」連載、翌年5月
毎日新聞「原発震災『想定外』への備え」連載

11　静岡市で原発震災を防ぐ全国交流集会、デモ

2005

1　5号機営業運転へ
中電、1000ガル耐震補強工事を公表、2月の原子力耐震指針検討分科会でその技術的な根拠は示さず

2　石橋克彦、衆議院予算委員会公聴会で原発震災を指摘し、危険度の高い原発から段階的縮小すべきと発言

3　東芝子会社の日本原子力事業元技術者、浜岡2号機の岩盤強度データ偽装を告発、4月県庁で記者会見

4　三島で原発震災を防ぐ風下の会主催　茂木清夫講演会1200人

6　脱原発中電株主といっしょにやろう会、6月株主総会前に浜岡原発について事前質問書提出

9　浜松で子どもたちの生命と健康を守る会主催小出裕章講演会
浜岡原発運転差止裁判で浜岡原発内での現場検証
中電、4号機でのプルサーマル導入を表明、浜ネットなど抗議（協定に地元の事前了解の規定なし）

10　原子力委員会主催の市民懇談会イン御前崎

11　浜ネットなどによるプルサーマルいらない浜岡ネットが御前崎でチラシまき
浜ネット総会、プルサーマル是か非か？市民シンポジウム開催
中電、プルサーマル公開討論会開催

12　3・4・5号機の「耐震裕度向上」工事はじまる、08年3月工事終了

2006

2　周辺4市、プルサーマルを了承

3　中電、4号機でのＭＯＸ燃料使用の設置変更許可を申請、翌年7月許可

4　掛川でチェルノブイリ原発事故20年集会

5　浜松で「原発震災を防ぐにはＰＡＲＴ２」集会、古本宗充、小出裕章講演

6　5号機、タービン羽根破断事故、浜ネットなど抗議

8　3号機、ハフニウム板型制御棒のひび割れ

9　原子力安全委員会の新たな耐震設計審査指針、「残余のリスク」を認める
浜岡原発運転差止裁判、証人尋問へ　9月原告側田中三彦・井野博満、11月原告側石橋克彦

11　浜ネット総会、田中三彦講演

12　浜ネット、新たな耐震設計審査指針をふまえ、県と中電に質問状

2007

3　91年の3号機での制御棒脱落事故判明に抗議

7　浜岡でインドネシアの反原発運動との交流会
中越沖地震での柏崎刈羽原発の被害に関連して、浜岡原発の危険性について要請

8　掛川で地震で原発だいじょうぶ？会発足
御前崎市で資源エネルギー庁と原子力安全保安院主催のプルサーマルシンポジウム

10　日本第4紀学会で「静岡県御前崎周辺の完新世段丘の離水時期」発表、1000年に一度の大地震を指摘

	9	菊川市議会、安全協定の改定にあたり事前了解を入れるかで紛糾
	10	浜ネット総会後、浜岡原発運転差止訴訟、勝利判決をめざす全国集会開催
		浜岡原発運転差止訴訟、静岡地裁は請求棄却・却下の不当判決
	11	御前崎市議会、プルサーマル受け入れ
2008	1	牧之原市議会、プルサーマル受け入れ、2月菊川、掛川市議会も受け入れ
	4	浜ネット、掛川でプルサーマル反対、小出裕章講演会
	5	フランスのメロックス工場でMOX燃料の製造開始
	7	内藤新吾『危険でも動かす原発‐国策のもとに隠される核兵器開発』
	9	浜岡原発運転差止控訴審第1回弁論・東京高裁
		静岡県議会で耐震性、超東海地震など追及
	11	浜ネットなど5団体、保安院に「浜岡原発3・4号機バックチェック報告書の検討に際して質問書」提出
		5号機、気体廃棄物処理系で水素爆発、浜ネット質問状。12月に運転再開するが、再び停止。09年5月には4号機で同様の事故
	12	中電、1・2号機の運転終了と6号機建設計画を公表、浜ネットなどは6号機計画に抗議
		菊川市議会で石橋克彦講演会
2009	3	参議院議員会館で、浜岡原発の耐震バックチェックについて保安院と交渉
	4	中電本社で浜ネットや核のごみキャンペーン・中部など、プルサーマル問題で交渉
	5	浜岡で「1・2号機廃炉歓迎、6号機増設などトンデモナイ」集会、清水修二講演
		フランスからMOX燃料が到着、現地抗議行動、経産省交渉
	7	浜ネット、中電に4・5号機の事故とプルサーマルについて質問書（9月交渉、12月再交渉）
		県議会で新知事に対してプルサーマルや耐震性について質問
	8	駿河湾地震で4・5号機が自動停止、3号機は定期点検中。5号機で大きな被害、放射能漏れも
	9	県議会で耐震性が問題とされる
		浜ネット総会広瀬隆講演
		浜岡運転差止控訴審で石橋克彦証人、11月には立石雅昭証人尋問
	12	3号機補助建屋地下2階で約12億ベクレルの放射性濃縮廃液漏れ
2010	4	中電は5号機の地震での揺れを「低速度層」とする報告書、浜ネットは軟弱な地盤と批判
		三島・浜松で広瀬隆講演会、8月に『原子炉時限爆弾大地震におびえる日本列島』出版
		中電はプルサーマル実施に伴い御前崎市に2億5000万円の寄付を協定、他の3市と合わせて10億円を寄付
	6	原発震災を防ぐ全国署名連絡会、県知事に浜岡原発の閉鎖に努めること、市民との懇談の場を設定することを要請（呼びかけ11団体に県内の421団体が賛同）
	9	浜ネット総会でアイリーン・美緒子・スミス講演「地球温暖化と原発」
		原発問題住民運動全国連絡センター、掛川で「浜岡原発の即時運転停止を求める」全国交流集会
	12	5号機再開の動きに対して、保安院交渉。保安院は5号機の再開、4号機でのプルサーマルは耐震評価の審査未了で延期とする、中電、プルサーマルの延期へ
2011	1	5号機の運転再開反対を要請、中電は5号機を再開
	3	地震と津波により、福島第1原発でメルトダウンと爆発、放射性物質の大量放出（福島原発震災）、浜ネット

		は浜岡の停止を要請
	4	三上元湖西市長、原発反対の意思表示
		浜ネット総会、広瀬隆講演に700人、各地で反原発の署名やデモ・集会
	5	政府による浜岡原発停止要請、3・4・5号機の運転の停止へ
		反原発自治体議員市民連盟結成（東京）
		静岡地裁浜松支部に浜岡原発運転永久停止提訴
	6	やめまい！原発・浜松ウォーク
	7	浜岡原発運転終了廃止等提訴・静岡地裁
		浜岡原発運転差止裁判控訴審再開・東京高裁
		中電は防波壁建設を公表
		静岡市で浜ネット主催、反原発自治体議員市民連盟共催で石橋克彦講演会「原発震災を繰り返さないために」と廃炉は浜岡から！反原発全国集会開催
	9	牧之原市議会、浜岡原発永久停止決議
		藤枝市でなくそう浜岡原発・命とふるさとを守る藤枝市民の会結成
	12	各地議会で永久停止、廃炉の意見書採択
2012	1	袋井市で浜岡原発を考える袋井の会の結成
		原発いらない@浜松デモ開催
	2	がれき処理を考える島田集会、静岡県内でがれき処理の動き
		浜岡原発廃炉・日本から原発をなくす静岡県連絡会結成
	5	国会前で原発再稼働の動きに抗する金曜デモ高揚、全国各地へ波及
		浜岡原発はいらない・命を守る菊川市民の会結成
		浜岡原発の再稼働を問う県民投票署名はじまる、8月有効署名数は16万5127人、10月県議会は否決
	7	静岡市でダッ！ダッ！脱原発集会・武藤類子講演、福島原発告訴団・静岡の結成へ
		さようなら原発10万人集会・東京
	11	被ばく労働を考えるネットワーク結成
		再稼働阻止全国ネットワーク結成、浜ネットも参加
2013	1	浜松駅前で再稼働反対金曜行動はじまる
	3	浜松市で臨済宗薪流会「反原発をあきらめない」集会
		湖西市で太田隆文『朝日のあたる家』撮影開始
	4	静岡市で浜ネット総会、神田香織講談会
	10	東京で「10・13 NO NUKES DAY 原発ゼロ☆統一行動」、静岡・浜松でも共同集会
2014	2	中電、4号機再稼働にむけて原子力規制委員会に安全審査を申請、反対市民団体は共同して抗議
		浜岡原発31キロ圏での県防災訓練実施
	3	静岡県各地で再稼働反対の集会・デモ
	4	浜岡での津波対策工事関連で業者の所得隠し5億円が明らかになる
		浜ネット集会、河合弘之・菅直人講演
	5	浜岡原発の再稼働を許さない静岡県ネットワーク結成

参考文献

浜岡原発関係新聞記事

「中日新聞」、「静岡新聞」、「毎日新聞」、「朝日新聞」、「読売新聞」、「産経新聞」などの浜岡原発関係記事

「郷土新聞」掛川・郷土新聞社　浜岡原発関係記事

「反原発新聞」反原発運動全国連絡会一九七八年〜二〇一三年

「新聞に見る原子力発電の黒い影　浜岡原発を中心として」浜岡原発反対共闘会議一九七八年

「浜岡原発史スクラップ　一九六七〜一九七九年」ＮＯ！ＡＷＡＣＳの会一九九六年

「ＮＯ！浜岡原発　五号炉スクラップ一九九三〜一九九七年」ＮＯ！ＡＷＡＣＳの会一九九七年

『浜岡原発の選択』静岡新聞社二〇一一年

『続浜岡原発の選択』静岡新聞社二〇一三年

浜岡原発反対共闘会議関係

『県民の生活と健康を守るために原子力発電所の進出に反対しよう』静岡県労働組合評議会、日本社会党静岡県本部原発対策委員会一九六七年一〇月

「原発速報」浜岡原発反対共闘会議一九六八年

「浜岡原発反対共闘会議関係書類（ビラ、ニュース等）」　ビラ　日本共産党浜岡支部、浜岡町原発反対対策会議、浜岡原発研究有志会、浜岡町原子力発電所設置反対協議会、浜岡原発設置反対共闘会議、静岡県高等学校教職員組合相良高校分会、小笠南部平和委員会、日本科学者会議静岡支部、榛南「浜岡原発」反対の会、ニュース　浜岡町原子力発電研究会「研究会ニュース」、グループ現地「のろし」、浜岡原発設置反対共闘会議「原発速報」、しずおか民報社「しずおか民報」一三号、日本共産党浜岡支部「浜岡民報」、日本共産党小笠町支部「明るい小笠」、「榛南民報」一九六七年〜一九六九年

「うみなり」浜岡原子力発電所問題研究会一九七〇年〜七一年

「風船あげ実行委員会」関係資料一九七〇年〜七二年

林弘文・村山昭浩・桜井規順「中部電力浜岡原子力発電所建設と住民の反対運動」『公害と静岡県民』一　公害対策静岡県連絡会議一九七一年
『浜岡原発と放射能汚染』（公害と静岡県民二）公害対策静岡県連絡会議、日本科学者会議静岡支部一九七一年
山本喜之助・笠原孝夫・林弘文・榑林靖男「浜岡原子力発電所の増設に反対する住民運動」『公害と静岡県民』三　公害対策静岡県連絡会議一九七二年
『原子力発電の安全性を考えよう'74浜岡原発シンポジウムの記録』（公害と静岡県民五）林弘文・市川定夫・永田素之・杉山秀夫・鈴木敏和・笠原孝夫・大木昭八郎らが執筆、公害対策静岡県連絡会議一九七五年
鈴木正次「浜岡原発反対運動の現状と当面の課題」、「浜岡原発一〇年の反対運動」『公害と静岡県民』六　公害対策静岡県連絡会議一九八〇年
『中電浜岡原子力発電を考える』浜岡原発反対共闘会議一九七四年
「中電浜岡原発が地域に与えた影響について」浜岡原発反対共闘会議一九七七年
『中部電力浜岡原子力発電所の問題を考える　三号機増設をめぐって』日本科学者会議静岡支部公害研究委員会
林弘文「浜岡原子力発電所について　中部電力・関係市町・当局者との交渉記録」『しずおか科学評論』一　一九七九年
林弘文「浜岡原子力発電所一号機の使用済核燃料の輸送についての交渉」『しずおか科学評論』二　一九八〇年
林弘文「浜岡原子力発電所のその後」『しずおか科学評論』三　一九八一年
「浜岡原発と核問題」原口清・海野福寿『静岡県の百年』山川出版社一九八二年
美ノ谷和成「原発意識の形成・変容と原発情報の需要」『立正大学文学部研究紀要』一　一九八五年
清水実「畑藤十の人物と『履歴書・事績調書・事績調書補足』そして写真の紹介」『静岡県近代史研究』三七　二〇一二年
枝村三郎「浜岡原発と反原発住民運動―原子力の平和利用という幻想」『静岡県近代史研究』三七　二〇一二年

反原発市民運動関係

「うみなり」うみなりを発行する会一九七〇～七九年
「れむ」静岡大学工学部原発研究会一九七九年
「反原発ニュース」浜岡原発に反対する住民の会一九七九年～
『三・一八～一九浜岡ヒアリング阻止闘争資料集』静岡三里塚闘争に連帯する会一九八一年
小村浩夫「ヒアリングの欺瞞を撃つ」西尾漠編『反原発マップ』五月社一九八二年
「遠州のからっ風」一～一九　核のない社会をめざす市民の会浜松一九八四～一九八八年

「原発とめよう『ねっとニュース』」反原発ネットワーク静岡県西部一九八八～九二年
「浜松放射能測定室だより」四　一九八九年
「公開討論会　浜岡一号機とエネルギー問題」中電包囲ネットワーク・中部電力一九八九年
『聖なる場所と、そこに住む人々をこの地上から消してはならない』人間家族編集室一九八六年四月
『ホピからのメッセージ』ランドアンドライフ通信二　一九八七年
「原発問題住民運動静岡県センター結成総会議案・規約」一九八九年五月
「みるく通信」一～四　原発を考える「グループみるく」一九九〇～九一年
『浜岡―豊橋七〇Ｋｍ』一一四～一八八　反原発ネットワーク豊橋一九九七年～二〇〇四年
朝日新聞津支局『海よ！芦浜原発三〇年』風媒社一九九四年
「浜岡町原発問題を考える会会報」一九九八年～二〇〇四年
「ＮＯＮＵＫＥＳ静岡Ｐｒｅｓｓ」一～七三　浜岡原発を考える静岡ネットワーク一九九七～二〇一三年
「とめよう裁判の会通信」一～一二　浜岡原発とめよう裁判の会二〇〇二年～二〇〇三年
「とめます本訴の会通信」一～四〇　浜岡原発本訴訴訟団二〇〇三～二〇一三年
「原発震災を防ぐ全国署名　会員ニュース」一～一四　二〇〇四～二〇一二年
『とわに眠れ！浜岡原発―きれいな未来を残すために』「人間家族」編集室二〇〇二年
『とめよう！浜岡原発　東海地震が過ぎるまで』「人間家族」編集室二〇〇二年
「浜岡原子力発電所運転差止仮処分命令申立書」二〇〇二年
『今すぐ浜岡原発を止めてください！』浜岡原発運転差止仮処分申請債権者・同代理人二〇〇三年
『浜岡原発裁判を勝利に導く総論』（浜岡原発運転差止請求事件準備書面）浜岡原発本訴訴訟団二〇〇三年
小村浩夫「いつまでもいうなりにならない」反原発運動全国連絡会編『反原発運動マップ』緑風出版一九九七年
小村浩夫「死屍累々と横たわる事故処理の『残骸』」『週刊金曜日』三一三号二〇〇〇年四月
鎌田慧『原発列島を行く』集英社二〇〇一年
伊藤実・小出裕章・神戸泰興・柳沢静雄・藤原照巳・吉川雅宏・長野栄一・嶋橋美智子・伊藤眞砂子・田島五郎『浜岡原発の危険　住民の訴え』実践社二〇〇六年
広瀬隆「浜岡原発　爆発は防げるか」『ＤＡＹＳ ＪＡＰＡＮ』二〇一一年一月
伊藤実「浜岡原発」『ＤＡＹＳ ＪＡＰＡＮ』二〇一一年六月
「浜岡原子力発電所運転永久停止訴訟訴状」二〇一一年五月

「浜岡原子力発電所運転終了・廃止等請求訴訟訴状」二〇一一年七月
『聞き書き集　高度成長期の地域開発と住民運動　静岡県を事例として』（二〇一一年度フィールドワーク報告書）立教大学文学部史学科沼尻研究室二〇一二年
安藤文音「一九九〇年代以降の浜岡原子力発電所をめぐる住民運動」（静岡県近代史研究会報告資料）二〇一三年
西尾漠『歴史物語り　私の反原発切抜帖』緑風出版二〇一三年
再稼働阻止全国ネットワーク編『原発再稼働絶対反対』金曜日二〇一三年

放射能汚染・原発事故・被曝労働・プルサーマル

市川定夫『新公害原論　遺伝学的視点から』新評論一九八八年
『花の信号』静岡県教職員組合小笠支部ムラサキツユクサ花弁調査委員会一九八八年
小村浩夫「『浜岡一号緊急停止せず』のなぜだ！」『朝日ジャーナル』一九八八年四月一日
渡辺春夫「浜岡原発あわや大事故」『月刊ちいきとうそう』二〇九　ロシナンテ社一九八八年五月
渡辺春夫「圧力容器から水漏れ　静岡・浜岡原発」『月刊ちいきとうそう』二一九　ロシナンテ社一九八九年三月
『中部電力浜岡発電所一号炉事故資料集』広瀬隆講演会実行委員会一九八八年
「浜岡原発『チェルノブイリ寸前』四時間の恐怖」『ＴＯＵＣＨ』一四、小学館一九八八年四月
「よんでください　浜岡原子力発電所一号炉について」広瀬隆さんをよぶ会一九八九年
小村浩夫「原子力災害に備えはあるのか—地震の時に原発は……？」三河アメーバの会一九八九年
ごとう和『六番目の虹』講談社一九九〇年
瀬尾健『原発事故　その時、あなたは』風媒社一九九五年
青柳清子『白い灰』あおやま文庫一九九一年
『浜岡からの手紙　嶋橋原発労災の早期認定を！』ミニコミパイザ編集室一九九四年
「ひよしむら通信」八（嶋橋原発労災認定）慶應大学物理学教室藤田研究室一九九四年一一月
藤田祐幸『知られざる原発被曝労働』岩波ブックレット一九九六年
嶋橋美智子『息子はなぜ白血病で死んだのか』技術と人間一九九九年
『平井憲夫さんのお話』アヒンサー抜刷　ＰＫＯ法雑則を広める会一九九六年
明石昇二郎「原発周辺で赤ちゃんが死んでいく」『週刊プレイボーイ』二〇〇一年八月二一・二八日
古長谷稔『放射能で首都圏消滅—誰も知らない震災対策』三五館二〇〇六年

阪上武『どうして今、浜岡原発でプルサーマル？』核のごみキャンペーン・中部二〇〇五年
『プルサーマルについて反論させてください』原発震災を防ぐ全国署名連絡会二〇〇五年
塚本千代子「浜岡原発にプルサーマルなど論外！」小林圭二・西尾漠編『プルトニウム発電の恐怖　プルサーマルの危険なウソ』創史社二〇〇六年
伊藤実「国もリスク認める浜岡原発」小林・西尾編同右書
小出裕章「原発は危険、浜岡原発は最高に危険、プルサーマルはさらに危険を増やす」浜岡原発を考える静岡ネットワーク二〇〇八年四月
内藤新吾『危険でも動かす原発』二〇〇八年
『浜岡原発の即時運転停止を求める全国交流集会イン掛川』資料集　同実行委員会編二〇一〇年
安楽知子「廃炉は浜岡から」小林圭二・西尾漠編『プルトニウム発電の恐怖二』創史社二〇一一年
菊池洋一『原発をつくった私が原発に反対する理由』角川書店二〇一一年
川上武志『原発放浪記』宝島社二〇一一年
川上武志「浜岡原発のお膝元の御前崎市では、交付金はどのように使われているのか？その実態に迫る！」（「浜岡原発は本当に大丈夫なのか？」http://hamaoka2009.ciao.jp/）
「原発利益誘導によってゆがめられた地方財政」全国市民オンブズマン連絡会議二〇一一年（www.ombudsman.jp/nuclear/index.html）
日本弁護士連合会編『検証　原発労働』岩波書店二〇一二年
アレクセイ・ヤブロコフほか『調査報告チェルノブイリ被害の全貌』岩波書店二〇一三年

東海地震・耐震性

荻野晃也『地震と原発』浜岡原発に反対する住民の会一九七九年
小村浩夫「東海地震と浜岡原発」『科学』五一-七 岩波書店一九八一年七月
小村浩夫『東海地震と浜岡原発』浜岡原発に反対する住民の会一九八一年
『東海地震と原子力防災』日本科学者会議一九八一年
森薫樹『原発の町から　東海大地震帯上の浜岡原発』田畑書店一九八二年
剣持一巳「東海地震地帯に立つ浜岡原発」『ルポ原発列島』技術と人間一九八二年
『東海地震と浜岡原発』三河アメーバの会一九八九年

生越忠・山崎久隆『地震と原発』たんぽぽ舎一九九五年
林弘文「耐震性をふくむ原子力発電所に対する行政の対応」藤井陽一郎編『地震と原子力発電所』新日本出版社一九九七年
『東海大地震と浜岡原発 シンポジウム記録』浜岡原発を考える静岡ネットワーク一九九七年
石橋克彦「原発震災　破滅を避けるために」『科学』岩波書店一九九七年一〇月
石橋克彦「大地震直撃地に集中する原発」『週刊金曜日』二八〇 一九九九年八月二七日
生越忠「浜岡原発の耐震安全性の検討（メモ）」『第三回全国集会資料集』地震・環境・原発研究会一九九八年
『浜岡原発震災を未然に防ぐために』（議員会館内学習会講演録）東海地震を考える市民ネットワーク二〇〇〇年
山崎久隆『東海地震と原発防災』浜岡原発を考える静岡ネットワーク二〇〇一年
石橋克彦・明石昇二郎・上澤千尋「東海地震と浜岡原発は大丈夫か」水野誠一編『静岡県は大丈夫か?』野草社二〇〇二年
明石昇二郎編『原発震災』（明石ジャーナル）七つ森書店二〇〇一年
明石昇二郎『原発崩壊　誰も想定したくないその日』金曜日二〇〇七年
生方卓「浜岡原発周辺における地震と原発についての世論調査報告書」二〇〇七年
田中三彦「浜岡原発はなぜ危険か」『科学』七七-一一 二〇〇七年一一月
原発老朽化問題研究会編『まるで原発などないかのように　地震列島、原発の真実』現代書館二〇〇八年
長沢啓行「これでいいのか、浜岡三・四号の基準地振動Ｓｓ耐震安全性バックチェック報告の問題点」「若狭ネットニュース」
一一五　若狭連帯行動ネットワーク二〇〇八年六月
小出裕章「巨大地震が原発を襲うとき—閉鎖すべき浜岡原発」原発震災を防ぐ風下の会二〇〇八年一〇月
内藤新吾・東井怜・塚本千代子・白鳥良香・山崎久隆『浜岡原発震災を防ごう』たんぽぽ舎二〇一〇年
広瀬隆『地震列島に五三基の原発群』たんぽぽ舎二〇〇九年
広瀬隆「いよいよ迫る東海大地震と浜岡原発」人権平和・浜松二〇一〇年四月
広瀬隆『原子炉時限爆弾』ダイヤモンド社二〇一〇年
広瀬隆『ＦＵＫＵＳＨＩＭＡ福島原発メルトダウン』朝日新聞出版二〇一一年
海渡雄一「日本の司法と原発　浜岡原発停止までの道のり」『朝日ジャーナル』（特集原発と人間）朝日新聞出版二〇一一年六月
海渡雄一『原発訴訟』岩波書店二〇一一年
東井怜『浜岡 ストップ!原発震災』野草社二〇一一年
石橋克彦『原発震災　警鐘の軌跡』七つ森書館二〇一二年
白鳥良香「東海地震震源域の真上に立つ原発」反原発運動全国連絡会編『脱原発、年輪は冴えています』七つ森書館二〇一二年

清水実「二〇一一年三月一一日から二〇一二年三月一一日　FUKUSHIMAと静岡　影響と運動　浜岡を中心として」『静岡県近代史研究』三七　二〇一二年
天野一『浜岡原発の今とこれから』（DVD）二〇一三年
越路南行『浜岡原子力発電所の地盤の安全性を検証する』本の泉社二〇一四年

浜岡原発関係　行政資料

『原発文書綴』一～五・三三・三四・三九、『原発関係協定書綴』、『原発諸雑文書綴』、『原発関係綴』、『原発交渉関係綴』、『原発関係』、『原発交渉関係資料』、『町内操業漁業者関係綴』、『浜岡原子力発電所安全等対策協議会』、『発電所打合会資料』、『原発反対協議会等綴』、『反原発関係資料』、『佐対協資料』、『佐対協交渉関係綴』、『佐倉地区対策協議会綴』ほか計五四冊、（一九六七～九八年までの一号機から五号機建設同意までの行政関係文書、件名には仮題のものを含む）浜岡町史編さん委員会収集文書・御前崎市蔵
「近現代資料目録　原発関係文書」（浜岡町史編さん委員会）御前崎市立図書館行政地域資料室
『原子力発電 そのしくみとはたす役割』浜岡町一九八三年
『私たちと原子力』浜岡町一九八七年
『浜岡町の歩み　原子力編』浜岡町一九八九年
浜岡町史編さん委員会『浜岡町史資料編別冊四　証言集町民が語る近現代の歩み』御前崎市二〇〇五年
『浜岡町史』御前崎市二〇一一年
『ここちいいまちおまえざき』御前崎市役所原子力対策室二〇一一年
『統計で見る御前崎市のすがた　平成二四年』御前崎市二〇一二年三月
『御前崎市と原子力発電所』御前崎市秘書政策課原子力政策室二〇一三年七月
「御前崎市予算決算と電源三法交付金一覧表」御前崎市二〇一三年
「協定書」二〇一〇年四月一六日（全国市民オンブズマン連絡会議調査資料）
鈴木八郎『原子力発電所と私たちのくらし』電力新報社一九七三年
加藤定次『続浜岡原発と議員活動』一九八二年
河原崎貢『山桃の郷』一九八四年
鈴木俊夫『浅根に建つ』二〇〇〇年
鴨川義郎『鈴鹿おろしに耐えて　原子力発電所立地・地域発展に尽力した首長たち』ナショナルピーアール二〇〇八年

『浜岡原子力発電所三号炉審査結果の概要』通商産業省一九八〇年
『原子力発電　その必要性と安全性』通商産業省資源エネルギー庁一九八六年
『ご質問に答えて　原子力と安全』科学技術庁一九八八年
『地震がきたって大丈夫』通商産業省資源エネルギー庁一九八八年
『中部電力（株）浜岡原子力発電所一号機のインコアモニタハウジング損傷の原因と対策について』資源エネルギー庁一九八九年
「中部電力株式会社浜岡原子力発電所一号機における配管破断事故について（最終報告書）」原子力安全・保安院二〇〇二年五月
『浜岡原子力発電所関係資料』資源エネルギー庁一九九〇年
『原子炉冷却材喪失の解析（ＢＷＲ）』経済産業省資源エネルギー庁二〇〇一年
『浜岡原子力発電所四号原子炉の安全性について』科学技術庁・静岡県一九八九年
『静岡県の原子力発電』静岡県
『浜岡原子力発電所周辺放射能調査結果』静岡県環境放射能測定技術会
「静岡原子力だより」静岡県原子力発電所環境安全協議会（事務局静岡県庁内）

中電関係資料

『ナルホド！原子力』原子力安全技術センター
『原子力Ｑ＆Ａ』電気事業連合会二〇〇二年
『プルサーマルについてのご質問にお答えします』電気事業連合会二〇〇二年
『遠州灘　海風だより』日本原子力産業会議中部原子力懇談会
『中部電力二〇年史』中部電力一九七一年
『中部電力六〇年史』中部電力二〇一一年
『中部地方電気事業史　上・下』中部電力一九九五年
『原子力発電所建設計画に伴う諸調査の概要』中部電力一九六七年
『原子力発電所の安全について』中部電力一九六七年
『原子力発電所の復水器冷却水について』中部電力一九六七年
『明日のために原子力発電を』中部電力一九六七年
『浜岡地点原子力発電所建設計画について』中部電力一九六七年
『浜岡原子力発電所建設計画』中部電力一九六七年

『原子力発電所建設に伴う損失補償基準について』中部電力一九六七年
『原子力発電所建設計画に伴う諸調査の概要』中部電力一九六七年
『浜岡地点の概要』中電原子力推進部
『浜岡地点原子力発電所の放射能モニタリングについて』中部電力一九六八年
『浜岡原子力発電所立地経過』中電浜岡原子力建設所一九七二年
『浜岡原子力発電所関係協定書・覚書集』中電浜岡原子力建設所一九七三年
『浜岡原子力発電所関係協定書・覚書集』（一号機関係）中電浜岡原子力建設所一九七五年
『浜岡原子力発電所の立地概要』一九七三年ころ
『浜岡原子力発電所燃料輸送について』中電浜岡原子力建設所一九七三年
『浜岡一・二号機立地時における地元機関・組織と役職員名』中電浜岡原子力建設所一九七四年
『浜岡原子力発電所二号機立地経過』中電浜岡原子力建設所一九七四年
『浜岡原子力発電所三号機環境影響調査のあらまし』一九七七年
『浜岡原子力発電所原子炉設置変更許可申請書』一九八九〜二〇〇九年
『浜岡原子力発電所』中部電力
「浜岡原子力館ごあんない」中部電力
「原子力みどころマップ」中部電力
「ちゅうでん　株主のみなさまへ」中部電力
『浜岡一号機原子炉建屋内の漏水について』中部電力一九八〇年
『静岡支店の概要』中部電力静岡支店一九八五年
「二一世紀に向けての長期展望」中部電力一九八六年
『浜岡からこんにちは』中部電力一九八六年
『浜岡原子力発電所一号機燃料集合体の損傷について』中部電力一九九一年
『浜岡原子力発電所四号機原子炉圧力容器の輸送について』中電浜岡原子力建設所一九九一年
『浜岡原子力発電所一号機燃料集合体のトラブルについて』中部電力一九九一年四月
『浜岡原子力発電所五号機増設計画の概要』中部電力一九九六年
『浜岡原子力発電所五号機増設計画と環境影響調査のあらまし』中部電力
『ようこそ浜岡へ　いっしょにみつめよう　エネルギーの未来　浜岡原子力発電所』中部電力一九九九年

『いまなぜ原子力か　原子力物語絵巻』中部電力一九九八年
『浜岡原子力発電所』中部電力浜岡原子力総合事務所一九九八年二月
「浜岡原子力発電所の耐震安全性について」中部電力一九九九年六月
『知るほど、なるほど、原子力　原子力物語絵巻』中部電力二〇〇一年
「プルサーマル　原子燃料のリサイクル」中部電力二〇〇一年
「トンちゃんとハマちゃんのお話」中部電力浜岡原子力総合事務所
「一　浜岡一号機配管破断事故について、二　浜岡一号機原子炉下部からの水漏れについて」中部電力二〇〇一年一二月
『浜岡原子力発電所一号機配管破断および原子炉下部からの水漏れについて』中部電力二〇〇二年四月
「浜岡原子力発電所一号機余熱除去系配管破断に伴う原子炉手動停止について（最終報告）」中部電力二〇〇二年四月
『浜岡原子力発電所一・二号機の耐震チェック実施結果について』中部電力二〇〇二年五月
「浜岡原子力建設所ニュース」二三～六〇　中電浜岡原子力建設所二〇〇二～〇五年

写真・資料提供　郷土新聞社（掛川）、浜岡原発を考える会（御前崎）、浜岡原発を考える静岡ネットワークほか

［著者紹介］
竹内康人（たけうち・やすと）

1957年浜松市生まれ、歴史研究。

1980年代に反原発運動に参加、浜岡原発を考える静岡ネットワーク会員、2002年に浜岡原発運転差止仮処分申請、2012年に浜岡5号機運転再開差止仮処分申請に参加。

著書に『浜松磐田空襲の歴史と死亡者名簿』、共著に『近代静岡の先駆者』、『静岡県の戦争遺跡を歩く』、論文に「陸軍航空部隊の毒ガス戦研究演習—下志津・三方原・ハイラル・白城子」（『静岡県近代史研究』35）、「中部電力浜岡原子力発電所と浜岡町財政」（『静岡県近代史研究』38）など。

浜岡・反原発の民衆史

2014年6月30日　初版第1刷発行

著　者＊竹内康人
発行人＊松田健二
発行所＊株式会社社会評論社
東京都文京区本郷2-3-10　tel.03-3814-3861/fax.03-3818-2808
http://www.shahyo.com/
印刷・製本＊倉敷印刷株式会社
Printed in Japan

調査・朝鮮人強制労働①炭鉱編

●竹内康人

A5判★2800円

石狩炭田・北炭万字炭鉱・筑豊の炭鉱史跡と追悼碑・麻生鉱業・三井鉱山三池炭鉱・三菱鉱業高島炭鉱・三菱鉱業崎戸炭鉱・常磐炭鉱・宇部と佐賀の炭鉱についての調査と分析。

調査・朝鮮人強制労働②
財閥・鉱山編

●竹内康人

A5判★2800円

三井鉱山神岡鉱山・三菱鉱業細倉鉱山・三菱鉱業生野鉱山・日本鉱業日立鉱山・古河鉱業足尾鉱山・藤田組花岡鉱山・石原産業紀州鉱山・天竜銅鉱山・伊豆金鉱山・西伊豆明礬石鉱山などについての調査と分析。

焼津流平和の作り方
「ビキニ事件50年」をこえて

●ビキニ市民ネット焼津編

A5判★2600円

1954年3月、南太平洋マーシャル諸島でアメリカは水爆実験を強行。島民はもとより、焼津の漁船「第五福竜丸」が被曝し衝撃を与えた。その後半世紀、焼津市民による新しいタイプの平和運動がはじまった。

ヒロシマ・ナガサキ・ビキニをつなぐ 焼津流 平和の作り方 II

●ビキニ市民ネット焼津ほか編

A5判★1800円

ゴジラ・ファンの集い、港で見るモダンアート展、焼津平和賞の提唱、市民のビキニデー、さまざまな平和講座、第五福竜丸（レプリカ）の復元、マーシャル諸島の人々との交流。焼津市民の活動記録。

成田空港の「公共性」を問う
取られてたまるか！農地と命

●石原健二・鎌倉孝夫

A5判★1800円

成田の農民たちは、空港側の主張する公共論のマヤカシを徹底的に暴き出した。そして農業のもつ本来的な公共性を復権させる闘いを続けている。それは「農業を大切にしない」日本社会の転換への道をひらく。

生きること、それがぼくの仕事
沖縄・暮らしのノート

●野本三吉

四六判★2000円

沖縄大学の教師として若者たちと向き合い、人と自然との関係を繋いでいる人びとの暮らしの現場を見つめ直し、ますます混迷し先の視えない不安が拡がっている、現代社会のあり方を問い直す評論集。

世界資本主義と共同体
原子力事故と緑の地域主義

●渋谷要

四六判★2000円

「東京電力福島第一原発事故」発生以降、現代世界において、環境破壊の経済システム＝グローバリズムを止揚することは、ますます緊急の課題となっている。グローバリズムを〈緑の地域主義〉で分離する戦略。

「安全第一」の社会史
比較文化論的アプローチ

●金子毅

A5判★2700円

なぜ日本人に「安全」という考え方が根付かなかったのか。「safety-first」の淵源をたどり、近代日本の「安全第一」概念の構築過程を歴史文化論的観点から紐解く。

表示価格は税抜きです。